中国建筑节能现状与发展报告

(2013－2014)

Report on the Status and Development of China Building Energy Efficiency (2013－2014)

中国建筑节能协会　主编

中国建筑工业出版社

图书在版编目（CIP）数据

中国建筑节能现状与发展报告（2013－2014）/中国建筑节能协会主编. —北京：中国建筑工业出版社，2014.12

ISBN 978-7-112-17516-1

Ⅰ.①中… Ⅱ.①中… Ⅲ.①建筑-节能-研究报告-中国-2013 Ⅳ.①TU111.4

中国版本图书馆CIP数据核字(2014)第264833号

本书由中国建筑节能协会组织有关专家编写。全书共11篇，分别为建筑节能标准和质检、建筑节能规划、建筑节能服务、建筑保温隔热、建筑遮阳与门窗幕墙、暖通空调、地源热泵、太阳能建筑应用、建筑电气与智能化、屋顶绿化、部分地方协会相关报告。全面总结了2013年我国建筑节能行业的现状与发展情况。

本书可供从事建筑节能行业的技术人员与管理人员参考使用。

* * *

责任编辑：王 梅 辛海丽
责任设计：张 虹
责任校对：姜小莲 赵 颖

中国建筑节能现状与发展报告（2013－2014）
中国建筑节能协会 主编

*

中国建筑工业出版社出版、发行（北京西郊百万庄）
各地新华书店、建筑书店经销
北京红光制版公司制版
北京中科印刷有限公司印刷

*

开本：787×1092毫米 1/16 印张：28 插页：8 字数：577千字
2015年2月第一版 2015年2月第一次印刷
定价：**86.00**元
ISBN 978-7-112-17516-1
(26723)

前　言

建设资源节约型社会，是中央根据我国的社会、经济发展状况，在对国内外政治经济和社会发展历史进行深入研究之后做出的战略决策，是为中国今后的社会发展模式提出的科学规划。节约能源是资源节约型社会的重要组成部分，建筑的运行能耗大约为全社会商品用能的三分之一，并且是节能潜力最大的用能领域，因此应将其作为节能工作的重点。

不同于“嫦娥探月”或三峡工程这样的单项重大工程，建筑节能是一项涉及全社会方方面面，与工程技术、文化理念、生活方式、社会公平等多方面问题密切相关的全社会行动。其对全社会介入的程度很类似于一场新的人民战争。而这场战争的胜利，首先要“知己知彼”，对我国和国外的建筑能源消耗状况有清晰的了解和认识；要“运筹帷幄”，对建筑节能的各个渠道、各项任务做出科学的规划。在此基础上才能得到合理的政策策略去推动各项具体任务的实现，也才能充分利用全社会当前对建筑节能事业的高度热情，使其转换成为建筑节能工作的真正成果。

从上述认识出发，我们发现目前我国建筑节能工作尚处在多少有些“情况不明，任务不清”的状态，这将影响我国建筑节能工作的顺利进行。出于这一认识，我们开展了一些相关研究，随着研究的不断深入，我们逐渐意识到这种建筑节能状况的国情研究不是一个课题通过一项研究工作就可以完成的，而应该是一项长期的不间断的工作，需要时刻研究最新的状况，不断对变化了的情况做出新的分析和判断，进而修订和确定新的战略目标。

中国建筑节能现状与发展报告（2013－2014）的主要内容为建筑节能各行业调研报告，各专委会、地方协会紧密结合行业和地方实际，紧扣服务行业、服务会员的总体目标，深入调查研究，获得第一手资料和数据，并认真听取各方意见和建议，梳理本行业、本地方在建筑节能方面的现状和存在的主要问题，是从建设资源节约型社会的国情出发，为开展建筑节能基础知识教育、提高建筑节能应用技术水平而组织编写的。

全书共分十一篇。参加本书撰写的有：第一篇：建筑节能标准和质检技术专委会李本强、苑翔、杨国权；第二篇：建筑节能规划专业委员会吴志强、许鹏、汪滋淞；第三篇：建筑节能服务专业委员会梁俊强、孙晓文、朱殿奎、刘军民、曹静、沈志明、张雪；第四篇：建筑保温隔热专业委员会林海燕、宋波、冯金秋、朱晓姣、叶少华、李帅、吕大鹏、翟传伟、黄振利、王耀西；第五篇：建筑遮阳与门窗幕墙专业委员会丁艳、刘国风；第六篇：暖通空调专业委员会路宾、王东青、陈讲运、李月华、何远嘉；第七篇：地源热泵专业委员会徐伟、王东青、孙德宇、田志勇、才隽；第八篇：太阳能建筑一体化专业委员会王珊珊、郭梁雨、章文杰、郝斌、刘幼农、姚春妮；第九篇：建筑电气与智能化节能专业委员会欧阳东，吕丽，肖昕宇，于娟；第十篇：屋顶绿化与节能专业委员会王仙民、邹冰；第十一篇：由北京、上海、江苏和乌鲁木奇地方协会供稿。

本书由林海燕、武涌、杨西伟、梁俊强、金鸿祥、张文才、许文发、刘月莉等专家审查并提出修改意见。

本书全体编撰者力求做到内容全面，数据翔实，思路清晰，深入浅出，图文并茂，希望本书适合用作建筑节能基础知识普及与技术水平提升的培训的专业用书。欢迎广大读者认真阅读本书，发现书中存在的疏漏和不足并反馈给我们，我们一定虚心接受并认真改正。

目 录

第四篇　建 筑 保 温 隔 热

第五篇　建筑遮阳与门窗幕墙

第六篇 暖 通 空 调

第七篇 地 源 热 泵

第八篇 太阳能建筑应用

第九篇　建筑电气与智能化

第十篇　屋　顶　绿　化

第十一篇　部分地方协会相关报告

第一篇　建筑节能标准和质检

第一章　前　　言

2013年，建筑节能工作进一步推进，绿色建筑评价体系继续完善，研究制定了针对不同地区、不同建筑类型的绿色建筑标识评价技术细则，积极开展不同类型绿色建筑评价标准的研究和标识评价工作。2014年已发布公告，批准新国标《绿色建筑评价标准》GB/T 50378—2014自2015年1月1日起实施。2013年随着政府相关政策的出台、一些城市全面执行绿色建筑标准以及一些绿色城区的出现，绿色建筑的发展又上了一个新的台阶，呈现出规模化发展的态势。

第二章　2013～2014 年度发布实施建筑节能标准目录

2013 年，随着建筑节能工作的深入推进，建筑节能标准体系进一步完善和发展，2013～2014 年度，住房和城乡建设部逐步发布了几项重要的建筑节能的相关标准，2013～2014 年度发布实施建筑节能标准目录如表 1-2-1。

2013～2014 年度发布实施建筑节能标准目录　　　　**表 1-2-1**

标准级别	2013～2014 年度发布和实施的标准	实施日期
国家标准	《供热系统节能改造技术规范》GB/T 50893—2013	2014 年 3 月 1 日
	《绿色办公建筑评价标准》GB/T 50908—2013	2014 年 5 月 1 日
	《绿色工业建筑评价标准》GB/T 50878—2013	2014 年 3 月 1 日
	《绿色建筑评价标准》GB/T 50378—2014	2015 年 1 月 1 日
行业标准	《城市居住区热环境设计标准》JGJ 286—2013	2014 年 3 月 1 日
	《城市照明节能评价标准》JGJ/T 307—2013	2014 年 2 月 1 日
	《燃气热泵空调系统工程技术规程》CJJ/T 216—2014	2014 年 10 月 1 日
	《建筑热环境测试方法标准》JGJ/T 347—2014	2015 年 4 月 1 日
	《蒸发冷却制冷系统工程技术规程》JGJ 342—2014	2015 年 3 月 1 日
	《供热计量系统运行技术规程》CJJ/T 223—2014	2015 年 3 月 1 日
产品标准	《模块式空调机房设备》JG/T 447—2014	2014 年 12 月 1 日
地方标准	《江苏省绿色建筑设计标准》DGJ 32/J173—2014	2015 年 1 月 1 日
	《绿色建筑评价标准（重庆市）》DBJ 50/T—066—2014	2014 年 11 月 1 日
	《天津市民用建筑节能工程施工质量验收规程》DB 29—126—2014	2014 年 12 月 1 日
	《绿色建筑评价标准（内蒙古自治区）》DBJ 03—61—2014	2014 年 9 月 1 日
	《公共建筑绿色设计标准（上海市）》DGJ 08—2143—2014	2014 年 9 月 1 日
	《住宅建筑绿色设计标准（上海市）》DGJ 08—2139—2014	2014 年 7 月 1 日
	《四川省民用建筑节能检测评估标准》DBJ 51/T 017—2013	2014 年 1 月 1 日
	《公共建筑绿色设计标准（陕西省）》DBJ 61/T—80—2014	2014 年 4 月 30 日
	《既有公共建筑节能改造技术规程》DG/TJ 08—2137—2014	2014 年 4 月 1 日
	《既有居住建筑节能改造技术规程》DG/TJ 08—2136—2014	2014 年 4 月 1 日

第三章 2013年度重点建筑节能标准介绍

2013年，我国在继续完善建筑节能标准体系的基础上，对几个重点的标准进行了修订和制订，其中影响比较大的建筑节能相关标准有国家标准《绿色建筑评价标准》GB/T 50378—2014，该标准是在《绿色建筑评价标准》GB/T 50378—2006的基础上修订的。除了《绿色建筑评价标准》GB/T 50378—2006外，已颁布的国家、行业或协会标准还包括：

《绿色工业建筑评价标准》GB/T 50878—2013，自2014年3月1日起实施；

《绿色办公建筑评价标准》GB/T 50908—2013，自2014年5月1日起实施；

《建筑工程绿色施工评价标准》GB/T 50640—2010；

《绿色医院建筑评价标准》CSUS/ GBC 2—2011；

《绿色校园评价标准》CSUS/GBC 04—2013，自2013年4月1日起实施；

《绿色保障性住房技术导则》（试行）自2014年1月1日起施行；

《绿色建筑检测技术标准》CSUS/GBC 05—2014，2014年7月1日起实施。

1.《绿色建筑评价标准》GB/T 50378—2014

据专家解读，新版《绿色建筑评价标准》GB/T 50378—2014比2006年的版本“要求更严、内容更广泛”。标准在修订过程中，总结了近年来我国绿色建筑评价的实践经验和研究成果，开展了多项专题研究和试评，借鉴了有关国外先进标准经验，广泛征求了有关方面意见。修订后的标准评价对象范围得到扩展，评价阶段更加明确，评价方法更加科学合理，评价指标体系更加完善，整体具有创新性。

《绿色建筑评价标准》GB/T 50378—2014共分11章，主要技术内容是：总则、术语、基本规定、节地与室外环境、节能与能源利用、节水与水资源利用、节材与材料资源利用、室内环境质量、施工管理、运营管理、提高与创新。其对于原《绿色建筑评价标准》GB/T 50378—2006修订的重点内容包括：

（1）适用建筑类型

《绿色建筑评价标准》GB/T 50378—2014的适用范围，由原《绿色建筑评价标准》GB/T 50378—2006中的住宅建筑和公共建筑中的办公建筑、商场建筑和旅馆建筑，进一步扩展至民用建筑各主要类型。其确定依据是：

1）由近些年的绿色建筑评价工作实践来看，绿色建筑的内涵和外延不断丰富，各行业、各类别建筑践行绿色理念的需求不断提出。截至 2012 年底，742 个绿色建筑标识项目中已有医疗卫生类 5 项、会议展览类 9 项、学校教育类 12 项，但具体评价中却反映出原《绿色建筑评价标准》GB/T 50378—2006 对于这些类型的建筑考虑得不够。

2）近些年先后立项了《绿色办公建筑评价标准》GB/T 50908—2013、《绿色商店建筑评价标准》（已报批）、《绿色饭店建筑评价标准》、《绿色医院建筑评价标准》、《绿色博览建筑评价标准》等针对特定建筑类型的绿色建筑评价标准，《绿色建筑评价标准》GB/T 50378—2014 对包括上述建筑类型在内的各类民用建筑予以统筹考虑，必将有助于各国家标准之间的协调，形成一个统一的绿色建筑评价体系。

3）项目试评工作也纳入了 4 个医疗卫生类、5 个会议展览类、7 个学校教育类以及航站楼、物流中心等建筑，初步验证了《绿色建筑评价标准》GB/T 50378—2014 对此的适用性。

（2）评价阶段划分

原《绿色建筑评价标准》GB/T 50378—2006 要求评价应在建筑投入使用一年后进行。但在随后发布的《绿色建筑评价标识实施细则（试行修订）》（建科综［2008］61 号）中，已明确将绿色建筑评价标识分为“绿色建筑设计评价标识”（规划设计或施工阶段，有效期 2 年）和“绿色建筑评价标识”（已竣工并投入使用，有效期 3 年）。而且，经过多年的工作实践，证明了这种分阶段评价的可行性，以及对于我国推广绿色建筑的积极作用。因此，《绿色建筑评价标准》GB/T 50378—2014 在评价阶段上也作了划分，便于更好地与相关管理文件配合使用。具体方法上，根据此前公开征求意见的结果，有 66.3%的反馈意见同意将“施工管理”、“运营管理”两章的内容仅在运行阶段评价。基于此，《绿色建筑评价标准》GB/T 50378—2014 将设计评价内容定为“节地与室外环境”、“节能与能源利用”、“节水与水资源利用”、“节材与材料资源利用”、“室内环境质量”5 章，运行评价则在此基础上增加“施工管理”、“运营管理”2 章。

（3）评价指标体系

指标大类方面，在原《绿色建筑评价标准》GB/T 50378—2006 中节地与室外环境、节能与能源利用、节水与水资源利用、节材与材料资源利用、室内环境质量和运营管理 6 大类指标的基础上，《绿色建筑评价标准》GB/T 50378—2014 增加了“施工管理”，更好地实现对建筑全生命期的覆盖。

具体指标（评价条文）方面，根据前期各方面的调研成果，以及征求意见和项目试评两方面工作所反馈的情况，以标准修订前后达到各评价等级的难易程度略有提高和尽量使各星级绿色建筑标识项目数量呈金字塔形分布为出发点，通过补充细化、删减简化、修改内容或指标值、新增、取消、拆分、合并、调整章节位置或指标属性等方式进一步完善了评价指标体系（汇总于表1）（《建设科技》杂志2014年16期）。

（4）评价定级方法

根据对于原《绿色建筑评价标准》GB/T 50378—2006的修订意见和建议，修订组在第一次工作会议上就确定了采用量化评价手段。经反复研究和讨论，《绿色建筑评价标准》GB/T 50378—2014的评价方法定为逐条评分后分别计算各类指标得分和加分项附加得分，然后对各类指标得分加权求和并累加上附加得分计算出总得分。等级划分则采用“三重控制”的方式：首先，仍与原《绿色建筑评价标准》GB/T 50378—2006一致，保持一定数量的控制项，作为绿色建筑的基本要求；其次每类指标设固定的最低得分要求；最后再依据总得分来具体分级。

新该标准从2015年1月1日开始实施。新标准主要体现以下特点：

（1）将标准适用范围由住宅建筑和公共建筑中的办公建筑、商场建筑和旅馆建筑，扩展至各类民用建筑。

（2）评价分为设计评价和运行评价。

（3）绿色建筑评价指标体系在节地与室外环境、节能与能源利用、节水与水资源利用、节材与材料资源利用、室内环境质量和运行管理六类指标的基础上，增加“施工管理”类评价指标。

（4）整评价方法，对各评价指标评分，并以总得分率确定绿色建筑等级。相应地，将旧版标准中的一般项改为评分项，取消优选项。

（5）增设加分项，鼓励绿色建筑技术、管理的创新和提高。

（6）明确单体多功能综合性建筑的评价方式与等级确定方法。

（7）修改部分评价条文，并为所有评分项和加分项条文分配评价分值。

2.《绿色工业建筑评价标准》GB/T 50878—2013

《绿色工业建筑评价标准》贯彻落实我国“绿色发展 建设资源节约型、环境友好型社会”和“低碳经济、低碳社会”的方针政策，以实现工业建筑在全寿命周期内节地、节能、节水、节材、保护环境、保障员工健康和加强运行管理的“四节二保一加强”为目标，提出了符合中国国情、具有工业特点、共性、可操作的量化指标和技术要求。

标准共含11个章节和3个附录，在考虑与现行国家政策、国家和行业标准衔接的同时，注重“绿色发展、低碳经济”新理念的应用，绿色工业建筑评价体系由节地与可持续发展的场地、节能与能源利用、节水与水资源利用、节材与材料资源利用、室外环境与污染物控制、室内环境与职业健康、运行管理七类指标及技术进步与创新构成。核心内容是节地、节能、节水、节材、环境保护、职业健康和运行管理。《标准》是各工业行业进行绿色工业建筑评价共同遵守的依据，体现了量化指标和技术要求并重的指导思想；采用权重计分法进行绿色工业建筑的评级，与国际上绿色建筑评价方法保持一致；规定了各行业工业建筑的能耗、水资源利用指标的范围、计算和统计方法。

第四章　2013年度绿色建筑标准法律法规和标准体系建设

1. 全面提升绿色节能建筑认识、完善绿色节能建筑产业

技术支持要大力发展绿色节能建筑，就必须全面提升绿色节能技术的认识度和绿色节能技术的设计理念，传播绿色节能技术在生活中的节能效应，宣传绿色节能技术的技术标准和相关的技术标准，增强社会群众对于绿色技能技术的消费认识，扩大绿色节能建筑的社会需求，培养和树立正确的、健康的、节能的、低碳的建筑经济消费理念，为绿色节能技术的推广和发展营造良好的社会环境。

截止到2013年12月31日，全国共评出1446项绿色建筑评价标识项目，总建筑面积达到16270.7万m^2，其中，设计标识项目1342项，占总数的92.8%，建筑面积为14995.1万m^2；运行标识项目104项，占总数的7.2%，建筑面积为1275.6万m^2。平均每个绿色建筑的建筑面积为11.3万m^2。

2013年，我国绿色建筑数量及建筑面积继续快速增长，全国共评出704项绿色建筑标识项目，总建筑面积达到8689.7万m^2，其中，设计标识项目648项，建筑面积为7929.1万m^2；运行标识项目56项，建筑面积为760.6万m^2。数量同比2012年增长了81.0%，面积同比2012年增长了112.3%，其中：一星级项目数量同比增长90.1%，面积同比增长143.2%；二星级项目数量同比增长115.6%，面积同比增长121.4%；三星级项目数量同比增长10.6%，面积同比增长19.4%。在各个评审机构中，住建部科技促进中心评审的项目数量为61项，中国城市科学研究会评审的项目数量为180项，地方行政主管部门组织评审的项目数量进一步增加，共有463项。值得称赞的是，绿色建筑在青海、湖南、内蒙古、河南、云南等地实现了零的突破。

2. 建立绿色节能建筑法律法规制度与评估体系

在绿色节能建筑的建设过程中，政府作为引导者和监督者，一方面要通过合理的法律法规来推动绿色节能技术的使用，增强绿色节能技术使用的法律效应，强化绿色节能技术标准在新建建筑中的使用力度；另一方面，要对于绿色技能建筑的评估体系进行严格把关，要形成一个良好的绿色节能技术使用评估体系，科学的、合理的对新建建筑的绿色节能效应进行评估，为广大消费者提供科学、客

观、真实的评估结果。只有对绿色节能技术的合理监管，才能够推动绿色节能建筑产业的健康持续发展。

制度建设应考虑如何把监管、统计与日常管理结合起来，并涵盖全国各地；如何使政府引导与市场动力并行发挥作用；如何通过绿色建筑的推进，带动相关产业的发展和水平的提升；如何将满足能源安全、绿色发展与改善人民群众生活充分结合。

据住房和城乡建设部获悉，我国的绿色建筑节能考核方式有可能发生转变，由过去针对技术措施的控制方式，逐步转向用能总量的控制方式，通过采用能耗限制等控制方法，实现建筑能耗的总量控制。

3. 增强绿色节能建筑设计的推广力度和激励政策

建设通过政府引导，对政府主导建设的经济适用房、廉租房、保障性住房、学校、医院等建设项目进行绿色节能技术的强制使用，推动绿色节能建筑的示范效应，在部分思想觉悟高、有使用条件的地区进行试点建设，推动绿色节能建设标准，并且将建设项目全面进行评估，对节能减排效应进行监管，对绿色节能达标的建筑进行税收制度的优惠和激励，并对小城镇的绿色节能建筑进行适度投资，对其税收进行减免，进一步推动绿色节能技术的使用和税收政策的适度激励。

4. 加强绿色节能建筑示范项目推广

对我国现有的建筑进行示范项目建设，对其建筑进行绿色节能建筑升级改造，并进行标准化改造建设。对城市建设的区域化发展实施新型可再生能源推广项目，加大城镇及农村居民的低碳生活城、可再生能源创新城项目建设力度。对具有示范性能力的专项建筑进行强有力的技术支持和应用示范激励，实施新型节能材料使用和绿色减排项目建设，进一步推动绿色节能技术建筑建设。

为引导绿色建筑健康发展，促进实现住房城乡建设领域节约资源、保护环境的目标，根据《全国绿色建筑创新奖管理办法》、《全国绿色建筑创新奖实施细则》和《全国绿色建筑创新奖评审标准》，住房城乡建设部组织完成了2013年度全国绿色建筑创新奖申报项目的评审和公示工作。

绿色建筑创新奖继续按照技术集成度、创新特色、实施效果、预期效益、推广应用价值五方面对申报项目进行评审。同时根据奖项设立的原则，创新奖更注重项目的实际运行效果，在评审过程中掌握获得运行标识项目优先，有设计标识且竣工验收项目其次，有设计标识建设中的项目再次，最后考虑仅有设计标识的项目。

实行运行效果也是创新奖评定的依据。绿色建筑评价标识侧重于项目的实际运行效果，尽管为了鼓励绿色建筑发展而设置了设计标识，但真正体现绿色建筑理念的仍主要看运行。

5. 推动绿色节能建筑相关产业发展

通过绿色节能技术的推广和建设，大力推动其相关产业的发展，对绿色节能建筑材料、设备、产品的产业化和规模化发展给予一定的政策倾斜，加大专项技术和产业的基础建设，并且积极营造其市场环境和投资环境，通过绿色节能材料的技术发展推动绿色节能技术的推广使用。

我国绿色节能技术的市场激励政策正处于不断的探索过程中，更多的政策倾斜偏向于一次性的补偿和相关的财政补贴，但是在绿色节能产业规模化发展中，建设长效的有利于绿色节能技术推广和财务税收增收的长效机制尚未形成，并且随着建筑成本的增加，对于绿色节能建筑的有限补贴无法带动绿色节能建筑的产业发展，因此对于绿色节能建筑技术的发展和推动需要政府不断地深化产业技术改革，通过绿色节能建筑产业的发展需求来进行合理的市场引导，加强绿色技能技术的法律法规约束力度，推动绿色节能技术的监管和评估体制建设，加强绿色节能建筑的示范效应和相关服务产业发展，以市场经济杠杆为手段，带动我国绿色节能建筑产业规模化发展。

建筑节能标准和质检专业编写人员：

李本强　苑　翔　杨国权

第 二 篇　建筑节能规划

第一章　建筑节能规划发展与现状分析

第一节　建筑节能规划的发展历程

建筑节能，在发达国家最初为减少建筑中能量的散失，现在则普遍称为“提高建筑中的能源利用率”，在保证提高建筑舒适性的条件下，合理使用能源，不断提高能源利用效率。建筑节能具体指在建筑物的规划、设计、新建（改建、扩建）、改造和使用过程中，执行节能标准，采用节能型的技术、工艺、设备、材料和产品，提高保温隔热性能和采暖供热、空调制冷制热系统效率，加强建筑物用能系统的运行管理，利用可再生能源，在保证室内热环境质量的前提下，减少供热、空调制冷制热、照明、热水供应的能耗。建筑节能使用范围：建造过程中的能耗，包括建筑材料、建筑构配件、建筑设备的生产和运输以及建筑施工和安装中的能耗；使用过程中的能耗，包括房屋建筑和构筑物使用期内采暖、通风、空调、照明、家用电器、电梯和冷热水供应等的能耗。

规划尺度的节能

1. 互遮阳、自遮阳

遮阳作为一种重要的节能手段，越来越多的应用到各个设计中。建筑遮阳的目的在于阻断直射阳光透过玻璃进入室内，防止阳光过分照射和加热建筑围护结构，防止直射阳光造成的强烈眩光。外围护结构的透明部分如窗口和不透明部分都需要遮阳。遮阳设施可用于室外、室内或双层玻璃之间此外，建筑自遮阳与互遮阳，植物遮阳也是有效的遮阳途径。

在规划尺度层面，主要涉及建筑互遮阳和自遮阳。在总平面布置中，利用建筑互相造影以形成遮挡的方法，叫做建筑互遮阳。通过建筑构件本身，特别是窗户部分的缩进形成阴影区，将建筑的窗户部分置于阴影之内，形成自遮阳。建筑自遮阳可以是局部的厚墙体、檐口或建筑本身的凹凸变化，也可以是整体上的遮阳墙体、双层遮阳通风屋顶，能够兼有遮阳和通风双重作用。它的特点是没有明显的遮阳构件，例如通过建筑自身的凹凸来形成大面积阴影，利用窗户部分的缩进形成阴影区，通过大量出挑的阳台形成阴影，或在屋顶悬挑出大檐口遮阳等。

2. 自然通风

自然通风是一种古老、节能的通风方法。它是改善室内空气品质的最基本方法，也是增强室内热舒适的方法之一，更是减低建筑空调负荷的免费措施之一。

风洞试验表明：当风吹向建筑时，因受到建筑的阻挡，会在建筑的迎风面产生正压力。同时，气流绕过建筑的各个侧面及背面，会在相应位置产生负压力。风压通风就是利用建筑的迎风面和背风面之间的压力差实现空气的流通。压力差的大小与建筑的形式、建筑与风的夹角以及建筑周围的环境有关。当风垂直吹向建筑的正立面时，迎风面中心处正压最大，在屋角和屋脊处负压最大。另外，伯努利流体原理显示，流动空气的压力随其速度的增加而减小，从而形成低压区。依据这种原理，可以在建筑中局部留出横向的通风通道，当风从通道吹过时，会在通道中形成负压区，从而带动周围空气的流动，这就是管式建筑的通风原理。通风的管式通道要在一定方向上封闭，而在其他方向开敞，从而形成明确的通风方向。这种通风方式可以在大进深的建筑空间中达到较好的通风效果。

3. 热岛效应

城市“热岛效应”，是指城市白天吸收储存热能比郊区多，而夜晚城市降温比郊区缓慢，导致高温的城区处于低温的郊区包围之中。“热岛效应”使城市中心较强的暖气流上升，而郊外上空相对冷的空气下沉，这样便形成了城郊环流，空气中的各种污染物在这种环流的作用下聚集在城市上空，如果没有很强的冷空气，城市空气污染将加重，容易导致我们发生各种疾病，城市居民生存的环境日益恶化。在城市的建筑规划设计方面，可以通过合理的布局达到减弱热岛效应的目的。

对多层、小高层建筑群，优先考虑建筑物的走向。我们在进行建筑的规划与设计时必须将节能设计当作重要的内容，在进行设计时要综合考虑建筑的总平面并进行合理的布置，其次还要考虑建筑的平面、立面和剖面形式，还要对诸如太阳光的照射方向、自然通风等气候参数进行综合考虑，并将它们对建筑能耗的影响大小进行综合分析。这样设计出来的建筑物，在冬天可以充分利用太阳能来取暖，从而节约煤炭资源，使采暖负荷大大降低；在夏天，可以尽最大可能地减少太阳照射带来的热量，还可以充分利用大自然的风使得温度降低，从而减少空调的使用，使制冷负荷大大降低。因此我们在考虑建筑物的走向时，一般优先采用南北走向或者接近南北走向。平面规划设计主要从室内的角度进行考虑。在规划设计过程中，我们主要考虑夏季的通风和冬季的采光，利用自然资源进行节能。在对屋面的规划与设计方面，我们要合理地选择保温层，既不要选用密度大、导热性能好的材料，也不要选用吸水性能好的保温材料，而应选用高效保温材料。

4. 自然采光和遮挡

建筑能耗中很大一部分是照明能耗，因此建筑节能设计必须将采光节能设计作为必须考虑的因素。采光节能需要协调采光节能与热工节能之间的矛盾，注重天然采光，根据不同的地区、环境采取不同的设计方法。在此基础上，采光节能设计需要对建筑物进行整体规划布局来达到采光控制的目的，以使采光节能效果达到最佳。

我国幅员辽阔，不同地区的光照条件与环境特点有很大不同，而每一个地区的建筑群的特点更是千差万别。因此，采光节能设计需要根据不同地区的环境特点、建筑情况来整体规划布局具体的采光设计。首先，要根据该地区的整体环境特点进行设计规划，只有合理的朝向布局才能最佳的协调建筑设计中的光、热矛盾。在建筑设计中应当保证向南布局，这首先是因为我国处于北半球，南向布局可以保证冬季日照最多而夏季辐射最低，如此布局方可获得最大的日照。其次，我国大部分地区夏季多为东南风，因此坐北朝南可以很好地保证通风需求得到满足。为节约采光耗能，还可以在南向墙面设置镜面材料引入光线，以改善北面房间的光照度。此外，为了保证建筑物内日照时间的长度，还需要考虑植被对光照的影响。

5. 被动式采暖、空调

被动式建筑设计是在尽量不依赖常规能源消耗的前提之下，完全依靠建筑本身的规划布局、建筑设计、环境配置，以适应并利用地区气候地理特点，创造健康、舒适的室内热环境的设计方法。如在冬季采暖策略方面，选用太阳能、地表浅层土壤、地下水作为热源，为建筑提供清洁低能耗的供热方式；而夏季的被动式空调策略包括：利用冷热空气对流带走热量（风压通风或热压通风）、利用液体蒸发吸收热量（水体的蒸发作用或植物的蒸腾作用）和利用与较低温介质发生热交换带走热量（地表浅层土壤或地下水）等等。

被动式采暖降温技术是通过对建筑朝向和周围环境的合理布置，内部空间和外部形体的巧妙处理以及建筑材料和结构的恰当选择，使其能集取、蓄存和利用太阳能；而被动式通风技术则是利用了被动式技术的集热蓄热作用，有效地利用了“热虹吸”作用，使室内空气有组织地流动，达到通风的效果，而不采用任何辅助设备。冬季通过被动通风可以向室内传入热量，提升室内温度；夏季的被动通风可以有效地降低室内温度，调节室内湿度。它结合了自然通风与人工机械通风的优点，同时克服了自然通风不稳定、机械通风浪费能源的不足之处。可以说，被动式通风技术在建筑中的应用同时满足了“开源”与“节流”的需要。被动式通风技术的理念决定了其与传统采暖降温方式下建筑与自然环境隔绝状态的不同，传统采暖降温方式讲的是“人本位”，把人作为一切服务的主体和中心；而被动式通风技术追求室内环境尽量自然化，追求建筑与自然的和谐，它可以最大程度地使建筑与自然环境融合，保证了人类健康性的需求。

第二节　建筑节能规划的现状分析

1. 国内现状

快速城镇化

城镇化也称城市化，是社会生产力的变革所引起的人类生产、生活和居住方式改变的过程。实际上，是乡村转变为城市的一种复杂过程，是农村人口脱离农业向城镇转移和集中的过程，是土地、劳动力和资本重新组合的过程，是传统产业向现代产业转换的过程，也是城镇数量不断增加、城镇规模不断扩大的过程，其实质是社会经济发展演变的过程。

据联合国公布，2003年世界城市人口有30.0亿，城镇化率为48.0%。一般来说，当一个国家或地区的人均GDP超过1000.0美元，城镇化率达到30.0%以上，就进入了城镇化快速发展期。2002年底，我国城市达660多个，建制镇20601个，城镇人口接近5.0亿人，城镇化水平达到39.1%；2009年，我国城市化率已达到47.0%，2010年将达到50.0%。我国在2003年经济增长9.1%，人均GDP超过1000.0美元，农业只占15%；2010年，GDP总量将达到26.1万亿元，约合为32000.0亿美元，人均GDP要超过2400美元。目前，我国GDP总量位居世界第四，占世界经济份额约5.0%，仅次于美国、日本和德国，但人均GDP仍位居世界第110位。我国城镇化水平和世界相比虽然还比较落后，但已经迈入城镇化快速发展阶段。目前，我国大约有2.2亿农村富余劳动力需要向非农产业和城镇转移，这是工业化和农业现代化发展的必然趋势。近年来，所谓的民工潮实际上是一种农民自发的城镇化要求。农民向城镇移民，到城镇打工，是我国城镇化的重大特色。由半城镇化到城镇化，完全符合社会经济发展规律和传统习惯。为了加快城镇化进程，中央明确指出要积极稳妥地推进城镇化，“消除不利于城镇化发展的体制和政策障碍，引导农村劳动力合理有序流动”。据预测，到2020年我国城镇人口将达到7亿～7.5亿人，城镇化率提高到55%以上。

2. 国外现状

国际低碳城市发展

美国城市西雅图行动计划——全美市场气候保护协议时美国城市低碳发展的重要承诺和协议。到2009年，美国已经有超过900个城市签署了该项协议，这些城市覆盖美国人口超过 8100 万。参加城市承诺采取积极的低碳发展战略，到 2012 年比 1990 年排放水平减少 7%。此外，2007 年 12 月 UNFCCC 的巴厘岛会议上达成的世界市长和地方政府气候保护协定，承诺积极实施低碳战略，实现到 2050 年全球的温室气体排放量比 1990 年时的水平低 60%。截至 2009 年 12 月，已有 112 个城市签署。

国际低碳城市规划紧密服务于低碳城市发展的需求。早期低碳城市规划核心内容是建立城市温室气体清单，在此基础上制定未来减排计划和实施方案。尽管国际低碳城市规划迄今已取得了很大发展，但完整、详尽的温室气体清单依然是低碳城市规划的核心内容之一。

由于发达国家城市的行政自治和民主管理的特点，低碳城市规划往往侧重政策手段和经济刺激，要想采取强制手段必须通过地方政府立法，其操作和实施非常困难。所以，低碳城市规划相对于中国城市专题规划而言显得更加原则性和框架性。

从世界范围内来看，绝大部分重点城市的人均排放都高于其所在国家。然而，经过积极的低碳城市规划和发展，许多城市的排放已经大幅下降，一些城市的人均温室气体排放已经低于其所在国家的水平，例如纽约市 2008 年人均温室气体排放量已经降至 6.4 吨 CO_2 当量。

第二章 节能政策法规及相关标准规范

第一节 建筑节能政策法规与标准

从20世纪80年代开始，我国就针对建筑节能开展了相应的工作，首先是针对北方寒冷地区的采暖建筑制定了相应的用能标准。随后，相关工作逐渐展开，形成了一系列的法规与标准。

1986年8月1日，《民用建筑节能设计标准（采暖居住建筑部分）》JGJ 26—86；1993年3月17日，《民用建筑热工设计规范》GB 50176—93；

1996年12月7日，《民用建筑节能设计标准（采暖居住建筑部分）》修订版JGJ 26—95；

1997年11月1日，《中华人民共和国节能法》；

2000年2月18日，《民用建筑节能管理规定》；

2001年7月5日，《夏热冬冷地区居住建筑节能设计标准》JGJ 134—2001；

2004年10月12日，《关于加强民用建筑工程项目建筑节能审查工作的通知》[建科（2004）174号]；

2005年4月4日，《公共建筑节能设计标准》GB 50189—2005；

2005年4月15日，《关于新建居住建筑严格执行节能设计标准的通知》[建科（2005）179号]；

2005年12月5日，《民用建筑太阳能热水系统应用技术规范》GB 50364—2005；

2005年11月10日，《民用建筑节能管理规定》（建筑部令第143号）；

2006年3月7日，原建设部和国家质量监督检验检疫总局联合公布了《绿色建筑评价标准》GB/T 50378—2006，这是我国第一部从住宅和公共建筑全寿命周期出发，多目标、多层次，对绿色建筑进行综合性评价的推荐性国家标准。

2007年，全国人大常委会对《中华人民共和国节约能源法》进行了修订，明确部署了我国建筑节能立法的框架蓝图，使建筑节能工作翻开了新的篇章。

2008年，国务院颁布了《民用建筑节能条例》，其中对新建建筑节能、既有建筑节能改造、建筑用能系统运行节能、可再生能源应用等方面提出了要求，规定了各级人民政府、建设单位、设计单位、监理单位和施工单位在建筑节能方面的责任和义务。

2012 年 1 月 9 日，住房和城乡建设部发布了《“十二五”建筑节能专项规划（征求意见稿）》；2012 年 3 月 6 日，住房和城乡建设部下发《关于印发住房城乡建设部建筑节能与科技司 2012 年工作要点的通知》；2012 年 5 月 9 日，住房和城乡建设部下发《“十二五”建筑节能专项规划》。

2012 年 3 月 19 日，住房和城乡建设部公布《既有居住建筑节能改造指南》，要求从外墙屋面、采暖系统、供热管网、综合节能等四方面进行既有居住建筑的节能改造。按照全国 35 亿平方米的改造面积计算，这一市场的规模将达到万亿元。

从地方层面来看，从 2011 年年底到 2012 年一季度，全国共有 20 余个地方政府陆续出台了建筑节能相关政策和地方性规范，对建筑节能提出具体要求。据了解，如果对目前城市中不符合节能标准的既有建筑实行节能改造，每年即可节约 3500 万吨左右的标煤，且如果仅对既有建筑中近 20 亿平方米的大型公共建筑进行全面的节能改造，即可带动形成近 4000 亿元的建筑节能产业链。

第二节 相关国家政策

2000 年 10 月 1 日起施行《民用建筑节能管理规定》中称：“国务院建设行政主管部门负责全国民用建筑节能的监督管理工作。”“对不符合节能标准的项目，不得批准建设。”“建设单位应当按照节能要求和建筑节能强制性标准委托工程项目的设计。”

2001 年 11 月 20 日，原建设部科技司发布“关于实施《夏热冬冷地区居住建筑节能设计标准》的通知”。通知指出：《节能标准》对夏热冬冷地区居住建筑从建筑、热工和暖通空调设计方面提出节能措施，对采暖和空调能耗规定了控制指标，达到了指导设计的深度。各地应当从今年 10 月 1 日起施行；同时，可结合实际编制《节能标准》的实施细则。

2004 年，《能源中长期规划纲要（草案）》，其明确提出“在全国形成有利于节约能源的生产模式和消费模式，发展节能型经济，建设节能型社会”；2004 年 11 月，出台了节能领域的第一个中长期规划；2004 年以来，国家先后对焦炭、钢铁、水泥、电解铝等高耗能行业出台了一系列加大产业结构调整力度的政策文件，我国政府还进一步强化了节能标准、标识及认证工作。

2005 年 5 月 31 日，原建设部发布《关于发展节能省地型住宅和公共建筑的指导意见》。《意见》提出：到 2020 年，我国住宅和公共建筑建造和使用的能源资源消耗水平要接近或达到现阶段中等发达国家的水平。

2006 年 1 月 1 日，原建设部《民用建筑节能管理规定》开始施行。原《民用建筑节能管理规定》（建设部令第 76 号）同时废止。该《规定》共 30 条，对民用建筑节能的定义、发布的意义和目的，以及如何落实民用建筑节能等均提出了具体的要求，这将对全国各地做好建筑节能工作产生深远的影响，起到积极的指导作用。

2007 年 4 月，国家发展改革委发布《能源发展“十一五”规划》，规划中提出：到 2010 年，我国一次能源消费总量控制目标为 27 亿吨标准煤左右，年均增长 4%。煤炭、石油、天然气、核电、水电、其他可再生能源分别占一次能源消费总量的 66.1%、20.5%、5.3%、0.9%、6.8%和 0.4%。与 2005 年相比，煤炭、石油比重分别下降 3.0 和 0.5 个百分点，天然气、核电、水电和其他可再生能源分别增加 2.5、0.1、0.6 和 0.3 个百分点。

2007 年 6 月 3 日新华社受权发布《国务院关于印发节能减排综合性工作方案的通知》。节能减排综合性工作方案提出，要对新建建筑实施建筑能效专项测评，节能不达标的不得办理开工和竣工验收备案手续，不准销售使用。同时，方案还透露中国将适时出台燃油税，研究开征环境税。

2008 年，国家发改委公布《民用建筑节能条例》。《条例》可谓是我国建筑节能方面第一部行政法规。该法规再配合建设部出台的其他一些规范性文件，就可形成建筑节能领域一套完整的法律体系。换言之，我国建筑节能未来将有更强力、更完善的法律支持。

国家节能减排相关政策法规　　**表 2-2-1**

<table>
<tr><th>年份</th><th>政策名称</th><th>发文单位</th></tr>
<tr><td rowspan="6">2010</td><td>《能源计量监督管理办法》</td><td>国家质监总局</td></tr>
<tr><td>《关于加快推行合同能源管理促进节能服务产业发展的意见》</td><td>发改委、财政部、央行、国税总局</td></tr>
<tr><td>《私人购买新能源汽车试点财政补助资金管理暂行办法》</td><td>发改委、财政部、科技部、工信部</td></tr>
<tr><td>《关于进一步加强中小企业节能减排工作的指导意见》</td><td rowspan="2">工信部</td></tr>
<tr><td>《轻型汽车燃料消耗量标识管理规定》</td></tr>
<tr><td>《家电以旧换新实施办法（修订稿）》</td><td>商务部、财政部</td></tr>
<tr><td rowspan="4">2009</td><td>《中华人民共和国循环经济促进法》</td><td>全国人大常委会</td></tr>
<tr><td>《关于开展“节能产品惠民工程”的通知》</td><td>财政部、国家发改委</td></tr>
<tr><td>《关于中国清洁发展机制基金及清洁发展机制项目实施企业有关企业所得税政策问题的通知》</td><td>财政部、国家税务总局</td></tr>
<tr><td>《关于〈太阳能光电建筑应用财政补助资金管理暂行办法〉的通知》</td><td>财政部</td></tr>
</table>

续表

年份	政策名称	发文单位
2009	《废弃电器电子产品回收处理管理条例》	国务院
	《国务院办公厅关于治理商品过度包装工作的通知》	
	《关于加强外商投资节能环保统计工作的通知》	商务部、环保部
	《关于开展节能与新能源汽车示范推广试点工作的通知》	财政部、科技部
2008	《关于实施成品油价格和税费改革的通知》	国务院
	《关于进一步加强节油节电工作的通知》	
	《北方采暖地区既有居住建筑供热计量改造工程验收办法》	住房和城乡建设部
	《关于印发公路水路交通节能中长期规划纲要的通知》	交通部
	《关于进一步加强生物质发电项目环境影响评价管理工作的通知》	环保部、国家发改委
	《公共机构节能条例》	国家发改委
	《可再生能源发展“十一五”规划》	
	《民用建筑节能条例》	
2007	《建设部关于落实〈国务院关于印发节能减排综合性工作方案的通知〉的实施方案》	住房和城乡建设部
	《国务院关于印发节能减排综合性工作方案的通知》	国务院
	《能源发展“十一五”规划》	国家发改委
2006	《“十一五”资源综合利用指导意见》	国家发改委
	《中华人民共和国国民经济和社会发展第十一个五年规划纲要》第六篇	
	《建筑门窗节能性能标识试点工作管理办法》	住房和城乡建设部
	《国务院关于加强节能工作的决定》	国务院
	《民用建筑节能管理规定》（修订）	住房和城乡建设部
2005	《关于印发千家企业节能行动实施方案的通知》	国家发改委
	《关于发展节能省地型住宅和公共建筑的指导意见》	住房和城乡建设部
	《关于进一步推进墙体材料革新和推广节能建筑的通知》	国务院
	《关于加快发展循环经济的若干意见》	
	《关于鼓励发展节能环保型小排量汽车意见的通知》	
	《关于做好建设节约型社会近期重点工作的通知》	
2004	《关于加强民用建筑工程项目建筑节能审查工作的通知》	住房和城乡建设部
	《关于加强城市照明管理促进节约用电工作的意见》	住房和城乡建设部、国家发改委
	《节能产品政府采购实施意见》	财政部、国家发改委

续表

年份	政策名称	发文单位
2004	《能源中长期发展规划纲要（2004—2020年）（草案）》	国务院
2002	《关于印发〈建设部建筑节能“十五”计划纲要〉的通知》	住房和城乡建设部、国家发改委
	《排污费征收使用管理条例》	国务院
2001	《关于加强利用废塑料生产汽油、柴油管理有关规定的通知》	国家经济委员会
	《夏热冬冷地区居住建筑节能设计标准》	住房和城乡建设部
2000	《民用建筑节能管理规定》	住房和城乡建设部
	《交通行业实施节能法细则》	国家交通部
	《关于加强工业节水工作的意见》	国家经济委员会
	《节约用电管理办法》	
1999	《中国节能产品认证管理办法》	中国节能产品认证管理委员会
	《中华人民共和国海洋环境保护法》	全国人大常委会
	《重点用能单位节能管理办法》	国家经济贸易委员会
1997	《中华人民共和国节约能源法》	全国人大常委会
1996	《中华人民共和国环境噪声污染防治法》	全国人大常委会
1995	《1996—2010年新能源和可再生能源发展纲要》	国家发改委
	《中华人民共和国电力法》	全国人大常委会
	《中华人民共和国固体废物污染环境防治法》	
1991	《中华人民共和国大气污染防治法实施细则》	国务院
1990	中华人民共和国防治陆源污染物污染损害海洋环境管理条例	国务院
1989	《中华人民共和国环境保护法》	全国人大常委会
	《中华人民共和国水污染防治法细则》	国务院
1988	《中华人民共和国水法》	全国人大常委会
	《中华人民共和国大气污染防治法》	
1984	《国家经委关于开展资源综合利用若干问题的暂行规定》	国家经济委员会
	《中华人民共和国水污染防治法》	全国人大常委会
1982	《节能技术政策大纲》	国家发改委
	《关于按省、市、自治区实行计划用电包干的暂行管理办法》	国务院
1980	《关于加强节约能源工作的报告》	国家经济委员会

第三章　建筑节能规划工程案例

当前，在中国几乎所有的城市都在进行大规模的物质建设、环境建设与空间结构的调整。中国的城市规划经过多年发展，已经成为保证城市健康有序发展的重要基础。城市规划也积极响应“低碳城市”的目标，在特殊的经济快速增长期和规划引导作用的背景下，涌现出了一批各有特色的低碳城市和社区规划，如上海的崇明岛和临港新城、天津中新生态城和深圳光明新城等逾 20 个城市各城区。虽然我国建筑节能规划相比于国外，有起步晚、技术水平不高的种种劣势，但在政府政策性导向的作用下，我国建筑节能规划水平正在逐步提高，与国外的差距也在逐渐缩小。

第一节　国内节能规划案例

上海临港新城的碳排放规划

临港新城位于中国上海东南端——南汇芦潮港，距上海市区 50km，规划面积 296.6km^2（现扩展为 311.6km^2），其中由填海而成的陆域占 45%，是洋山深水港的配套工程之一，于 2003 年 11 月 30 日正式启动。由主城区、重装备产业区、物流园区、主产业区、综合区 5 个功能区域组成的临港新城，依托洋山国际深水港、浦东国际航空港的区位优势，是上海国际航运中心建设的重要组成部分和核心功能区，在上海新一轮发展中具有举足轻重的地位与作用，也是未来上海中心城区的重要辅城。临港新城的规划设计充分体现了 21 世纪新型城市的特征，注重个性化和科学化的人文环境，体现人与自然的和谐关系。从功能上划分为主城区、重装备产业区、物流园区、主产业区、综合区五大城市片区。各片区分合有致，定位明确，结构科学。同时，还规划了泥城、书院、万祥和芦潮港四个城市社区。

临港新城碳排放评估框架体系基于单体建筑整个生命周期评价的理论基础上，进而提出单体建筑在生命周期各个阶段（建材设备准备、建筑施工、建筑运行和维护、建筑拆毁和部分建材回收）内碳排放的计算框架。在临港新城规划和建设过程中，该体系对单体建筑，或住宅社区确定碳排放量的基准值，并提出一定的节能减排的建议，实现预期期望的减排指标。通过临港新城碳排放评价体系的建立和完善，结合临港新城的产业并与社会结构调整的各项政策支撑，实现经济、环境与城市的可持续发展。该碳排放评估体系可以评估临港新城在低碳示范小城镇建设中涉及的产业转型、能源结构、区域规划等发展方向对环境的影响。突出绿色、生态、节能、环保等特点，致力打造宜居、宜商、宜游的绿色新城、生态新城，也将为全国低碳城市规划和建设发挥引领作用。

在碳排放评估体系的构建中，建筑生命周期分析指标包括了建材准备和运输阶段、建筑施工阶段、建筑运行和维护阶段和建筑拆毁阶段；在计量方法上，采用了模型方法和实测方法并用的手段；建造期建筑碳排放计量方法包括建筑材料以及相应的碳排放计量方法和建设过程和施工碳计量；运行期建筑碳排放计量方法包括单体建筑、空调采暖、照明动力系统、节水以及相应的碳排放计算；对于社区，对于社区绿化系统和生态围护系统、可再生能源、现场发电和分散式能源供应以及交通，都采用了对应的碳排放计算方法。

根据以上所述的碳排放评估体系，归纳出临港新城的规划要素，作为节能减派潜力的挖掘和评估。临港新城中心区是综合商业生活服务区，功能以商业办公、居住休闲为主，几乎没有工业碳排放。临港新城中心区的 CO_2 排放模型参考国内外城市碳排放清单和 2006 年 IPCC 国家温室气体清单指南方法，并结合本地排放特征建立，包含来自建筑部门与交通部门 CO_2 排放和绿地系统的 CO_2 吸收。建筑部门占中心区碳排放比重较大，为更加精确地分析 CO_2 排放特点和制定 CO_2 减排指标，模型将建筑部门分为公共建筑和住宅建筑计算 CO_2 排放量，采取生命周期方法，将建材准备施工和拆毁回收的 CO_2 排放平均到建筑的生命周期中（50 年）。据此得出，临港中心区在 2010 年碳排放总量约 100 万吨，几乎全部由建筑开发使用排放。但随着临港人口的增加，由于郊区的出行特点，交通碳排放在此后十年中比例快速增加。绿地系统对 CO_2 的吸收会抵消部分碳排放，但其减排效果并不突出，不到 CO_2 排放总量的 1％。

2010 年，临港新城中心区的排放清单是——公共建筑：29.63 万 t；住宅建筑：39.59 万 t，交通：2.45 万 t；绿地：－9.85 万 t；在 2020 年基本完成新城建设和人口稳定后，碳排放量日趋稳定。根据估算，2020 年临港新城中心区的排放清单是——公共建筑：82.50 万 t；住宅建筑：109.97 万 t；交通：60.12 万 t；绿地：－19.69 万 t。

临港新城作为年轻、快速建设发展的新城，其碳排放相较于一般城市有其特殊性：即各部门碳排放迅速增加，建筑年排放量在 10 年里增加 3 倍，而交通年排放量由于人口的迅速增长增加最快，达到约 30 倍。为达到在 2020 年基础上减少年碳排放 50％的目标，规划的重点要素包含公共建筑、居住建筑和交通部门。此外，也包含废弃物排放、政策制定与实施、宣传教育和适应气候变化等要素。

第二节 国际低碳城市实践

欧美国家和日本多以CO_2绝对减排量作为目标。《京都议定书》的规定是减排的基础依据：发达国家以1990年排放量为基准，2012年减排5.2%的二氧化碳。2007年3月13日，英国公布了世界上第一部规定了强制减排目标的立法文件《气候变化法案（草案）》，2008年11月议会通过《气候变化法案（Climate Change Act）》，以法律的形式规定了英国政府在降低能源消耗和减少碳排放量方面的目标：到2020年将英国的温室气体排放量在1990年的水平上减少26%，到2050年在1990年的水平上削减至少80%。世界上许多城市已经按照自身特征制定了碳减排的目标和要求。城市作为CO_2排放的最重要场所，已经开始根据自身的排放特点进行气行动，设定自己远期和中期的CO_2总减排目标。减排目标设定后，再按排放部门的贡献值和减排潜力进行分解，设定各部门的分目标并制定实际可监控的行动计划。英国的阿伯丁市率先探索性地开展了低碳城市规划实践。美国与中国的碳排放总量相似，以下分析五座美国城市的低碳规划，并以波特兰市为例城市的温室气体减排计划进行详细地观察，见表2-3-1。

美国5城市温室气体规划减排目标　　表2-3-1

城市	城市温室气体减排目标
波特兰	2050年前减排温室气体80%，2030年前减排温室气体40%
洛杉矶	2030年前减排1990年碳排放基础的35%
迈阿密	2020年减排温室气体2006年基础25%，2015年政府部分减排2007年基础的25%
芝加哥	2050年减排1990年温室气体排放基础的80%，2020年减排25%

波特兰市致力于碳减排已有15年的时间。2007年，波特兰议会通过决议：2050年前减排温室气体80%，2030年前减排温室气体40%。根据本市温室气体排放清单，行动计划将减排目标与相应行动可以分为八类：建筑与能源、土地利用与交通、消费与固体废弃物、城市绿地、食物与农业、社区参与、气候变化准备、政府措施；并进行实施与监管：每年发布碳排放报告，每三年评估已实施的行动和确定新行动和每十年检验目标完成情况，见表2-3-2。

波特兰市的低碳规划方案　　表2-3-2

分类	2030年规划目标	2012年前规划行动
建筑与能源	1. 在2010年前减少建筑能源使用量25%	·每年至少一千万美元用于提高能效 ·能效分级与消费披露 ·建立建筑能效基准 ·奖励旧建筑节能 ·与学校、组织合作

续表

分类	2030年规划目标	2012年前规划行动
建筑与能源	2. 所有新建筑的达到零排放温室气体	·奖励高能效新建筑 ·修订建筑规范 ·提供绿色建筑服务、教育与技术支持
	3. 可再生能源和清洁能源量达到总量的10%	·成立投资基金 ·建立一个区域供热供暖系统 ·可再生能源量达5MW
土地利用与交通	4. 创建活力社区，使步行满足90%居民除工作以外的日常出行	·在现在城市边界内适应人口和经济增长 ·创建宜步行社区 ·规划需要考虑碳排放 ·设立公共基金支持步行社区建设 ·电车系统
	5. 人均车行距离在2008年基础上减少50%	·建立先进自行车系统 ·设立自行车计划基金 ·智能交通工程 ·投资电信以鼓励电子商务与办公 ·通过机动车收费支持非机动车交通设施建设 ·保护城际货运设施
	6. 每加仑汽油可支持车行距离增加到40英里	·支持州排气标准 ·教育居民与商人驾驶最高效汽车
	7. 减少交通燃料生命周期过程中的温室气体排放20%	·支持城市可再生燃料标准：至少10%的生物燃料，其中一半原料发源产自俄勒冈州 ·加速交通向氢能和电能汽车转型
消费与固体废弃物	8. 减少固体废弃物总量的25%	·鼓励最少包装和可持续可回收包装的商品 ·参与商品管理办法
	9. 75%的垃圾发电	·强制商业食物垃圾回收 ·每年帮助1000家企业提高回收率 ·利用铁路创建区域货运等级机制 ·提供技术支持
	10. 使垃圾回收系统效率最大化	·提供高效的垃圾回收服务
城市绿地	11. 森林树冠面积扩大到城市的三分之一	·鼓励种植和保护树林 ·修建、修复和保护开放空间 ·宣传树木的优点 ·视树林为城市的固定资产

续表

分类	2030 年规划目标	2012 年前规划行动
食物与农业	12. 增加本地食物消费	• 建立较强的本地食物系统 • 教育居民在社区种植水果、蔬菜 • 鼓励城市用地和屋顶种植食物 • 新建 1300 个新的社区花园
	13. 减少碳密集食物的消费	• 鼓励公众选择气候友好型食物 • 推行健康、低碳食谱
社区参与	14. 改变居民和商业行为模式	• 举办推进碳排减的社会活动 • 成立商业领袖委员会 • 建立包含学院、商业和政府共商政策发展的中心
气候变化准备	15 良好地适应气候变化	• 评估气候相关风险 • 分析行动的成本收益 • 向城市各部门分配职责
政府设施	16. 政府设施的碳排放在 1990 年基础上减少 50%	• 提供城市设施升级资金支持 • 新建筑满足 2030 目标 • 使能源密集型设施向高效科技型转变 • 实施绿色建筑政策 • 城市设施全部来自可再生能源，其中至少 15%产自本地如太阳能和生物能 • Regulated fleets. 调节货物运输系统 • 购买电动氢能汽车 • 回收全市 85%垃圾 • 政府决议考虑碳排放指标

低碳社区近年来逐渐成为规划设计的关注点。国外现在兴建了一系列“低碳”“零碳”社区。不过，目前这些住区的碳排放多停留在定性分析层面，主要是在设计阶段考虑应用各种减排措施，但并未通过定量计算予以验证。有关零碳住区的定义也很含糊。以英国 BEDZED 零碳住区为例，“零碳”含义主要是指“零碳能源”，即利用零排放的可再生能源来减少 CO_2 排放，并非是从生命周期角度考虑零碳排放。

低碳规划模型框架体系目前国外发达城市主要实行碳的绝对量减排，但是制定绝对量的减排目标对正处于快速发展和能源消耗急剧增加的发展中国家，尤其是我国的城市有诸多不得因素。首先，中国城市的发展普遍对化石能源依赖度较高，城市的经济总量的增长伴随着能源消耗量的增加，能源碳排放因此处于增长过程中；其次，中国虽然年排放量处于世界首位，但从历史的角度看，中国的历史总排放量远低于美国和欧盟，将发达国家的城市和发展中国家的城市减排目标等同是不合适的。

结语 建筑节能规划的发展趋势

建筑物要满足众多的功能性要求，在规划和设计时应充分考虑到城市规划、地域环境和当地的人文环境等众多因素的限制。虽然当前我国的许多建筑规划与建筑设计之间存在着不协调的问题，但随着不同领域的合作、规划思路的成熟和设计理念的深化，建筑在规划层面将继续朝着更加节能的目标前进。

当前的时代注重信息效用，也注重生态环境的保护，对于生态意识的保护，手段越来越先进，越来越智能化，关于生存环境的探索，越来越向着国际化原则迈进。对涉及的地方性、地域性理解，重视地方场所的文化脉络；运用技术的公众意识，结合建筑功能要求，采用简单、合适的技术；树立建筑材料蕴含能量和循环使用的意识，在最大范围内使用可再生的地方性建筑材料，避免使用高温能量，破坏环境，产生废物以及带有放射性的建筑材料，征求重新利用旧的建筑材料和构件；针对当地气候条件采用别动式能源策略，尽量应用可再生能源；完善建筑空间使用的灵活性，以便减少建筑体量。将建设所需的资源降至最少；减少建筑过程中对环境损害，避免环境的破坏，资源的浪费以及建材的浪费。

一座绿色环保的生态城市，不仅仅要靠每栋单体建筑的节能，而且还要对整个城市的布局进行合理规划，而规划的基础又是建筑的节能措施，所以单体建筑和规划尺度的节能是相辅相成、密不可分的。

建筑节能规划专业编写人员：

吴志强 许 鹏 汪滋淞

第 三 篇 建筑节能服务

第一章　前　　言

建筑节能服务，是指建筑节能服务提供者为业主的建筑采暖、空调、照明、电气等用能设施提供检测、设计、融资、改造、运行、管理的节能活动，是以降低建筑能耗、提高用能效率为目的，提供服务与管理的经济活动的相关主体总和。合同能源管理是一种基于市场的能源管理机制，其实质是以减少的能源费用来支付节能项目全部成本。这种节能投资方式允许客户用未来的节能收益为工厂和设备升级，以降低运行成本；或者节能服务公司以承诺节能项目的节能效益，或承包整体能源费用的方式为客户提供节能服务。节能服务公司与用户签订能源管理合同、约定节能目标，为用户提供节能诊断、融资、改造等服务，并以节能效益分享方式回收投资和获得合理利润，可以显著降低用能单位节能改造的资金和技术风险，充分调动用能单位节能改造的积极性，是一种行之有效的节能措施。

1997 年以来，我国通过与国际组织和国外政府合作，开展了一些建筑节能服务项目的试点，主要涉及既有建筑节能改造、建筑节能标准制定、建筑节能政策研究等方面。2007 年以来，随着公共建筑节能监管平台和高耗能的建筑改造工作的启动，比较全面地掌握了公共建筑的能耗状态和特点，为制定有关标准规范和制度奠定了数据基础，为合同能源管理机制的推行奠定了基础，也为激发公共建筑节能改造市场奠定了基础。

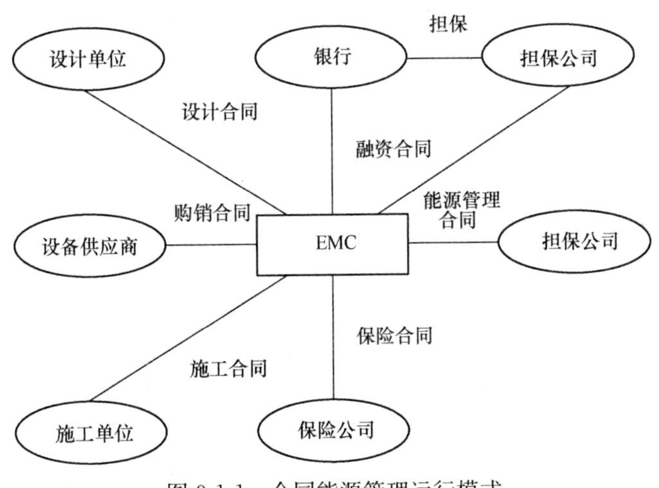

图 3-1-1　合同能源管理运行模式

为了推动节能产业的发展，我国加大了对合同能源管理的扶持力度。2010年4月2日国务院办公厅转发了发改委等部门《关于加快推行合同能源管理促进节能服务产业发展意见的通知》、财政部出台了《关于印发合同能源管理财政奖励资金管理暂行办法》，从政策上、资金上给予大力支持，促进节能服务产业的健康快速发展。根据中国节能协会节能服务产业委员会发布的《2013年度节能服务产业发展报告》显示，2013年，节能服务产业总产值从2012年的1653.37亿元增长到2155.62亿元，增幅为30.38%。相应实现的节能量达到2559.72万t标准煤，减排二氧化碳6399.31万t；全国从事节能服务业务的企业从2012年底4175家增长到2013年底的4852家，增幅为16.22%；产业从业人员从2012年底43.5万人增长到50.8万人，增幅为16.78%。

据统计，国家发改委公布的五批备案节能服务公司总数已达3210家，其中涉及做建筑节能服务业务的公司约占近70%。近年来，建筑节能服务公司数量增长迅猛，建筑合同能源管理项目投资逐年增加。

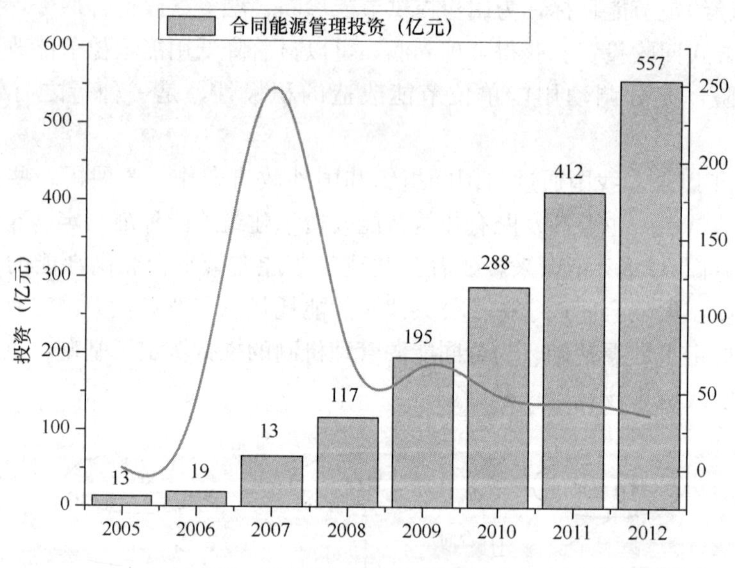

图 3-1-2 合同能源管理投资

随着我国经济的快速持续发展，能源制约日益加大，国家对节能减排和节能环保产业的日趋重视，市场参与主体越发壮大，合同能源管理正展现出巨大的市场发展潜力。按照《"十二五"节能环保产业发展规划》，合同能源管理被列为八大重点工程之一，未来5～10年，合同能源管理有望步入黄金发展时期。

我国建筑市场巨大，但是对建筑能源系统进行管理却基本是空白。在民用建筑领域对既有建筑空调系统及住宅采暖系统进行节能改造，挖掘其节能潜力具有重要的意义及广阔的市场空间。我国政府机构节能潜力巨大，能源费用开支一年超过 800 亿元；单位建筑面积能耗和人均能源消费总量远高于发达国家水平。商业公共建筑也有巨大节能潜力。我国住宅采暖用能约占全国商品能源总消耗的 10％。由于保温隔热和气密性能差，供暖系统热效率低，管网输送效率低，缺乏控制与节能手段，普遍在低负荷，低效率下运行，实际供暖面积平均只有设备能力的 40％左右。我国住宅采暖能耗为相近气候条件的发达国家的 3 倍左右，节能潜力也是巨大的。所以说，对国内的投资市场来说，专业化的节能产业是又一个新的商业机会。

第二章　合同能源管理政策现状调研

第一节　国内现有政策

自从1997年合同能源管理登陆中国，我国连续发布一系列政策促进合同能源管理的发展。2010年为合同能源管理政策发布最为集中的一年，其中国办发［2010］25号文和财建［2010］249号文分别就政策和财政补助两个方面进行了相关规定，各地也根据这两个文件分别出台了实施意见和管理办法。

2010年，国办转发发展改革委等部门《关于加快推行合同能源管理 促进节能服务产业发展意见》（国办发［2010］25号），明确了合同能源管理资金奖励、税收优惠、金融服务等政策，政府机构采用合同能源管理方式实施节能改造，按照合同支付给节能服务公司的支出视同能源费用进行列支，事业单位采用合同能源管理方式实施节能改造，按照合同能源管理支付给节能服务公司的支出计入相关支出，能源管理合同期满，用能单位取得的相关资产作为接受捐赠处理，政府机构应带头采用合同能源管理方式实施节能改造，发挥模范带头作用。

《合同能源管理财政奖励资金管理暂行办法》（财建［2010］249号）中明确财政奖励资金支持范围为采用合同能源管理方式实施的工业、建筑、交通等领域以及公共机构节能效益分享型合同能源管理项目；支持对象为实施合同能源管理项目的节能服务公司；其要求为节能服务公司投资70%以上，单个项目年节能量（指节能能力）在10000t标准煤以下、100t标准煤以上（含）；奖励标准按年节能量和规定标准给予一次性奖励，中央财政奖励标准为240元/t标准煤。

住房和城乡建设部《"十二五"建筑节能专项规划》提出，"在规划期内实施10个以上公共建筑节能改造重点城市，实施高耗能公共建筑节能改造达到6000万m^2，高校节能改造示范50所，实现公共建筑单位面积能耗下降10%，其中大型公共建筑能耗降低15%"的任务和目标，同时提出"加快推行合同能源管理，规范能源服务行为"。

2013年1月1日，《国务院办公厅关于转发发展改革委、住房城乡建设部绿色建筑行动方案的通知》明确提出积极推动公共建筑节能改造：开展大型公共建筑和公共机构办公建筑空调、采暖、通风、照明、热水等用能系统的节能改造，提高用能效率和管理水平。鼓励采取合同能源管理模式进行改造，对项目按节能量予以奖励。推进公共建筑节能改造重点城市示范，继续推行“节约型高等学校”建设。“十二五”期间，完成公共建筑改造6000万m^2，公共机构办公建筑改造6000万m^2。

第二节 地方现有政策

1. 地方合同能源管理政策概况

目前，全国各省、自治区和直辖市都先后发布了适用于本地的合同能源管理政策。各地合同能源管理相关政策主要包括：为贯彻落实国办发（2010）25号文件《关于加快推行合同能源管理促进节能服务产业发展意见的通知》而制订的本地实施意见，根据《合同能源管理财政奖励资金管理暂行办法》各地制订实施细则以及各地根据本地情况制订节能服务公司备案制度、节能服务中介机构管理制度、公共机构合同能源管理办法等。有的地方通过修订立法，在地方性法规中明确提出对合同能源管理的支持。如，浙江省2011年5月修订的《浙江省实施〈中华人民共和国节约能源法〉办法》第四十四条规定，“县级以上人民政府应当将合同能源管理项目纳入有关专项资金支持范围。节能服务机构采用合同能源管理方式提供节能服务的，按照国家和省有关规定，给予税收扶持和补助、奖励。用能单位采用合同能源管理方式支付节能服务机构的支出，按照国家会计制度的规定予以列支”。

2. 合同能源管理推广政策

各地提出加快培育节能服务市场的政策措施，主要包括：

（1）加大能源审计力度，由行政管理部门组织开展对重点用能单位、公共机构和大型公共建筑进行能源审计，并向社会公布，督促用能单位提高能源利用效率。吉林省提出，省内各级节能管理部门，要制定行业能耗限额（标准）。根据能耗限额（标准），组织开展对重点用能单位、公共机构和大型公共建筑进行能源审计。对不符合能耗限额（标准）的单位限期整改，并向社会公布。

（2）率先推进公共机构的节能改造。很多地方明确，公共机构在实施节能改造时，原则上应采用合同能源管理方式进行。北京市提出建立合同能源管理项目库，组织节能服务公司与用能单位对接，组织对重点用能单位、公共机构、大型公共建筑等开展节能诊断，开展合同能源管理示范项目。

（3）搞好大型公共建筑的节能改造。大型公共建筑在实施节能改造时，要优先采用合同能源管理方式进行。

（4）强化重点用能单位的节能改造。本市重点用能单位在实施节能改造时，要积极采用合同能源管理方式进行。

（5）鼓励大型能源企业、能源设备制造企业、大型重点用能单位利用自己的技术优势和管理经验，组建专业化节能服务公司，为本行业其他用能单位提供节能服务。天津市提出，将推行合同能源管理工作情况，作为实施节能目标责任评价考核工作的重要内容。还提出，鼓励搭建节能量交易平台，开展合同能源管理项目节能量交易试点，积极探索节能量交易模式。

在融资方面，北京将节能服务公司申请贷款信用担保，纳入北京市中小企业担保资金支持范围。同时将根据合同能源管理的特点，将贷款信用担保期限延长至三年。其公共服务平台根据合同能源管理项目库中的项目情况，可向银行和担保机构出具推荐报告。上海、吉林等地，针对金融机构对合同能源管理项目风险评价能力不足的现状，提出建立管理机构与金融机构合作机制，将根据银行和担保机构的需要，出具合同能源管理项目技术风险评价报告，供金融机构对项目风险评审使用。河南提出，探索建立保险公司合同能源管理项目履约保证保险项下融资担保机制，开辟创业基金、融资租赁等其他融资渠道。

3. 合同能源管理财政奖励政策

2010 年 6 月 3 日，财政部、国家发展改革委发布的《合同能源管理项目财政奖励资金管理暂行办法》（财建【2010】249 号）第二十三条规定，各地要根据本办法规定和本地实际情况，制定具体实施细则，及时报财政部、国家发展改革委备案。各地方文件下发后，先后制订本地的实施细则。综合各地的实施细则，其主要内容涉及奖励范围、奖励对象、奖励条件、奖励标准、地方单方奖励、奖金限额和政策有效期七个方面。其详细内容在第三章财政激励政策中会详细阐述。

4. 节能服务公司管理政策

综合各地政策，各地备案制度有两种情况：一是只有一级备案，既国家级备案；二是两级备案，即国家级备案和地方备案（市级或省级）。北京、重庆、山西、上海、吉林、福建、海南实行两级备案。地方备案条件稍宽，大多数地方级备案要求节能服务公司注册资本在 300 万元以上（含）。海南、福建要求注册资金须在 200 万元及以上。上海出台单行备案管理规定，市级备案条件较为宽松，在业务范围上只要求经营范围与节能服务产业相关；注册资本仅要求在人民币 100 万元以上。不过，对节能服务公司的技术人员做出了具体的规定要求，规定

技术负责人应具有高级专业技术职称并有 3 年以上节能管理工作经验，从事节能管理工作、具有高级专业技术职称（机电、暖通、热工、建筑等相关专业）的人员不少于 5 人，备案明确有效期为三年。

5. 节能量审核管理政策

综合各地政策，对于申请财政奖励资的合同能源管理项目，实行第三方节能量审核制度。北京、上海、四川等地出台了第三方节能量审核机构备案管理制度。天津实行节能量审核机构证书制度，证书有效期为两年，还对节能量审查的程序做了较为具体和详细的规定。节能量审核的费用，多数地方明确节能审核的费用由财政负担。

6. 公共机构合同能源管理政策

很多地方规定公共机构节能改造应优先采用合同能源管理方式。一些地方出台了专门针对公共机构合同能源管理项目的支持政策，如黑龙江出台了《黑龙江省公共机构合同能源管理项目实施细则》；河南省出台了《河南省公共机构合同能源管理（暂行）办法》。各地对公共机构合同能源管理也提出一些奖励和支持措施。出台公共机构合同能源管理政策的地方一般规定，在项目合同期内，财政部门不调减年度用能经费预算（单位用能需求发生变化的除外）；因实施节能改造而节约的能源费用，除与节能服务公司分享外，可用于弥补本单位除人员经费以外的其他工作经费支出。北京规定，对公共机构合同能源管理的支持政策更宽，要求市财政对节能服务公司节能诊断费用给予一定补贴。而且规定，在项目合同期满后单位的能源节约收益，在 3 年内全部留存单位，在部门预算中统筹使用。

《河南省公共机构合同能源管理（暂行）办法》，对公共机构实施合同能源管理项目的程序做出了较为具体的规定。并首次对公共机构合同能源管理项目的合同期限做出规定，“合同期限原则上不超过 5 年，新技术、新产品应用或者固定资产投资较大的项目可以适当延长，最长不超过 10 年”。对省直公共机构合同能源管理项目，按照合同存续期内产生的节能量折算标准煤，分三档进行财政奖励，最高奖励额为 15 万元。

第三章　激励性政策调研

第一节　财 政 激 励 政 策

1. 中央财政奖励政策

财政部、国家发改委2010年6月发布了《合同能源管理财政奖励资金管理暂行办法》的通知，中央财政安排奖励资金，支持推行合同能源管理，促进节能服务产业发展。符合支持条件的节能服务公司实行审核备案制度，节能服务公司向公司注册所在地省级主管部门申请，初审后报国家发改委、财政部。

其支持条件：

（1）独立法人，以节能为主营业务，并通过发改委、财政部备案；

（2）注册资本500万以上，有较强融资能力；

（3）经营状况和信用记录良好，财务制度健全；

（4）拥有匹配的专职技术和管理人员，具备保障项目顺利实施的能力；

支持方式为财政部对合同能源管理项目按年节能量和规定标准给予一次性奖励。主要用于合同能源管理项目及服务产业相关支出。

奖励标准：

中央财政和省级财政共同负担，其中：中央财政奖励标准为240元/t标准煤，省级财政奖励标准不低于60元/t标准煤，有条件的地方可适当提高奖励标准。

补贴计算按照节能量发热量折算成所需燃烧标准煤炭的吨位数。

2. 地方财政奖励

2010年6月3日财政部、国家发展改革委发布的《合同能源管理项目财政奖励资金管理暂行办法》（财建【2010】249号）第二十三条规定，各地要根据本办法规定和本地实际情况制定具体实施细则，及时报财政部、国家发展改革委备案。各地方文件下发后，先后制订本地的实施细则。综合各地的实施细则，其主要内容涉及奖励范围、奖励对象、奖励条件、奖励标准、地方单方奖励、奖金限额和政策有效期。

奖励范围：

国家财政奖励资金的支持范围是采用合同能源管理方式实施的工业、建筑、交通等领域以及公共机构节能改造项目，项目内容主要为锅炉（窑炉）改造、余热余压利用、电机系统节能、能量系统优化、绿色照明改造、建筑节能改造等节能改造项目，且采用的技术、工艺、产品先进实用。各地政策与此大致相同。有些地方的规定略有扩大，如重庆市规定，“财政奖励资金的支持范围是采用合同能源管理方式实施的工业、商业、建筑、交通、市政等领域以及公共机构的节能改造项目”，明确将商业和市政领域列入其中。

奖励对象：

国家财政奖励资支持的对象是实施节能效益分享型合同能源管理项目的节能服务公司。大多数省份的政策规定与国家规定相同。有的省份支持对象有所扩大。其中，上海支持对象包括实施节能效益分享型合同能源管理项目和节能量保证型合同源管理项目的节能服务公司，规定“节能量保证型合同能源管理项目的奖励标准按节能效益分享型合同能源管理项目奖励标准的 60%执行”，这是目前唯一对节能量分享型以外的其他类型的合同能源管理项目明确支持的地方政策。福建省规定，按照“谁投资谁受益”的原则，财政奖励资金支持的对象是出资实施合同能源管理项目的节能服务公司和用能单位。节能服务公司和用能单位按项目投资比例分享奖励资金。

关于节能服务公司注册地。对于中央与地方的共同奖励，不应限定节能服务公司是否在地方注册，即使不在地方注册，如实施项目在地方，仍应在项目实施地申请共同奖励。关于这一点，2011 年 6 月 29 日财政部办公厅和国家发展改革委办公厅联合下发的《关于合同能源管理财政奖励资金需求及节能服务公司审核备案有关事项的通知》明确规定，“备案名单内的节能服务公司在全国各地实施的合同能源管理项目，均可向项目所在地省级财政部门和节能主管部门申请财政奖励资金支持，各地不得对节能服务公司设置注册地域要求”。因此，地方财政奖励政策中明确规定，外地注册的节能服务公司同样可申请财政奖励，如《四川省合同能源管理项目财政奖励资金管理实施暂行办法》明确规定，“通过国家发展改革委、财政部审核备案的在四川省境外注册的节能服务公司，在四川省境内实施合同能源管理项目的，适用本办法”。

奖励条件：

中央政策和地方政策中均规定了项目的奖励条件，对于申请中央财政和地方财产共同负担的奖励资金（以下称共同奖励）的申请条件，各地政策规定与中央政策基本一致，个别地方稍有区别。如，江西增加了两个条件：一是项目关键技术应具有较大的推广潜力，在行业内具有先进性和示范意义，对节能工作有较强的带动作用，项目实施后能够迅速形成显著的直接节能效果；二是项目实施过程中优先采用国家政府采购清单中推荐的节能产品、国家节能产品惠民工程产品和国家绿色照明推广产品等。福建要求，单次申报项目年总节能量（指节能能力）在200t标准煤以上。北京要求，合同金额20万元以上。山西要求，单个项目合同金额超过50万元（含），项目实施后按可比口径计算，年节能率达到15%（含）以上。安徽要求项目实施过程中优先采用国家政府采购清单中推荐的节能产品、国家节能产品惠民工程产品和国家绿色照明推广产品等。

奖励标准：

（1）中央与地方的共同奖励：国家政策规定，财政奖励资金由中央财政和省级财政共同负担，其中：中央财政奖励标准为240元/t标准煤，省级财政奖励标准不低于60元/t标准煤。有条件的地方，可视情况适当提高奖励标准。从检索到的文件来看，有16个省份地方的奖励标准为60元/t标准煤，有8个省份地方的奖励标准高于这一标准，高于这一标准的地方为：北京、上海、天津、重庆、福建、山西、海南、广东。其中，福建的省级奖励标准最高，对非工业项目的奖励标准为800元/t标准煤。《新疆维吾尔自治区合同能源管理项目及财政奖励资金实施办法（暂行）》中规定，"合同能源管理项目奖励资金由中央财政和自治区财政共同负担，其中：中央财政奖励标准为240元/t标准煤，自治区财政安排专项资金予以适当奖励"，在该文件中未明确具体奖励标准。各地共同奖励标准如表3-3-1所示。

各地共同奖励标准　　　　**表3-3-1**

地方	中央和地方共同奖励标准	地方	中央和地方共同奖励标准
福建省	800/500	河南省	300
北京市	500	河北省	300
上海市	600	湖北省	300
山西省	400	安徽省	300
天津市	360	浙江省	300
重庆市	360	江苏省	300
海南省	360	江西省	300
广东省	320	四川省	300
黑龙江	300	广西壮族自治区	300
吉林省	300	云南省	300
辽宁省	300	宁夏	300
陕西省	300	甘肃省	300

注：福建省是按核定的项目年节能量，工业项目以500元/t标准煤的标准予以奖励，建筑、交通、公共机构等其他领域项目以800元/t标准煤的标准予以奖励。

（2）地方单方奖励。除与中央财政的共同奖励外，出台地方单方奖励的省份有，北京、重庆、山西、上海、吉林、浙江、福建、海南等地方。各地单方奖励标准详情见表 3-3-2。

地方单独奖励标准　　**表 3-3-2**

省市	奖励标准	备　注
上海市	500	可选择，按照年节能率和投资额计算奖励。按年节能率计算的，给予不超过项目投资额 30%的奖励。其中，年节能率在 15%～25%的项目，给予不超过项目投资额 20%的奖励；年节能率在 25%以上的项目，给予不超过项目投资额 30%的奖励。
福建省	500	其他项目 500
北京市	450	
山西省	350	
海南省	330	
重庆市	200	
浙江省	200	
辽宁省	150	

其中，地方单方奖励有以下特点：

①奖励资金计算依据多元化。除按节能量计算奖励金额外，有的地方还规定可选择按投资额计算的奖励金额。如北京规定，“节能服务公司可选择按年节能量给予一次性奖励，按项目节能率、项目投资额的一定比率给予一次性奖励”。上海规定，“地方财政对合同能源管理项目采用按年节能量奖励与按年节能率奖励两种方式，节能服务公司可以在两种方式中任选一种”。

②条件放宽。有的地方在奖励条件上有所放宽。如，北京规定，将国家级财政奖励要求的工业项目 500t 标准煤以上的起点，降低至 300t 标准煤以上。海南规定，单个项目年节能量在 10000t 标准煤以下、100t 标准煤及以上的项目可申请财政奖励资金，不区分工业项目还是其他项目，降低了小型工业节能项目申请奖励的门槛。上海规定，申请地方奖励的项目条件放宽为，“节能服务公司投资 50%以上，合同金额在 15 万元以上（含），单个项目年节能量在 50t 标准煤以上（含）”。降低了节能服务公司投资比例。重庆规定，单个项目不够规定节能量底线要求的同类型项目，如果合并计算节能量符合条件的，按照 200 元/t 标准煤予以奖励。

③奖励补助项目扩大。有些地方对前期诊断费用给予补助。如上海，“对符合中央财政和地方财政支持条件的合同能源管理项目，再对其前期诊断费用给予一次性补助。其中，对合同金额在 200 万元以上（含）且年节能量在 500t 标准煤以上（含）的合同能源管理项目，给予一次性补助 6 万元；对其他合同能源管理项目，给予一次性补助 3 万元”。北京也规定，合同能源管理项目完工后三个月内，节能服务公司可提出诊断补贴申请。

④申请地方单独奖励，一般要求节能服务公司在本地注册和备案。如上海规定申请地方奖励的条件之一为，“项目由在本市注册的、具有独立法人资格、经本市备案的节能服务公司在本市地域内实施”。大多数地方政策规定的地方单方奖励资金均明确由省级财政负担，但有例外。如海南规定：符合省级合同能源管理财政奖励资金要求的项目，由省级财政和市县财政共同负担，奖励标准为330元/t标准煤。其中，省级财政奖励标准为300元/t标准煤，市县财政奖励标准不低于30元/t标准煤。

(3) 奖励上限：虽然中央财政奖励未明确规定奖励上限，但规定奖励节能量的上限是1000t，所以事实上存在上限，即单个项目的最高奖励资金（共同奖励）不会超过300万元。一些地方对本地的奖励上限做出了规定，如上海规定，单个项目最高奖励额不超过500万元。北京规定，奖励单个项目最高支持额度不超过450万元。福建规定，地方单独奖励给予单个支持对象的单次奖励资金最多不超过300万元。

奖励申请：

多数地方规定项目合同签订后要向主管行政机关备案，规定在项目完工后可申请奖励资金。有的地方，要求项目完工并稳定运行，或形成稳定的节能能力，或项目已进入实际分享期方可申请。有些地方要求，运行一段时间后方可申请。如，上海要求合同能源管理项目完工且正常运行3个月，经合同双方验收后，节能服务公司方可以向管理机构提出财政奖励资金申请。陕西要求，合同能源管理项目完工后且正常运行一个周期后提出财政奖励资金申请。海南要求，合同能源管理项目完工并经至少一个季度的运营后方可提出申请。北京规定了奖励资金预付制度，对年节能量预计在2000t标准煤（含）以上的合同能源管理项目，在合同备案且项目开始施工后，节能服务公司可提出申请不超过50%的财政奖励预付资金。有的地方规定，奖励资金分两期支付。如天津规定，“市财政局、市经信委依据节能量审核机构的年节能量审核结果，按照财政奖励资金标准80%拨付资金，待国家有关部门对本市合同能源管理项目实施情况进行检查后，再清算剩余财政奖励资金”。山西规定，在节能服务公司与用能单位正式签订协议，项目正式实施后，节能服务公司方可申请财政奖励，审核批准后先支付70%，一年后经事后审核，发30%。湖北的规定与山西类似。

第二节 税收优惠政策

一、节能服务公司税费承担情况

合同能源管理公司主要涉及的流转税为营业税和增值税。流转税又称流转课税、流通税，指以纳税人商品生产、流通环节的流转额或者数量以及非商品交易的营业额为征税对象的一类税收。各种流转税（如增值税、消费税、营业税、关税等）是政府财政收入的重要来源。

节能服务公司所承担的税费与合同能源管理项目实施形式有关。合同能源管理项目运作模式主要包括四种：分期付款的总承包模式、BOT 模式、缴纳“营业税”的节能服务模式和营业税改增值税节能服务模式。四种模式下，项目运作及节能服务公司税费承担情况分别如下：

1. 分期付款的总承包模式

合同能源管理机制是从国外引进的一种机制，在国务院【2010】25 号文件颁布前，我国缺少与这种机制相对应的会计税收制度。不少人认为，这是一种类似于融资租赁的机制，这导致严格意义上的合同能源管理机制在国内无法顺利实施。税收政策扶持不足一直被认为是我国节能服务行业此前发展不快的一大原因。在合同能源管理中，节能服务公司通常需要采购节能设备用于优化能源利用，税务部门则往往把节能服务公司看作是一般的节能设备销售商。部分节能服务公司根据我国市场的特点，为使合同能源管理项目顺利实施而设计出了一种模式，其借鉴了工程总承包的运作模式，考虑到合同能源管理项目有节能服务公司投资的特点，加上了垫资（客户不付费用或者少付费用）；考虑到合同能源管理项目分享节能效益的特点，加上了分期付款。这样，就形成了合同能源管理项目的分期付款垫资总承包模式。

这种模式同工程总承包模式基本类似，客户可对固定资产计提折旧，也便于客户对固定资产的管理。比较大型的客户更偏向于采用这种方式。这种模式同工程总承包模式的主要差别是，要将节能收益考虑到分期付款的总额度中。

采用这种模式，节能服务公司和客户洽谈的时候，会根据工程总体造价、节能收益以及分期付款的利率等因素，谈定分期付款额期数和额度，并约定开具发票的种类和金额。一般开具发票的种类为设备费（含增值税）、建安工程费（含增值税）、技术服务费（营业税）等。对于设备费、工程费，节能服务公司在考虑成本的基础上，合理上浮后把增值税发票开给客户，客户可以计提折旧或进行增值税抵扣；节能服务公司根据差额缴纳增值税（节能服务公司为增值税一般纳税人）。对于技术服务费部分，节能服务公司需要缴纳营业税。节能服务期限内的设施运营可以由节能服务公司进行，也可以由客户进行。

2. BOT 模式

采用 BOT（Build-OPerate-Transfer，即建设运营移交）模式实施合同能源管理项目，同一般的 BOT 项目运作模式基本相同。即由节能服务公司来投资建设运营合同能源管理项目，通常和客户商定，按某一能源产品（如电、蒸汽、热水等）的数量来计算节能效益，双方约定分享比例，落实交易价格。在一定合同期限内，客户向节能服务公司支付节能收益。合同执行完毕，向客户移交。

一般客户对节能服务公司供应的余热（余压、余气等）资源是免费的，按税务制度规定，节能服务公司销售给用户的产品应缴纳增值税。这也要求节能服务公司具备增值税一般纳税人资格。同时，这部分增值税作为客户的增值税进项税额，客户可以在缴纳增值税时抵扣，因此增值税并没有额外增加客户负担。对于节能服务公司，由于国家规定新购进固定资产（设备等）时缴纳的增值税作为进项税额可以抵扣，因此，一般在合同能源管理项目运行的前两年左右，节能服务公司不用缴纳增值税。抵扣完毕后，开始缴纳增值税。

现在国家对于部分资源综合利用的产品规定可以享受增值税减免政策，符合条件的合同能源管理项目可以享受这一政策。

另外，项目的合同期间，合同能源管理项目资产属于节能服务公司，固定资产折旧在节能服务公司发生。对于客户来讲，相当于“厂中厂”，即企业区域内有一块由其他公司控制的资产。尽管如此，由于合同能源管理项目是依附于客户这个被服务对象而存在的，实质上客户对“厂中厂”还是有相当大的影响力。

3. 缴纳“营业税”的节能服务模式

在 25 号文之前，税务部门不认可节能服务作为一种“服务”，不能像其他服务业一样开具服务业适用的营业税发票，加之用户需要增值税进项税额作为抵扣，节能服务公司为了能开展工作才用前两种模式进行操作。国务院［2010］25 号文件颁布之后，正式确认节能服务属于“服务业”，可以开具营业税发票，并可享受营业税减免政策优惠。这种模式才开始得到推广应用。

这种模式同 BOT 模式类似，区别在于向客户开具的发票不同。BOT 实质上是一种来料加工的生产模式，开具增值税发票。EMC 模式实质上是对客户提供服务，开具服务业发票，缴纳营业税。按照国务院【2010】25 号文件规定，部分合同能源管理项目可以享受营业税减免的政策，对节能服务公司来讲税负较轻，但是客户接收到服务业发票无法进行增值税抵扣。不过，按文件规定，客户可以享受“用能企业按照能源管理合同实际支付给节能服务公司的合理支出，均可以在计算当期应纳税所得额时扣除，不再区分服务费用和资产价款进行税务处理”等税收优惠。

与 BOT 模式类似，项目的合同期间资产属于节能服务公司，固定资产折旧在节能服务公司发生。对于客户来讲，仍然属于“厂中厂”，但客户对“厂中厂”仍然有影响力。

需要说明的是，国务院【2010】25 号文件颁布之后，部分地方迟迟没有出台实施办法（细则），导致目前部分地方营业税减免的政策还没有落实。在这方面，节能服务公司需同地方税务部门保持密切沟通，争取早日落实相关税收优惠政策。

4. 营业税改增值税节能服务模式

这种模式与上述第三种模式基本相同，主要变化是随着国家开展营业税改征增值税试点，节能服务（合同能源管理）作为现代服务业的一种，也开始由征收营业税向征收增值税转变。

根据《关于在上海市开展交通运输业和部分现代服务业营业税改征增值税试点的通知》（财税【2011】111号）文件，享受这一政策的部分现代服务业为：“围绕制造业、文化产业、现代物流产业等提供技术性、知识性服务的业务活动。包括研发和技术服务、信息技术服务、文化创意服务、物流辅助服务、有形动产租赁服务、鉴证咨询服务。”

文件中明确规定，“研发和技术服务，包括研发服务、技术转让服务、技术咨询服务、合同能源管理服务、工程勘察勘探服务。合同能源管理服务，是指节能服务公司与用能单位以契约形式约定节能目标，节能服务公司提供必要的服务，用能单位以节能效果支付节能服务公司投入及其合理报酬的业务活动。”

2012年1月1日起，上海市交通运输业和部分现代服务业开展营业税改征增值税试点。2011年底，北京市政府已正式向财政部、国家税务总局提出申请，在交通运输业、部分现代服务业开展营业税改征增值税试点改革，已获国务院批准，在2012年9月1日开始“营改增”试点。按照试点文件规定，采用这一模式，节能服务公司向客户开具增值税发票。客户可以进行抵扣，节能服务公司的增值税税率为6%。为了与合同能源管理项目享受营业税减免的现行政策一致，试点文件又规定，“下列项目免征增值税：（五）符合条件的节能服务公司实施合同能源管理项目中提供的应税服务。1. 节能服务公司实施合同能源管理项目相关技术，应当符合国家质量监督检验检疫总局和国家标准化管理委员会发布的《合同能源管理技术通则》GB/T 24915—2010规定的技术要求。2. 节能服务公司与用能企业签订《节能效益分享型》合同，其合同格式和内容，符合《中华人民共和国合同法》和国家质量监督检验检疫总局和国家标准化管理委员会发布的《合同能源管理技术通则》GB/T 24915—2010等规定。”

这种模式与营业税模式（第三种模式）相比，节能服务公司的实际税负不变（免征），客户可以得到增值税抵扣的好处。考虑到客户的负担减轻，节能服务公司可以与客户谈判适当提高节能服务费，以便分享税收优惠的好处。这对节能服务产业来说，是一种税务激励政策，有利于节能服务产业的发展。

节能服务公司税费承担情况　　**表 3-3-3**

项目运作模式	服务内容	经营形式	缴纳税种	节能服务公司	客户
分期付款总承包模式	产品工程	销售	增值税	按成本和销售的差价缴纳（17%）：不计提折旧	进项税抵扣，可计提折旧
	技术服务	工程	营业税	按合同额缴纳5%	不能抵扣

续表

项目运作模式	服务内容	经营形式	缴纳税种	节能服务公司	客户
BOT模式	产品	销售	增值税	产品按应缴税额缴纳(17%)；设备增值税可抵扣；固定资产科计提折旧；部分产品销售增值税优惠政策	产品可作为进项税抵扣；固定资产不能计提折旧
缴纳营业税的节能服务模式	节能服务	服务	营业税	服务按销售额缴纳5%；设备增值税不抵扣；固定资产可折旧；部分项目享受营业税减免优惠政策	不能作为进项税抵扣；固定资产不能计提折旧
营业税改增值税的节能服务模式	节能服务	服务	增值税	服务按应缴税额缴纳（6%）；设备增值税可以抵扣；固定资产可折旧；部分项目享受营业税减免优惠政策	可以作为进项税抵扣；固定资产不能计提折旧

二、税收优惠政策实施情况

为鼓励企业运用合同能源管理机制. 加大节能减排技术改造工作力度，财政部、国家税务总局日前联合发布《关于促进节能服务产业发展增值税、营业税和企业所得税政策问题的通知》(财税【2010】110号)，明确了我国合同能源管理项目的具体税收优惠政策。自2011年起，我国节能服务公司实施合同能源管理项目将享有增值税、营业税和企业所得税等多项税收优惠政策。两部门在通知中明确，对符合条件的节能服务公司实施合同能源管理项目，取得的营业税应税收入，暂免征收营业税。节能服务公司实施符合条件的合同能源管理项目。将项目中的增值税应税货物转让给用能企业。暂免征收增值税。但这一利国惠民政策并未得到很好的执行，其原因大致有以下几点：

1. 节能服务公司业务运作尚不规范。我国的合同能源管理尽管起步较晚，但近一两年发展很迅猛。据资料统计，目前我国已有节能服务公司近2000家。这些节能服务公司多数是以前从事节能设备销售和安装的生产或施工企业，现在通过了国家发改委的节能服务企业认证，但其法定名称中多数没有“节能服务”的字样，合同能源管理项目大多处于起步阶段和兼营状态。国家发改委对通过认证的节能服务公司仅在其网站上公布名单，并未向企业颁发“节能服务企业”之类的证书。按照国家发改委的解释，节能服务公司属于服务业，应该缴纳营业税，但相当一部分的节能服务公司因历史延续等种种原因却是增值税的一般纳税人。法定名称不规范、手中没有节能服务企业证书、兼营的合同能源管理项目会计核算不准确、纳税人身份的定位错误等问题，给节能服务公司享受税收优惠政策带来了障碍。

2. 基层税务机关对合同能源管理项目不熟悉。合同能源管理和节能服务公司最近几年才在我国出现，很多税务机关对此还缺乏认知，对财税【2010】110号文件规定的税收优惠政策也不熟悉。在实际工作中，倾向于把节能服务公司看做是一般的节能设备销售商，认为节能服务公司是通过转卖节能设备谋利，把节能服务公司与用能单位的节能服务合同看成设备购销合同。在这种情况下，税收优惠政策自然很难落到实处。

3. 政策规定还不够明朗。仔细研读政策不难发现，财税【2010】110号文规定的减免税政策和税务处理与国办发【2010】25号文中的税收扶持政策几乎一致，不同的是财税【2010】110号文增加了可以享受该优惠政策的门槛限制，并从反避税角度提出单独核算、独立交易原则和合理分摊费用等要求。也就是说，财税【2010】110号文仅是从反避税角度对节能服务公司提出了要求，并未对国办发【2010】25号文中的税收扶持政策进行解释和细化。按照上位法优于下位法的原则，节能服务公司享受的税收优惠政策可以直接引用国办发【2010】25号文的规定。从这点上看，财税【2010】110号文的颁布对节能服务公司来讲，意义不是很大。通过调研发现，在以下几个问题上文件规定还不明朗：

（1）实施合同能源管理项目时采购设备进项税的处理

财税【2010】110号文件规定，“节能服务公司实施符合条件的合同能源管理项目，将项目中的增值税应税货物转让给用能企业，暂免征收增值税”。那么，节能服务公司在实施合同能源管理项目时采购设备的进项税应该如何处理？这个问题文件没有明确。由于合同能源管理项目的节能设备先进，采购节能设备支付的进项税金额往往很大，节能服务公司实施符合条件的合同能源管理项目，将项目中的增值税应税货物转让给用能企业，暂免征收增值税后必然导致没有销项税，采购设备的进项税得不到抵扣。部分节能服务公司认为，本条规定尽管是优惠政策，但客观上造成节能服务公司承担的增值税负担比没有这条优惠政策还要大，是一条好看但没有价值的优惠政策。大部分节能服务公司希望在本条优惠政策后，加上采购节能设备支付的进项税能够予以退税的规定。

（2）节能服务公司所得收入性质的认定

财税【2010】110号文件规定，“对符合条件的节能服务公司实施合同能源管理项目，取得的营业税应税收入，暂免征收营业税”。从文件规定看，符合条件的节能服务公司实施合同能源管理项目，取得的收入只要是应该缴纳营业税的，就暂免征收营业税。很多节能设备投入比较大的节能服务公司，按节能效益分享型合同分享的收入，里面含有设备回收款的成分。用能企业为了加大自身的进项税抵扣金额，会强迫节能服务公司开具增值税专用发票。部分节能服务公司因此被动缴纳了17%的增值税。有的节能服务公司为了能使采购设备的进项税得到抵扣，就申请成为增值税的一般纳税人。这样，本应该免征营业税的服务收入缴纳了增值税，免征营业税的优惠政策落了空。相当部分节能服务公司对取得的分享型收入的性质认定存在疑惑，希望有文件能明确规定节能服务公司在什么情况下取得的收入属于营业税的应税收入，什么情况下取得的收入为增值税的应税收入。

(3) 如何享受到税收优惠政策

早在2005年，国家税务总局就发布了《国家税务总局关于印发〈税收减免管理办法〉(试行)的通知》(国税发【2005】129号)。2008年“两法”合并之后，国家税务总局又发布了《国家税务总局关于企业所得税减免税管理问题的通知》(国税发【2008】111号)，申请审批税收优惠政策并不是无法可依。这里的难点主要有四个：一是基层税务机关对节能服务公司实施合同能源管理项目的业务性质把握不准，不会贸然审批；二是国税发［2005］129号文附件中列举的企业减免税审批条件没有列举“节能服务公司实施合同能源管理项目”这类税收优惠，国税发【2008】111号文仅从实施新企业所得税法之后与之前衔接的角度明确如何适用国税发【2005】129号文，文件中也未提及合同能源管理项目，一定程度上形成法律盲点；三是基层税务机关特别是节能服务公司对国税发【2005】129号文及其具体规定和衔接关系不了解；四是国家发改委对通过认定的节能服务公司仅在相关网站上公布，节能服务公司很难证明自己符合享受税收优惠政策的条件。

4. 账务设置问题

如何进行账务设置才能够达到财税【2010】110号文规定的分别核算的要求，是节能服务公司面临的又一问题。财税【2010】110号文要求，享受税收优惠政策的项目要单独计算收入和扣除，不能单独计算，不能享受税收优惠政策。调查发现，相当一部分节能服务公司对如何单独计算收入和扣除存在疑惑，不知道会计科目具体怎么设置才能达到税务机关的要求。细化单独计算收入扣除项目的标准，明确分摊期间费用的计算公式很有必要。

第三节 金融扶持政策

由于实施合同能源管理项目时需要由节能服务公司作为投资方进行投资，节能服务公司必须具有充足的资金支持，拥有强大的融资能力才能保证节能服务公司的发展壮大。但是，我国大多数节能服务公司目前尚处于发展初期，普遍存在注册资本少、缺乏抵押或担保资源、缺乏信用记录、财务制度不规范等问题，在银行信贷审批的过程中只能获得较低的评级，导致很多项目不能通过银行信贷获得融资；另一方面，由于我国的投融资市场还不完善，大部分节能服务公司本身实力也较弱，很难通过资本市场获得直接融资。在广阔的节能服务市场前景下，融资问题成为阻碍节能服务公司进一步做大、做强的阻力。

在目前的资金市场上，节能服务公司的融资渠道不是只有银行贷款这一途径，还存在着其他的融资渠道帮助节能服务公司获得资金去发展业务。目前，主要的融资方式包括债务融资、股权融资和融资租赁三种形式。

一、债务融资方式

企业债务融资方式包括直接融资和间接融资，直接融资指企业在资本市场上直接向资金提供者发行债券。间接融资指企业通过银行等金融机构的中介作用借入业务发展所需的资金。我国目前的债券市场发展较慢，法律及市场对发债企业本身的要求也高，相比大部分节能服务公司都是中小型企业的现实，直接发行债券的融资方式对于大部分节能服务公司来说长期内仍较难企及，所以发行债券的融资方式暂不讨论。

国际金融机构贷款/赠款：在节能减排成为全球发展的大趋势背景下，为鼓励促进中国节能事业的发展，我国政府与一些国际金融机构进行合作，利用其提供的赠款和贷款来开展国际合作项目，帮助节能服务公司提高自身能力水平并增强其融资能力。这些国际金融机构包括世界银行、全球环境基金（GEF）、亚洲开发银行、国际金融公司（IFC）等。利用上述机构的资金，我国开展了中国节能融资项目（CHEEF）、中国节能减排融资项目（CHUEE）等国际合作项目。这些项目对于节能服务公司的门槛要求比较低，目的在于帮助更多的公司获得资金去开展业务。该种形式融资方式的项目包括中国节能融资项目（CHEEF）、中国节能减排融资项目（CHUEE）、法国开发署绿色中间信贷项目等。

部分国际金融机构节能贷款项目 **表 3-3-4**

项目名称	资助机构	转贷方	贷款金额
中国节能融资项目	世界银行/全球环境基金	中国进出口银行、华夏银行、民生银行	4亿美元，转贷方按1:1配套资金
中国节能减排融资项目	国际金融公司	兴业银行、北京银行、上海浦发银行	8.3亿人民币加1亿美元
法国开发署绿色中间信贷项目	法国开发署	招商银行、上海浦发银行、华夏银行	1.8亿欧元

银行贷款：在我国目前的金融体制下，银行贷款是向市场提供资金的最主要方式。节能服务产业也不例外，银行贷款是目前节能服务公司应用最多的融资渠

道，包括抵押贷款、担保贷款等品种。目前，国内已有北京银行、浦发银行、兴业银行、招商银行等商业银行及中国进出口银行等政策性银行在国际机构和资金的支持和推动下，积极为节能服务公司提供信贷支持。

在传统业务的基础上，很多银行业根据合同能源管理机制和节能服务公司的特点推出了多种新型金融产品，并更新其信贷评审制度。浦发银行、招商银行、北京银行等机构为推进绿色金融服务而制定了《绿色金融服务方案》，部分已成立了专门负责绿色信贷的专业团队，甚至开辟绿色信贷项目融资的专门审批通道，以此提高审批效率。由此可见，银行为节能项目进行融资的专业审批能力已有所提高。

此外，针对缺少担保品的问题，部分银行近年来也针对节能服务公司的特点而进行了创新，推出了多种新的担保方式，包括贷款项目下的未来收益权质押担保、知识产权质押担保等，拓宽了担保品的范围，使节能服务公司的贷款难度有所下降。

其中，未来收益权质押模式的融资是银行为实施合同能源管理项目的节能服务公司提供融资，且该融资以节能服务公司节能服务合同项下未来收益权作为质押。该种融资模式有效地解决了中小节能服务公司因担保不足发生的融资难问题，突破了传统的信贷模式，融资期限较为灵活；间接实现了节能服务企业的信用增级，为企业获得贷款提供了便捷通道；同时，节能服务企业可依托银行项目评估经验，合理测算企业未来现金流，设计有效的融资方案，降低企业还款压力，帮助企业加快资金周转速度，助推节能服务企业做强做大。目前，浦发银行、兴业银行、招商银行、中行等均推出了“未来收益权质押模式”的融资服务。

浦发银行合同能源管理未来收益权质押贷款主要针对经上海市合同能源管理指导委员会办公室申报通过，并已获得相关财政补贴的合同能源管理项目，由浦发银行以“未来实现的收益”质押的方式向节能服务企业提供专项贷款，按照该项目未来收益的一定比例、提前将该项目未来的收益以贷款的形式一次或分次发放给贷款企业。贷款期限以项目的收款期限而定，以该项目的未来收益权作为贷款的还款来源。采用合同能源管理的节能服务企业，可以从浦发银行获得未来数年项目收益的贷款，投入企业承接的合同能源管理项目中，该方式解决了企业发展中的资金周转问题，加快了企业的发展步伐。

2013 年 4 月 20 日，上海市经济和信息化委员会、上海市发展和改革委员会、上海市财政局、上海市金融服务办公室和中国银行监督管理委员会上海监管局在虹口花园坊节能环保园举办了“上海市合同能源管理未来收益权质押百亿绿色融资银企对接”活动。中国银行上海分行、浦发银行等 13 家银行根据合同能源管理项目特点，郑重承诺在“十二五”期间以未来收益权质押形式，为合同能源管理项目提供总额130亿元绿色信贷，为之配套的“上海市节能服务业协会”以及“上海市合同能源管理信用评价和融资服务平台”同时挂牌成立，标志着上海成为国内首次把合同能源管理未来收益权进行质押融资并促进银企对接的城市。

二、股权融资

在股权融资方式中，主要讨论风险投资。风险投资是指将风险资本投资于新近成立或快速成长的新兴公司，在承担很大风险的基础上，为融资人提供长期股权投资和增值服务，培育企业快速成长，数年后再通过上市、兼并或其他股权转让方式撤出投资，取得高额投资回报的一种回报方式。

轻资产的节能服务公司，银行信贷的门槛相对较高，对于处于成长期的这类企业来说，股权融资不失为一种有效的融资渠道。早期的企业，风险资本最关注的是其管理团队、商业模式、市场潜力和可预见性。如果一个企业具备良好的成长基因，在其发展阶段可以通过VC/PE来增加企业资产规模，风险投资在给节能服务公司注入资金的同时也融入了先进的理念、规范化的管理和广泛的资源，促使节能服务公司整体能力迅速提升。一个企业的成功往往需要5～7年的努力和3～4轮融资，因此将公司的发展规划与融资战略匹配，借助VC/PE风险资本，对企业的快速发展是一个很好的助力。

目前，节能环保行业在发展低碳经济的背景下近几年表现出迅猛的发展趋势，其高增长潜力受到风险投资企业的热烈追捧，大量从事新能源的公司都获得风险投资的进入并表现出良好的发展态势。节能服务公司作为节能服务产业的主力，对于风险投资也具有巨大的吸引力。对于节能服务公司来说，风险投资可以减轻公司过度负债，推动公司管理走向规范化，促进公司发展壮大。

三、融资租赁

融资租赁是指出租人根据承租人对租赁物和供货人的选择或认可，将其从供货人处取得的租赁物按合同约定出租给承租人占有、使用，向承租人收取租金的交易活动。融资租赁公司在交易中通过对交易结构的合理设计，可以达到控制风险、合理配置资源、平衡各方利益等交易效果。

最近几年来，融资租赁由于其具有的独特优势而被越来越多的节能服务公司采用。在节能改造项目中，节能设备的购置费用通常占项目总成本的较大比例。由节能服务公司一次性付款购买节能设备会产生较大的资金压力。而若采用融资租赁方式，通过融资租赁公司购买设备，再由节能服务公司以分期付款的形式进行合作，则可以降低节能服务公司的资金压力，同时降低其投资风险。在融资租赁的交易结构安排中，可以利用节能服务公司作为供货人，从而提高交易的可操作性。

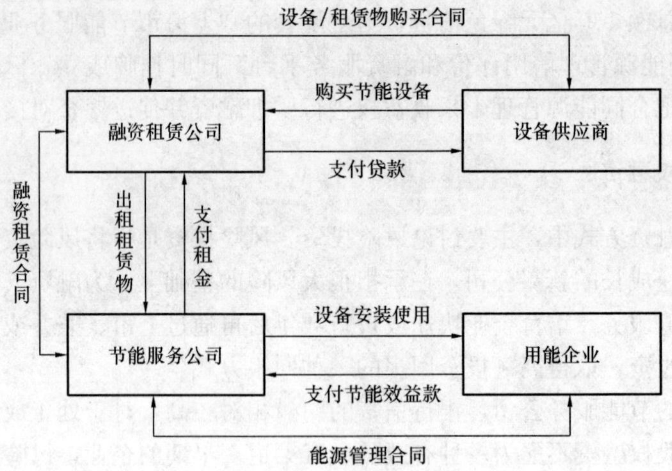

图 3-3-1　融资租赁合同结构图

融资方式　　表 3-3-5

融资方式	资金来源	适用阶段	优缺点
债务融资	银行、国际金融机构和政府	各阶段均适用	优点：融资成本低、具有杠杆作用提高资本金收益、手续便利； 缺点：受债务约束，增加财务风险
风险投资	民间资金、风险投资机构	公司创业初期或成长期	优点：创业或种子资本，推动管理规范化，带来营业资源； 缺点：流程繁杂，削弱创始人股权
融资租赁	融资租赁公司等金融机构		优点：融资与融物相结合，平缓项目现金流，方案设计灵活，实现较高的融资比例； 缺点：成本较银行贷款要高

四、节能服务公司投融资方式调查

通过对相关公司的调查得出，目前国内节能服务公司最主要的融资方式是银行的抵押贷款，约占一半；其次是国际金融机构的赠款和担保贷款。融资租赁、未来收益权质抵押和 PE/VC 等方式也有一定的使用。

对贷款过程中使用的担保品进行调查得知，应用次数较多的包括公司的自有资产抵抵押、项目资产抵押、第三方担保等，公司控制人的自有资产、项目合同人的未来收益权和公司控制人的个人无限责任担保也有一定的使用频率。

对于目前节能服务公司来说，银行贷款仍是主要的融资方式。目前，节能服务公司融资困难的主要原因有以下几个方面：

(1) 相关法律不健全。合同能源管理机制不同于普通的商业模式，其收入来

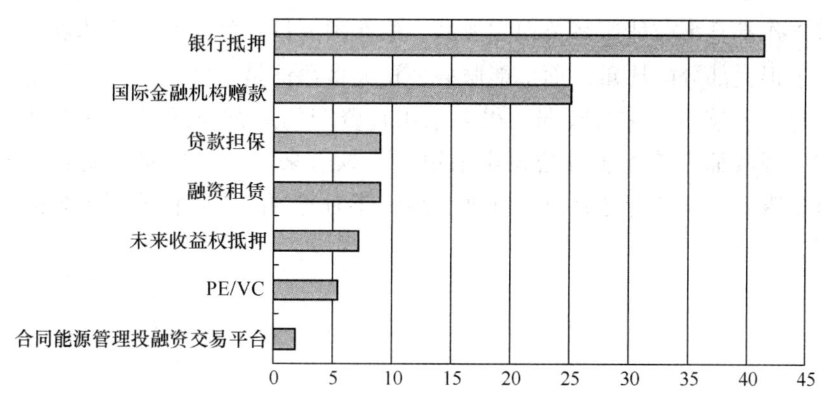

图 3-3-2 节能服务公司融资方式调查

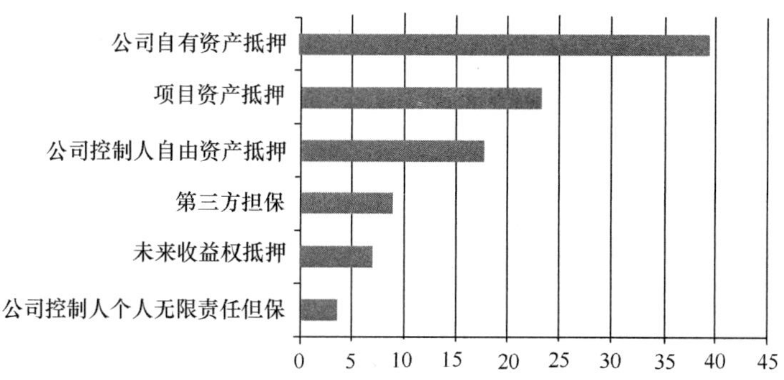

图 3-3-3 节能服务公司担保品使用方式调查

源于项目产生的节能效益，靠用能企业节省的能源费用支付项目的成本并获利。采用合同能源管理机制的项目操作流程长而且复杂，项目参与方众多，涉及多种经济关系，项目运作过程中蕴藏着大量的风险，容易引起项目参与方之间的纠纷。实际操作中也多次出现项目参与方之间的纠纷使得项目失败的情况。这一行业亟待相关法律法规的出台以协调参与方之间的利益，使得节能服务产业能够健康发展。但目前政府对于这一领域的立法工作还没开展，相关法律法规的缺失阻碍了节能服务产业的有序发展。

（2）缺乏良好的信用环境。合同能源管理机制是一种市场化的机制，节能服务公司通过与用能企业签署合同的方式为其提供节能服务，用能企业利用节省的能源费用支付节能改造的成本和利润。如果双方都能信守合同约定，这种机制便比较容易顺畅地运行起来。但在我国目前的商业环境下，缺乏信用的现象时有发生，实际项目中用能企业常以各种借口拖延甚至拒绝支付节能服务公司应得的节能效益款，从而引起各种纠纷妨碍了项目的正常运行。缺乏良好的信用环境，是合同能源管理机制发展的又一障碍。

（3）融资能力较弱。根据合同能源管理机制的运作特点，大部分 EPC 项目的融资工作都是由节能服务公司完成的。但在国内目前的资金供给体制下，银行信贷占了很大部分的比重。而节能服务公司大多数都是中小型企业，处于发展初期，本身规模较小、实力较弱，很多采用轻资产的运营模式缺乏可供抵押的财产，这些因素都为节能服务公司申请银行贷款带来了不少困难。缺少资金的支持，节能服务公司的业务将难以开展。融资能力弱的问题困扰着相当多的节能服务公司。

第四章　大型公建节能改造推动了合同能源管理模式的推广

大型公共建筑用能强度是普通公共建筑的2～3倍，是居住建筑的5倍左右。随着公共建筑大型化的趋势，公共建筑整体用能强度也在不断攀升。因此，对公共建筑尤其大型公共建筑用能进行节能管理，也是推进建筑节能的一个重要途径。大型公共建筑的用能定额也是整个大型公共建筑节能监管体系当中一个重要的环节，它对于制定用能标杆、确定节能改造标准、制定用能约束和节能激励政策以及对社会各界进行能耗公示，都是一个非常重要的科学依据。

第一节　建筑能耗限额

目前，在国家层面上，建筑能耗标准已经进入征求意见稿的阶段，随着节能工作的积极开展，上海、南京、深圳、北京和广东五个省市开始探索开展了能耗限额的相关研究，发布了相应指导文件或限额标准，如表3-4-1所示。

各地方出台的建筑能耗限额相关政策　　表3-4-1

城市	所属气候分区	用能限制对象	限额方法	发布的标准、指南、文件名称	发布时间
上海	夏热冬冷	办公建筑	按照建筑规模和空调系统形式给出了具体限额值	市级机关办公建筑合理用能指南	2011.6.15
		旅游饭店	按照星级给出了具体限额值	星级饭店建筑合理用能指南	2011.12.15
		商场	按照不同的类型给出了具体限额值	大型商业建筑合理用能指南	2011.12.31
南京	夏热冬冷	商场、超市、行政机关、宾馆饭店、普通高等院校	宾馆按星级，学校按学生规模、其他按不同限额指标给出具体限额值	南京市主要耗能产品和设备能耗限额和准入指标（2012版）	2012.9.13

续表

城市	所属气候分区	用能限制对象	限额方法	发布的标准、指南、文件名称	发布时间
深圳	夏热冬暖	办公建筑	按照政府办公和商业办公建筑分别给出了具体限额值	深圳市办公建筑能耗限额标准（试行）	2013.1.20
		旅游饭店	按照星级给出了具体限额值	深圳市旅游饭店建筑能耗限额标准（试行）	2013.1.20
		商场	按照不同类型给出了具体限额值	深圳市商场建筑能耗限额标准（试行）	2013.1.20
北京	寒冷	单体建筑面积在3000m^{2}以上（含）且公共建筑面积占该单体建筑总面积50%以上（含）的公共建筑	年度电耗限额指标＝前5年用电量均值×（1－降低率）（运行未满5年按已有年度计算），2014年和2015年基础降低率分别为6%和12%，能耗最低前5%的降低率为0，能耗最高前5%降低率为基础降低率乘以1.2系数，其他为基础降低率	关于印发北京市公共建筑能耗限额和级差价格工作方案（试行）的通知（京政办函［2013］43号）	2013.5.28
广东省	夏热冬暖	年综合能耗超过500吨标煤的宾馆和商场	旅馆饭店按照星级、商场按照普通商场和家具建材商场分别给出了具体限额值	广东省宾馆和商场能耗限额（试行）	2013.12.13

从具体内容来看主要有以下几个特点：

(1) 限制用能对象

由表3-4-1可以看出，限制用能对象主要为办公、酒店和商场类建筑，这三类建筑具有较好的数据基础，用能特点比较明显，具有一定数量的样本进行分析，部分地区对学校类建筑给出了限额推荐值。针对不同类型的建筑特点，各省市考虑到建筑功能和用能特点对建筑能耗的影响，对同类建筑进行了进一步的细分类，分别依据各城市能耗水平制定限额，如办公建筑按照行政和商业办公、酒店按照星级、商场按照不同业态分别制定限额。另外，广东省分别对新建和现有的宾馆和商场给出能耗限额值，并给出了室内温湿度设置限定参数的推荐值。

（2）限额指标的选择

一般习惯用单位面积能源消耗强度来表征建筑用能水平，因此各省市已发布的各类建筑限额值主要以单位面积电耗或单位面积综合能耗作为限额指标，但是对于办公建筑、学校建筑能耗与人员数量关系密切且人数相对固定，采用单位服务对象能耗，可以有效地评价个人建筑能耗的消费行为，更具有公平性，因此对办公建筑选择单位面积能耗和人均能耗两类指标作为限额指标，学校则以人均能耗作为限额指标。

（3）限额方法

上海、南京、深圳和广东四个省市主要依靠统计学方法对收集不同类型建筑的样本进行分析确定具体限额值，北京市采取不同的控制策略，年度限额指标以建筑历史用电量均值为参考，采取逐年降低的方法。前者需要在制定限额指标值时充分考虑社会的公平性，但操作较为容易，依据发布的限额标准进行对标即可，亦可作为建筑节能其他相关工作提供参考。后者的参考对象为建筑自身，具有较好的公平性，但没有统一的标准，更加适用于考核。

（4）执行力度

从各地发布的限额相关的文件、标准等情况来看，各省市各具特色：深圳市以“标准”形式发布，具有很强的推动力；上海市则采用“用能指南”的形式，从推动建筑节能服务业的角度来说具有重要的作用和影响力；北京市目前提出了相应的工作方案，提出了以建筑自身历史用电均值为参考逐年降低的方法，但对地方各类建筑的用能水平情况尚未出台更具体的标准或文件；南京市和广东省通过文件形式发布。但总体来说，各地建筑能耗限额的相关工作仍在探索中，均以“试行”方式发布。

通过大型公建能耗对标对建筑用能指标的科学性、合理性进行检验，使得建筑用能指标体系更趋完善，这将进一步强化用能对标管理，为各地进一步确定建筑用能定额标准、推进建筑用能标准化管理提供科学依据，有力推动大型公共建筑能源管理水平的提高和建筑能效提升。同时，也为建筑合同能源管理模式推进创造了良好的条件。

第二节　建筑用能超限额加价制度

我国公共建筑按着功能一般可以分为办公建筑、商业建筑、宾馆饭店等。办公建筑中政府办公建筑和商业办公建筑差别较大。政府办公建筑其社会职能是提供社会公共服务，实现公共利益最大化，因此，政府办公建筑的能耗限额应更加强调社会公平性，采用“人均能耗限额”指标形式更具有合理性。同时，政府办公建筑的人员较为固定，建筑使用人数易于获取和核定，可操作性较强。因此，从合理性和可操作性角度考虑，政府办公建筑的能耗限额指标形式可采用“人均能耗”和“单位建筑面积能耗”双指标形式。在执行限额要求时，只需满足其中一个指标的限值要求。对于商业办公建筑，其社会职能是提供商业服务，建筑实际使用人数变动较大，难以核定，人均能耗指标不具有可操作性。因此，综合权衡考虑科学性、合理性和可操作性，确定商业办公建筑的能耗限额指标形式为“单位建筑面积能耗”。适用于商场类建筑常见的能耗限额指标形式主要有“单位建筑面积能耗限额指标”、“人均能耗限额指标”和“单位税收或单位营业额能耗限额指标”。其中，“单位税收或单位营业额能耗限额指标”并非根据建筑实际能耗需求进行能源配给，而是根据企业的经营状况进行能耗定额的配给，是一个追求效率的指标，与能耗定额制定的公平原则违背。而采用“单位建筑面积能耗限额指标”，易于与现有的建筑能耗统计、审计制度相结合，可操作性强。因此，商场建筑的能耗限额指标形式采用“单位建筑面积综合能耗”。同商业类建筑类似，宾馆饭店类建筑能耗限额指标形式也是以采用“单位建筑面积综合能耗”为佳。

已有研究表明，在当前经济技术条件下，公共建筑能耗限额水平选取0.15～0.30较为合理，即保证社会公共建筑用能水平的通过率在70%～85%之间。

早在2006年8月23日国务院颁布的《国务院关于加强节能工作的决定》即提出深化能源价格改革，将加强和改进电价管理，完善电力分时电价办法，扩大差别电价实施范围。继续推进天然气价格改革，建立天然气与可替代能源的价格挂钩和动态调整机制，同时全面推进煤炭价格市场化改革，研究制定能耗超限额加价政策。其旨在挖掘建筑节能服务市场潜力，提高业主进行节能改造的积极性。

目前，北京市、浙江省等地均已出台超限额标准用能电价加价管理办法，该方法还应推广到燃气、用热。在制定超限额加价制度时可结合当地实际情况将一定比例的建筑列入限额管理范围，加价费可上缴地方财政，纳入民用建筑节能资金，用于支持公共建筑节能改造和奖励节能工作先进单位，以价格杠杆和市场手段推动建筑节能改造。

第三节 国家机关办公建筑和大型公共建筑能效公示制度

《“十二五”建筑节能专项规划》中提出“推进能耗统计、审计及公示工作”，因此针对国家机关办公建筑和大型公共建筑安装能耗分项计量装置，并通过远程传输系统等手段及时采集分析能耗数据，在此基础上进行能耗统计，掌握大型公共建筑能耗总量变化趋势、重点建筑节能运行水平、判断建筑能耗水平所处位置。根据能耗统计结果，将社会影响大、能耗高的重点用能建筑和典型标杆建筑

（能效高的建筑）列入能源审计范围。对于前者，需将能源需求结构、能源利用状况等进行审计分析；后者则需对节能运行管理水平进行初步审计。在完成能耗统计和能源审计两项工作后进行能效公示，公示结果可以在政府或其指定网站以及本地主流媒体，将列入政府财政开支的国家机关办公建筑和大型公共建筑的能效公示（内容必须包括基本能耗指标和审计结果）引入公众舆论监督机制，将改造意愿不明晰的商业建筑能效公示（主要是典型标杆建筑的能耗指标和节能管理措施）引入用能单位之间的能耗成本比较机制，将节能潜力大、业主改造意愿高的公共建筑能效公示（应包括各项用能系统设备参数和运行数据等较为详细的能耗数据）引入市场机制，为市场提供节能改造信息。通过能耗统计、能源审计、能效公示等制度，促使国家机关办公建筑和大型公共建筑提高节能运行管理水平。

国家机关办公建筑和大型公共建筑的能效公示应以政府为主要推动力、以节能为目标导向、以技术为重要依托、以合同能源管理模式为重要桥梁、以项目管理为重要保障，各方积极参与，共同推进该项制度的实施。

第五章 合同能源管理软环境建设调研

第一节 组织机构保障工作

各级政府部门在合同能源管理中起着领导和组织的重要作用。在实践中，与合同能源管理相关的政府部门包括住房和城乡建设方面组织机构、国家发展和改革委员会、国家质量监督检验检疫总局、财政部以及国家税务总局等。这些部门不仅仅是合同能源管理政策规范的研究者和制定者，同时也是合同能源管理经济激励机制的组织者和推进者，在我国的合同能源管理事业中扮演着不可替代的角色。对于合同能源管理的组织机构保障工作，建议在我国现有的合同能源管理组织机构的基础上，针对合同管理的实际情况设置专门的组织机构，整合各部门职能，联合办公，专门机构推进，同时成立行业协会，发挥协会作用，保障合同能源管理市场机制的有效运行。

1. 合同能源管理办公室

为了促进合同能源管理项目的顺利实施，可以在现有的政府部门的基础之上，建议成立一个从住房和城乡建设部到地方各级的合同能源管理办公室，通过合同能源管理办公室来实施合同能源管理各项政策及具体事宜，保障合同能源管理各项政策的顺利实施及具体项目的运行。合同能源管理办公室具体事务包括以下几项：

（1）严格地执行政府部门制定的合同能源管理市场准入制度，对新成立的能源服务公司进行资质审核；

（2）采用合同能源管理进行节能改造的项目进行审核备案，加强对合同能源管理的监督和管理；

（3）解决合同能源管理中出现的各种纠纷，必要时对其进行仲裁；

（4）其他与合同能源管理相关的管理和调工作，比如相关政策的宣传工作等。

上海市于2002年成立合同能源管理指导委员会，下设办公室，受上海市经济和信息化委员会节能和资源综合利用处的直接领导，具体负责本市节能服务机构的备案管理和合同能源管理财政奖励办法的实施工作。办公室下设包括三个部门：信息部、项目部和审核部，信息部主要负责有关事项的受理咨询、项目初审、档案管理、工作简报制作及网站日常维护等工作；项目部主要负责项目需求信息体系建设，项目需求收集、发布及为用户和合同能源服务公司牵线搭桥，进一步组织专家开展全程服务工作；审核部主要负责专家库建立、项目审核、现场核查及组织相关委办局联合审定等工作。

2. 合同能源管理技术服务指导机构

合同能源管理的核心是能源服务公司为用能单位提供节能新产品和新技术，帮助用能单位降低能耗。因此，一个合同能源管理项目的成功运作需要有强大的技术力量来保障。因此，成立一个专门的合同能源管理技术服务指导机构，其主要职责包括：

（1）定期、及时地发布国内外合同能源管理领域的新技术、新材料和新工艺的相关信息；

（2）为合同能源管理项目充当项目顾问，集合整个行业的力量和资源，为用能单位和能源服务公司解决其在合同能源管理实施过程中遇到的技术上的难题；

（3）开展合同能源管理的培训工作，集合全行业的专业人才一起分享成功的经验、总结失败的教训，充当合同能源管理知识和经验的传递者。

3. 合同能源管理节能量检测机构

由于在合同能源管理这种市场机制下，能源服务公司的主要收益来源于同用能单位分享节能效益，所以节能量的认定就成为一个至关紧要的问题。目前，关于合同能源管理中节能量的认定，我国还没有统一的计算标准。在实践中，合同能源管理项目的节能量认定受主观因素的影响较严重。如何将节能量的认定工作标准化、客观化，是我国合同能源管理中亟须解决的一个重大问题。因此，成立或选择一个独立的第三方作为节能量检测机构，对合同能源管理项目的节能量进行公平、合理的评估和认定。

4. 能源服务公司信用担保机构

在合同能源管理中，能源服务公司承担着初始融资的重大职责。而且由于合同能源管理的项目周期一般较长，因此能源服务公司面临着巨大的资金压力。就目前我国的状况来说，合同能源管理的市场机制和信用机制都还不健全。很多能源服务公司往往因为自身规模小、资产少、缺乏抵押和担保等问题，很难从银行等金融机构获得贷款。因此，可以按区域成立能源服务公司信用担保机构为能源服务公司提供担保，同时能源服务公司作为会员加入担保机构，履行会员职责。担保机构由通过当地政府部门的财政拨款形式，或是通过社会集资的形式，或是通过会员加纳会费等其他形式来筹集担保基金。当会员能源服务公司向银行申请贷款时，就由该担保机构以其自身的信誉和资金来为该会员能源服务公司作为担保。

第二节　节能服务公司准入与清退机制研究

是否具备足够的技术能力和资金实力是EMC项目成功的关键。确保节能服务公司具备合格的资金实力和技术能力，是规范节能服务行业、保障项目双方合法权益、保障我国EMC行业持续发展的关键问题。目前，我国并没有针对节能服务市场的行业规范和市场准入制度，现有的节能服务公司审核备案制度虽然客观上起到了对部分节能服务公司资质进行审核的作用，但不具备有强制性，只有申请财政奖励资金的节能公司才要求备案，故不能涵盖所有节能服务公司，对大部分没有资格申请财政奖励资金的节能服务公司并不能起到审核作用。

针对目前发改委备案制度覆盖面较小的不足，在制定节能服务公司准入制度时可适当降低进入门槛，充分鼓励节能服务公司注册、成立、发展，鼓励掌握节能技术、有专业节能知识的科技人员创业，进入节能服务领域。在此过程中，应加强管理、规范发展。节能服务公司的发展也应遵循市场规律，优胜劣汰。同时，充分发挥行业协会的作用，建立节能服务公司考核评价体系及节能服务公司清退机制。加强行业指导和监督，强化行业自律，要在推动合同能源管理快速发展的同时建立良好的行业秩序，维护节能服务产业发展的健康稳定和可持续，防止一哄而上。

第三节　规范节能服务行业标准、合同样本

EMC适用于各种用能领域，在建筑、工业、交通、农业、能源等各种领域内开展，不同领域的节能技术要求各不相同，即使相同项目所使用的技术也有多种方式，因此需要制定不同的技术标准。我国《合同能源管理技术通则》中建立的技术标准没有区分EMC项目的领域，应逐步建立适用于不同领域EMC节能技术标准，使得标准更为具体，具备可操作性。在此基础上，规范EMC模式合同样本，细化EMC合同规范，为EMC项目的顺利执行打下基础。

在住房和城乡建设部2013年科学技术课题“建筑合同能源管理机制研究”中，针对建筑节能领域合同能源管理项目的特点，展开了合同示范文本的研究工作。该研究主旨为指导建筑节能的合同能源管理项目和合同当事人的合同行为、维护当事人的合法权益。合同文本就建筑节能领域合同能源管理比较有针对性的问题，比如技术方案的提交、节能量的确认以及第三方评价的标准等问题，对业

主方和节能服务公司的责任均做了明确。同时，合同中也明确了违约的处理、移交的注意事项等等，增加了运营管理过程中文档以及后期的培训的相关内容。合同文本的研究工作将为建筑节能合同能源管理工作的推进奠定基础。

第四节　培育第三方检测机构

合同能源管理项目时间跨度长，通常一个项目的合同周期历时三五年之久或更长。一个项目得以成功实施与合同双方当事人的合作密不可分。然而，合同双方一旦因为节能量发生纠纷，可能会直接导致项目的失败。能耗基准确定、节能量检测和确认等工作可委托合同双方认可的第三方机构进行监督审核，所有环节中尤为重要的一项即是节能量检测和确认。

一、节能量检测和确认原则

与一般节能量检测与确认不同，合同能源管理项目应明确能耗基准及节能量检测和确认方案，并作为合同的必要附件检测和确认方案的制定应充分参照已有的标准规范成果日前发布的合同能源管理技术通则中规定，合同能源管理用能状况诊断采用《企业能源审计技术通则》，能耗基准和项目节能量应依照《企业节能量计算方法》。

同时，节能量检测和确认依照以下原则：

（1）精确性：尽量准确反映能耗状况，预期节能效益；

（2）完整性：充分考虑所有影响节能效益实现的因素，重要因素必须量化；

（3）保守性：充分考虑不确定因素的影响，节能效益保守估计；

（4）通用性：能应对项目类型，人员周期细节等方面的多样性；

（5）相关性：与节能量具有高度相关性并得到广泛认可的参数进行测量和验证，对符合要求的参数应以充分说明；

（6）透明公开：应对合同能源管理双方公开所有技术细节，避免争议。

二、培育独立第三方检测机构

《合同能源管理通则》在参考合同中设计了独立第三方机制，但当前对于独立第三方的主体并没有相关的规定。具备担任独立第三方机构的主体必须具备相关的行业信誉和专业知识，目前这些机构往往是政府相关主管部门和相关行业协会，但是政府主管部门和相关的行业协会相对于合同能源管理的合同双方而言并非独立的第三方机构，难以保证其作为第三方的公正性。此外，政府主管部门和行业协会的唯一性，不利于市场竞争。所以，最适合的方式是建立独立的能源审计机构和节能服务检测机构充当 EMC 项目管理中的独立第三方。

“独立第三方”基于其所具备的专业技能和公正诚信的工作原则，具备合同能源管理工作中他方无可替代和不可或缺的作用，由合同双方共同协商制定并签署三方协议，身份完全独立于任何一方当事人。在 EMC 项目中，引入独立第三方审计和检测机构，可避免用能单位在专业知识上的不足，监督节能服务公司实施节能改造，保障能源管理合同的顺利履行，避免双方的合同纠纷。EMC 项目审计机构主要对用能单位能源利用情况进行检查诊断。项目审计是 EMC 项目实施的基础，审计机构必须对项目做出合理性评价，明确指出哪些地方需要进行节能改造，完成节能改造后应达到的具体指标。同时，引进独立的第三方检测机构，对节能改造后的 EMC 项目进行效果检测。

第五节　针对节能服务各主体方的宣传培训工作

政府部门可以利用网站、电视、广播、宣传资料等各种渠道来指导用户参与合同能源管理，集中宣传关于节能措施和高能效技术的信息，更深层次的向社会传播合同能源管理的理念。各级政府应组织节能服务公司开展各种以特殊群体为目标的，更加专业的节能技术、信息培训和经验交流活动。继续开展科学用电系列活动，不断创新科学用电进校园、进社区、进企业等宣传活动的形式，大力普及科学用电常识，在全社会营造节约用能的良好氛围，积极倡导科学用电理念，提高社会节电意识，推动合同能源管理工作的顺利开展。

EMC 制度的发展和完善是一个长期过程，应制定长期的节能意识推广计划，促进 EMC 模式的发展。社会缺乏对 EMC 的了解是目前我国 EMC 发展的一大障碍，应特别注意宣传节能服务行业，宣传 EMC 模式的优势。首先，政府应通过各种渠道，包括电视、网站、广播、学校教育等宣传节能概念，提高公众的节能意识，向社会宣传 EMC 的理念，介绍各种节能技术，利用各种宣传活动大力普及节能常识，在全社会营造节约用能的氛围，推动合同能源管理工作的顺利开展。更重要的是，要加强公众对节能政策的理解，使得节能理念能够深入人心。节能行业协会应通过自身优势经常组织节能推广的宣传活动，通过开办展示会，宣传节能服务的公益活动，发挥主动性，有计划、有针对性地进行宣传和推广，引导和促进全社会参与到节能行动中来。

第六章　合同能源管理推广模式与当前工作重点

在建筑节能领域，据住房和城乡建设部相关研究表明，如在2020年完成建筑节能目标，在既有建筑节能改造方面需投入的资金将近1.5万亿元。既有建筑节能改造，尤其是大型公共建筑的节能改造，合同能源管理将是一种非常有效的市场模式。

目前，我国合同能源管理发展市场机制还不尽成熟、完善，其全面推广还要有相应的支持与鼓励政策，逐步分阶段进行市场机制的完善与成熟。自1997年合同能源管理登陆中国，建筑节能领域也进行了相应的探索与实践，其推广模式可以按照以下三个阶段进行：第一阶段为项目示范阶段；第二阶段为区域示范阶段；第三阶段为全面推广阶段。

一、合同能源管理示范项目

开展合同能源管理示范项目的意义旨在以点带面，以示范效应带动行业逐步发展与推广进而市场化。以国家机关办公建筑和大型公共建筑的节能运行管理与改造、建设节约型校园和宾馆饭店为突破口，拉动需求、激活市场、培育市场主体服务能力。由于合同能源管理对项目具有一定的选择性，因此初期示范项目应对项目的能耗、节能潜力以及可行性进行严格的审查与鉴定，确保项目的成功实施与示范效应。大型的宾馆酒店及商场用能系统相对较复杂、能耗较高、节能潜力较大，且宾馆酒店类建筑权责分明，因此采用合同能源管理模式对其进行节能改造具有很大的优势且示范效果明显，能够很好地带动区域与市场发展。

二、区域示范

为了扩大示范效应，可以在项目示范的基础上进行区域示范，以城市级为单位，选择建筑节能工作基础较好、相对有一定经济基础的城市进行合同能源管理区域示范。《"十二五"建筑节能专项规划》中提出，选择在公共建筑节能监管体系建立健全、节能改造任务明确的地区启动建筑节能改造重点城市，规划期内启动和实施10个以上公共建筑节能改造重点城市。在公共建筑节能改造城市示范过程中，可以选择重点项目推进合同能源管理的发展。与单个示范项目不同，合同能源管理区域示范除了对项目进行严格把关之外，整个过程的管理体系和服务体系建设、政策宣贯起着很重要的作用。因此，在区域示范过程中如何建立起一整套的节能服务管理、监管和服务体系对合同能源管理的市场化起着重要的作用。在常州、无锡合同能源管理试点示范过程中，将制定出有一整套的管理办法和政策，探索促进节能服务市场化的最佳途径。

三、全面推广

项目示范与区域示范的最终目的是推动合同能源管理市场化。在此阶段中，将以市场作用为主导、政府监督为辅，共同促进建筑节能服务市场的发展。

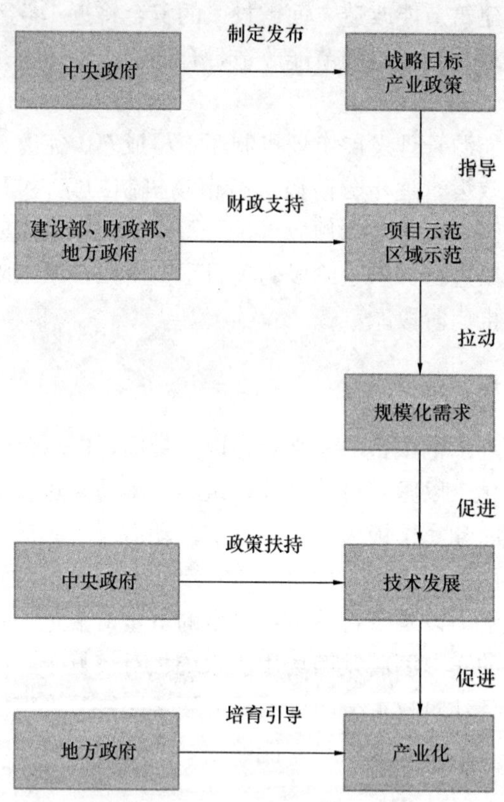

图 3-6-1　合同能源管理发展战略

建筑节能合同能源管理牵涉众多方面，金融措施的完善为建筑节能服务市场的发展奠定基础，超限额加价制度则能够发掘建筑节能服务市场潜力，政策的制定与完善工作也应在建筑节能服务产业的发展过程中进行实践与检验。《“十二五”建筑节能专项规划》和《绿色建筑行动方案》等文件均提出“加快推行合同能源管理，规范能源服务行为”。当前，在节能服务产业发展逐步壮大的情况下应重点做好以下四方面的工作：

1. 培育建筑节能服务龙头企业

建筑节能服务市场发展过程中通过政策引导、资金支持等方式，重点支持专业化的节能服务公司为用户提供节能诊断、设计、融资、改造、运行管理一条龙服务，培育扶持一批专业化节能服务公司。鼓励有实力节能服务公司通过联合重组等方式实现产业规模化，服务专业化，节能服务公司要树立品牌意识、加强品牌建设，不断提高综合实力，重点打造一批龙头企业。

2. 大力推广合同能源管理模式在公共建筑节能改造中的应用

应加强合同能源管理项目源的建设，可通过节能目标责任考核的方式积极开拓节能服务市场，在政府机关和教、科、文、卫、体等不同系统开展既有建筑节能改造合同能源管理试点工作，为各系统规模化开展合同能源管理工作打好基础。

3. 加强服务能力建设

各有关部门和单位积极为节能服务公司创造条件，不断提升综合能力。加强用能单位、节能服务公司、科研单位、担保公司、节能机构之间合作，打造一站式合同能源管理综合实施平台，解决制约服务公司做大做强技术、资金瓶颈等问题，鼓励节能服务公司参与产、学、研合作，增强技术创新能力，积极借鉴国内外转型经验，努力创新服务模式，确实提高服务水平。

4. 加强宣传与培训

加强建筑节能服务理念、模式的宣传工作，充分发挥当前网络媒体优势，做好建筑节能服务政策、合同能源管理项目案例、节能服务公司、建筑节能服务市场信息等方面的宣传。

第七章　思考与展望

大力发展建筑节能服务产业，既是完成“十二五”建筑领域能耗“总量与增量双控”目标的重要推手，也是促进建筑传统产业升级和结构调整，推进建筑节能产业化发展的新兴产业。

1. 培育建筑节能服务龙头企业，打造建筑节能服务产业链

虽然目前从事建筑节能服务的公司数量很多，但多数是单一技术或单一产品类型的公司，以合同能源管理为主营业务、具有综合节能服务能力、技术团队实力与管理运作能力强的公司还很少，中小节能服务公司大都各自为战，相互间的业务领域存在重叠，加剧市场竞争，这从一定程度上恶化了建筑节能市场环境。而金融机构往往也将目光投放于背景实力雄厚的大公司而忽视了小企业的发展，这进一步压缩了一些具有自主特色殊的小型建筑节能服务公司的生存空间。因此，建议政府可先重点扶植几家特点鲜明的品牌公司，以这些公司为核心，辐射带动其他小型建筑节能服务公司，对市场资源进行优化配置，通过专业化公司提供增值服务，打造建筑节能服务产业链，从而保证建筑节能产业的可持续发展。

2. 进一步加大政策扶持力度

当前，建筑节能服务产业正处于蓬勃发展阶段，建筑节能项目无论是数量还是质量均较往年有较大幅度的提高，在当下建筑节能服务业仍不成熟的背景下，政府可考虑适当延长实施效果不错的政策，维护建筑节能服务产业良好的发展势头。同时，应加快制定建筑能耗定额，对超定额的建筑与单位实行电费加价制度，以经济手段促使业主开展建筑节能工作。

3. 强化节能服务业与金融业的融合

节能服务公司，尤其是以合同能源管理为主营业务的建筑节能服务公司，由于其业务的特殊性，往往流动资金相对较少而负债比率相对较高，这样的财务结构从一定程度上加大了节能服务公司的融资难度。因此，需要加强建筑节能服务业与金融创新的融合，为节能服务公司设置专门的评价体系，提供资金筹措优惠并加大企业上市培育力度，引导社会资金投资建筑节能服务产业，为建筑节能改造市场开创新的融资环境，创新投资盈利模式，以此推动建筑节能改造规模化、市场化、产业化发展。

建筑节能服务专业编写人员：
梁俊强 孙晓文 朱殿奎 刘军民 曹静 沈志明 张雪

第 四 篇　建筑保温隔热

第一章　综　　述

我国是建筑业发展大国，改革开放 30 多年以来，中国城镇化水平不断提高，建筑面积快速增长，从 1996 年到 2006 年的十年间，我国城市房屋建筑面积从 61.3 亿 m^2 增长到 174.5 亿 m^2，并且还在以每年 6～7 亿 m^2 的速度增长。其中，随着建筑面积的增长，我国的建筑能耗在过去十年间增长了 1.7 倍。目前，中国建筑能耗（包括建造能耗、生活能耗、采暖空调等）约占全社会总能耗的 30%以上，大量的高能耗建筑，成为社会可持续发展的一大障碍，未来的建筑用能需求也将随着经济的发展而大大增加。提高建筑物的保温隔热性能是降低建筑能耗的最有效途径，也是实现建筑节能的基础和关键环节。1986 年我国颁布第一部建筑节能标准《民用建筑节能设计标准》提出的节能 30%目标，主要措施就是提高围护结构保温性能和改善门窗气闭性。可以说，我国建筑节能起步于对建筑保温隔热技术的研究和应用。搞好建筑保温隔热是我国建筑节能工作的重要内容，是深入开展和推进建筑节能减排的关键所在。

第二章　建筑保温隔热行业发展状况

第一节　我国建筑保温隔热行业现状

1. 建筑保温隔热技术发展历程

随着我国建筑节能标准的提高和发展，建筑保温隔热技术也经历了三个发展阶段：

一是起步阶段。20 世纪 80 年代中期，我国第一部建筑节能标准《民用建筑节能设计标准（采暖居住建筑部分）》JGJ 26—86 颁布实施，提出在 1980 年基础上节能 30%的目标。为达到标准要求，我国北方地区开始了建筑保温隔热工作，此时的保温系统形式主要采用外墙内保温系统，绝热材料采用保温浆料。

二是发展阶段。1996 年，随着建筑节能标准的修订，建筑节能目标提升到了 50%。对建筑保温隔热性能要求也相应提升，建筑保温隔热系统出现了建筑外保温系统、自保温系统等形式。绝热材料采用保温性能更好的 EPS、胶粉聚苯颗粒等替代原来的保温浆料。

三是快速发展阶段。经过十几年的发展，我国建筑保温隔热技术逐渐成熟，尤其是外墙外保温系统发展迅速。随着保温隔热相关标准的颁布实施，2006 年我国建筑保温隔热技术进入快速发展阶段，此时保温系统形式以外墙外保温系统为主，同时还存在自保温系统和内保温系统。绝热材料采用 EPS、XPS、PU、PF、膨胀玻化微珠、岩棉板等。

2. 技术应用现状及存在的问题

近年来，在国家节能减排、绿色建筑、被动式建筑等政策和节能标准的推动下，建筑保温隔热技术得到了迅速发展，形成了多种采用不同材料、不同构造体系的建筑保温隔热技术体系。我国建筑保温隔热行业已发展成为种类繁多、技术构造多样、产品需求量巨大的一个产业。这与我国节能标准对围护结构的热工参数的要求、围护结构构造形式有很大的关系。但由于我国地域辽阔，东西南北各地气候差异巨大，各地的经济发展水平参差不齐，导致建筑节能工作区域发展水平差异较大。同时，从北方到南方建筑保温隔热范围逐渐扩大，建筑保温隔热技术体系种类不断发展，在快速发展中出现了一些问题。

一是由于新的系统形式不断涌现，很多系统缺少行业标准或国家标准，技术标准体系尚不完善，对规范技术、保证质量、推广应用产生影响；

二是尚未建立建筑保温隔热施工资质和专业施工队伍，技术做法不成熟或者施工不规范造成保温隔热工程质量问题频现，很多工程在1～2年后就出现严重裂缝和大面积脱落，不仅影响使用也存在安全隐患；

三是适应南方气候、达到节能标准、满足舒适要求的保温系统还不成熟；

四是行业市场混乱，监管有待加强；

五是量大面广的高层建筑，特别是高层住宅，也为建筑保温隔热技术体系发展提出了新的难题。

2013年1月，国务院发布《绿色建筑行动方案》，要求“十二五”期间，完成新建绿色建筑10亿m^2；到2015年末，20％的城镇新建建筑达到绿色建筑标准要求；完成北方采暖地区既有居住建筑供热计量和节能改造4亿m^2以上，夏热冬冷地区既有居住建筑节能改造5000万m^2，公共建筑和公共机构办公建筑节能改造1.2亿m^2，实施农村危房改造节能示范40万套。到2020年末，基本完成北方采暖地区有改造价值的城镇居住建筑节能改造。这给建筑保温隔热市场带来巨大发展潜力，市场前景广阔。

3. 保温材料的市场发展趋势

随着外墙外保温材料引起的几场重大的火灾，无机类保温材料在市场中所占份额有增大的趋势。外墙外保温行业出现的这一新情况将加快我国建筑外墙保温市场的重整，加快国内保温行业与国际技术的接轨。

北京建筑节能专业委员会曾于2008年做过一项市场调研，结果是北京市场上的保温材料中，EPS占到了72％，XPS占到了25％，聚氨酯和无机材料只占3％。在2011年以前，中国建筑外墙外保温市场中各种保温材料已经形成了稳定的市场格局，考虑到各地区的气候特点，东北地区EPS/XPS等占据更大的市场，而在南方地区膨胀玻化微珠保温砂浆和岩（矿）棉板得到一定的应用，综合全国来看，EPS/XPS占据不低于95％的市场，有机类占据不低于96％的市场，而以膨胀玻化微珠保温砂浆和岩（矿）棉为主的无机类保温材料大概仅占到4％左右。2010年中国生产的用于建筑外保温的EPS约为115万t，而同年，无机保温材料中份额最大的岩棉及其制品的产量为86万t，用于建筑领域的岩棉数量大概只有10万t。假定用于墙体保温的板材厚度一致，可以由此推算出，2010年EPS市场份额为岩棉的69倍。

2011年3月份后，南方地区的无机材料类保温系统得到了更广泛的应用，以上海为例，2011年上半年岩棉系统和膨胀玻化微珠砂浆保温系统的市场占有率有可能超过70%。在华北地区也得到了一定的推广，而由于建筑节能设计标准要求的限制，无机类保温系统在东北地区的应用并不乐观。行业普遍预测，有机类保温材料的市场份额有下降趋势，同时无机类保温材料市场份额将会相应上升。表4-2-1为预计现有的几种保温系统在我国的发展趋势。

现有保温系统在形势变化前后的应用对比情况表　　表4-2-1

材料种类		2010年			2011年及以后		
		技术特征	适用地区及使用量	全国市场占有率	技术特征	市场分布及影响	预测全国市场占有率
有机类	EPS	技术成熟，墙体负担轻，保温效果好；防火性能差	全国范围	85%	加入阻燃剂，开发B1级材料	南方市场份额锐减	40%
	XPS	技术成熟，墙体负担轻，保温效果好；防火性能差	全国范围	8%	加入阻燃剂，开发B1级材料	南方市场份额锐减	20%（比原来还增加了）
	PU	技术成熟，保温效果好	全国范围		经改性开发，前景较好	南方市场份额锐减	
	酚醛	保温效果较好，材料脆性较大，不适宜采用较重饰面层	全国范围	1%	需要进一步研究、开发	南方市场份额锐减	2%
	其他					南方市场份额锐减	
无机类	无机膨胀玻化微珠保温砂浆	防火性能好；保温效果不如EPS，不适用东北地区	北方、长江以南	2%		除东北地区外市场份额大增	12%
	岩棉	A级不燃，保温效果较好；吸水率大，东北地区慎用	全国范围（东北地区慎用）	3.0%		市场份额大增，东北地区增速明显	22%
	其他			1.0%		有增加	4%

我国墙体保温行业市场发展受到气候因素、建筑类型、建筑高度等多方面因素影响，对保温系统的性能要求也大相径庭，因此，我国墙体保温材料和系统形式也必然根据实际需求走多样化路线。严寒和寒冷地区对保温性能要求高，适宜采用保温效果更好的有机类材料保温系统；南方地区对保温要求较低，可应用无

机类和有机类材料保温系统。同时，根据国家节材和新材料应用要求，推广应用工业化住宅带动墙体保温装饰一体化和自保温体系。

第二节　我国建筑保温隔热标准情况

随着建筑保温隔热技术的发展，相关标准也不断完善。目前主要标准包括外保温系统组成材料标准、外保温系统标准以及试验方法标准三类。

1. 外保温系统标准

《外墙外保温工程技术规程》JGJ 144—2004
《外墙内保温工程技术规程》JGJ/T 261—2011
《胶粉聚苯颗粒外墙外保温系统》JG/T 158—2013
《膨胀聚苯板薄抹灰外墙外保温系统》JG 149—2003
《硬泡聚氨酯保温防水工程技术规范》GB 50404—2007
《现浇混凝土复合膨胀聚苯板外墙外保温技术要求》JG/T 228—2007
《无机轻集料砂浆保温系统技术规程》JGJ 253—2011
《外墙饰面砖工程施工及验收规程》JGJ 126—2000
《建筑外墙外保温防火隔离带技术规程》JGJ 289—2012

2. 外保温系统组成材料标准

《外墙内保温板》JG/T 159—2004
《模塑聚苯板薄抹灰外墙外保温系统材料》GB/T 29906—2013
《挤塑聚苯板（XPS）薄抹灰外墙外保温系统材料》GB/T 30595—2014
《绝热用模塑聚苯乙烯泡沫塑料》GB/T 10801.1—2002
《绝热用挤塑聚苯乙烯泡沫塑料》GB/T 10801.2—2002
《绝热用硬质酚醛泡沫制品》GB/T 20974—2007
《喷涂硬质聚氨酯泡沫塑料》GB/T 20219—2006
《建筑绝热用硬质聚氨酯泡沫塑料》GB/T 21558—2008
《建筑用真空绝热板》JG/T 438—2014
《保温装饰板外墙外保温系统材料》JG/T 287—2013
《金属装饰保温板》JG/T 360—2012
《建筑用金属面绝热夹芯板》GB/T 23932—2009
《钢丝网架水泥聚苯乙烯夹芯板》JC 623—1996
《建筑隔墙用轻质条板》JG/T 169—2005
《建筑外墙外保温用岩棉制品》GB/T 25975—2010

《建筑保温砂浆》GB/T 20473—2006
《膨胀玻化微珠》JC/T 1042—2007
《膨胀玻化微珠保温隔热砂浆》GB/T 26000—2010
《膨胀玻化微珠轻质砂浆》JG/T 283—2010
《膨胀珍珠岩绝热制品》GB/T 10303—2001
《硅酸盐复合绝热涂料》GB/T 17371—2008
《泡沫玻璃绝热制品》JC/T 647—2005
《柔性泡沫橡塑绝热制品》GB/T 17794—2008
《耐碱玻璃纤维网布》JC/T 841—2007
《外墙外保温用膨胀聚苯乙烯板抹面胶浆》JC/T 993—2006
《墙体保温用膨胀聚苯乙烯板胶粘剂》JC/T 992—2006
《外墙保温用锚栓》JG/T 366—2012

3. 试验方法标准

《外墙外保温系统耐候性试验方法》JG/T 429—2014
《绝热材料稳态热阻及有关特性的测定 防护热板法》GB/T 10294—2008
《绝热材料稳态热阻及有关特性的测定 热流计法》GB/T 10295—2008
《建筑外墙外保温系统的防火性能试验方法》GB/T 29416—2012
《建筑材料及制品燃烧性能分级》GB 8624—2012
《建筑材料不燃性试验方法》GB/T 5464—2010
《建筑材料可燃性试验方法》GB/T 8626—2007
《建筑材料难燃性试验方法》GB/T 8625—2005
《建筑材料及制品的燃烧性能　燃烧热值的测定》GB/T 14402—2007
《建筑材料或制品的单体燃烧试验》GB/T 20284—2006
《无机硬质绝热制品试验方法》GB/T 5486—2008
《硬质泡沫塑料 尺寸稳定性试验方法》GB/T 8811—2008
《硬质泡沫塑料拉伸性能试验方法》GB/T 9641—1988
《泡沫塑料与橡胶 线性尺寸的测定》GB/T6342—1996
《矿物棉及其制品试验方法》GB/T 5480—2008
《建筑材料水蒸气透过性能试验方法》GB/T 17146—1997
《绝热材料憎水性试验方法》GB/T 10299—2011
《蒸压加气混凝土性能试验方法》GB/T 11969—2008
《建筑砂浆基本性能试验方法》JGJ/T 70—2009
《建筑物围护结构传热系数及采暖供热量检测方法》GB/T 23483—2009
《建筑防水涂料试验方法》GB/T 16777—2008

第三节　行业组织发展状况

1. 建筑保温隔热专业委员会发展状况

中国建筑节能协会建筑保温隔热专业委员会自 2012 年 6 月成立以来，在住房和城乡建设部和中国建筑节能协会指导下，深入贯彻落实国家有关法律法规和标准规范，健全管理体制，促进技术进步，完善制度标准，加强市场推广，强化宣传培训，切实提高建筑保温隔热行业整体素质，使行业健康、有序发展，推动建筑节能减排工作的深入开展。

建筑保温隔热专业委员会是全国唯一的建筑保温隔热行业组织，主要开展“行业调查、技术推广、标准制定、国际交流、技术应用培训”等工作。专委会现有会员单位近 200 家，其中，副主任委员单位 16 家、常务委员单位 26 家。会员单位主要由建筑保温隔热行业的生产企业、科研院所、大专院校等组成。涵盖了应用 EPS、XPS、聚氨酯、岩棉、酚醛、发泡水泥、玻化微珠等各种有机和无机材料的建筑保温隔热系统生成企业，而且国内建筑保温隔热的龙头企业基本都已加入了专委会，使专委会能够清楚的摸清市场状况。另外，国内多家知名科研单位也在会员之中，这使得专委会能够清楚地掌握国内保温材料生产技术发展情况。专委会已经基本形成了完善的会员结构，能够较全面的从会员单位了解到市场的发展情况，从而为规范行业发展提供有价值的意见和措施。目前，专委会已经成立了硬泡聚氨酯、岩棉、酚醛、EPS、施工质量五个诚信联盟，加强行业诚信和质量管理。经过近三年的努力，专委会在行业内已经具有一定的影响力和权威性。

2. 地方建筑保温隔热协会发展状况

2013 年以来，很多地方性建筑保温隔热行业组织也纷纷成立。比如：北京建筑节能与环境工程协会建筑保温专业委员会、辽宁省建筑节能环保协会建筑保温分会、山东省建筑节能协会新型墙材与建筑保温专委会、湖北省建筑节能协会建筑保温隔热专业委员会、海南省建筑节能协会外墙隔热技术和产品专业委员会、天津市建材业协会保温材料专业委员会、嘉兴市绿色建筑与建筑节能协会保温材料专业委员会、邯郸市建筑保温行业协会、内蒙古建筑节能协会外墙外保温专业委员会等，这些协会组织纷纷开展了很多有利于行业发展的活动。各省市建筑保温隔热行业社团组织的建立，对不同气候区域建筑保温隔热行业市场规范和管理发挥了重要的作用，提供更为全面的服务，同时，也将该地区存在的行业问题反馈到相应部门，为主管机构献计献策，从而引导该地区行业有序发展。

第三章　2013年建筑保温行业发展动态

第一节　建筑保温隔热专业委员会动态

（1）2013年5月28日，由中国建筑节能协会、山东省建筑节能协会主办，中国建筑节能协会建筑保温隔热专业委员会和山东省新型建材与建筑保温专业委员会共同承办的“全国建筑外墙保温隔热技术高层论坛”在山东省济南市召开。中国建筑节能协会会长郑坤生、中国房地产协会副会长童悦仲、中国建筑节能协会副会长林海燕、山东省住房和城乡建设厅副厅长李兴军等参加了论坛开幕式。大会分为主论坛和三个分论坛，主论坛邀请住建部、发改委、财政部等单位有关领导和知名专家讲解我国建筑外墙保温政策环境、标准规范和技术发展动态等，交流了山东省建筑节能与结构一体化技术创新发展经验，探讨了我国建筑外墙保温隔热技术最新科研成果，并就无机和有机保温隔热材料技术发展趋势、发展方向、应用与推广经验进行了深入交流，展示了我国建筑外墙保温隔热技术研究最新成果与产品应用实例。来自全国的600多名业内专家和学者代表参加了论坛。此次会议为我国建筑保温隔热行业指出了发展方向，国内先进的保温技术得到了充分的展示，另外，专委会还与山东省建筑节能协会建立了友好的关系往来，为今后开展相关工作，打下坚实基础。

在“全国建筑外墙保温隔热技术高层论坛”中，评选出“首批中国建筑节能协会建筑保温隔热类推荐产品”7项，评选出“2013年建筑保温隔热行业创新产品奖”3项。这使得放心的产品得到推广，优秀的企业被市场所熟知，打压了劣质产品，从而一定程度上保证了保温工程的质量。

首批中国建筑节能协会建筑保温隔热类推荐产品　　表4-3-1

序号	单　位	推荐产品
1	青岛科瑞新型环保材料有限公司	STP超薄绝热板外墙外保温
2	北京敬业达新型建筑材料有限公司	墙体保温系统用砂浆 EX、EL系列抹面胶浆和EX系列胶粘剂；模塑聚苯板18～25kg/m³；挤塑聚苯板 600＊1200mm；建筑保温砂浆 TC系列；胶粉聚苯颗粒保温浆料EL系列

续表

序号	单　　位	推荐产品
3	山东联创节能新材料股份有限公司	喷涂用聚氨酯硬泡组合聚醚 LC-06 硬泡聚氨酯复合保温板 LC
4	上海天补建筑科技有限公司	抗裂型无机保温砂浆外墙外保温系统、抗裂型无机保温板外墙外保温系统
5	亚士创能科技（上海）股份有限公司	真金防火保温板（热固型改性聚苯板，TPS）
6	无锡兴达泡塑新材料股份有限公司	石墨填充阻燃型可发性聚苯乙烯
7	山东圣泉化工股份有限公司	圣泉安特福改性酚醛泡沫板

2013年建筑保温隔热行业创新产品奖　　表 4-3-2

序号	单　　位	创新产品
1	亚士创能科技（上海）股份有限公司	真金防火保温板（热固型改性聚苯板，TPS）
2	无锡兴达泡塑新材料股份有限公司	石墨填充阻燃型可发性聚苯乙烯
3	山东圣泉化工股份有限公司	圣泉安特福改性酚醛泡沫板

（2）“中国房地产总工联席会——热关键技术选用与经典案例分享”主题沙龙

2013年8月29日，建筑保温隔热专委会与中国房地产协会合作，举办了“中国房地产总工联席会——建筑保温隔热关键技术选用与经典案例分析主题沙龙”。中国建筑节能协会副会长，建筑保温隔热专业委员会主任委员林海燕，中国房地产研究会名誉副会长童悦仲到会，并发表重要讲话，国内知名房地产商和外墙外保温材料生产企业进行了深入的交流，就保证工程质量，提高市场准入门槛达成共识，双方均希望看到更多更好的工程矗立于大江南北。此次会议缩短了地产商与材料供应商之间的距离，在一定程度上削减了双方的陌生感。

（3）2013年10月9日，中国建筑节能协会举办“2013上海建筑节能与绿色建筑科技周暨中国建筑节能协会年会”，并评选出获得“节能之星”荣誉称号的企业和产品。建筑保温隔热专业委员会分别对“建筑保温隔热行业有突出贡献的单位、个人、技术和产品”进行了评选并推荐给中国建筑节能协会。建筑保温隔热行业获奖企业名单见表4-3-3～表4-3-5。

2013年度建筑节能之星——突出贡献单位　　表 4-3-3

序号	单　　位
1	浙江科达新型建材有限公司
2	山东创智新材料有限公司

续表

序号	单 位
3	万华节能科技集团股份有限公司
4	山东秦恒科技有限公司
5	青岛科瑞新型环保材料有限公司
6	北京振利节能环保科技股份有限公司
7	重庆思贝肯节能技术开发有限公司
8	郑州日新建材有限公司
9	郑州艺科思德科技有限公司

2013 年度建筑节能之星——行业重点推广产品　　表 4-3-4

序号	单 位	产 品
1	亚士创能科技（上海）股份有限公司	真金防火保温板
2	巴斯夫（中国）有限公司	Neopor®
3	哈尔滨天硕建材工业有限公司	Z 型保温砌块
4	雅达建筑新材料（上海）有限公司	Adash 聚合聚苯板外墙保温系统
5	重庆聚源塑料有限公司	XPS 绝热用挤塑式聚苯乙烯保温板
6	昆山市创成新型材料有限公司	混凝土自保温系列产品
7	陕西丰益环保科技有限公司	益字牌建筑绝热用白色无甲醛玻璃棉保温板
8	陕西合力保温材料制品有限公司	外墙建筑用岩棉板
9	新郑市中原泡沫材料厂	AP 防火保温板

2013 年度建筑节能之星——行业应用技术　　表 4-3-5

序号	单 位	技 术
1	北京莱恩斯高新技术有限公司	新型改性酚醛高效保温防火材料技术
2	驻马店市永翔特种工程材料有限公司	仿真石漆技术
3	河南省金昌润建筑工程有限公司	保温装饰一体化技术

(4) 2013 年 4 月和 5 月，建筑保温隔热专委会分别在上海和沈阳举办两次《建筑外墙外保温防火隔离带技术规程》JGJ 289—2012 及行业相关标准培训会。由标准主要编写人对标准的立项背景、编制思路、技术规定等多方面内容进行了系统讲解，并回答学员提出的相关问题，解决了技术人员对标准中诸多困惑，使行业标准能够更好地被相关企业理解，达到规范我国建筑保温市场的作用。在今后的工作中，专委会还将根据会员单位需求开展相关行业培训，不断提升行业整体素质。

(5) 2013 年 12 月，专委会组织成立了“全国建筑保温隔热行业专家组”，汇集行业专家近百人，提供建筑保温隔热和建筑节能技术咨询、论证、评估等专业技术服务，为提升专委会服务水平，更好的规范我国建筑保温隔热市场奠定了基础。

(6) 2013 年建筑保温隔热专业委员会编辑发布行业内部刊物《建筑保温隔热》4 期，总计发布 9 期。会刊作为专委会对外宣传的重要窗口，将专委会及行业内大事小情囊括其中，内容涵盖了专委会工作动态、时政要闻、行业视点、技术创新与应用、会员之家等多个板块，加深了会员企业对专委会工作的了解、增进了会员单位间的交流，受到了会员单位的大力支持。为扩大会刊影响，专委会分别在 2013 年第十一届中国（上海）国际保温材料与节能技术展览会、第 16 届中国济南国际建筑节能及新型墙材展览会免费赠阅。专委会还将根据会员单位意见，不断提高会刊质量。

第二节　地　方　动　态

(1) 2013 年 2 月，江苏省住房城乡建设厅在调研和专家论证基础上，制定了《酚醛泡沫板薄抹灰外墙外保温系统应用技术暂行规定》（苏建函科［2013］76 号）和《酚醛泡沫板薄抹灰外墙外保温系统申报推广认定条件》（苏建科发［2013］8 号），为试点应用和管理该保温系统材料和系统检测标准依据，正式启动酚醛泡沫板薄抹灰外墙外保温系统试点应用。

(2) 2013 年 2 月，为加强民用建筑保温隔热工程消防安全，确保民用建筑保温隔热工程质量，避免事故隐患，四川省住房和城乡建设厅印发“关于进一步加强建筑节能用挤塑聚苯板管理的通知”，要求：各建筑节能用挤塑聚苯板生产单位不得使用再生料和易燃、易爆的发泡剂作为建筑用挤塑聚苯板（XPS）的主要生产原材料；生产单位须委托具有资质的检测机构进行抽样检测，其中燃烧性能检测结果必须达到 B1 级，其他性能应符合标准规定；生产单位须建立完善的产品性能标识质量追溯制度；生产单位须严格按照执行标准规定对建筑节能用挤塑聚苯板（XPS）燃烧性能等项目进行出厂检验，并在每张挤塑聚苯板表面粘贴注明生产单位名称、燃烧性能等级、导热系数、热阻、压缩强度、吸水率、尺寸稳定性，生产批次和备案证书编号等基本信息的产品质量性能标识；四川省建设科技协会应抓好行业自律，积极组织建筑节能用挤塑聚苯板生产单位签订行业自律书、规范市场行为；设计单位在设计和选用建筑节能用挤塑聚苯板时，应明确标注挤塑聚苯板的燃烧等级为 B1 级；施工图审查机构对设计选用建筑节能用挤塑聚苯板燃烧等级未标注 B1 级的施工图设计不予审查通过，并责令修改设计；建设单位、建筑节能工程承包单位和建筑保温装饰一体化复合板生产单位、建筑保温系统生产单位采购建筑节能用挤塑聚苯板须选用具有完善的产品性能标识质量追溯制度和备案合格的产品；各建设、监理及施工单位应根据各自的职责，对进入施工现场的建筑节能用挤塑聚苯板进行见证取样检验，检验合格复核产品质量性能标识信息后方可使用；各级住房和城乡建设行政主管部门对违法违规企业信息要及时通报。

（3）2013 年 7 月，浙江省开始实施《浙江省高层建筑消防安全管理规定》，严管严控高层建筑火源外墙禁用易燃可燃材料保温。规定共 24 条，从强化和落实业主主体责任出发，细化了业主责任，明确了多产权、使用主体高层建筑的消防安全管理模式。规定对高层建筑统一管理机构在防火巡查、消防设施和器材维修保养、检测，划定禁停警告标志保障消防车通道畅通，划定烟花爆竹禁放区并加强管理等六项消防工作职责做出了明确要求，规定出具虚假检测报告的，将罚款 1 万元至 5 万元。规定将火源管理纳入严管严控对象，明确规定，禁止高层建筑外墙使用易燃、可燃材料作为保温材料，对超负荷用电、堵塞疏散通道、违反规定燃放烟花爆竹，以及因危害消防安全的行为引起火灾或致火灾危害扩大等行为，均设定了相应的罚则。目前，浙江有高层建筑 15604 幢，其中 100 米以上的高层建筑 672 幢。高层建筑因为楼层高，体量大，布局复杂、形式多样，人员和物资高度集中，加上高层建筑业主多、使用单位多，产权关系不够明晰，日常消防监管难度大。

（4）2013 年 10 月，为了确保建筑工程消防安全，有效预防和减少建筑外墙保温材料火灾事故，根据相关技术标准规定和公安部《关于对民用建筑外保温材料消防监督管理有关事项的通知》（公消［2012］350 号）精神，结合甘肃省实际，甘肃省住房和城乡建设厅、甘肃省公安厅近日联合制定和下发了“关于规范建筑外墙保温材料燃烧性能的通知”。通知规定，非幕墙式建筑，当建筑高度大于等于 50m 时，其外墙保温材料的燃烧性能应为 A 级；建筑高度大于等于 24m，小于 50m 时，其保温材料的燃烧性能不应低于 B1 级。当采用 B1 级材料时，应在每层设置防火隔离带。建筑高度小于 24m 时，其保温材料的燃烧性能不宜低于 B1 级。当采用 B1 级材料时，应每两层设置防火隔离带。医院、养老院、幼儿园、学生宿舍、宾馆、商场及人员密集的场所，其保温材料的燃烧性能应为 A 级。幕墙式建筑，当建筑高度大于等于 24m 时，其保温材料的燃烧性能应为 A 级；建筑高度不大于 24m 时，其保温材料的燃烧性能不应低于 B1 级。建筑外墙采用内保温系统时，应符合下列规定：人员密集场所及各类建筑的疏散楼梯间，其保温材料的燃烧性能应为 A 级；其他建筑、场所或部位，应采用低烟、低毒且燃烧性能不低于 B1 级的保温材料。采用 B1 级材料时，应采用不燃材料做防护层，且防护层厚度不小于 10mm。严禁采用不符合国家和甘肃省现行标准规定或无产品标准的外墙保温材料。

第四章 建筑保温隔热专业委员会工作重点

随着《绿色建筑行动方案》以及《建筑防火设计规范》的相继出台与发布，我国建筑保温隔热行业得到快速发展，虽然在发展中遇到了障碍，但应该肯定，保温行业发展的总体趋势是好的，发展前景也是广阔的。为了使外墙保温行业健康持续发展，建筑保温隔热专业委员会计划开展以下工作：

（1）筹备成立“被动式绿色建筑保温隔热技术创新联盟”

被动式绿色建筑对于降低建筑用能有着重要的作用，如何将现有的保温隔热技术和产品应用到被动式绿色建筑中，是现阶段讨论的焦点问题之一，专委会决定筹备成立“被动式绿色建筑保温隔热技术创新联盟”，重点研究保温隔热技术在被动式建筑中的技术应用问题。

（2）建立健全行业管理体制，推动行业健康持续发展

近年来，由于产品质量低劣、工程施工不规范等问题引起了大量工程出现保温层脱落、火灾、开裂以及绷带楼等事件，给人民财产安全带来极大的损失。为了确保建筑保温隔热工程质量、提高施工技术人员整体素质，专委会将继续开展建筑保温隔热工程施工及管理人员岗位培训。

为规范行业市场秩序、促进我国建筑保温隔热行业健康持续发展，推进建筑保温隔热市场信用体系建设，全面提高建筑保温隔热工程施工质量和行业行为，专委会将启动编制《建筑保温隔热行业质量诚信评价标准（暂定）》逐步建立企业诚信等级。

（3）起草《建筑保温隔热行业管理办法》，针对行业中存在的种种违规乱象，做出相应的监督管理措施，彻底整治不合理现象。

（4）利用网络平台，加强宣传推广。进一步加强专委会网站建设和微信公众平台建设，充实网络服务内容，提高网络服务质量，充分发挥和利用好这两个平台，更好的服务政府、服务会员、服务行业，专委会将及时发布行业、政府以及会员单位的最新动态、大事要事、新产品、新技术等。

（5）扩大会员数量，建立建筑保温隔热行业数据库。广泛征集会员，扩大会员覆盖面，为每个会员（企业）建立档案，建立起我国建筑保温隔热行业数据库，从而全面了解行业整体情况，分析行业发展态势，为政府提供行业决策性、代表性的意见和建议，并与诚信体系信息化建设相结合。

建筑保温隔热专业编写人员：林海燕　宋　波　冯金秋　耿承达　朱晓姣　叶少华　李　帅　吕大鹏　查　飞　翟传伟　黄振利　刘　钢　孙垂海　李永鑫

第五篇 建筑遮阳与门窗幕墙

第一章　前　　言

目前，建筑耗能已与工业耗能、交通耗能并列，成为我国能源消耗的三个“耗能大户”之一。特别是伴随着建筑总量的不断攀升和居住舒适度的提升，建筑耗能呈急剧上扬趋势。

建筑能耗约占社会总能耗的三分之一，我国建筑能耗的总量逐年上升，在全社会总能耗中所占的比例已从20世纪70年代末的10%，上升到近年的30%，而这“30%”还仅仅是建筑物在建造和使用过程中消耗的能源比例，如果再加上建材生产过程中耗掉的能源，和建筑相关的能耗将占到社会总能耗的46.7%。而国际上发达国家的建筑能耗一般占全国总能耗的35%左右，以此推断，随着城市化进程的加快和人民生活质量的改善，我国建筑耗能比重最终还将上升到35%左右，建筑耗能已成为我国经济发展的软肋。

我国的建筑不仅耗能高，而且能源利用效率也很低，单位建筑能耗比同等气候条件下国家高出2～3倍。现在我国每年新建房屋20亿m^2中，99%以上是高能耗建筑；而既有的约430亿m^2建筑中，只有4%采取了能源效率措施，单位建筑面积采暖能耗为发达国家新建建筑的3倍以上。根据测算，如果不采取有力措施，到2020年中国建筑能耗将是现在3倍以上，潜伏巨大能源危机。

全国政协调研组就建筑节能问题提交的调研数据显示：按目前的趋势发展，到2020年我国建筑能耗将达到10.9亿吨标准煤。建筑节能任务十分紧迫。

各级政府要提高认识，转变职能，把建筑节能列入国家和各省市，决策层的重要议程。建筑节能必须首先由政府主导，由国家通过法律强制实施，这一点已经被发达国家的实践所证明。据建设部科技司副司长武涌透露，建设部目前正在完善建筑节能体制、机制、法制的建设，并将出台经济激励政策。

各省市组建建筑节能、设计研究领导机构。各地建设局，有关单位组建市建筑节能领导小组，负责推广建筑节能的方法，组织协调和监督管理。

各省市制定经济扶持政策，加大对建筑节能资金投入，建立完善建筑节能的经济激励政策，鼓励建设节能工程。以实现在2020年新建建筑节能65%的目标，不执行节能标准的建筑设计、施工单位将受到不同程度的处罚。

首先，政府应提供必要的启动经费支持建筑节能项目的推广；对高能耗的建筑制定相应的处罚措施，包括新建筑不准开工，已有建筑分段能耗收费（高出行业标准一定范围后的能耗采用高收费）等；对节能建筑采取奖励措施，包括可再生能源使用中的优惠政策，转移高峰用电的优惠政策，节能建筑星级标准（对能耗少的节能建筑发放星级标识）等。设立建筑节能监察办公室，对新建建筑和已有建筑进行能耗评估，对于高能耗建筑不予审批或限期整改。由于大量建筑在规划和设计阶段就注定是高能耗建筑，因此在建筑的规划审批时应加强建筑节能内容。同时应在建筑设计、实施和运行的各个阶段定期监测建筑的能耗情况，逐步缩小高能耗建筑的存在空间。

其次是建立住宅建筑能耗标准星级制度，积极推动供热收费体制改革试点，用市场方式催生更多的节能住宅建筑。根据对住宅建筑能耗的评估结果，用能耗星级标准将建筑节能的效果直观地告诉住宅消费者，引导大众消费节能的住宅建筑，从而推动节能住宅建筑的市场化运作。建立不同类型商业建筑能耗标准星级制度，积极推广各种节能技术，降低商业建筑的能耗。

各地区积极推广和使用新型建筑节能材料，大力宣传建筑节能的主要意义，广泛宣传“设计标准”。

新建和改建建筑节能工程，各级政府应通过公开招标方式选择有实力、有经验的企业作为重点节能工程承包商，搞好节能建筑合同管理，保证节能建筑按合同完成，同时保证节能改造承包商应得利益。

第二章　我国建筑遮阳行业的发展与现状

第一节　遮阳行业的从业情况

通过对上海遮阳从业单位作了一次系统性的调查。结合已获得的全国遮阳行业信息，对遮阳行业的从业情况有了基本了解。

1. 企业类型

（1）综合型企业：以青鹰、名成、风景线、雅丽特、创明为代表，专业化生产，销售多品种遮阳产品。

（2）国外品牌企业：以荷兰亨特道格拉斯、法国尚飞、梅尔美、特耐、法拉利、德国望瑞门、美国格伦雷文、麦氏、日本三井、立川为代表。品牌在国际上有一定的地位，产品质量在某种层面上占有优势地位。

（3）专业型企业：如浙江正特专业从事遮阳篷类，上海维艾斯专业从事竹木帘。

（4）面料专业企业：如浙江西大门、江西飞扬、山东玉马为代表。主业是为遮阳行业面料配套且有较大规模的企业。

（5）马达专业企业：如宁波杜亚、浙江卧龙为代表，专业供应配套窗饰管状马达。

（6）塑料件专业企业：以广东顺德金联、宁波振飞为代表，生产销售出口遮阳产品配套塑料件。

（7）兼产铝材专业企业：以江阴岳亚为代表，以铝产品扩展出窗饰产品。

2. 企业规模数量

（1）上海地区属于品种齐全，产品有特色，有一定生产制造能力，市场上有一定知名度，在遮阳行业起着主导地位的约有 15 家左右。能进入大卖场，在市场上有一定的竞争力，经营状态良好的约有 100 家，上海地区如果把从事遮阳、窗饰、布艺等算在一起的话应在 1000 家以上，产品销售收入约为 30 亿人民币。

（2）从全国范围情况看，在行业中占主导地位的企业基本集中于上海，在全国专业从事遮阳的企业约 300 家以上，如把窗饰、布艺加起来。一时间难以统计，大约有几万家。销售收入超过200亿，从业人员已超过100万。随着对建筑节能的要求提高，遮阳行业从业人员还会有大幅度地增多。

（3）从市场份额看，国外品牌企业产品仍占据一定高端市场，但有节节退缩的趋向，国内品牌企业已抢占相当不小的高端市场，并得到了不少政府工程的支持。在中低档市场，几乎是国产遮阳产品的天下，档次的跨度比较大，遮阳行业发展阶段过程中出现的高中低次产品同时并存，同时活跃在当前市场中构成了遮阳行业的一个特色。

3. 遮阳行业产品分类

（1）产品的门类：室内遮阳有布帘、横帘、垂直帘、罗马帘、卷帘、天篷帘、折叠帘、艺术帘；室外遮阳有卷闸帘、遮阳篷、翻板。大致已和国外的大类相接近。

（2）遮帘材质：纺织面料有聚酯纤维、丙纶、腈纶、玻璃纤维，并加以特殊整理或PVC包覆，门幅达到250cm以上，工程上使用面料均能达到和超过国家阻燃B_1级要求。适当地选择玻璃和面料，遮阳系数可以达到0.15。铝合金百叶有弯月形、梭形及特殊异形，宽度从1～100cm不等，单片长度可做到5m以上。

（3）导轨系统：基本采用异形高强度铝合金型材，塑料件的强力、耐磨、抗紫外线都有大幅提高，每年都有一定的出口。

（4）设备情况：国外遮阳企业已经在国内设立公司，如荷兰、美国、德国、带来了国外设备。国内企业也进口了不少国外先进设备。

（5）马达和控制：专门应用于遮阳行业特殊马达和控制系统普遍应用于遮阳工程项目中。中高档遮阳工程使用进口产品居多，同时国内的马达和控制已经基本过关，得到了广泛的应用，近年来马达和控制的方式有很大的进展，马达大扭矩、静音、方便调试、电动手动两用的；红外线、无线电遥控的；风控、光控、温控的；本地、区域、楼宇控制的可以随客户的需求予以选择，进而可以配合计算机智能控制。

（6）销售及市场：行业协会会员单位的年销售额在数百万至数千万不等，为数众多，规模很小的窗帘商店的销售总额目前无法统计，业内普遍认为市场需求量会远远超过目前的销售总量。

特色工程项目案例：

➢ 上海大剧院

容积75000m^3，2.5m宽、高19.2m的电动卷帘工程投资102万元，每年空调运行费用节约70万元。

➢ 上海农行信息中心

法国工程师设计垂直翻板，叶片宽1m，高4.5m。外遮阳总面积达8000m^2。

➢ 天津泰丰植物园

340 套面料张紧式天篷帘系统。

➢ 浙江长兴大剧院

玻璃幕墙外立面遮阳，叶片宽 0.45m，长 4m，已经经受麦莎台风的考验。

➢ 上海久事大厦

2480 套电动铝百叶帘

➢ 上海花旗银行办公大楼

2000 套电动卷帘

➢ 北京碧水庄园别墅安装

600 套车库门

以上这些工程规模较大，使用马达较多与建筑物配合紧密，节能效果已经引起了国外业内人士的普遍关注，表明我们的遮阳行业正向着现代化方向前进。

第二节　遮阳行业的发展进程

遮阳行业是一个新兴的发展行业，它与建筑节能密不可分，具有广阔的发展前景。由于目前缺乏相应的遮阳产品标准和技术规范，这对规范行业带来了较大的困难，但困难与机遇并存。在我国，把建筑节能作为一项基本国策的大形势下，促使遮阳行业的发展的首要任务是制定遮阳行业的产品标准和技术规范。所以，遮阳行业的发展任重而道远，因此，我们大胆探索，建立和健全各项管理制度，紧紧依靠政府和广大会员企业，上下一心，紧密配合，在社会各方的支持下，经过我们的不断努力，遮阳行业一定能规范、有序、健康地发展。

中国建筑遮阳产品的发展起步于 20 世纪 90 年代，随着我国国民经济的快速发展，上海的城市建设日新月异。上海第一幢全透明玻璃幕墙大厦——联谊大厦全部采用进口的垂直百叶窗帘遮阳后，国内一些企业纷纷引入国外遮阳产品，同时研发国内遮阳产品，生产各种窗帘成为一种发展趋势，遮阳行业也因此起步发展。根据中华人民共和国国家标准《公共建筑节能设计标准》GB 50189—2005 和上海市人民政府 2005 年第 50 号令《关于上海市建筑节能管理办法》，为了降低建筑能耗，提高资源利用效率，要求新的建筑物必须采用建筑节能措施和使用遮阳产品。尤其是上海 2010 年举办的世博会，各种活动场馆的建造为遮阳行业带来了很好的发展机遇。然而，由于我国目前缺少遮阳产品标准、技术规范和管理制度等，严重影响了遮阳行业的发展。为此，本报告在我国广泛采用建筑节能措施和推广使用建筑遮阳产品的前景下，试图对行业的发展现状、存在的问题作调查研究，从中找出加强行业管理、规范市场的对策、措施和办法，以促进遮阳行业的健康发展。

遮阳发展大致经历了四个阶段：

1. 初始阶段

遮阳产品自古就有。但在改革开放前，由于当时的中国是一个物质贫乏的社会，老百姓最基本的衣食住行的需求都无法完全满足，对于像遮阳这样更高一层的生活要求自然无从谈起，所以那时老百姓对遮阳的理解无非就是“一根铅丝一块布，挡住太阳就算数”，根本就没有科技、艺术和人文的概念。贫困的经济、落后的观念和惨淡的生产经营，这些就是中国遮阳初始阶段的写照。那时，中国遮阳就像荒漠中难得一见的植物，没有人会意识到它有朝一日会发展成为一片绿洲。

2. 萌芽阶段

20世纪80年代改革开放，春潮涌动，中国的社会经济突飞猛进，中国人的生活得到了极大改善。这时，老百姓对居住环境产生了新的要求，对遮阳也产生了新的认识。20世纪80年代中后期，塑料百叶窗帘和铝合金横百叶帘相继出现在中国市场，走进千家万户，中国遮阳行业开始闪现星星之火。但那时的遮阳生产还完全处于手工作坊模式：两三个人，凑四五百块钱，租二三十平方米店面，一家窗帘店就开出来了。设备差、资金少、规模小，是当时的普遍状况。但无论如何，中国遮阳行业进入了萌芽阶段，那一颗颗幼小而倔强的绿芽，拉开了一个遮阳新时代的帷幕。

3. 发展阶段

时间的车轮行进到了20世纪90年代初，黄浦江畔矗立起了上海第一幢玻璃幕墙大厦，联谊大厦。而更让从事遮阳业的人激动与兴奋的是，联谊大厦全部采用进口的垂直百叶帘。若干年后，可能很少有人会记得联谊大厦，但对于我们上海遮阳行业的同仁而言，这却是一个里程碑。因为从那以后，引入国外遮阳产品，研发国内产品，成为一股浩荡潮流。在上海、在中国，崭新的遮阳企业、商店雨后春笋般建立。垂直百叶帘、卷帘、木百叶帘等各种各样的遮阳产品风靡全国大中城市。20世纪的最后十年，中国遮阳技术逐渐成熟，产业逐渐壮大，整个行业处于一个大发展的时期。

4. 成熟阶段

中国遮阳行业的发展始终和建筑业的发展紧密相关，同时也紧跟着国际遮阳业的发展步伐。进入21世纪，中国经济的持续蓬勃发展，中国人对于居住环境的人文要求进一步提高，继续推动遮阳业向前发展。而玻璃幕墙建筑的大量建造，又开创了中国遮阳行业的另一块新天地——工程建筑遮阳。电动装置和智能控制系统的大量应用，遮阳龙头企业的出现，标志着中国遮阳行业已经趋于成熟。

从参加遮阳行业专业 R+T 展览会的情况看，6 年前没公司出国去正式参加。2006 年春天到德国参加的有 15 家企业，2006 年在上海参加的 R+T 展览会有 184 家。可见，遮阳企业发展的速度较快。

第三节　遮阳行业发展趋势

粗略估算，中国每年新建的玻璃幕墙建筑约为 3000 万 m^2，要完成这些建筑的遮阳工作，遮阳行业的从业人员至少为 100 多万。这两个数字足以表明这是一个不容忽视的市场和行业，它对于社会的和谐发展无疑会产生一定的影响力。

由于近年来能源问题日益突出，温家宝总理在政府工作报告中提出，要建立节约型社会，把节约能源放到了社会可持续发展的战略高度。目前，一些建筑物建筑能耗居高不下。有关领导曾经指出，推广应用新的节能技术，其中建筑隔热保温是重要的内容，也是建筑节能技术的重点，它代表着建筑节能技术的发展方向，而遮阳技术就是建筑隔热保温通风技术的代表。

第四节　影响遮阳行业发展的主要因素

1. 缺乏行业性指导

遮阳行业基本上是民营的，大多数是几个人经营窗帘店，但近几年来出现了一些有一定规模的有系列产品的大公司，遮阳行业目前已经形成了一个较为完整的链型配套体系。这个体系包含了原料加工、配件制造、商贸销售、安装、售后服务。但值得注意的是，到目前为止，这个体系及其运作模式是在市场经济下自然形成的，它只能应对简单、初级的建筑遮阳要求。而随着科技的不断发展，建筑对遮阳的要求越来越高，目前这个体系显然是难以应对的。由于没有统一的行业性指导，遮阳企业都各自为政，资金积累还需要一个过程，对遮阳技术领域的探索和研究较少，未能形成相当规模。为此，很多企业会错失当前大好发展时机。

2. 技术标准体系待健全

建筑遮阳装饰是一个艺术化、工程功能化的新兴行业。目前，没有统一的行业标准和评比标准。由于没有一定的规范，造成了遮阳行业的自由发挥、无序发展的局面。一些生产商忽视产品质量、以次充好，既损害了消费者的利益，也造成了恶性竞争。

当前，外遮阳已得到广泛应用，不仅安装规范需要重视，同时维护保养擦窗也需要规范。如某商务中心安装了外遮阳翻板，如果使用擦窗机时操作不当，往往会导致发生人身安全事故。

3. 原创性技术待研发

遮阳企业规模不一，但在观念上差距更大，在技术开发上投资不力，普遍地是互相转抄，在低水平上反复。近年来，发展较快、较大的企业都有一个共同特点，就是引进国外先进技术，通过消化吸收，按照中国市场的特点和需求，走出一条自主创新发展企业的道路。

4. 行业督导，企业自律诚信不够

行业的质量、技术、安装没有统一的标准和规范，也就没有验收、评比的基础。这些都影响了遮阳行业正常、有序的发展，从而落入质量差、做工粗糙、技术含量低、价格竞争的陷阱。目前，行业协会的首批会员单位一般都是行业的佼佼者，每个会员单位都是诚信、自律的模范，通过他们的共同努力会带动整个行业的诚信建设。

第五节 规范遮阳行业的对策

针对遮阳行业中目前存在的问题和国家对建筑节能和建筑遮阳的要求，协会、遮阳委任重而道远。我们认为，加快遮阳行业管理的法制建设，政府和相关部门尽快制定遮阳产品的技术标准和施工技术规范，加强对管理人员、设计师和施工人员的技术培训，提高企业管理人员和从业人员的技术水平，才能有效地推动遮阳行业的健康发展。

1. 完善遮阳产品的技术标准体系

遮阳产品分室内遮阳和室外遮阳产品。目前，我国还没有遮阳产品的技术标准，不论是国内还是国外企业，都是按照企业自身的标准进行生产。用户在使用遮阳产品中若发现质量问题，很难断定是产品质量问题还是用户使用不当问题，这样不利于行业的发展。为此，遮阳行业发展的当务之急是尽快制定遮阳产品的技术标准和产品质量的检测标准。

（1）我国建筑遮阳产品的标准化工作进展

随着新材料和新技术的发展，国外的建筑遮阳产品和构件不断地得到改进。遮阳构件和产品正向着多元化、多功能、高效率的趋势以及轻盈、精致的方向发展，并成为现代建筑造型的重要元素。遮阳产品已从简单、固定的形式发展到遮阳角度可调、可控，光线不仅可以被遮挡，有必要的时候也可以通过折射，以提高室内的照度。另外，遮阳构件材料的品种范围得到了扩展，混凝土、木材、金属材料、织物、玻璃等多种材料得以更灵活运用，如出现了高性能的隔热和热反射玻璃遮阳板，可以较好地解决采光与遮阳的矛盾。随着建筑遮阳产品在国内使用逐渐增多，相关建筑遮阳的技术标准要求也逐渐增加。

欧盟普遍将涉及公共安全、健康、环保、节能等六个方面的建筑产品列入强制性的产品认证目录，对其进行约束管理。如欧盟市场流通的约有多于 70%的产品规定必须携带 CE 标志，否则不准进入市场流通之列，其中列入 CE 强制性认证目录的建筑产品有 40 余种。部分建筑遮阳产品也纳入 CE 强制性认证产品的范畴。2006 年 4 月 1 日后，欧盟对于所有的建筑外遮阳产品，包括软百叶实施 CE 强制性认证，要求进行抗风压测试，并要求生产厂家提供产品的抗风压等级。目前，建筑遮阳产品的节能性能要求暂时未纳入认证检测项目，未来几年内即将列入 CE 强制性认证。

欧盟的建筑产品技术制约体制都由技术法规和技术标准两部分组成。技术法规是制定技术标准的法定依据，技术标准是制定技术法规的技术基础。两者是相互联系、协调配套的有机整体。欧洲的遮阳技术标准体系可能是最完善的，有完整的技术法规和标准体系。其中，最高层次的是 4 个技术法规，包括 98/37/EG 机械产品的指令、89/106/EWG 建筑产品的指令、89/336/EWG 电磁电容产品指令和 73/23/EWG 电子设备产品指令；第二层次是产品通用性能标准，即为内、外遮阳和百叶遮阳产品通用性能技术要求；第三层次为方法标准，涉及机械安全、光学、热学、防盗、隔声等近 30 多个标准。

(2) 建筑遮阳技术标准与行业的发展

建筑遮阳既关系到建筑节能工作，又关系到外遮阳设施的安全性能，有必要制定有关遮阳应用技术的设计、制作、安装验收，以及检测方法、产品标准等系列标准，以规范遮阳产品的技术质量，推动遮阳技术的应用推广。由于目前缺乏统一的遮阳产品标准和技术规范，遮阳企业各自为政，使行业发展遇到了较大的阻碍，对规范行业带来了较大困难。

欧盟的建筑遮阳标准体系为我们提供了学习借鉴的检测和评估方法，在我国把建筑节能作为一项基本国策的大形势下，促使遮阳行业的发展的首要任务是学习国外先进的检测和评估技术，制定适合我国的遮阳产品的标准和技术规范，为遮阳行业规范、有序、健康的发展提供技术保障。

(3) 遮阳行业现有的相关标准

现行建筑遮阳标准：

①《建筑遮阳热舒适、视觉舒适性能检测方法》JG/T 356—2012

②《建筑遮阳工程技术规范》JGJ 237—2011

③《建筑遮阳产品声学性能测量》JG/T 279—2010

④《遮阳百叶窗气密性试验方法》JG/T 282—2010

⑤《建筑遮阳产品隔热性能试验方法》JG/T 281—2010

⑥《建筑遮阳产品遮光性能试验方法》JG/T 280—2010

⑦《建筑遮阳产品电力驱动装置技术要求》JG/T 276—2010

⑧《建筑遮阳产品用电机》JG/T 278—2010

⑨《建筑遮阳热舒适、视觉舒适性能与分级》JG/T 277—2010

⑩《建筑遮阳产品误操作试验方法》JG/T 275—2010

⑪《建筑遮阳通用要求》JG/T 274—2010

⑫《内置遮阳中空玻璃制品》JG/T 255—2009

⑬《建筑用遮阳金属百叶帘》JG/T 251—2009

⑭《建筑用遮阳软卷帘》JG/T 254—2009

⑮《建筑用遮阳天篷帘》JG/T 252—2009

⑯《建筑用曲臂阳篷》JG/T 253—2009

⑰《建筑遮阳篷耐积水荷载试验方法》JG/T 240—2009

⑱《建筑外遮阳产品抗风性能试验方法》JG/T 239—2009

⑲《建筑遮阳产品机械耐久性能试验方法》JG/T 241—2009

⑳《建筑遮阳产品操作力试验方法》JG/T 242—2009

㉑《家用和类似用途电器的安全 卷帘百叶门窗、遮阳篷、遮帘和类似设备的驱动装置的特殊要求》GB 4706.101—2010

㉒《建筑遮阳产品术语标准》JG/T 399—2012

㉓《建筑遮阳硬卷帘》JG/T 443—2014

㉔《建筑门窗遮阳性能检测方法》JG/T 440—2014

㉕《建筑遮阳用织物通用技术要求》JG/T 424—2013

㉖《遮阳用膜结构织物》JG/T 423—2013

㉗《建筑用铝合金遮阳板》JG/T 416—2013

㉘《建筑遮阳产品耐雪荷载性能检测方法》JG/T 412—2013

在编的标准：8 项

① 建标［2012］4 号《建筑遮阳产品抗冲击性能试验方法》已经征求意见

② 建标［2012］4 号《建筑用光伏遮阳构件通用技术条件》已经征求意见

③ 建标［2012］4 号《建筑一体化遮阳窗》2012 年在编

④ 建标［2012］4 号《建筑用遮阳非金属百叶帘》2012 年在编

⑤ 建标［2013］170 号《建筑用遮阳软卷帘 JG/T 254—2009（修订）》已经征求意见

⑥ 建标［2013］170 号《建筑用遮阳天篷帘 JG/T 252—2009（修订）》已经

征求意见

⑦ 建标［2013］170号《建筑用曲臂遮阳篷 JG/T 253—2009（修订）》已经征求意见

⑧ 建标［2013］170号《建筑遮阳通用技术要求 JG/T 274—2010（修订）》2014年在编

2. 制定遮阳工程技术规范

遮阳产品有了国家标准以后，从事遮阳行业的设计师必须按照国家公共建筑的设计标准和遮阳产品标准进行遮阳产品的设计。同时，我们必须制定建筑遮阳的工程技术规范以便遮阳企业根据遮阳工程技术规范和产品设计要求及工艺要求进行施工，使遮阳产品的遮阳系数和节能效果达到设计要求。

3. 制定遮阳产品指导价

目前，遮阳产品的市场需求量较大。由于受市场经济的影响，遮阳产品的市场竞争也十分激烈，而目前遮阳行业还没有产品指导价，在工程竞标时往往低价中标，受价格的影响，中标方很难保证产品的质量，为此我们要求政府相关部门，行业协会配合尽快制定遮阳产品的指导价。

4. 实行遮阳企业施工能力资格认定

遮阳产品有内遮阳和外遮阳。对于外遮阳的产品无论在设计上还是安装施工上必须把遮阳产品的安全性放在首位。因为，外遮阳产品安装在室外，经常会遇到刮风下雨，在动态负载下若安装不牢固就会发生事故，危害人们的出行安全和财产安全。所以，要求政府建设行政主管部门尽快对遮阳安装施工企业的能力进行资格认定，符合要求给予发放施工能力认定证书，以尽可能地避免施工安全隐患。

5. 加强技术培训，提高人员素质

从全国遮阳行业来看，遮阳企业和从业人员较多，所以必须要加强对遮阳从业人员的管理，对设计师和施工人员进行技术培训，从而提高遮阳行业的整体水平和核心竞争力。

6. 加强行业自律

加强行业自律，倡导企业"持证经营"、"依法经营"、"质量第一"和"用户至上"的经营理念，为用户提供合格的遮阳产品。同时，将在全行业内开展"遮阳行业信得过企业"，以树立产品的品牌和提升企业形象并接受社会监督，促进遮阳行业的健康发展。

第三章　我国建筑幕墙行业发展与现状

第一节　我国建筑幕墙技术的现状

一般情况下，建筑物的热交换，70%通过门窗，30%通过墙体和屋面。现在居室使用的门窗有单层和双层，双层保温隔音效果好于单层门窗材料。有木门窗、钢门窗、铝合金门窗，塑钢门窗，木门窗很少用在外墙上，塑钢木门窗热传导效果明显好于铝合金和钢门窗。玻璃安装有单层和双层玻璃，有一般 3mm 或 5mm 普通玻璃、蓝宝石玻璃、雷射玻璃、中空镀膜玻璃等，在隔声、隔热、节能、减少室内温差，提高采光性方面，中空镀膜玻璃效果最佳。中空玻璃在国外建筑物中已得到普遍应用。

由面板与支承结构体系（支承装置与支承结构）组成的、可相对主体有一定位移能力或自身有一定变形能力、不承担主体结构所受作用的建筑外围护墙或装饰性结构。

幕墙是建筑物的外墙护围，不承重，像幕布一样挂上去，故又称为悬挂墙，是现代大型和高层建筑常用的带有装饰效果的轻质墙体。由结构框架与镶嵌板材组成，不承担主体结构载荷与作用的建筑围护结构。

经过发展，建筑幕墙从结构、材料、效果等诸多方面有了长足的进步，品种也比较齐全。

1. 建筑幕墙的面材应用情况分析

有框玻璃幕墙技术最先成熟，因此在 20 世纪 80 年代建成的一批玻璃幕墙基本上采用的是有框玻璃幕墙技术，它包括明框玻璃幕墙、显横隐竖式及显竖隐横式两种半隐框玻璃幕墙。

随着铝复合板技术的引进，铝复合板幕墙开始出现，并从铝复合板发展到铝单板、铝蜂窝板。随着铝板幕墙的出现，大楼整体装修成为流行，使装修的范围得到了延伸。石材干挂技术的突破，使石材这一古老的装修材料重新焕发了生机，它克服了湿法施工的限制和不足，也改变了玻璃、铝板幕墙使用单调的缺点，使大厦更加庄重和富丽堂皇。

玻璃技术和驳接技术的发展，带动全新的全玻璃幕墙出现，它从初期简单的橱窗、隔断发展成点驳式幕墙，全玻璃幕墙使人们的生活、办公环境更加宽敞、明亮。

2. 建筑幕墙的结构发展情况

玻璃幕墙从框架式发展成框架式半单元式、单元式、双层结构等多种形式，而且铝板幕墙有机地与玻璃幕墙结构相结合。石材幕墙从初期的销轴式发展成挂板式、背栓式及挂板背栓组合使用等方式，石材幕墙的高度不断突破，也更安全，同时从初期的不可拆卸发展到今天可随时更换，维修方便。全玻璃幕墙的结构出现钢结构、弦杆和弦索三种结构形式，建筑越来越通透。

3. 建筑幕墙的外视效果发展情况

玻璃幕墙从有框结构发展成全隐结构形式，出现平胶缝、深胶缝两种效果，而铝板、铝板幕墙更多地从简单叠加、平铺直叙的造型向个性化、艺术化方向发展，同时石材幕墙的胶缝处效果也从平胶向深胶、开放方向发展。全玻璃幕墙从浮夹式演化到铝夹式、背栓式。

随着建筑幕墙铝材表面处理手段的增加，建筑幕墙色彩丰富。

4. 建筑幕墙的密封理念上的发展情况

玻璃幕墙、铝板幕墙、石材幕墙从湿法打胶密封方式向结构防水、胶条密封等干之间加入低导热的非金属隔离物，通过切断铝型材的能量传递途径而达到节能的目的。

（1）遮阳技术

建筑幕墙的遮阳方式很多，有外遮阳、内遮阳和中空玻璃层内遮阳三种形式，单从节能的角度，外遮阳的效果最佳。夏季，建筑幕墙的外遮阳物（如百叶）会折射、反射大量的太阳辐射能，部分被百叶吸收的能量也会释放到外部，从而减少阳光对室内的辐射，使室内处于“树荫”之下，减少空调制冷费用，节约能源。

（2）双层幕墙技术

双层幕墙在冬季利用两层幕墙的保温性能；在夏季利用烟囱原理，应用遮阳技术，通过把通道内热量排出的方式，实现空调制冷费用的降低。

（3）光电技术

光电技术是一种能够把太阳能转化成电能的技术。如果制成光电板应用到建筑幕墙上，可大大降低能量的消耗。当双层幕墙应用此技术时，可实现真正意义上的零法施工方向发展。

第二节　建筑幕墙的技术发展及趋势

1. 幕墙行业可持续发展的机遇

外围护系统，其实是一种复合结构、组合的构造形式。在非采光部分，如竖向的窗间墙、横向的窗台等部分，以及窗框、窗扇的金属材料；采光部分则为玻璃。在非采光部分的结构受力、隔热、保温、防水、隔声、防火、节能等等方面，一般都比玻璃幕墙要好且造价低廉。由于扩大了窗墙比，提高了采光与非采光面积比，由窗进而大面积窗再到幕墙，则增加了采光部分和弱化了的非采光部分，必须采取配套的技术措施投入，才能改善功能。例如，窗间墙、窗台用加气混凝土砌块或条板，其热传导系数仅为0.2，而单片镀膜玻璃 K 值仅有5.9W/（m^2·K），中空玻璃为2.5、低辐射（LOW-E）中空玻璃也只达2.0。而非采光铝板保温棉 K 值可降低但造价增加很多。由此观之，整体的外窗系统的性能价格比（投入产出比）应较幕墙合理。并非所有的建筑外围护系统采用幕墙系统就是先进的、合理的。这仅是建筑幕墙第二个要自我否定的题目。将性价比作为评估参数、使用功能设计规定要求达到同一水准，幕墙与窗同时放在建筑外围护系统的同一比较线上，进行两者比较和选择才是合理的。除非在建筑立面外观上有完全不同的风格要求，则是另外的话题。

建筑外墙面的装饰层有多种形式，喷刷涂料、艺术混凝土、粘贴面砖等，挂一层金属板、石材板、纤维复合板也是一种主要形式。外墙装饰和建筑幕墙有何区别呢？在已经有了混凝土墙面、砖砌体、加气混凝土砌块墙面外，再加一层装饰功能的板材，属于幕墙吗？幕墙系统包含结构、功能和装饰作用，单纯的装饰功能是一种什么性质的幕墙呢？对于这一类“幕墙”，仍然要按照幕墙规范的所有规定来执行程序吗？因此，幕墙和外墙装饰板应于区别开来，后者应是幕墙的一种否定。这类装饰墙板一般是非通透、非采光的，其受力状态和功能要求也是和通常所指幕墙大不相同的。

2. 我国门窗幕墙行业的增长点

（1）得益于建筑业价值链的良性发展。我国的建筑业连续多年持续增长，建筑必然要使用门窗和幕墙，建筑玻璃、型材、板材和涂料则是不可缺少的材料。

（2）既有建筑的节能改造，将出现巨大的商机。中国的建筑节能工作刚刚开始，早年建成的建筑大部分为严重耗能建筑，今后还需要大量的技术改造。同时，新建建筑节能指标还有很大的提高空间。如将加大中空玻璃的使用，新型隔热铝型材的使用等。涂料也是大有作为和发展空间的。新的节能科技也将得到更大范围的应用。

（3）国际市场的开拓。中国的建筑门窗幕墙企业已经走向世界，中国幕墙企业与发达国家的技术差异已经不是很大，在人力资源和价格等方面还有相当的竞争力。同时，我国作为世界最大的门窗幕墙生产和使用国，伟大的实践必定会带来科学技术的进步和管理水平的提高，这也将大大增强行业的国际竞争力。

3. 建筑幕墙的发展离不开节能技术

能源是关系到国计民生的大问题，二次石油危机爆发以后，世界各国对能源的问题十分重视，因此各个国家相继制定了一些本国的能源政策和法律法规，积极鼓励节能技术的开发、应用和推广。我国大部分国土处于高纬度地区，人口及居住较分散，四季温差较大，建筑耗能及能源浪费情况较严重，因此我国建筑节能及形势更严峻，任务更艰巨、迫切。

我国政府审时度势，颁布并实施了我国的建筑节能政策。按国家建筑节能政策要求，2000 年之前，新设计的采暖居住建筑应在 1980、1981 年能耗的基础上降低 50%，从 2005 年起，新建采暖居住建筑应在此基础上再节能 30%，2010 年在此基础上再节能 30%。近几年，全国部分地区也开始颁布了一些相应的行政法规，以贯彻节约能源的方针。

（1）目前已采用的一些节能措施

① 中空玻璃，特别是 LOW-E 中空玻璃技术。

普通白玻璃 6mm，K 值约为 5W/（m^2・K）；

5＋6＋5 的普通中空玻璃，K 值约 2.6～3.5W/（m^2・K）

如果使用 LOW-E 中空玻璃并充氩气，K 值可达 1.6～1.8W/（m^2・K）。LOW-E 中空玻璃节能效果明显，冬季可有效地阻止室内暖气的热辐射向外泄漏；夏季防止外面的热辐射进入室内。

②“隔断断桥”技术

目前，国内断热型材采用“压条工艺”或“灌注工艺”复合而成，是在两个铝型材能耗，甚至可以向电网送电。

（2）技术发展趋势

① 从笨重性走向更轻型的板材和结构（天然石材厚度 25mm，新型材料最薄达到 1mm）

② 品种少逐步走向多类型的板材及更丰富的色彩（目前有石材、陶瓷板、微晶玻璃、高压层板、水泥纤丝维板、玻璃、无机玻璃钢、陶土板、金属板等近 60 种板材应用在外墙）

③ 更高的安全性能

④ 更灵活方便快捷的施工技术

⑤ 更高的防水性能，延长了幕墙的寿命（从封闭式幕墙发展到开放式幕墙）

⑥ 环保节能（2013 年以前欧美建筑市场比较常用的为金属装饰保温板，由

经过彩色烤漆的铝锌合金雕花饰面、聚氨酯保温层、玻璃纤维布复合而成；兼顾装饰和保温节能功能，面漆 10～15 年无褪色，整体使用寿命可达 45 年）

（3）建筑幕墙将成为环保型产品

随着人口的增加和工业的发展，我们生存的环境日益恶化，大气、海洋、河流受到污染，陆地沙漠化加重，为了子孙后代，人类已认识到保护环境的重要性和资源的再利用对可持续发展的影响，因此推广和使用环保技术，产品必将成为技术进步不可缺少的主旋律，以下几方面的环保技术一旦突破，必将给建筑幕墙带来新的结构或产品。

① 建筑幕墙所用材料在生产、加工、运输使用等过程对环境不污染或污染程度减轻。

② 建筑幕墙所用的材料在生产、加工过程中节约能源，从而间接保护环境。

③ 建筑幕墙所用的材料可再利用。

（4）人类生活质量的提高要求建筑幕墙具有高舒适性能

随着社会的发展、进步，人类已步入文明社会，人们已不满足简单的生理需求，而且不断地追求高品位的生活质量。从长远来看，所有能够给人们提供方便，创造舒适环境的技术和产品都可以与幕墙相结合。其中，给人视觉带来舒适的内容，包括色彩的搭配、使用以及光线的控制等，而感觉舒适的内容包括使用方法、空气质量高、噪声低等。目前已有的一些技术和产品有：

① 开启装置、电子锁，对讲门技术以及烟感应、雨感应技术。

② 自洁技术。

③ 双层幕墙结构，利用屏蔽作用以降低噪声，利用遮阳系统调整室内光线的弱；利用通道或过滤装置净化空气，改变空气流速和方向；可在双层幕墙的内层放置加湿器等，进一步改善空气质量。

（5）建筑幕墙的设计进入理性的个性化时代，在人类历史的长河里，不同国家、不同时代的建筑风格都有明显的差别，甚至一个国家、一个时期也有不同流派、风格的建筑，这是人类社会性质、地域、文化、政治、宗教不同而形成的，是人类文化多样性的具体体现。但不管建筑风格如何发展、变化，建筑是作为一门艺术而存在的，建筑幕墙作为这件艺术品的外壳，不可能是简单的工业产品量的叠加，个性化、多样性必将是幕墙风格的未来趋势。同时，建筑幕墙又有别于艺术品，它还具有工业产品的特性，设计、制造建筑幕墙时需考虑风、雨水、大气、地震、温度、自重、荷载等因素，所以任何个性化的设计，都必须建立在完全和技术可行的基础之上，这就要求建筑幕墙的设计师既要有艺术创新能力，又要有现代科学技术知识。只有把艺术和技术完美结合的人，才能设计出精典的作品。随着建筑的发展，建筑幕墙必将进入理性、个性化时代。

（6）建筑幕墙具有多功能性

建筑幕墙的出现成为现代建筑的象征，它经过了一个多世纪的漫长发展，到20世纪50年代，才逐渐被人们所认识。目前，建筑幕墙的主要作用还是遮风、挡雨、采光、隔热，是一种建筑外围护结构。但从长远来看，建筑幕墙必将向多功能方向发展。利用建筑幕墙的结构增加功能，能够降低综合成本、减少资源的浪费。目前，已有一些技术和产品出现，具体如下：

① 通过建筑幕墙龙骨实现供暖。

② 与建筑幕墙相结合的窗帘、窗台板技术。

虽然幕墙技术发展较快，但建筑幕墙在我国还是一个较年轻的行业，有很多技术知识需要研究学习和攀登，它的前途是光明的，这需要我们把握建筑幕墙的发展趋势，与时俱进，尽快与世界先进水平接轨，不仅做建筑幕墙生活数量上的大国，而且更要做技术大国，也只有这样，才能开创建筑幕墙的新局面。

第三节　门窗幕墙行业可持续发展的机遇

在国家全面推进改革开放和现代化建设的进程中，我国国民经济保持了平稳快速发展，固定资产投资规模不断扩大，城镇化率不断提高，为建筑业的发展提供了良好的市场环境，这也是我国建筑门窗幕墙行业得到较快发展的根本原因。2013年8月27日，联合国开发计划署和中国社会科学院共同撰写的《2013中国人类发展报告》在北京举行发布会。该报告预测，到2030年中国将新增3.1亿城市居民，城镇化水平将达到70%。届时，城市人口总数将超过10亿。城市对国内生产总值的贡献将达到75%。城乡区域发展的协调性将进一步增强。每年我国将有30多亿平方米的新建建筑需要用到门窗和幕墙。2010年，我国的城镇化率同比增长3.09%，是近十多年最大年增幅；2011年，中国城镇化率首次超过50%，这是中国社会结构的一个历史性变化。

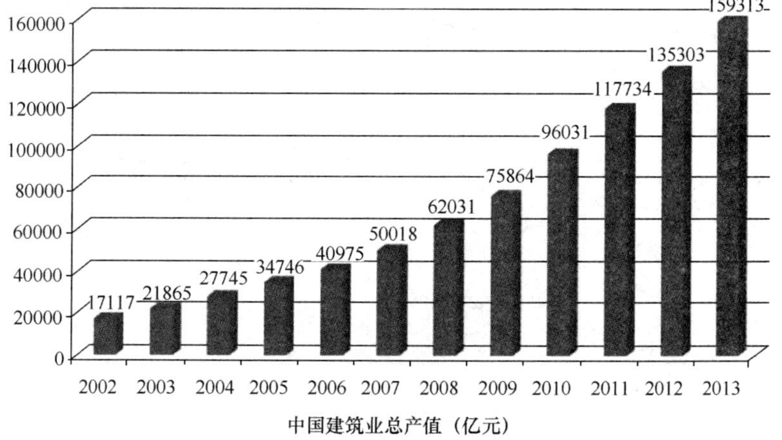

图5-3-1　中国建筑业总产值

一、得益于建筑业价值链的良性发展

我国的建筑业连续多年持续增长，建筑必然要使用门窗和幕墙，建筑玻璃、型材、板材和涂料则是不可缺少的材料。

二、既有建筑的节能改造，将出现巨大的商机

中国的建筑节能工作刚刚开始，早年建成的建筑大部分为严重耗能建筑，今后还需要大量的技术改造。同时新建建筑节能指标还有很大的提高空间。如将加大中空玻璃的使用，新型隔热铝型材的使用等。涂料也是大有作为和发展空间的。新的节能科技也将得到更大范围的应用。

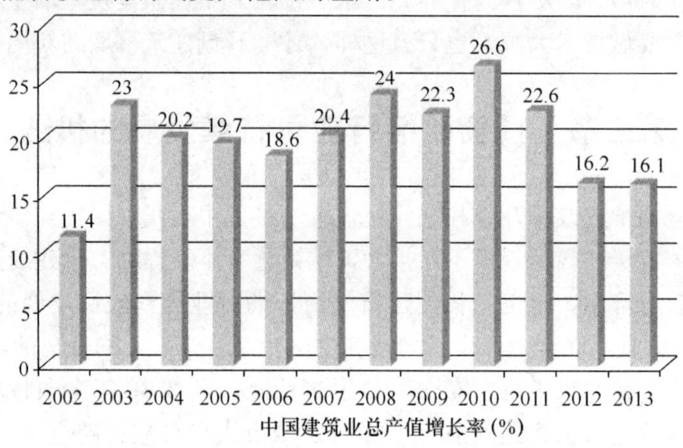

图 5-3-2　中国建筑业总产值增长率

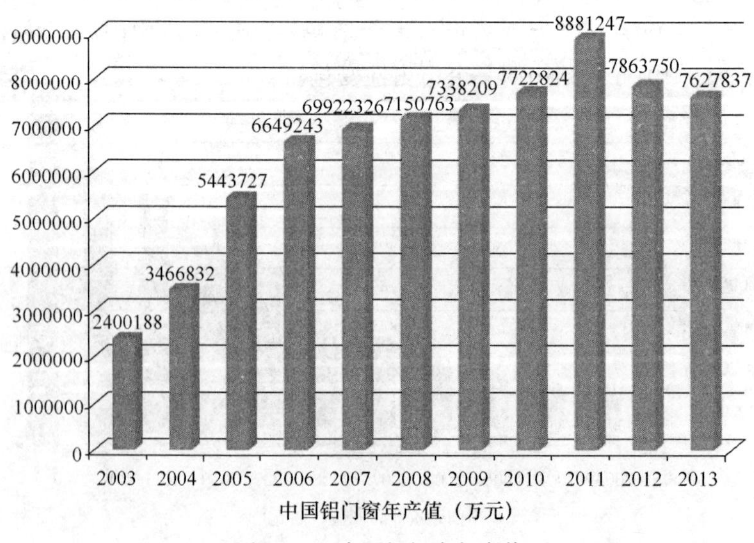

图 5-3-3　中国铝门窗年产值

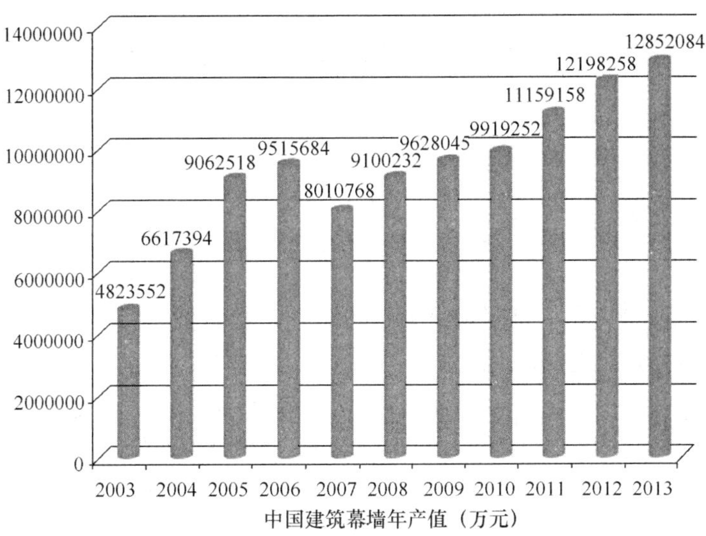

图 5-3-4 中国建筑幕墙年产值

三、国际市场的开拓

中国的建筑门窗幕墙企业已经走向世界，中国幕墙企业与发达国家的技术差异已经不是很大，在人力资源和价格等方面还有相当的竞争力。同时，我国作为世界最大的门窗幕墙生产和使用国，伟大的实践必定会带来科学技术的进步和管理水平的提高，这也将大大增强行业的国际竞争力。

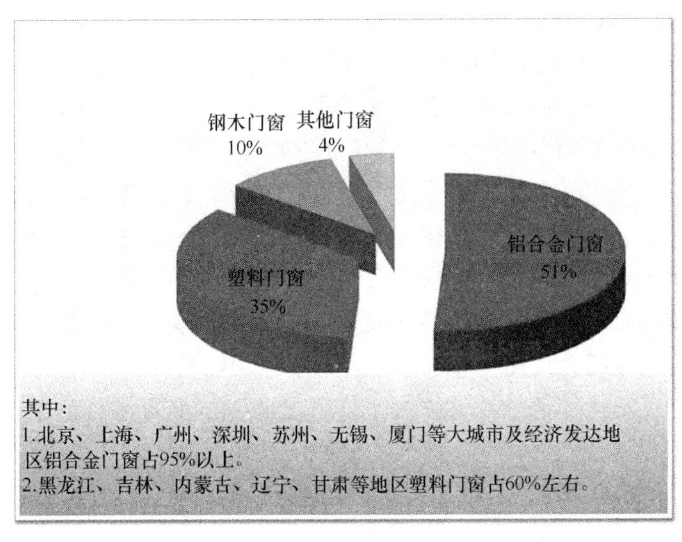

图 5-3-5 我国各类门窗所占比例

第四节 建筑门窗幕墙行业的发展趋势

一、标准化

为在一定的范围内获得最佳秩序，对实际的或潜在的问题制定共同的和重复使用的规则的活动，称为标准化。它包括制定、发布及实施标准的过程。标准化的重要意义是改进产品、过程和服务的适用性，防止贸易壁垒，促进技术合作。标准化的主要作用是组织现代化生产的重要手段和必要条件，是合理发展产品品种、组织专业化生产的前提，是公司实现科学管理和现代化管理的基础，是提高产品保证安全、卫生的技术保证，是国家资源合理利用、节约能源和节约原材料的有效途径，是推广新材料、新技术、新科研成果的桥梁，是消除贸易障碍、促进国际贸易发展的通行证。标准化标志着一个行业新的标准的产生。通过标准化以及相关技术政策的实施，可以整合和引导社会资源，激活科技要素，推动自主创新与开放创新，加速技术积累、科技进步、成果推广、创新扩散、产业升级以及经济、社会、环境的全面、协调、可持续发展。

二、系统化

关于什么是系统化？什么是系统化门窗（系统门窗或系统窗）？什么是系统化幕墙？这些概念有许多说法，通过分析，我们能否抓住事物的本质？

（1）系统一词，来源于古希腊语，是由部分构成整体的意思。

今天，人们从各种角度上研究系统，对系统下的定义也不下几十种。如说“系统是诸元素及其顺常行为的给定集合”，“系统是有组织的和被组织化的全体”，“系统是有联系的物质和过程的集合”，“系统是许多要素保持有机的秩序，向同一目的行动的东西”，等等。一般系统论则试图给一个能描示各种系统共同特征的一般的系统定义，通常把系统定义为：由若干要素以一定结构形式联结构成的具有某种功能的有机整体。在这个定义中包括了系统、要素、结构、功能四个概念，表明了要素与要素、要素与系统、系统与环境三方面的关系。

系统论的核心思想是系统的整体观念。任何系统都是一个有机的整体，它不是各个部分的机械组合或简单相加，系统的整体功能是各要素在孤立状态下所没有的性质。用亚里士多德的“整体大于部分之和”的名言来说明系统的整体性，反对那种认为要素性能好，整体性能一定好，以局部说明整体的机械论的观点。

系统论的基本思想方法，就是把所研究和处理的对象，当作一个系统，分析系统的结构和功能，研究系统、要素、环境三者的相互关系和变动的规律性，并优化系统观点看问题，世界上任何事物都可以看成是一个系统，系统是普遍存在的。

系统论的任务，不仅在于认识系统的特点和规律，更重要的还在于利用这些特点和规律去控制、管理、改造或创造一系统，使它的存在与发展合乎人的目的需要。也就是说，研究系统的目的在于调整系统结构，协调各要素关系，使系统达到优化目标。

系统论将世界视为系统与系统的集合，认为世界的复杂性在于系统的复杂性，研究世界的任何部分，就是研究相应的系统与环境的关系。它将研究和处理对象作为一个系统即整体来对待。系统论反映了现代科学发展的趋势，反映了现代社会化大生产的特点。反映了现代社会生活的复杂性。所以，它的理论和方法能够得到广泛的应用。系统论不仅为现代科学的发展提供了理论和方法，而且也为解决现代社会中的政治、经济、军事、科学、文化等等方面的各种复杂问题提供了方法论的基础。系统观念正渗透到每个领域。我们需要用系统论的思想认识建筑门窗幕墙行业，进而指导行业的发展。只有这样，行业的科学发展才可能变成现实。因此，将系统论的思想应用于建筑门窗幕墙行业具有十分重要的现实意义。系统化门窗（系统门窗或系统窗）、系统化幕墙（系统幕墙）正是系统论思想在建筑门窗幕墙行业的具体应用。

（2）系统化门窗与幕墙

门窗系统、系统化门窗（系统门窗或系统窗）的代表性概念：组成一樘完整的门窗各个子系统的所有材料［包括型材、玻璃（词条“玻璃”由行业大百科提供）、五金、密封胶、胶条、辅助配件及配套纱窗］，均经过严格的品牌技术标（词条“技术标”由行业大百科提供）准整合和多次实践的标准化产品，利用专用的加工设备和安装工具，并按照标准的工艺加工和安装的门窗。门窗系统不仅仅只是材料成系统，还需要系统技术支持，系统的售后服务。

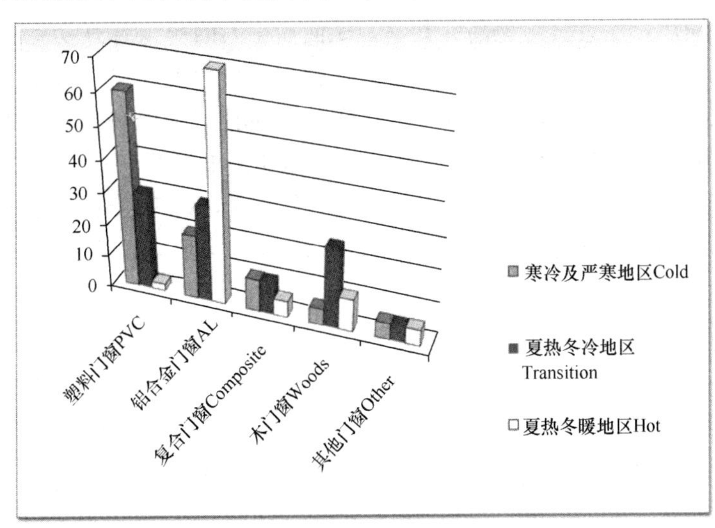

图 5-3-6 系统化门窗

对于“系统窗”和“普通窗”的区别，可以通过电脑的“品牌机”和“组（拼）装机”做比喻，目前在项目招标中经常提到的“高档断桥铝合金窗（词条“断桥铝合金窗”由行业大百科提供）”，即使各项材料均使用一些品牌产品，但门窗整体缺乏统一的技术设计整合，构成门窗的各个子系统的材料之间配置不合理，兼容性不好，很难保证整窗的优异性能，更无法达到甲方项目最优的性能价格比要求。我国目前成熟度较高的源自欧洲的门窗系统有：旭格、罗克迪、阿鲁克（铝型材系统）、Forster、瑞士严实（JANSEN）（钢制型材系统门窗）；国内自己研发的门窗系统有：MSL门窗系统（美狮隆）、辽沈的丽格系统、贝克洛等。

真正的系统门窗是一个性能系统的完美有机组合，需要考虑水密性、气密性（词条“气密性”由行业大百科提供）、抗风压、机械力学强度、隔热、隔声、防盗、遮阳、耐候性、操作手感等一系列重要的功能，还要考虑设备、型材、配件、玻璃、粘胶、密封件各环节性能的综合结果，缺一不可，最终形成高性能的系统门窗。

三、信息化

1997年召开的首届全国信息化工作会议，对信息化和国家信息化定义为：“信息化是指培育、发展以智能化工具为代表的新的生产力，并使之造福于社会的历史过程。国家信息化就是在国家统一规划和组织下，在农业、工业、科学技术、国防及社会生活各个方面应用现代信息技术，深入开发广泛利用信息资源，加速实现国家现代化进程。”实现信息化就要构筑和完善6个要素（开发利用信息资源，建设国家信息网络，推进信息技术应用，发展信息技术和产业，培育信息化人才，制定和完善信息化政策）的国家信息化体系。信息化代表了一种信息技术被高度应用，信息资源被高度共享，从而使得人的智能潜力以及社会物质资源潜力被充分发挥，个人行为、组织决策和社会运行趋于合理化的理想状态。同时，信息化也是IT产业发展与IT在社会经济各部门扩散的基础之上的，不断运用IT改造传统的经济、社会结构从而通往如前所述的理想状态的一段持续的过程。根据最新公布的2006～2020国家信息化发展战略，信息化是充分利用信息技术，开发利用信息资源，促进信息交流和知识共享，提高经济增长质量，推动经济社会发展转型的历史进程。

在1997年6要素的基础上，增加“信息安全”为7要素。即所谓七大要素，是指“信息资源、信息网络、信息技术、信息产业、信息人才、信息法规环境与信息安全”。人类已走进以信息技术为核心的知识经济时代，信息资源已成为与材料和能源同等重要的战略资源；信息技术正以其广泛的渗透性、无形值价和无与伦比的先进性与传统产业结合；信息产业已发展为世界范围内的朝阳产业和新的经济增长点；信息化已成为推进企业发展的助力器；信息化水平则成为一个企业综合实力的重要标志。因此，世界各国企业界都把加快信息化建设作为自己的发展战略。

2002年7月3日，国家信息化领导小组第二次会议在京召开，兼任信息化领导小组组长的朱镕基总理亲自主持会议，并再次强调了中国信息化建设的发展基调：努力走出一条有中国特色的信息化道路！在本次会议上，朱镕基、胡锦涛、李岚清、丁关根、吴邦国等党政高层领导听取了关于国民经济和社会信息化专项规划、电子政务建设指导意见和发展软件产业问题的汇报，会议讨论通过了《国民经济和社会信息化专项规划》、《关于我国电子政务建设的指导意见》，讨论了振兴软件产业的问题。

本次会议中则集中反映为三点：其一，国家领导的高度重视；其二，中国信息化的战略地位进一步得到提升，会议认为，大力推进国民经济和社会信息化，是党的十五届五中全会做出的重要决策，是覆盖我国现代化建设全局的战略举措，是贯彻"三个代表"重要思想的要求；其三，会议通过的《国民经济和社会信息化专项规划》，是中国第一个信息化发展规划，标志着中国信息化建设进入到系统指导、科学规划的新阶段，而《关于我国电子政务建设的指导意见》的形成也使如火如荼的中国电子政务建设有规可循。

四、工业化

党的十八大报告指出，"坚持走中国特色新型工业化、信息化、城镇化、农业现代化道路，推动信息化和工业化深度融合、工业化和城镇化良性互动、城镇化和农业现代化相互协调，促进工业化、信息化、城镇化、农业现代化同步发展。"这段重要论述是对"四化"相互关系的深刻分析，也强调了中国特色新型工业化道路的重要性。同时，也鲜明地指出了走中国特色新型工业化道路的基本思路，即"四化"同步发展。信息化和工业化融合是在工业研发、生产、经营、流通等领域实现装备智能化、生产过程自动化和经营管理网络化，从而广泛利用信息设备、产品和信息技术，推进研发设计数字化、不断提高生产效率。信息化与工业化深度融合，走中国特色新型工业化道路，是深刻把握我国工业化面临的新课题、新矛盾后做的战略决策。

首先，信息化与工业化融合是发展现代产业新体系的基本途径。现代产业新体系中，有相当一部分产业依托信息技术而生存和发展。要建立现代产业新体系，必须扩大信息技术在各产业领域中的应用，不断衍生出新兴产业，不断增强传统产业的生命力，不断提高各产业间的协调性。

其次，信息化与工业化融合是突破资源环境约束的迫切需要。以大量的资本投入、物质资源消耗和环境代价维持的传统工业已经发展到了极限，要进一步发展必须走信息化与工业化融合的新型工业化道路，只有两者的深度融合和协调发展，才能实现经济社会的全面、协调、可持续发展。信息化和工业化深度融合的实质在于实现技术创新、组织创新、产业创新的系统集成。

《绿色建筑行动方案》第八项重点任务就是“推动建筑工业化”。（住房城乡建设等部门要加快建立促进建筑工业化的设计、施工、部品生产等环节的标准体系，推动结构件、部品、部件的标准化，丰富标准件的种类，提高通用性和可置换性。推广适合工业化生产的预制装配式混凝土、钢结构等建筑体系，加快发展建设工程的预制和装配技术，提高建筑工业化技术集成水平。支持集设计、生产、施工于一体的工业化基地建设，开展工业化建筑示范试点。积极推行住宅全装修，鼓励新建住宅一次装修到位或菜单式装修，促进个性化装修和产业化装修相统一。）建筑门窗幕墙工业化的定义建筑门窗幕墙工业化就是采用现代工业的生产和管理手段替代传统、分散式手工业的生产方式，从而达到降低成本、提高质量的目的。建筑门窗幕墙工业化的特征在于以门窗幕墙系统的设计标准化为前提、工厂生产集约化为手段、现场施工装配化与标准化为核心、组织管理科学化为保证。在建筑门窗幕墙系统化、标准化和信息化的基础上，实现建筑门窗幕墙的工业化。通过“研发设计标准化与系统化，生产制造工厂化和集约化，安装施工标准化，管理信息化”等手段，实现工业化与信息化的深度融合。

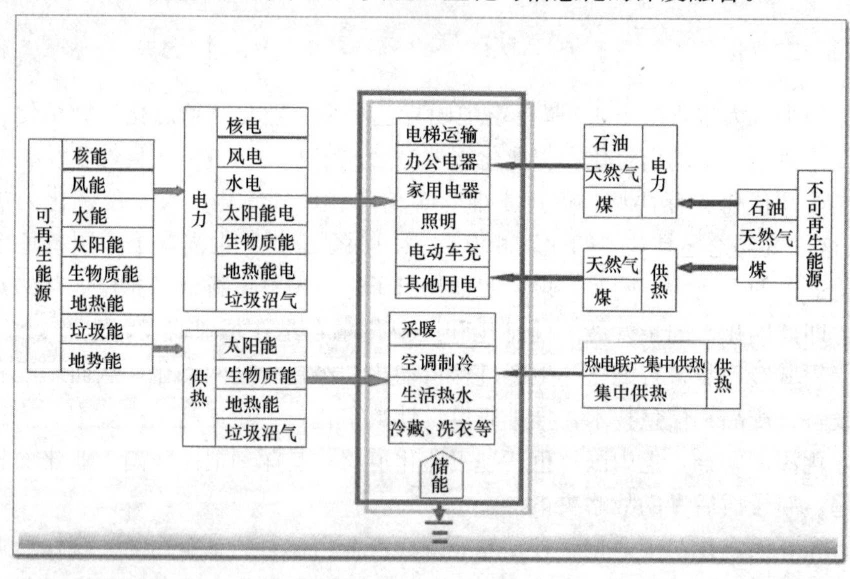

图 5-3-7　建筑使用能源构成

五、产品化

目前，我国建筑门窗幕墙的工程属性更为明显，建筑门窗幕墙企业的生产经营具有“以工程项目为中心、大物流、劳动密集型和多学科”等特点。企业的生产经营活动（如市场开拓、销售、设计、制造、安装和服务等）大多围绕工程项目而展开。在大力推进建筑门窗幕墙行业系统化、标准化、信息化和工业化的基础上，更容易实现其产品化。相对建筑幕墙而言，门窗是建筑的眼睛，其产品属性更加明显和突出，容易实现工业化生产，因此更容易实现其产品化。

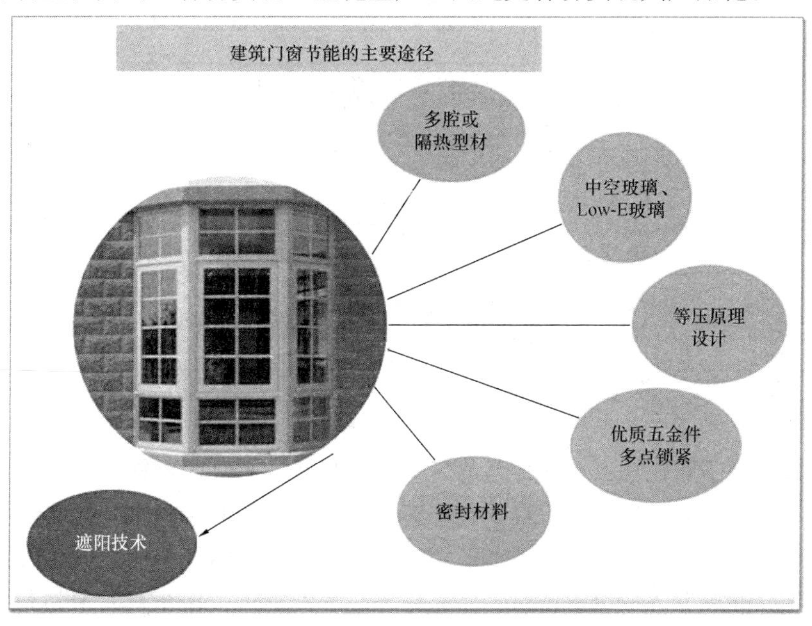

图 5-3-8　建筑门窗节能的主要途径

为了表现不同建筑的建筑特性，满足建筑的独特性能需求，体现建筑师张扬的设计思想，我们很难找到完全相同的建筑幕墙产品。但是随着幕墙系统化、标准化程度的提升，其制造、安装技术的飞速发展，新的幕墙结构形式使建筑幕墙的工业化生产成为可能。（如单元式幕墙的制造大多可以在工厂环境实现集约化生产，在工地现场实现标准化安装。）建筑幕墙实现工业化和产品化，应着力解决好以下问题：

1）要建立完善的标准体系；

2）要提供系统化的解决方案，将产品研发、设计、施工、使用和服务整合考虑，进行系统优化，开发系统化幕墙；

3）要实现信息化与工业化融合，提高创新能力和工业化水平；

4）采用新材料、新技术、新工艺，实现科学的管理。

近些年，受各项建筑节能政策影响，节能环保型门窗和幕墙的使用比例正在逐步提高。在政策的推动下，铝合金节能门窗、玻璃钢节能门窗、铝塑复合门窗等一大批新型环保节能产品不断涌现。据不完全统计，目前各地建筑节能型门窗的市场占有率提高较快，已占到整个门窗市场的 50％。

2000年………36.22%
2001年………37.66%
2002年………39.09%
2003年………40.53%
2004年………41.76%
2005年………42.99%
2006年………43.90%
2007年………44.94%
2008年………45.68%
2009年………46.59%
2010年………49.68%
2011年………51.27%
2012年………52.57%
2013年………53.70%
(数据来源：国家统计局)
我国城镇化处于高速发展期

图 5-3-9 中国历年城镇化率（1）

面对中国工业化和城镇化加速的现实，用高新技术改造钢铁、水泥等传统重化工业，优化产业结构，发展高新技术产业和现代服务业尤为重要。建筑门窗作为建筑的一个配套产品，在建筑节能中起着重要作用。门窗节能是行业的主要发展方向，在探讨低碳建筑的同时，门窗作为建筑外围护结构在节能中起着至关重要的作用。

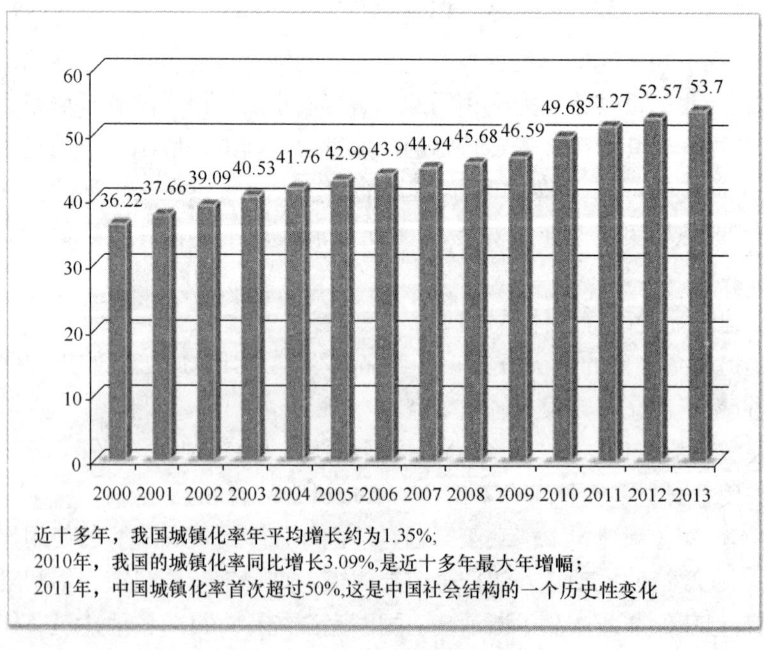

图 5-3-10 中国历年城镇化率（2）

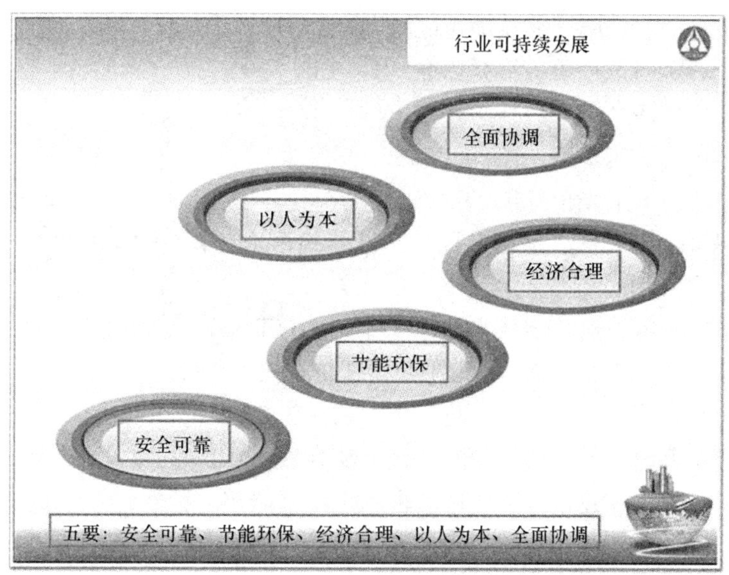

图 5-3-11　行业可持续发展

第五节　建筑幕墙工程常用规范、标准

各种类型的建筑幕墙赋予了建筑外立面丰富多彩的变化和美感，但是这种漂亮的外墙材料也带来了极大的安全隐患。特别是在七八月份天气最热的时候，室内室外温差大，冷热不均可能导致玻璃自爆；玻璃框架变形、房屋下沉、本身质量、结构胶老化等因素，也会导致玻璃出现安全事故，如果再遇上强烈的台风等外力作用，“飞来横祸”的发生概率就更大。

因此，严格按照规范标准进行幕墙工程的设计、施工和验收就显得尤其重要。幕墙工程类型较多，其材料检测验收、幕墙性能检测和检验批分项工程验收，涉及的规范、标准、规程和检测方法很多，现把一些常用的规范标准整理如下，供相关单位参照执行。

一、我国建筑幕墙系列标准

我国建筑幕墙系列标准陆续发布和实施：

①《玻璃幕墙工程技术规范》JGJ 102—96

②《建筑幕墙》JG 3035—1996

③《玻璃幕墙光学性能标准》GB/T 18091—2000

④《建筑幕墙平面内变形性能检测方法》GB/T 18250—2000

⑤《金属与石材幕墙工程技术规范》JGJ 133—2001

⑥《建筑幕墙抗震性能振动台试验方法》GB/T 18575—2001

⑦《玻璃幕墙工程质量检验标准》JGJ 139—2001

⑧《建筑幕墙》GB/T 21086－2007

⑨《小单元建筑幕墙》JG/T 216－2007

⑩《建筑玻璃采光顶》JG/T 231－2007

⑪《建筑幕墙气密、水密、抗风压性能检测方法》GB/T 15227－2007（修订）

⑫《建筑门窗玻璃幕墙热工计算规程》JGJ/T 151—2008

⑬《采光顶与金属屋面技术规程》JGJ 255—2012

⑭《建筑幕墙热循环试验方法》JG/T 397—2012

⑮《建筑幕墙保温性能检测及分级》GB/T 29043—2012

另外，中国工程建设标准化协会也制定了幕墙相关标准：

《点支式玻璃幕墙工程技术规程》CECS 127：2001

这些标准的发布使幕墙技术形成了一个比较完整的标准化系列。

二、幕墙材料标准

为了适用建筑幕墙的需要，我国也制定了一批幕墙材料标准：

①《建筑门窗及幕墙用玻璃术语》JG/T 354—2012

②《建筑幕墙用陶板》JG/T 324—2011

③《建筑幕墙用瓷板》JG/T 217—2007

④《建筑幕墙用铝塑复合板》GB/T 17748—2008

⑤《干挂石材幕墙用环氧胶粘剂》JC 887—2001

⑥《建筑门窗、幕墙用密封胶条》GB 24498—2009

⑦《建筑幕墙用钢索压管接头》JG/T 201—2007

⑧《建筑玻璃点支承装置》JG/T 138—2010

⑨《吊挂式玻璃幕墙支承装置》JG 139—2001 等

三、在编标准

正在编制的建筑幕墙标准有：

国家标准《建筑幕墙术语》

行业标准《双层幕墙工程技术规范》

行业标准《光热幕墙工程技术规范》

行业标准《建筑门窗幕墙用钢化玻璃》

行业标准《建筑门窗幕墙用中空玻璃弹性密封胶》

行业标准《建筑门窗、幕墙中空玻璃性能现场检测方法》

《建筑幕墙抗震性能振动台试验方法》

《建筑幕墙平面内变形性能检测方法》

《玻璃幕墙光学性能》

建筑幕墙重要标准已在近期发布实施：

①《建筑幕墙保温性能分级及检测方法》GB/T 29043—2012

②《建筑幕墙热循环试验方法》JG/T 397—2012

③《建筑幕墙和门窗抗风携碎物冲击性能分级及检测方法》GB/T 29738—2013

④《建筑幕墙动态风压作用下水密性能检测方法》GB/T 29907—2013

⑤《玻璃幕墙和门窗抗爆炸冲击波性能分级及检测方法》GB/T 29908—2013

⑥《建筑幕墙工程检测方法标准》JGJ/T 324—2014

第四章　我国建筑门窗行业发展现状与发展

第一节　我国建筑门窗技术的现状

目前我国面临的节能减排压力很大，减少建筑门窗能源消耗量是有效的节能途径之一。从小的方面讲，节能门窗如果真的能有很好的节能效果，除了能节省社会资源，也能为更多的消费者省钱，毕竟暖气、空调每年都是要用的，而且还是一笔不小的支出。

一、门窗节能需提升整体性能

谈到门窗的节能，首先要明白是整窗的节能，单单依靠某一部件不能达到节能的目的。门窗五金配件是门窗的“心脏”，建筑门窗如选用了质量低劣的五金配件或选用不合理，将给建筑门窗的气密等性能大打折扣。我国的五金企业及其他配件企业数量多，但大部分规模小、集中度低、设备落后，很多仍是小作坊形式的生产企业。低劣的五金件采用价廉的、不符合施工要求的材料来制作，工艺落后，只进行简单的加工。可悲的是，这样的五金配件件还大有市场。

二、建筑门窗成现阶段建筑节能的“盲点”

例如胶条，如果采用市场上普通的胶条，可能不到一年胶条就会老化、变形，导致漏风，密封效果非常差。试想一下，门窗在没有气密性保证的情况下，去谈什么保温、隔热等节能措施是毫无意义的。一个优质的门窗一定是合理、优质的型材设计、玻璃、五金、其他配件和生产工艺等各项指标的最佳综合反映。尤其是五金配件的作用，决定着整窗的密封性能，如果不合理，从门窗缝隙中失掉的能源浪费恐怕是一个让人吃惊的数字。

门窗五金配件件是静态和动态两种效果并存，而且必须同时满足，从本质上已经决定了门窗技术的细腻化。门窗的质量是由一系列完整的质量保证体系来决定的，所以建筑门窗节能一定要重视每一个制作环节的系统工程，尤其要从根本上改变对五金配件的轻视。

第二节 我国建筑门窗现行相关的标准和规范

一、建筑门窗及其相关标准、规范

①《铝合金门窗》GB 8478

②《铝合金门窗工程设计、施工及验收规范》DBJ 15—30—2002

③《推拉自动门》GB/T 3015.1

④《平开自动门》GB/T 3015.2

⑤《建筑门窗术语》GB 5823

⑥《建筑门窗口尺寸系列》GB 5824

⑦《建筑门窗扇开关面的标志号》GB 5825

⑧《建筑外窗抗风压性能分级及其检测方法》GB 7106—2002

⑨《建筑外窗气密性能分级及检测方法》GB 7107—2002

⑩《建筑外窗水密性能分级及其检测方法》GB 7108—2002

⑪《建筑外窗保温性能分级及其检测方法》GB 8484

⑫《建筑外窗空气声隔声性能分级及其检测方法》GB 8485—2002

⑬《建筑外窗采光性能分级及其检测方法》GB 11976—2002

⑭《建筑用窗承受机械力的检测方法》GB 9158

⑮《地弹簧》GB 9296

⑯《铝合金门插销》GB 9297

⑰《平开铝合金窗把手》GB 9298

⑱《铝合金窗撑挡》GB 9299

⑲《铝合金窗不锈钢滑撑》GB 9300

⑳《铝合金门窗拉手》GB 9301

㉑《铝合金窗锁》GB 9302

㉒《铝合金门锁》GB 9303

㉓《推拉铝合金门用滑轮》GB 9304

㉔《闭门器》GB 9305

㉕《外装门锁》QB/T 2473

㉖《弹子插芯门锁》QB/T 2474

㉗《叶片门锁》QB/T 2475

㉘《球型门锁》QB/T 2476

㉙《锌合金、铝合金、铜合金压铸件技术条件》JB 2702

㉚《锌合压铸件》GB/T 13821

㉛《铝合金压铸件》GB/T 15114
㉜《铸件尺寸公差》QB/T 6414
㉝《透光围护结构太阳得热系数检测方法》GB 30592

二、玻璃及其相关标准、规范

①《普通平板玻璃尺寸系列》GB 4870
②《普通平板玻璃》GB 4871
③《浮法玻璃》GB 11614—1999
④《中空玻璃》GB/T 11944—2002
⑤《幕墙用钢化玻璃与半钢化玻璃》GB 17841—1999
⑥《钢化玻璃》GB/T 9963—1998
⑦《夹层玻璃》GB/T 9962—1999
⑧《夹丝玻璃》JC 433
⑨《吸热玻璃》JC/T 536
⑩《压花玻璃》JC/T 511—2002
⑪《热反射玻璃》JC 693
⑫《建筑用安全玻璃防火玻璃》GB 15763.1
⑬《平板玻璃可见光总透过率测定方法》GB 2680
⑭《建筑玻璃可见光透射比、太阳光直射透射比、太阳底总透射比、紫外线透射比及窗玻璃参数测定》GB/T 2680
⑮《安全玻璃光学性能试验方法》GB 5137.1
⑯《安全玻璃复合防火玻璃耐紫外线性能试验方法》GB 5137.2
⑰《安全玻璃耐辐照高温潮湿和耐燃烧性能试验方法》GB 5137.3
⑱《中空玻璃测试方法》GB 7020
⑲《夹丝玻璃防火等级》GBJ
⑳《玻璃构件耐火试验方法》GB 12531
㉑《彩色建筑材料色度测量方法》GB 11942
㉒《平板玻璃平整度试验方法》JC/T 292
㉓《玻璃导热系数试验方法》JC/T 675
㉔《玻璃材料弯曲强度试验方法》JC/T 676
㉕《建筑玻璃均布静载模拟风压试验方法》JC/T 677
㉖《玻璃材料弹性模量、剪切模量和泊松比试验方法》JC/T 678
㉗《玻璃平均线性热膨胀系数试验方法》JC/T 679
㉘《着色玻璃》GB/T 18701—2002
㉙《防弹玻璃》GB/T 17840—1999

㉚《建筑玻璃应用技术规范》JGJ 113—97
㉛《建筑装饰用微晶玻璃》JC/T 872—2000
㉜《镀膜玻璃第一部分阳光控制镀膜玻璃》GB/T 18915.1—2002
㉝《镀膜玻璃第二部分低辐射镀膜玻璃》GB/T 18915.2—2002
㉞《热弯玻璃》JC/T 915—2003

第三节　我国建筑门窗节能技术的发展

推广和应用建筑节能门窗就是要选择符合所在地区节能建筑设计标准及其实施细则的节能型门窗。节能门窗重点开发和推广下列八项技术：

1. 建筑门窗和建筑幕墙全周边高性能密封技术。降低空气渗透热损失，提高气密、水密、隔声、保温、隔热等主要物理性能。在密封材料和密封结构及室内换气构造上有较大突破。

2. 铝合金专用型材及镀锌彩板专用异型材断热技术。重点解决断热材料国产化和耐火、防有害窒息气体安全问题，降低材料成本，扩大推广面。

3. 复合型门窗专用材料开发和推广应用技术。重点开发铝塑、钢塑、木塑复合型门窗专用材料和复合型配套附件及密封材料。

4. 门窗和幕墙成套技术。开发多功能系列化，各具地域特色的成套产品；要在提高配套附件质量、品种、性能上有较大突破；要树立名牌产品、精品市场优势；发展多元化、多层次节能产品产业化生产体系。

5. 改进门窗及幕墙安装技术。提高门窗及幕墙结构与围护结构的一体化节能技术水平，改善墙体总体节能效果。重点解决门窗、幕墙锚固及填充技术和利用太阳能、空气动力节能技术。

6. 高性能中空玻璃和经济型双玻系列产品工艺技术和产品性能上要有较大突破。重点解决热反射和低辐射中空玻璃、高性能安全中空玻璃以及经济型双玻的结构温度及耐冲击性能和安装技术，实现隔热与有效利用太阳能的科学结合。

7. 太阳能开发及利用技术。建筑门窗和建筑幕墙要改变消极保温隔热单一节能的技术观念。要把节能和合理利用太阳能、地下热（水）能、风能结合起来，开发节能和用能（利用太阳能、冷能、风能、地热能）相结合的门窗及幕墙产品。

8. 门窗窗型及墙保温隔热技术。要以建筑节能技术为动力，对我国住宅窗型结构、开启形式和窗体构造进行技术改造和创新。改变单一的推拉窗型，发展平开，特别是复合内开窗及多功能窗。改善高密封窗的换气功能和安全性能，发展断热高效节能豪华型铝合金窗和豪华型多功能门类产品。

第四节　门窗技术发展中存在的问题及对策

一、技术的创新还在于树立正确的绿色发展和绿色消费理念以及加强建筑设计等方面

1. 建筑设计单位和玻璃门窗企业应加强互动。随着绿色建筑行动的持续推进，建设领域有了新的主推方向，这对设计和绿色玻璃门窗提出了更高的要求，一方面要求设计师领会相关的要求，更应在材料上下功夫。设计涉及领域众多，如何对绿色玻璃门窗的实施和推广起到支撑作用，应成为今后工作的重点。

2. 随着建筑信息模型目前正被越来越多的建筑设计专家应用在各式各样的建筑上，这种设计方法正在发展中。建议设计专家利用节能、绿色等概念，通过设计为建筑创造出更多的空间。

3. 从追求节能环保的理念来看，建筑设计也应该要追求原生态的创作，通过绿色玻璃门窗的使用来构造建筑的美。

由此来看，国内玻璃门窗还需更加看重设计创新，产品的设计应围绕环保概念、绿色低碳和绿色生态链，以解决绿色玻璃门窗产业链上的难题。

二、我国现行政策对节能门窗的重视严重不足，宜尽快将节能门窗纳入节能减排战略

北方冬季供暖和南方夏季制冷，除了要消耗大量的社会财力，也增加了节能减排的压力，大力发展节能门窗为政府降低能耗提供了一条出路。

与屋顶、墙体和地基等建筑结构部件相比，我国对建筑门窗节能减排的认知度和重视程度严重不足，节能门窗作为建筑节能最主要的产品尚未进入国家节能产品目录，这导致建筑门窗已成为现阶段我国建筑节能的“盲点”和能量流失的“漏斗”。我国在哥本哈根气候大会上承诺，2020 年中国的单位 GDP 碳排放，要在 2005 年的基础上下降 40％～50％，降低门窗能耗对我国实现节能减排的目标起着重要作用。

新华社经济分析师建议，尽快将节能门窗纳入我国节能减排战略，制定配套指导和扶持政策。重点在人才培养、监管体制、产品标准上进行扶持，逐步扩大节能门窗产业规模，打破供应瓶颈；从城市新增建筑、国家机关单位、公共建筑开始推广节能门窗，逐步提高社会认知度。此外，各地不宜盲目提高节能标准，以免引起造假泛滥危害产业发展。

推广节能门窗能大幅降低社会建筑能耗，但合格节能门窗生产企业数量极少，且质检标准对不合格产品缺乏约束力。

节能门窗是指在气密、水密、隔声、保温、隔热等主要物理性能上达到一定标准的门窗产品。据我们初步估计，我们现有建筑的门窗面积约为110亿平方米，仅北京市一年的新建房屋面积就超过所有发达国家年建成建筑面积总和，相当于整个欧洲5年的新增建筑面积。建筑能耗在全社会总能耗中占的比例很大，从门窗流失的能量又在建筑能耗中占据很高的比例。

目前，我国面临的节能减排压力很大，减少建筑门窗能源消耗量是有效的节能途径之一。门窗是建筑物采光通风的重要通道，也是建筑物保温隔热最薄弱的部分，建筑能耗有50%通过门窗散失。据业内人士估算，如果我国110亿平方米的门窗节能水平能够达到欧洲现行的标准，每年可以节约标煤4.3亿吨，相当于我国全年煤炭总产量的20%。节能门窗的推广不仅能够取得巨大的环境效益，还可以产生很好的经济效益。

民众对门窗节能的认知度普遍较低，虽然北方地区广泛采用双层玻璃保温，但南方地区单层玻璃窗随处可见；部分地区对门窗的保温性能有一定的认识，却忽略了门窗遮阳隔热功能的重要性。在一定程度上，遮阳隔热比保温更能节省能量。数据显示，从平均值来看，产生1千瓦时的冷气消耗的初级能源大约是供暖所需能源的3倍。据测算，门窗遮阳隔热功能的缺失意味着制冷所需能量是供暖的5～10倍。

据了解，目前我国绝大多数门窗都是非节能型的塑钢和普通铝合金门窗，节能门窗仅占门窗总量的0.5%。在欧洲，使用高档节能门窗的比例已经达到了门窗总量的67%，剩余33%的普通节能门窗的制作标准，也早于我国北京地区的标准15年左右。

我国节能门窗生产规模严重不足是造成这种现象的重要原因。门窗行业经历了木窗、铝合金、塑钢门窗的发展之后，我国仅有极少数的企业具备研发、设计、生产和安装节能门窗的实力。要满足国内对节能门窗的需要，大约需要800～1200家年产60万平方米规模的企业。这一数字还只是保守估计，在德国仅仅维持每年10万平方米的节能门窗更换，就需要约300家生产企业。

现有的门窗节能标准无法严格落实，在实施中缺乏有效监管是发展节能门窗产业的制约因素。据北京门窗协会人士反映，我国节能门窗质量监管归口质检局，鉴定结果主要依据送检样本的实验室检测结果。企业取得生产许可后就可以自行生产，缺乏针对安装后的门窗节能效果监测手段，以致门窗实际节能效果与规定标准存在相当大的差距。

另一方面，门窗企业分散，与房地产开发商谈判时毫无优势。节能门窗的采用与否完全听凭开发商的商业理念和经营思路，中标价格过低导致门窗节能水平大打折扣。因此，我们认为目前政府直接对企业进行监管，权力过于集中，导致效率低下，宜通过资深企业组成的行业协会来培育企业信誉和建立良好的经营秩序，有利于保证国家节能标准的落实。

三、法规及标准制定的滞后，导致门窗成为建筑节能的盲点

市场认知度低、产业升级缺乏动力，导致我国门窗产业技术含量低，发展速度严重落后。门窗已经从普通木窗、铝合金门窗和塑钢门窗，发展成为科技含量较高的节能产品，包括断桥铝窗、木铝复合窗、铝包木窗、木索系统窗、智能门窗等。但目前我国绝大部分门窗企业仍然停留在十几年前的简单成型加工状态，相关法规和政策滞后成为行业落后的重要原因。

长期以来，有关部门对节能门窗的认识不足。在国家统计局设管司发布的《国名经济行业分类与代码》中，对门窗的归类还简单停留在单一金属门窗制造上。《建筑门窗国家标准规范目录》第三部分，建筑门窗及其相关标准规范中，收录的只有铝合金门窗，也没有塑钢、实木、复合材料类节能门窗。

与屋顶、墙体和地基部分相比，我国对门窗节能的重视严重不足。我国1992年就成立了“墙体材料革新与建筑节能办公室”，与此同时，节能门窗企业和产品享受不到国家节能减排相关优惠政策。为落实节能减排目标，国家在多个领域出台了节能鼓励和奖励政策，共分两大类：一类是通过节能技术改造降低生产过程中的耗能，对减低的能耗部分按标煤折算给予补贴，如钢铁、化工企业等；另一类是对节能产品按产量给予补贴，如节能灯、新能源产品等。但节能门窗作为建筑节能最主要的产品并未列入国家产品目录，享受不到相应的扶持和补贴。

比如，2009年颁布的《中国节能产品目录》所确定的入选产品包括12类重点节能产品，但节能门窗并不在列。此外，在2010年国家发展改革委确定的节能减排重点工作中，关于“加快推广高效节能产品，实施节能产品惠民工程”一项中规定，通过财政补贴方式，推广家用电器、节能灯、节能新能源汽车的使用，而涉及面更广、节能效果更显著的建筑节能领域中的节能门窗产品未能列在其中。

建筑装饰业来进行管理。《国民经济行业分类》中，将门窗定为制造行业中的一个独立行业。由于存在归口混乱和认识误区，导致长期以来门窗行业管理混乱，甚至处于逐渐被边缘化的尴尬局面，不利于整个行业的发展。这些都导致门窗成为建筑节能的“盲点”和能量流失的“漏斗”。

短时期内全面提高门窗节能标准难度相当大，应尽快扩大节能门窗产业规模，推动产业升级和发展与推行节能建筑门窗较为成功的发达国家相比，我国节能门窗还存在节能标准偏低、产品准入标准不严、社会认知度不高、政府投入不足等问题，要提高我国的门窗节能水平，倪守强认为需要10年时间。

资料显示，欧盟现行的门窗节能标准为保温系数K值（K值就是材料的传热系数，K值越大，传递的热量越多；反之，传递的热量越少）在1.1～1.3，

其中德国门窗 K 值标准将由 1.3 降至 1.1，瑞士将由 1.3 调至 0.7，法国计划到 2020 年实现建筑零能耗（即冬季不用供暖、夏季不用制冷）。

发达国家对节能门窗改造的补贴力度很大。德国规定住宅翻新改造必须符合新的能耗标准，改造还可以获得低息贷款，符合一定节能减排标准，业主还款的本金还可免除 15%。美国计划在 2015 年前，将不达标门窗全部更换掉，每更换一平方米，由国家补贴 35 美元。日本对节能门窗更换的补助额度约人民币 500 元/m^2。

据悉，北京施行的门窗节能标准值为 K 值 2.8，相当于德国 1984 年的标准。天津拟定的节能标准为 K 值 2.6，河北省拟定标准为 K 值 2.5，重庆拟定的标准值为 K 值 2.2。北京很多门窗企业都打着节能门窗的旗号，但采访中部分企业却表示不知道 K 值的规定。有的企业认为，这个规定形同虚设。尽管目前北京门窗节能标准只相当于德国 20 多年前的标准，但是仍然没有得到很好的落实，而其他地区拟定的高于北京的节能标准实际上也难以实现。

2010 年 7 月 4 日，国务院取消行政审批项目中包括了“第 48 项，建筑外窗生产许可证审批项目”。据业内人士反映，这项政策出台降低了门窗行业的门槛，使北京具备合法生产资质的企业由约 500 家扩大到 1000 家左右，节能门窗的质量更加难以保证。

第五节 改变我国现代建筑门窗存在问题的相关对策

经调查认为，短时期内全面提高门窗节能标准难度相当大，可以分步骤、分阶段、分区域逐步推开。首先，可以从城市新增建筑、机关单位、公共建筑开始推广节能门窗，逐步树立节能门窗的示范效应。由实力较强的先进企业组织筹建行业协会，对产品节能标准和工程质量进行把关，政府质监部门通过协会来推进和提高节能门窗的普及和改造。在节能门窗的实际推广中，企业资质和产品质量非常重要。因此，在制定行业标准和评级企业信用时，企业自发组成的协会应该起主导作用，这更有利于推动产业升级和发展。

同时，应根据国内产业发展实际情况制定门窗节能升级战略，防止门窗节能标准在执行环节与监管脱离，导致假冒伪劣产品充斥市场。

节能门窗行业的发展水平将最终决定我国建筑门窗的节能水平，我们建议国家从五个方面扶持门窗产业升级换代、发展壮大。

一、进一步完善相关的政策法规，明确归口管理部门和管理职责

首先，明确节能门窗企业的归口行业进而主管部门，营造良好的企业发展环境，这将保障各项政策措施能够落实到位；其次，从行业战略角度制定节能门窗

发展目标，引导企业进行技术升级，淘汰落后产能；最后，将节能门窗产品列入节能产品目录，拓展“墙改办”职能，使其肩负门窗改造的职责。

二、扶持企业加大科研力度，提高科技含量和技术水平

针对节能门窗行业所需的林业、材料、工业设计等提供支持，对建立研发中心和培训基地的门窗企业进行贴息等财政支持。节能门窗技术系统的研发还需要深厚的科技基础和实力作支撑，在我国节能门窗产业发展严重落后的情况下，亟须政府扶持以加快产业升级，提高产品技术含量。

三、树立标杆，通过重点节能门窗企业的建设发展，带动整个产业的发展

行业的发展和经营环境的改善需要强大的企业作为后盾，建议按照区域划分建立若干节能门窗产业园，对资质较好的企业进行重点扶持，提高产业集中度，加快产业升级。

四、制定严格的产品和企业准入标准

有国家监管的行业协会审核并公布节能门窗企业资质，发挥同业监督的优势，对合格企业和产品进行认证管理，提高节能门窗质量。政府门窗采购范围限定为拥有节能门窗生产资质的企业，逐步淘汰落后产能，促使行业向规模化、集约化方向发展。

五、对市场进行引导，与国际接轨，实现门窗设计标准化

我国建筑节能门窗设计个性化十足，增加了后期节能门窗生产和更换成本。相关部门在制定门窗标准时应考虑设计的统一性，从保障性住房、政府机关、事业单位、国企建筑开始统一门窗设计标准，这不但有利于加速推进节能门窗的普及，也能在节能门窗多次升级改造时发挥降低成本、节约能源资源的作用。

第 六 篇　暖通空调

第一章 暖通空调行业发展概况

2013年，中国经济增速再次经历了一个从下滑到企稳的过程，国内外需求疲弱、经济结构调整是引起经济波动的主要原因，特别是中国经济正由需求衰退周期转向供给调整周期，将可能使得次高增长成为常态化。

据国家统计局公布的数据显示，2013年全年国内生产总值56.8万亿元，比2012年增长7.7%，增速与2012年持平。我国能源消耗主要分为工业、交通和建筑三大类，其中建筑能源消耗约占30%以上。而建筑能耗中的空调和照明占80%左右。目前，我国正处于工业化、城镇化和新农村建设快速发展的历史时期，深入推进建筑节能，加快发展绿色建筑面临难得的历史机遇。但我国城乡建设增长方式仍然粗放，发展质量和效益不高，建筑建造和使用过程能源资源消耗高、利用效率低的问题仍比较突出。

2012年，财政部、住房和城乡建设部《关于加快推动我国绿色建筑发展的实施意见》（财建［167］号）的联合发布，北京、深圳、苏州、上海、青岛、武汉、广州等各地方政府纷纷出台对绿色建筑的奖励政策，我国绿色建筑的增长速度将会更快。根据住房和城乡建设部的预测，到“十二五”末，我国绿色建筑总量将达到10亿平方米。2013年，国务院办公厅1号文件转发了国家发展改革委、住房城乡和建设部的《绿色建筑行动方案》，进一步明确了我国绿色建筑的发展目标和要求。此后，各地根据国家要求相继制定颁布了地方绿色建筑行动方案，明确了地方绿色建筑的发展目标和实施办法，并陆续出台了强制和激励政策以推动地方绿色建筑的发展，我国绿色建筑继续呈现快速发展的态势。

绿色建筑将成为改变我国建筑业发展模式的关键因素，而供暖通风和空调系统能耗是建筑能耗中的重要组成部分。暖通空调系统设计、施工、调试和运行，直接影响到建筑的能耗水平和室内环境的优劣。绿色建筑的发展给暖通空调行业的发展带来了极好机遇，也推动了暖通空调行业的技术进步，绿色建筑的核心之一——建筑节能是暖通空调行业的主要工作。通过绿色建筑技术，可以更全面掌握空调系统设计、调试、运营以及产品的开发，暖通空调设计、施工、调试和运营将按照绿色建筑的要求越来越严格和精细，材料和产品也追求节能、高效和可循环利用，暖通空调与绿色建筑关系紧密。

纵观2013年暖通空调行业，在绿色经济、绿色建筑和节能减排一系列政策推动下，我国的暖通空调行业呈现了良好的发展态势。2013年，我国中央空调市场整体销售规模约 644 亿元，同比增长率约 9.5%，这是中央空调销售额首次突破 600 亿大关。与去年相比，中央空调品牌集中度有增无减，大品牌市场占有率持续攀升，多联机产品表现抢眼。同时，二三级城市潜力凸显，成为带动中央空调发展的重要力量。

第一节　我国暖通空调行业市场状况

1. 中国空调市场概况

2013 年，在国内整体经济开始好转的背景下，中央空调市场开始逐步走出低迷，复苏趋势表现明显。进入 2013 年第 1 季度，我国中央空调实现了 120 亿元的销售额，与 2012 年同期相比增长 7.2%。

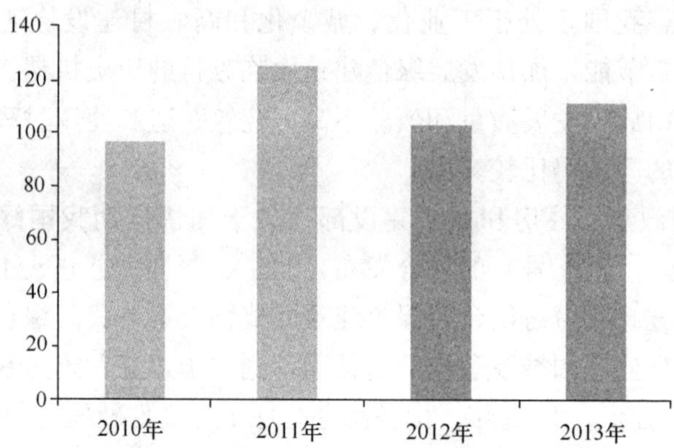

图 6-1-1　2010—2013 年 1 季度市场容量对比（单位/亿元）

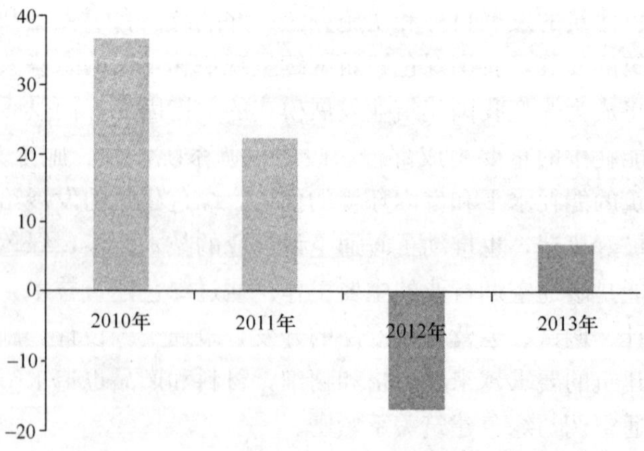

图 6-1-2　2010—2013 年 4 年 1 季度市场容量同比增长率（单位/%）

以上图表数据来源：《中央空调市场》

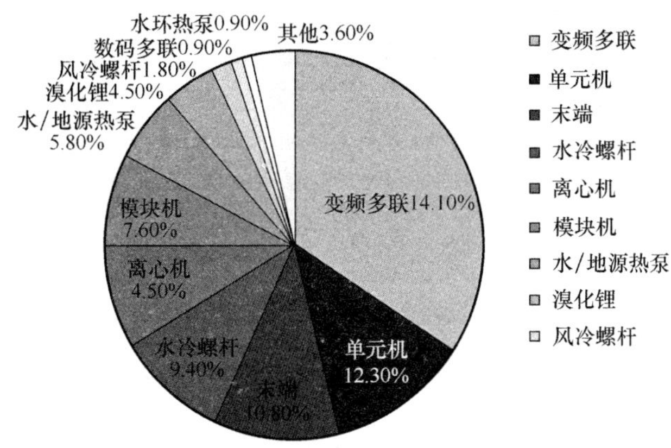

图 6-1-3　2013 年 1 季度各系列产品市场销量占有率

随着上半年中国经济的慢慢复苏，各大品牌不断进行区域推广和产品研发，第二季度实现了整体销量 160 亿元，同比增长 15%。第三季度的行业形势严峻，受“钱荒”及“十八大”以来政府项目的减少的影响，诸多品牌销量大幅下滑，行业整体销量只有 132 亿元。第四季度以 224 亿元的销量完美收官，得益于经济的向好趋势和一些基建项目的逐步实施，以及房地产市场的持续火爆。

据统计，2013 年中国中央空调市场实现总体销量为 636 亿元，相比 2012 年增长率为 14.6%。

2011—2013 年我国中国空调市场销售变化表　　表 6-1-1

年份	销售额（亿元）	增长率（%）
2011	560	33.3%
2012	555	−0.89%
2013	636	14.6%

2013 年国内细分中央空调市场概览　　表 6-1-2

<table>
<tr><th colspan="2">品类</th><th>市场规模</th><th>主要品牌</th><th>市场特点</th><th>产品特点</th></tr>
<tr><td rowspan="3">大型冷水机组</td><td>离心机</td><td>48 亿元</td><td rowspan="3">约克、开利、特灵、麦克维尔</td><td rowspan="3">制冷量大、能效比高，传统的大型中央空调代表，四大美资品牌主导市场</td><td>制冷量在 300～2500RT，市政 50%、民用 30%、工业20%</td></tr>
<tr><td>螺杆机风冷</td><td>21 亿元</td><td rowspan="2">制冷量在 100～500RT，民用 62%、市政 20%、工业 18%</td></tr>
<tr><td>螺杆机水冷</td><td>55 亿元</td></tr>
<tr><td colspan="2">水地源热泵</td><td>35 亿元</td><td>克莱门特、美意、麦克维尔</td><td>节能环保，市场更加成熟完善，业主使用更加趋于理性</td><td>民用</td></tr>
</table>

续表

品类		市场规模	主要品牌	市场特点	产品特点
多联机	变频	232 亿元	大金、海信日立、美的、格力	商用/家用并重，基本采用变频技术，日系主导	制冷量在 50RT 以下，民用 65%、市政 25%、工业 10%
	数码涡旋	8 亿元			
溴化锂机组		26 亿元	远大、双良、荏原	竞争品牌少，市场集中度高	主要在工业领域使用
模块机		33 亿元	格力、美的、麦克维尔	运行风险小但能效不高，技术门槛低，品牌竞争激烈	制冷量在 100RT 以下，民用 60%、市政 20%、工业 20%
单元机		135 亿元	格力、美的、海尔、大金	技术门槛低，渠道依赖性强，格力、美的双寡头垄断	制冷量在 50RT 以下，应用在住宅、商铺等小型场所
末端		60 亿元	约克、开利、麦克维尔	竞争较为分散	主要为冷水机组配套产品
其他		17 亿元	申菱、约克、艾默生	特种空调、精密空调等	市场规模较小

资料来源：方正证券

(1) 国内中央空调市场格局变化

一直以来，中国中央空调市场呈现“三足鼎立”的局面，国产系、日韩系、欧美系组成的三大阵营进行精彩纷呈的“三国演义”。品牌集中度高一直是近几年来中央空调市场品牌格局的最大特征，2013 年，这一格局继续强化。具体表现为：强势品牌占据全国大部分中央空调市场；龙头企业的市场占有率持续上升，市场地位进一步巩固。从 2013 年来看，日韩系品牌占有率相比 2012 年增效了 0.7%，而欧美系品牌占有率同比下降了 2.5%。在众多中央空调品牌争夺战中，国产品牌格力继续稳坐行业第一的宝座。而美的以微弱的优势超越日本大金，行业排名升至第二位。2013 年行业 10 大品牌格力、美的、海尔、大金、江森自控约克、开利、麦克维尔、特灵、海信日立、天加的总销量近 500 亿元，占行业总销量近 80%的份额。相对 2012 年的 72%占比而言，行业品牌集中度进一步提高，“马太效应”明显加强。

与全国中央空调的高速增长相比，去年北京、广州、上海等一线城市中央空调市场发展相对平稳。湖北、湖南、广西等省区的中央空调市场甚至摆脱了以省会城市为中心的市场格局，中央空调市场呈现向周边地区延伸的发展趋势。而对于中西地区的省份而言，二三线城市更是释放出比中心城市更大的市场潜力。究其原因，一方面，大中城市项目建设在过去的几年中被快速释放，中央空调市场空间正在逐步缩小；另一方面，随着二三线城市城市化水平提高，空调企业加大了对二三线城市的开拓力度，对二三线城市进行了精耕细作。

（2）中央空调各种机组分析

2013 年，冷水机组的销售占整体中央空调销售比例为 25%，较 2012 年有所下降。这部分失去的份额主要被多联机和单元机所取代。冷水机组的增长率为 5.3%，略低于中央空调整体增速，但总的来说还是保持了比较可喜的增长。

以江森自控约克、开利、特灵、麦克维尔和顿汉布什为代表的外资品牌的销售占比为 51.9%，比 2012 年有所提升。这说明几家始终坚持做冷水机组的企业无论在产品、品牌、渠道和服务方面都有绝对的影响力和口碑，使得他们在这个市场上的领导地位短期内很难撼动，尤其是江森自控约克、开利、特灵和麦克维尔。除了五大外资品牌外，作为国内本土品牌的代表——格力和美的也稳扎稳打，不断研发新产品，寻找差异化，逐渐在这个领域发力。天加、盾安、海尔等国产品牌也在不断丰富产品线，建设渠道，欲在这个市场中争取一席之地。但短期内，国内品牌在冷水机组市场很难撼动外资品牌的统治地位。

2013 年，中央空调的各类产品中，离心机绝对是最博人眼球的产品。在 2013 年上半年整体下滑超过 7.5%的情况下，全年还能够有超过 10%的增长，实属不易。总的来说，离心机全年走势呈“V”形，总量约为 50 亿元，在冷水机组的销售中占比同比有所上升。其总销售额与总体螺杆机产品的销售额差距越来越小。

水冷螺杆是 2013 年度冷水机中除风冷螺杆之外增长率最低的产品，同比增长 4.6%。其在冷水机销售占比同 2012 年基本相同，略有下降。离心机和螺杆机从大冷量和小冷量两方面的竞争，是水冷螺杆本年度增长有限的重要原因。在大型项目中，离心机的优势明显，能效相对较高，因此选择螺杆的项目数量有限；小型项目中，模块机凭借其灵活的安装及较高的性价比，抢占大部分市场；而另外一个趋势是模块机朝大冷量的方向发展，更加威胁螺杆机在中型项目中的应用。在市场规模增长有限的大前提下，离心机和模块机的应用增多，势必螺杆机的应用空间受限。今年离心机、模块机的增幅超过水冷螺杆机的增长，恰好印证了这个解释。

多年来，无论是中央空调整体销售是上升还是下降，模块机一直保持增长。2013 年，模块机是冷水机中增长幅度最大的产品，增幅为 10.6%。其在冷水机组的销售占比同比有所提升，占比约为 28.7%。

单元机是 2013 年，度除冷水机组和多联机外占比最大的中央空调产品，俨然成为中央空调的主流产品。其增幅超过冷水机组和多联机，超过 17%，占有率达 14.1%。这个品类产品已经吸引了大批企业的关注。

相对于品类繁多，竞争激烈的电制冷产品市场，溴化锂市场的竞争企业相对较少，市场也相对狭小。2013 年，溴化锂销售同比增幅仅为 0.2%，基本与 2012 持平；占整体中央空调销售额的比例仅为 5.1%，同比有所下降。

2013 年，水地源热泵市场继续呈现出了下滑的发展趋势。“理性”的呼声越来越高，甚至唤醒了大家对水地源热泵项目的重新审视，拆除重建项目的声音也不绝于耳。2013 年的 4.2%市场占有率，似乎又让水地源热泵产品重新回归到了刚进入市场中的状态。综合来看，水地源热泵市场还在继续朝着更加“理性”的方向发展，政府也能更“理性”地对待水地源热泵技术，从而进行合理的政策引导。而作为生产厂商而言，从前几年的狂热和追捧，到现在的理性推广和应用，以及对产品进行更贴合市场需求和节能环保理念的开发，足以说明生产厂商也在思考该如何正确对待水地源热泵市场的开发。

(3) 国内品牌在多联机市场牌强势发力

有关数据显示，2013 年多联机市场容量达 196 亿元，占整个中央空调市场容量的 34%，同比增加 16.7%。多联机市场表现出较为快速的增长势头与家装市场的兴起和发展相得益彰。同时，以格力、美的和海尔为代表的国产品牌强势增长，使得四大外资品牌略显逊色。

随着消费者对舒适家居生活要求的不断提升，家用中央空调市场开始受到广泛关注。在家用中央空调市场，多联型系统和风管型系统占据 90%以上的份额。由于多联型系统近年来一直保持较高的增长率，使得多联机产品在家用中央空调市场中的地位越来越重要。

2013 年，山东省多联机市场占有率高达 35.6%。该省无论是固定资产投资还是房地产市场，都比上一年度实现了一定程度的增长。良好的房地产市场带动了多联机市场的增长。

随着家装市场的热潮来袭，包括海信日立、三菱电机、东芝、格力、美的在内的多个品牌加大了对于山东家用中央空调市场的投入力度。海尔空调相关负责人表示，家用中央空调市场将逐渐从之前的单一的产品竞争提升为综合实力的竞争。

目前，家庭中央空调市场大部分的份额都是来自于多联机，风管机、屋顶机等传统的家庭中央空调产品的市场份额逐步被多联机蚕食。受此影响，包括三菱电机、三菱重工、大金、约克在内的多联机代表品牌加大了家装市场的投入力度，纷纷推出针对家装市场的多联机产品，并取得不错的成绩。

去年，以格力、美的为代表的国内家电系企业，以大金、日立、三星、三菱重工、三菱电机为代表的日韩系企业，以约克、开利、麦克维尔、特灵为代表的美系冷水机组企业，依然是国内市场最稳定的三大阵营。

在多联机方面，大金进入市场时间较早，在市场上积累了广泛的知名度和认知度，是多联机产品代表企业。但是，近年来随着其他品牌的相继进驻和追赶，多联机市场规模越来越大，传统的市场格局发生逆转。格力、美的等借助自身成熟的渠道，将家用中央空调成功进驻到家用渠道。它们在宣传和推广力度上不遗余力，使其在家用中央空调市场的占有率逐年上升。

2013年，以格力、美的为主的国内家品牌锋芒毕露。在安徽，中央空调市场的品牌格局明显呈现出“国进外退”的局面。作为民族品牌的代表，格力、美的和海尔这三大国产品牌的代表占领了安徽中央空调55.4%的市场份额。多联机品牌的代表大金、海信日立、东芝的整体占有率仅为10.9%。

2013年，政府采购公开招标空调项目数量近3000个，规模48亿元，增长幅度17%，与2012年40%的增长幅度相比，增幅出现回落。

从统计结果来看，中央空调仍是市场主力，机房空调采购额大幅增加；第三季度仍是空调采购高峰期；福建、山东和浙江三个传统采购大省全年采购额均突破5亿元。中央空调项目占比近八成。数据显示，中央空调项目2013年，采购额达到36.7亿元，在整个空调采购市场所占比重达到77%。与2012年32亿元的采购额相比，增长幅度达到14.7%。家用空调项目2013年采购额达到8.2亿元，在市场占比达到17.1%，与2012年的7亿元采购额相比，增长幅度达到17%。机房空调项目则在2013年实现大幅增长，2013年采购额2.7亿元，与2012年的1.5亿元采购额相比，增长幅度达到80%。

从统计结果来看，虽然中央空调项目增长幅度略低于其他两类项目，但仍然是空调采购市场的绝对主力。这一点在采购额1000万元以上的项目种类分布上很好地体现出来。2013年，采购额超过1000万元的项目共63个，其中中央空调项目就达到56个，而家用空调项目有5个，机房空调项目则只有两个。

2. 我国供暖市场分析

北方采暖地区累计实现供热计量收费建筑面积8.05亿m^2，占全部供热计量装置安装面积的66.7%。2011年和2012年完成既有居住建筑供热计量及节能改造3.8亿m^2，2013年安排改造面积2亿平方米。

目前，已出台供热计量价格和收费办法的地级以上城市达到116个，占北方地级以上采暖城市的95%左右。山东、河北、山西、黑龙江、陕西、吉林等省地级城市全部出台了供热计量价格。河北、山西、陕西、内蒙古、宁夏住房城乡建设厅联合物价主管部门出台了文件，将计量热价中基本热价的比例降到30%，取消计量收费的“面积上限”。据统计，在116个出台计量热价的城市中，已有46个城市的基本热价比例降到30%，有39个城市取消了“面积上限”。

（1）城市集中供热分析

据不完全统计，我国供热产业热源总热量中，热电联产占62.90%、区域锅炉房占35.75%、其他占1.35%。工业用热的热源以热电联产机组为主，区域锅炉房为辅；而集中供热（居民采暖）的热源则以区域锅炉房为主。随着节能减排淘汰落后产能政策在全国的推广，近年来各级地方政府加快了拆除高耗能、高污染、低热效率的区域小锅炉的步伐，而热电联产机组及大吨位锅炉具有节约燃料和减少环境污染的特点，在未来将成为我国主要的集中供热主体。现对城市供热行业市场调查分析报告分析如下：

我国供热所用能源包括：煤炭、燃油、天然气、电能、核能、太阳能、地热等，但是集中供热所用能源仍以煤炭为主，只有北京、上海等少数城市开始使用天然气、轻油或电，煤炭占供热成本的60%以上。煤炭价格的波动对企业的成本有显著影响，并在很大程度上决定了供热企业的盈利能力。

行业规模快速扩张

随着我国对于基础设施的投资力度增加，我国城市供热行业规模高速扩张，行业内企业数量、员工数量、资产总额以及工业总产值均呈现快速增长。

• 增收不增利，利润连年呈现负值。由于我国城市供热行业受政府控制较多，具有半公益性的特性，企业即使没有盈利，甚至亏损也要完成企业所在区域的供暖任务。近五年来行业收入高速增长，利润却很低，始终呈现负值，行业亏损严重。

• 供需基本处于平衡，行业存在很大的潜在需求。从我国城市供热行业本身特性决定其供需方面一般不会出现供应大于需求的状况，就2011年行业的供需指标来看，行业产值和收入数值和增速均较为接近，供需基本处于平衡状态。目前，我国还有很多地区没有开展集中供暖，农村地区冬天依靠自家烧煤取暖的情况还普遍存在，随着我国城市化程度的提高，会有更多的地区纳入城市范畴，这些新纳入的地区集中供暖的新建项目需求很大。我国城市供热行业有着很大的潜在需求，未来还有很大的发展空间。

城市供热行业前景

目前，供热行业正处于体制改革、设备更新、技术进步阶段，市政公用行业的市场化进程加快，外资、民营等多种经济成分已进入供热市场，供热市场的竞争日益激烈。供热市场准入、特许经营、用热商品化、热计量收费等改革将逐步深化，节能高效、多热源、大吨位、联片集中供热、地源供热、科学运行等运营方式将不断推进行业发展。

热源端将以新技术和能源、环保相结合，实现产能最大化；管网端将以调节、输送方主，实现资源配置最优化；用户端将主要服务于民生，服务于大众，树立优质的服务理念，提升舒适系数。

城市供热行业竞争格局

按热力消费市场的终端客户划分，热力供应行业可划分为工业市场和居民采暖市场两大类。目前，工业部门是我国热力消费的主要领域，占全国热力消费总量的比重超过 70%，但是居民采暖的热力消费增速高于工业领域，占全国热力消费总量约 30%且比重不断提高。

据国家统计局数据显示，我国建筑能耗从 1996 年的 2.59 亿吨标准煤到 2008 年增长到 6.55 亿吨标准煤，增加了 1.5 倍。我国建筑能耗在能源总消费中所占的比例已经达到 27.6%，而建筑能耗又以暖通空调系统能耗较大，在我国一般宾馆、写字楼空调能耗约占建筑总能耗的 30%～40%，大中型商场空调能耗则高达 50%，甚至更多。

北方城镇采暖能耗是我国城镇建筑能耗比例最大的一类。随着我国建筑面积的不断增长，从 1996～2008 年，其总能耗由 0.72 亿吨标准煤增长至 1.53 亿吨标准煤；我国城镇住宅空调总能耗为 410 亿度，折合 1340 万吨标准煤，占住宅总能耗的 11.2%。因此，供暖系统的节能对降低建筑能耗至关重要。

（2）独立分户采暖市场分析

相对城市集中采暖，南方采暖以及集中管网辐射不到的区域成了众人关注的焦点。南北采暖地域有差别，南方不宜复制“大而全”的北方集中供暖模式，不然能源供应将面临巨大压力，并且成本高昂。业内人士认为，可以考虑以家庭单位的分户式整体采暖，这也成了行业的广泛共识。而分户式采暖类型比较多，如壁挂炉独立采暖、热泵采暖、可再生能源采暖等，目前应用比较多的是壁挂炉独立采暖形式。可再生能源采暖系统主要包括太阳能采暖系统、空气源热泵采暖系统、地源热泵采暖系统和水源热泵采暖系统。这些采暖方式对环境的污染最小，节能效果显著且热效率最高，清洁干净。由于可再生能源采暖处于市场发展初级阶段，需要一定时间的普及推广过程，但其发展势头不可小视。

有关专家认为，将空气源热泵、低温热水辐射地暖、太阳能热水器等技术有机结合起来，可以优化组合成一个新的建筑采暖（生活热水）系统。该系统已在北京、秦皇岛、青岛、上海、重庆和长沙等地的住宅、小型公共建筑项目中进行了重点测试。测量数据显示，空气源热泵与低温热水地暖、空气源热泵与太阳能热水器的组合系统的能效比（COP）均超过 3.0。该系统具有运行能效高、运行费低等优点。凡达到 50%节能设计标准的建筑，“冬季采暖＋生活热水”使用“空气源热泵＋太阳能热水器”系统的费用为 15 元/m^2 左右，仅使用空气源热泵的费用为 18 元/m^2 左右，与燃气供暖相比，节省 30%的费用；与电采暖相比，节省 30%～50%的费用。

这种新型建筑采暖系统可以根据室外气温自动调节温度，兼顾节能性和舒适性，完全能满足华北等寒冷地区，华中、华东等夏热冬冷地区的冬季采暖需求。在几种供热方式中，空气源热泵的二氧化碳排放量最低。目前，我国相当多的中小城市、村镇的采暖和生活热水热源仍以燃煤为主，导致空气污染严重。此项技术如果向国内有条件的地区推广，将会大大减少二氧化碳排放量，为节能减排作出重要贡献。

中国土木工程学会燃气分会燃气供热专业委员会对2013年燃气采暖热水炉产品进行了产、销量市场调查结果显示，2013年中国市场燃气采暖热水炉销量为152万台。其中，国产品牌国内销售总量为92万台，进口品牌在国内生产销售量为25万台；原装进口品牌进口总销量为35万台，其中节能型的产品冷凝式燃气采暖热水炉全年销量为3万台。

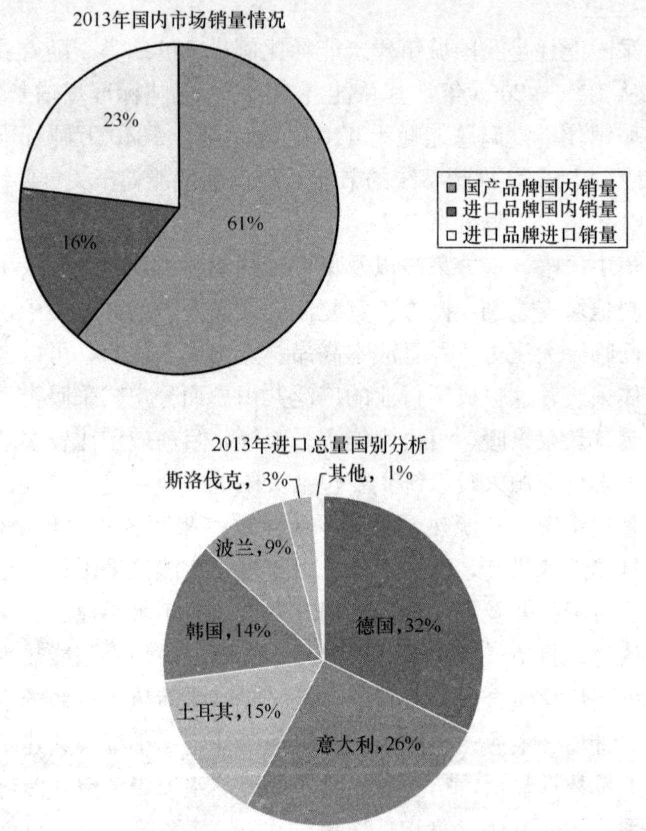

其中，在国内生产燃气采暖热水炉（国产品牌国内销售+进口品牌国内生产销售）年销量超过1万台的企业有27家，合计总销量为88.1万台，占国产总销量的75%；年销量超过2万台的企业有17家，合计总销量为75.1万台，占国产总销量的64%；年销量超过3万台的企业有13家，合计总销量为66.6万台，占国产总销量的57%。

燃气采暖热水炉纯进口品牌年销量超过1万台的企业共有11家，合计总销量为31.2万台，占进口总销量的89%；其中，主要的进口国别为：德国11.2万台、意大利9.2万台、土耳其5.1万台、韩国5万台、波兰3万台、斯洛伐克1.2万台，以上国家的销量总和占进口总销量的99%。

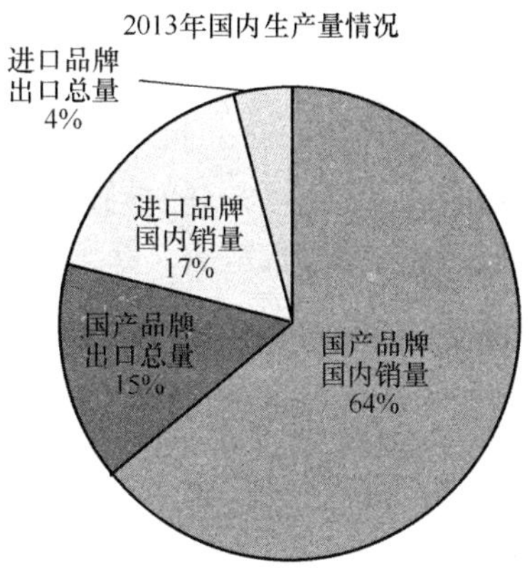

据统计，2013 年中国国内生产燃气采暖热水炉总量为 144 万台。其中，国产品牌国内生产总量为 113 万台（国内销售总量为 92 万台，出口总量为 21 万台）；进口品牌在国内生产总量为 31 万台（国内销售总量为 25 万台，出口总量为 6 万台）。

年份	总销量	国产销量（国产品牌国内销售+进口品牌国内生产销售）	原装进口销量
2009年	50万台	37万台	13万台
2010年	70万台	52万台	18万台
2011年	98万台	77万台	21万台
2012年	120万台	91万台	29万台
2013年	152万台	117万台	35万台

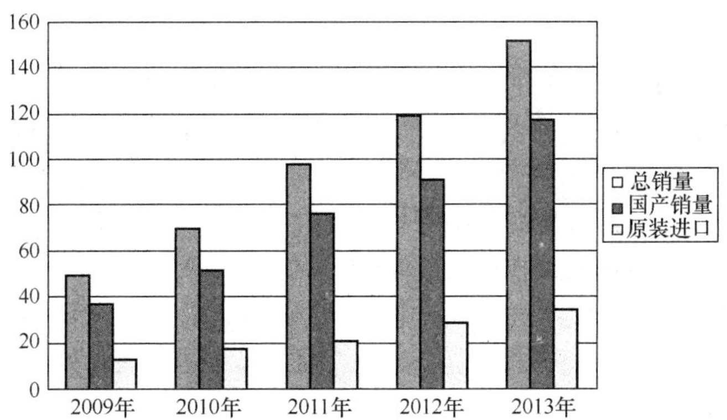

通过统计数据显示，最近连续 5 年，中国燃气采暖热水炉市场销量从 2009 年的 50 万台增加到 2013 年的 152 万台，5 年时间销量翻了两番，每年平均以

30%以上的速度增长，远远超出中国经济发展的平均速度。2013年，在国内房地产乃至整个国内经济发展速度减缓的大背景下，燃气采暖热水炉总销量较2012年有26%以上的增长，发展形势喜人。同时，国产品牌的出口量也在大幅度增长，形成了从单纯进口到进口与出口共存的局面。可以预期，在今后的几年中国燃气采暖热水炉仍将保持较快的增长势头。

3. 新风系统设备市场分析

(1) 新风系统设备市场发展概况

新风系统起源于欧洲，早在20世纪70年代后期，在一些西方国家就出现了“室内空气质量（IAQ）”的说法。1958年，欧洲率先提出现代室内新风概念，并同时推出适用于各类场所的低噪声高静压送风机。当时出于节约能源的考虑，建筑物的气密性大大提高，由此带来室内通风率不足，致使室内空气污染事件频频发生。一些人出现头痛、干咳、皮肤干燥发痒、头晕恶心、注意力难以集中和对气味敏感等症状，这一被称为“致病建筑综合症”的状况在很多国家都有发生，各发达国家在这方面都有着惨痛的教训。这使得人们开始深入研究和探讨室内空气质量对人类健康的影响，污染物及其来源以及可行的解决途径等。因此，我们就必须有一种新的通风换气的形式来改善人们迫在眉睫的健康忧患。于是，在经济、科技发达又注重生活品质的欧洲就出现了住宅微循环空气置换系统，简称VMC，也就是通称的中央新风系统。它是持续而且能控制通风路径的通风方式，通过性能良好的风机和气流控制系统，使新风的更换完全得到控制，这种技术对室内温度的影响甚微。在不开窗的前提下，全天24小时持续不断地将室内污浊空气及时排出，同时引入室外新鲜空气并有效控制风量大小。20世纪70年代VMC引进法国，90%以上的新建住宅中装有VMC系统。2000年，整个欧盟国家VMC已成为法规。

随着国民物质生活水平的提高，人们对室内空气质量的要求也进一步提升。新风机组作为重要的通风换气设备，被广泛应用于现代化社会生产生活的各个领域，酒店、宾馆、电影院等人员聚集的场所，我们都可以发现新风机组的“身影”。

自我国颁发《环境空气质量标准》(新修订)、《公共场所集中空调通风系统卫生规范》、《空气净化器污染物净化性能测定》、《乘用车内空气质量评价指南》、《民用建筑工程室内环境污染控制规范》等一系列标准法规以来，改善日益恶劣的工作、生活环境，提高生存质量，有效防治和治理室内空气质量成为人类最为迫切的需求。

目前，我国对于住宅和办公建筑物室内空气质量缺乏系统的标准，为了控制室内空气污染，切实提高我国的室内空气质量，在借鉴国外相关指标、标准的基础上，结合我国的实际情况，参考国内现有的标准，由国家质量监督检验检疫局、国家环保总局、卫生部于 2003 年颁布了《室内空气质量》GB/T 18883—2002，规定了各项室内空气指标值，其中规定新风量不小于 $30m^3$/(人·h)，二氧化碳浓度不超过 1000PPM（室外平均值为 400～500PPM）。

《采暖通风与空气调节设计规范》GBJ 19—87 被全面修改，并上升为国家强制性标准 GB 50019—2003，其中最小新风量的要求被列为强制执行的条文，新的规范于 2004 年 4 月起执行。

国家相关部门在《健康住宅建设技术要点》中，明确了通风要求及使用机械通风系统的要求。

随着低碳概念的深入人心，人们对生活质量需求的不断提高，像新风系统节能又环保的产品已经越来越多地开始飞入寻常百姓家。

我国新风系统的发展将经历以下几个阶段：

第一阶段：以工程为主的阶段，客户是开发商，开发商以“我的房子会呼吸”为卖点；

第二阶段：以工程与终端散户共同发展的阶段，在此阶段品牌开发商楼盘绿色住宅比例提高，新风系统是绿色住宅的必备品；这阶段终端用户会大量增加，这是因为新风已开始深入人心，新风系统成为装修必备；

第三阶段：国家发布强制性要求，新风系统成为住宅标配产品。

国外对新风系统的使用时间很久了，有的国家还通过法律强调新风系统的重要性。相对来说，我国引进新风概念时间不长，目前我国新风行业的生产企业还以中小企业为主，年产值大约只有三四千万元。即便是最近几年，新风行业取得了一定发展之后，年产值能够过亿元的新风产品生产企业仍然寥寥无几。

据统计，目前新风系统在欧美家庭的普及率已经高达 96.56%。在美国、日本、英国等发达国家，该行业在国内生产总值中所占比重已达到 2.7%。但目前，在中国还仅仅处于起步阶段。

新风系统生产企业的规模普遍较小，受到一定的制约，通风空调末端本身大企业就很少，所以单独做热回收的企业更不会太大。由于新风系统生产企业的规模普遍较小，没有规模优势，难以降低成本，使得新风系统向中低端住宅市场推广步履维艰。不仅是生产规模，在生产工艺上新风行业也存在着瓶颈。为了降低成本、提高利润，新风系统的很多生产企业都采用代加工的形式加工新风系统，并不具备自己的生产车间。另外，对于新风全热交换器的生产工艺，国内在关键技术（热交换芯体）上还没有取得突破，主要依赖进口，在一定程度上也制约了新风行业的发展速度。

目前，市场上的新风系统产品，质量参差不齐。有些劣质产品使用不仅没有对建筑节能有所贡献，反而浪费了能量；有些产品，节能效果满足要求，但卫生标准不达标，例如：国家标准《空气—空气能量回收装置》中，为满足卫生健康要求，提到一个重要指标“有效换气率”，许多产品为片面追求节能率而忽视新风有效换气率；只有少数大品牌的产品能达到世界标准，但价格又是一般家庭所不能接受的。

(2) 中央新风系统形式

中央新风系统可分为单向流排风型、双向流送排风型及全热回收型。

1) 单向流中央式新风系统

① 单向流中央式新风系统组成：主要由新风主机、调速开关、管网、进风口、排风口组成。新风主机置于建筑物阳台、吊顶、设备间、厨房、卫生间。进行通风工作时，有害气体与微尘通过排风管道，将室内有害的空气排到室外。在室内有害的空气排到室外的同时，新风通过建筑屋预留的新风口进入室内。

(a) 新风主机：风量从100～350m^3/h，风机可三速调节。电机运行五万小时无故障。

(b) 室外排风口：可防风、防雨，由不锈钢和ABS两种材料制作。造型美观。

(c) 窗式进风口：有室外进风片，连接套筒及室内自平衡风口组成。开口可调节，具有吸声功能。在室内外压差为10Pa时进风量为30m^3/h。

(d) 室内排风口：品种多样，采用ABS制作，美观。

② 单向流中央式新风系统设计原则

原则一：定义新风路径——新风从空气较洁净区域进入，由污浊处排出。一般污浊空气从浴室、卫生间及厨房排出，而新鲜空气则从起居室、卧室等区域送入。

原则二：确定住房内最小通风量——以满足人们日常工作、休息时所需的新鲜空气量。按国家通风规范，每人每小时必须保证30m^3。

原则三：定义通风时间——保证新风的连续性，一年365天，一天24小时连续不间断通风。

2) 双向流中央式新风系统

双向流中央式新风系统组成：主要由新风主机、调速开关、管网、进风口、排风口组成。新风主机置于建筑物阳台、吊顶、设备间、厨房、卫生间。进行通风工作时，有害气体与微尘通过排风管道，将室内有害的空气排到室外。在室内有害的空气排到室外的同时，新风通过送风机进入室内。

(a) 新风主机：风量100～350m^3/h，风机可三速调节。电机运行五万小时无故障。排风与送风同步运行，送排风等量。可对新风进行过滤、杀菌等处理。

（b）室外进、排风口：可防风、防雨，由不锈钢和 ABS 两种材料制作。造型美观。

（c）室内排风口：品种多样，采用 ABS 制作，美观。

（3）全热交换器中央式新风系统

双向流中央式新风系统组成：主要由新风主机、调速开关、管网、进风口、排风口组成。新风主机置于建筑物阳台、吊顶、设备间、厨房、卫生间。进行通风工作时，有害气体与微尘通过排风管道，将室内有害的空气排到室外。在室内有害的空气排到室外的同时，新风通过送风机进入室内。在送排风的同时，送入室内的新风吸收排风中冷（热）量，达到节能的目的。

（a）新风主机：风量 100～600m^3/h，风机可三速调节。电机运行五万小时无故障。排风与送风同步运行，送排风等量。内置纳米分子膜热交换芯，新风排风可高效率进行热湿交换，同时可对新风进行过滤、杀菌等处理。

（b）室外进、排风口：可防风、防雨，由不锈钢和 ABS 两种材料制作。造型美观。

（c）室内排风口：品种多样，采用 ABS 制作，美观。

第二节　我国暖通空调行业发展动态

在暖通空调行业蓬勃发展的同时，业内相关行业组织举办了一系列活动来推动暖通空调行业的发展，从 2013 年至今举办的行业发展研讨会、论坛、专题交流会上可以窥见我国暖通市场发展情况。

（1）2013 年北方采暖地区供热计量改革工作会议

2013 年，北方采暖地区供热计量改革工作会议 11 月 14 日在京举行。会上，财政部经济建设司曾晓安副司长回顾了 2013 年国家财政对于供热计量改革的补助情况，并表示将进一步大力支持供热计量改革工作。国家质检总局计量司吕文斌介绍了今年热计量器具检测情况及发现的问题，并建议下一步工作思路，落实质检工作，支持供热改革有效性。

时任住房和城乡建设部副部长仇保兴在听取 2013 年北方采暖地区供热计量改革工作会议各地经验分享之后，在总结报告中表示，2013 年既有建筑和新建建筑供热计量改革面积进一步扩大，收费机制进一步加强，节能节费效果明显。同时，通报部分省市新建建筑供热计量改革未达标、欠账严重，且部分城市未能同步实行计量收费等问题。

面对日益严重的大气污染、群众的呼声及节能减排的迫切形势，仇保兴表示下一步将继续推动供热计量改革工作，计划今冬明春全面开展相关检查，将联合新华社、中央电视台等媒体通报改革落后地区。对于具体工作开展方面，仇保兴要求严格落实供热公司主体责任，落实价格机制，逐步施行能源服务公司模式，发动用户改革积极性，多措并举，加快供热计量改革工作。

（2）第二届温湿度独立调节空调技术高峰论坛在京召开

6月30日，由中国建筑节能协会建筑节能服务专业委员会主办，《暖通空调》杂志社、温湿度独立调节空调技术推广联盟承办的“第二届温湿度独立调节空调技术高峰论坛”在北京召开。行业内知名专家、学者以及来自各企业、设计单位的代表参加了此次论坛。

通过在系统中采用两套独立的控制、调节室内温度、湿度的子系统，从而避免热湿联合处理所带来的问题，这便是温湿度独立调节空调系统的初衷。温湿度独立控制技术已有近10年的研究历程，现如今依然受到业内的关注。

“目前，温湿度独立控制空调技术满足国家对节能减排的要求，也是顺应空调发展的创新道路之一，目前发展形势大好。”中国工程院院士、清华大学建筑节能研究中心主任江亿在会上表示，温湿度独立控制系统的技术核心是末端，室内末端的研究突破为行业打开了宽广的领域，发展潜力大，但温湿度独立控制技术仍需要扩充其产品系列。

（3）工信部节能司召开空气源热泵三联供技术交流会

2014年8月9日，工业和信息化部节能与综合利用司在湖北省武汉市组织召开了空气源热泵三联供技术现场交流会。财政部、国管局等部委相关司局负责同志，有关省市工业和信息化主管部门相关负责同志，行业协会、研究机构重点企业代表共170多人参加会议。

会上，来自国资委监事会、全军保障社会化办公室、工业和信息化部节能司、国管局节能司、华盛绿色工业基金会等单位的有关负责同志围绕“转变经济发展方式、实现绿色增长”、“军地联手共建青山绿水美好家园”、“加快先进节能技术应用、推动产业绿色转型发展”、“加快节能新产品新技术在公共机构节能中的应用”等主题作了发言，深入研讨了先进节能减排技术对产业绿色低碳转型、生态文明建设的支撑作用和现实意义，交流了空气源热泵技术的应用前景。

此次会议的召开为政府有关部门、行业协会、重点用能企业、金融机构搭建了一个节能技术交流合作平台，进一步提高了各行业、各单位对节能改造的重视，对加快空气源热泵三联供等先进节能技术的推广具有较好促进作用。

（4）2014中国热泵产业联盟年会在京召开

8月8日，中国热泵产业联盟年会在京隆重召开。中国节能协会理事长傅志寰、副理事长王秦平、姚兵、国家发改委环资司副司长谢极、国家节能中心副主任徐志强、科技部高新司处长李宝山、中国节能协会副理事长白荣春、副理事长兼联盟理事长房庆、欧洲热泵协会秘书长 ThomasNowak、国际铜业协会高级经理高屹峰、中国建筑科学研究院建筑环境与节能研究院院长徐伟以及来自热泵整机企业、热泵配件企业、热泵行业经销商、国内外行业协会、媒体等两百多名代表参加了会议。

谢司长就当前的节能减排形势及措施、实施“节能惠民工程”的情况进行了介绍。他指出，虽然“十二五”前三年节能减排取得了积极进展和成效，全国单位GDP能耗和二氧化碳排放累计下降9%和10.7%，节约能源3.5亿吨标准煤，相当于减排二氧化碳8.4亿吨，但节能形势依然严峻，要实现“十二五”约束性目标任务艰巨，必须从调整优化结构、推动技术进步、加强和改善管理等方面挖掘潜力，深入推进工业、交通运输、建筑、公共机构和重点用能单位节能减排，加大污染物，特别是大气和水污染的治理力度。同时还指出，热泵技术是一项高效节能技术，热泵产业是朝阳产业，无论是在民用、工业、农业、服务业等领域热泵产品都已广泛应用，市场规模和份额不断扩大。在检查和调研中，很多省份都谈到热泵对节能减排做出的贡献。

（5）北京农村居住建筑清洁能源供暖应用现状调研报告发布

北京建筑节能与环境工程协会8月9日在京公布其“北京农村居住建筑清洁能源供暖应用现状调研报告”，各相关企业及众多媒体出席了此次发布会。

北京市政府“2013—2017年清洁空气行动计划”已经实施，为贯彻实施这一计划，北京建筑节能与环境工程协会对北京市农村居住建筑2013—2014年采暖季清洁能源代煤供暖的应用现状进行了调研。

调研报告指出，当前，北京农村使用的清洁能源代煤供暖方式有：热泵供暖、太阳能＋辅助热源供暖、蓄能电暖器供暖、电地暖（电热膜、发热电缆）供暖、电锅炉供暖和燃气壁挂炉供暖等六种。调研组调查了京郊七个区县的1137家农户，收集了各种供暖方式的初投资、运行费、公共设施配套增容费、室温波动、设备耗电量与能效比（COP）等数据，为便于对不同供暖方式之间进行比较，对采暖时间、建筑面积、室外温度、室内温度等进行了统一取值，采用国际惯用的全过程总费用评价法，进行较全面地分析比较，形成了《北京农村居住建筑清洁能源供暖应用现状调查报告》。报告对北京市农村居住建筑清洁能源的推广和应用提出了综合建议。

（6）第八届全国制冷空调新技术研讨会在成都召开

7月31日，第八届全国制冷空调新技术研讨会在蓉城成都加州花园酒店举行，本次会议由上海交通大学和中国制冷学会联合主办，西南交通大学和四川省制冷学会联合承办，来自全国的制冷空调学科的专家、教授、学生以及制冷空调领域的研究者、企业等三百余人参加了此次会议，大会为期3天，第一天为制冷、暖通空调学科发展与教学研讨会；第二天和第三天为制冷空调新技术研讨会。

8月1日上午，有制冷循环与低温制冷技术、制冷工质与蓄能技术、暖通空调系统及数值模拟技术、建筑可再生能源利用与热泵技术等主题；8月1日下午，包括换热器强化及热回收技术、制冷工质与蓄能技术、气流组织及除湿技术、暖通空调系统及数值模拟技术、测量与控制相关技术等主题。

(7) 近零能耗建筑技术创新联盟在京成立

为积极开展近零能耗建筑技术的探索、研究和示范，通过自主创新与技术进步推动建筑节能产业化并最终迈向零能耗建筑，日前由中国建筑科学研究院和参与CABR近零能耗示范建筑的32家节能企业联合发起的中国近零能耗建筑技术创新联盟成立大会2014年7月在京召开。

住房和城乡建设部建筑节能与科技司副司长韩爱兴指出，近零能耗建筑在欧美发达国家已经成为建筑节能发展的最新趋势，中国建筑节能工作通过近30年的发展，需要树立更高远的目标。希望通过此次联盟成立，整合近零能耗建筑的产学研资源，提升我国近零能耗建筑科技水平，加强企业间合作，降低近零能耗建筑推广成本，积极推动我国近零能耗建筑的发展。

中国建筑科学研究院为联盟首届理事长单位，徐伟当选联盟首届理事长。中国近零能耗建筑技术创新联盟的成立将有助于联盟成员单位在联盟内形成研发与应用的交流合作平台，资源共享，共同解决联盟内企业面临的各种技术难题，更有效地推动近零能耗建筑相关科技成果快速有效转化，实现联盟成员的创新资源有效分工，合理衔接；通过形成公共技术支撑平台，推动近零能耗建筑标准、检测、评价体系的建立，促进中国近零能耗建筑的快速发展。

(8) 京津冀成立节能低碳环保产业联盟

京津冀三地成立京津冀及周边地区节能低碳环保产业联盟，已促进200亿合作意向。北京市发改委表示，三地将全面加强生态环境建设合作，已成立京津冀及周边地区节能低碳环保产业联盟，并促进200亿合作意向。今后，还将建立环境监测数据及空气质量预警信息共享机制，制定大气联防联控工作方案，进一步抓好张承地区生态水利建设项目。此外，三地将共同组织APEC会议期间空气质量保障，积极支持张家口坝上地区120万亩退化林改造。

第二章　暖通空调行业政策法规及相关标准规范

第一节　暖通空调行业政策法规

1. 供热计量相关政策

我国供热计量改革始于2003年7月，建设部、发改委等八部门联合发布了《关于城镇供热体制改革试点工作的指导意见》，决定在我国东北、华北、西北及山东、河南等地区开展城镇供热体制改革试点工作。2004年11月，《国务院发展改革委关于印发节能中长期专项规划的通知》，规划“十一五”期间供热体制改革全面展开，居住及公共建筑集中采暖按热表计量收费在各大中城市普遍推行，在小城市试点。2010年，《关于进一步推进供热计量改革工作的意见》指出，北方采暖地区新竣工建筑及完成供热计量改造的既有居住建筑，取消以面积计价收费方式，实行按用热量计价收费方式。在这一政策推动下，2010年我国热量表市场有了爆发式增长。

（1）2003～2013供热计量改革政策

2003年

建设部、国家发改委、财政部、人事部、民政部、劳动和社会保障部、国家税务总局、国家环保总局八部委联合发布《关于城镇供热体制改革试点工作的指导意见》建城［2003］148号。《指导意见》中，城镇供热体制改革试点的主要内容包括：改革单位统包的用热制度，停止福利供热，实行用热商品化、货币化；加大新型墙体材料、建筑节能技术的推广应用和供热采暖设施的技术改造力度，提高热能利用效率，改善城镇大气环境质量；继续发展和完善以集中供热为主导、多种方式相结合的经济、安全、清洁、高效的城镇供热采暖系统；加快供热企业改革，引入竞争机制，培育和规范城镇供热市场。

2004年

■ 为配合八部委颁布的《关于城镇供热体制改革试点工作的指导意见》（建城［2003］148号）的实施，指导各地在居住建筑集中采暖设计中采取相应的技术措施，满足分户计量、室温可控的要求，建设部组织专家编制了《城镇住宅计量供热技术指南》，于 2004 年 1 月 16 日发布。

■ 为加强建筑节能试点示范工程的管理，规范其申报、检查、验收等工作，充分发挥节能建筑示范效应，推动全国建筑节能工作，建设部制定了《建设部建筑节能试点示范工程（小区）管理办法》，于 2004 年 2 月 11 日印发。其中，第六条指出：示范工程应重点抓好供热采暖系统调控与热计量和空调制冷节能技术与产品应用。

■ 为贯彻落实《国务院办公厅关于开展资源节约活动的通知》（国办发［2004］30 号），实现“通知”中制定的 2004～2006 年的资源节约活动的目标，进一步做好建设系统资源节约工作。建设部 2004 年 5 月 21 日关于贯彻《国务院办公厅关于开展资源节约活动的通知》的意见指出：大力推进供热体制改革。一是停止福利供热，实行用热商品化、货币化；二是逐步实行按用热量计量收费制度；三是继续发展和完善以集中供热为主导、多种方式相结合的城镇供热采暖系统；四是深化供热企业改革，积极培育和规范供热市场。

2005 年

■ 建设部令第 143 号《民用建筑节能管理规定》于 2005 年 10 月 28 日经第 76 次部常务会议讨论通过发布，自 2006 年 1 月 1 日起施行。其中，第八条鼓励发展供热采暖系统温度调控和分户热量计量技术与装置；第十二条规定，采用集中采暖制冷方式的新建民用建筑应当安设建筑物室内温度控制和用能计量设施，逐步实行基本冷热价和计量冷热价共同构成的两部制用能价格制度。原《民用建筑节能管理规定》（建设部令第 76 号）同时废止。

■ 建设部、国家发改委、财政部、人事部、民政部、劳动和社会保障部、国家税务总局、国家环境保护总局 2005 年 12 月 6 日联合下发《关于进一步推进城镇供热体制改革的意见》建城［2005］220 号，并提出：完善供热价格形成机制；逐步推进供热商品化、货币化；培育和完善供热市场；切实保障低收入困难群体采暖；优化配置城镇供热资源；大力促进供热采暖节能工作；加强供热市场监管和应急保障等工作重点。

2006 年

■ 为了深化供热体制改革，积极推进供热计量，实现按热量交纳热费，促进供热采暖系统节能，建设部 2006 年 6 月 28 日下发《关于推进供热计量的实施意见》，在意见中明确五方面目标。

① 要把“十一五”建筑节能指标细化到供热节能方面并落到实处；要从政府机关和公共建筑做起，全面实施供热计量工作，建立和完善供热计量收费机制，有条件的地区应从今年开始实施热计量收费。

② 新建供热系统必须满足热计量技术要求，既有供热系统原则上应在 2～4 年内通过技术改造达到热计量要求。

③ 2006 年采暖季前，各地应选择一定数量的政府机构办公楼等建筑进行供热计量改造；2008 年采暖季前，政府机构办公楼等建筑原则上应全部完成供热计量改造，达到热计量的要求。

④ 新建建筑的热计量设施必须达到工程建设强制性标准规定要求，不符合相关供热计量标准规定要求的不得验收和交付使用。

⑤ 2006 年，开展既有非节能建筑节能和采暖系统热计量改造试点，“十一五”期间大城市要完成热计量改造的 35%，中等城市完成 25%，小城市完成 15%。

■ 为贯彻落实《国务院关于加强节能工作的决定》的精神，加强建筑节能和城市公共交通节能工作，实现“十一五”期间建设领域节能目标，建设部 2006 年 9 月 15 日下发（建科［2006］231 号）关于贯彻《国务院关于加强节能工作的决定》的实施意见，意见第六条指出加快城镇供热体制改革。尽快实行将采暖补贴由“暗补”变“明补”，加快推进供热商品化、货币化。新建建筑必须配套建设供热采暖分户计量系统并安装温控装置，必须实行按热计量收费；既有建筑通过节能改造达到温度可调节、分栋或分户计量的要求。完善供热价格形成机制，制定建筑供热采暖按用热量收费的政策，培育有利于节能的供热市场。

2007 年

■ 为了完善城市供热价格形成机制，规范热价管理，根据城镇供热体制改革的要求，国家发改委、建设部于 2007 年 6 月 3 日关于印发《城市供热价格管理暂行办法》的通知制定了《城市供热价格管理暂行办法》。

■ 建设部于 2007 年 6 月 26 日发布《建设部关于落实〈国务院关于印发节能减排综合性工作方案的通知〉的实施方案》的通知，通知中明确深化供热体制改革。一是今年督促北方采暖地区地级以上城市完成采暖费补贴“暗补”变“明补”改革，并同步建立个人热费账户；二是完善供热价格形成机制，督促各地贯彻国家发改委、建设部印发的《城市供热价格管理暂行办法》，实行按用热量计量收费制度；三是今年启动北方采暖地区既有居住建筑供热计量、温度调控改造及节能改造 1.5 亿 m^2。

■ 为贯彻落实《国务院关于印发节能减排综合性工作方案的通知》（国发［2007］15 号）、《关于加强大型公共建筑工程建设管理的若干意见》（建质［2007］1 号）文件精神，建设部、财政部于 2007 年 10 月 23 日联合下发建科［2007］245 号《关于加强国家机关办公建筑和大型公共建筑节能管理工作的实施意见》。意见中指出，2008 年采暖期开始前，北方采暖地区示范省、自治区、直辖市需完成改造区域内锅炉房、换热站的热计量装置安装。

2008 年

■ 住房和城乡建设部于 2008 年 4 月 14 日印发《2007 年全国建设领域节能

减排专项监督检查建筑节能工作检查报告》的通知。检查报告提出，一是积极推进供热体制改革，继续推动采暖费补贴“暗补”变“明补”改革，加快推进供热商品化、货币化。推行按用热量计量收费，明确供热计量的技术路线。制定热分配表、小流量热计量表等产品标准及推广应用技术目录。完善供热价格形成机制，落实《城镇供热价格暂行管理办法》，培育有利于节能的供热市场。二是督促各地落实国务院确定的北方采暖地区既有居住建筑供热计量及节能改造 1.5 亿 m^2 的工作任务。

■ 住房和城乡建设部、财政部（建科［2008］95 号）于 2008 年 5 月 21 日联合下发《关于推进北方采暖地区既有居住建筑供热计量及节能改造工作的实施意见》。意见中明确，“十一五”期间，启动和实施北方采暖地区既有居住建筑供热计量及节能改造建筑面积 1.5 亿 m^2；全面推进供热计量收费，实现节约 1600 万吨标准煤。

■ 为贯彻落实《国务院关于印发节能减排工作方案的通知》（国发［2007］15 号），以及住房和城乡建设部住房和城乡建设部、财政部《关于推进北方采暖地区既有居住建筑供热计量及节能改造工作的实施意见》（建科［2008］95 号）的要求，指导北方采暖地区既有居住建筑供热计量及节能改造工作，住房和城乡建设部组织专家编制了建科［2008］126 号《北方采暖地区既有居住建筑供热计量及节能改造技术导则》（试行），并于 2008 年 7 月 10 日发布实施。

■ 住房和城乡建设部住房和城乡建设部 2008 年 9 月 5 日下发《关于做好 2008 年建设领域节能减排工作的实施意见》（建科［2008］160 号）。意见中明确深化供热体制改革，推动北方采暖地区既有建筑供热计量及节能改造；各地要继续推动采暖费补贴“暗补”变“明补”改革，并同步建立个人热费账户；完善供热价格形成机制，实行按用热量计量收费制度；住房和城乡建设部住房和城乡建设部确定的 12 个供热计量示范城市，要加大工作力度，确保完成今年的供热计量示范任务；尽快落实第一批改造项目，确保在 2008 年采暖季前完成。

■ 住房和城乡建设部住房和城乡建设部办公厅 2008 年 12 月 8 日下发《关于开展建设领域节能减排监督检查工作的通知》（建办科函［2008］781 号），供热计量改革及热计量收费成为检查中的重点。

2009 年

■ 住房和城乡建设部于 2009 年 10 月 22 日在河北省唐山市召开“2009 年北方采暖地区供热计量改革工作会议”。时任住房和城乡建设部副部长仇保兴作了题为《推进供热计量改革 促进建筑节能工作》的工作报告，仇保兴分析了当前存在的主要问题，并对下一步改革进行了全面部署。他强调，从今年起各地要全面推进供热计量改革的各项工作，将按热计量收费摆在突出位置，坚决做到“三个同步”：新建建筑工程建设与供热计量设施安装同步；既有居住建筑供热计量改造与节能改造同步；供热计量设施安装与供热计量收费同步。各省市都要分解落实今明两年供热计量改革的目标任务，要统一认识、加强领导，加大监管力度，狠抓供热企业责任落实，并制定完善配套措施。

■ 住房和城乡建设部（建科［2009］261号）2009年11月12日关于印发《北方采暖地区既有居住建筑供热计量及节能改造项目验收办法》的通知，第一章第四条规定既有居住建筑节能改造与分户热计量改造必须同步实施，并率先实行供热计量收费。不进行分户热计量改造、不实施供热计量收费的，不得通过验收，不得拨付中央奖励资金。

■ 住房和城乡建设部办公厅（建办科函［2009］992号）2009年11月24日下发《关于开展2009年住房城乡建设领域节能减排专项监督检查的通知》，通知中明确了供热计量改革检查的内容。

2010年

■ 住房和城乡建设部住房和城乡建设部、国家发改委、财政部、国家质检总局联合下发（建城［2010］14号）《关于进一步推进供热计量改革工作的意见》，意见要求切实加强组织领导、完善工作考核制度、进一步明确奖惩制度、切实做好供热保障工作、各地要加强舆论引导，正确处理好供热计量改革与供热保障的关系。

■ 为贯彻落实《国务院关于进一步加大工作力度确保实现“十一五”节能减排目标的通知》（国发［2010］12号）提出的“完成北方采暖地区居住建筑供热计量及节能改造5000万m^2，确保完成‘十一五’期间1.5亿m^2的改造任务”要求，住房和城乡建设部、财政部（建科［2010］84号）2010年6月1日联合下发《关于加大工作力度确保完成北方采暖地区既有居住建筑供热计量及节能改造工作任务的通知》。

■ 为做好“十二五”期间北方采暖地区既有居住建筑供热计量及节能改造规划和研究制定中央财政奖励政策工作，住房和城乡建设部建筑节能与科技司下发（建科节函［2010］119号）《关于对北方采暖地区既有居住建筑供热计量及节能改造“十二五”需求情况摸底调查的通知》。

■ 住房和城乡建设部于2010年9月27日在天津市召开“2010年北方采暖地区供热计量改革工作会议”，时任住房和城乡建设部副部长仇保兴在会议中指出，下一步工作重点：大力推行按用热量计价收费；完善供热计量监管体制机制；引入节能服务公司模式；加强供热计量产品质量监管；保质保量完成既有居住建筑供热计量及节能改造工作；加强检查和督促。

■ 住房和城乡建设部（建办科函［2010］905号）于2010年12月2日下发《关于开展2010年住房城乡建设领域节能减排专项监督检查的通知》，并定于2010年12月中旬开展专项监督检查。

2011 年

■ 住房和城乡建设部建筑节能与科技司（建科综函［2011］8 号）2011 年 1 月 11 日下发《关于印发住房和城乡建设部建筑节能与科技司 2011 年重点工作的通知》。通知中明确提出，2011 年完成北方采暖地区既有居住建筑供热计量及节能改造建筑 5000 万 m^2。北方采暖地区进行节能改造的既有居住建筑要安装分户供热计量和温控装置，并实行供热计量收费。

■ 财政部、住房和城乡建设部（财建［2011］12 号）2011 年 1 月 21 日联合下发《财政部、住房和城乡建设部关于进一步深入开展北方采暖地区既有居住建筑供热计量及节能改造工作的通知》，通知提出：①明确“十二五”期间改造工作目标；②尽快落实各省供热计量及节能改造任务并签订改造协议；③鼓励具备条件的城市尽早完成节能改造任务；④建立多元化的资金筹措机制；⑤积极推广新型建材应用；⑥切实加强组织实施。

■ 住房和城乡建设部办公厅 2011 年 4 月 30 日下发《关于 2010 年全国住房城乡建设领域节能减排专项监督检查建筑节能检查情况通报》，通报中显示北方采暖地区既有居住建筑供热计量及节能改造任务超额完成。截至 2010 年底，北方采暖地区 15 省、自治区、直辖市共完成改造面积 1.82 亿 m^2。其中，2010 年完成改造面积 8623 万 m^2，超额完成了国务院确定的 1.5 亿 m^2 改造任务。

■ 2011 年 9 月 28 日，在山东省日照市召开“2011 年北方采暖地区供热计量改革工作会议”，会议明确下一步工作方向：①建立健全供热计量工程监管机制；②全面落实两部制热价制度；③全面检查已安装计量表的质量；④全面取消按面积收费；⑤扎实做好“十二五”既有居住建筑供热计量及节能改造工作。

■ 住房和城乡建设部办公厅 2011 年 11 月 28 日下发《关于组织开展 2011 年度住房城乡建设领域节能减排专项监督检查的通知》（建办科［2011］70 号），供热计量改革工作成检查重点之一。

■ 按照《国务院关于印发“十二五”节能减排综合性工作方案的通知》（国发［2011］26 号）确定的总体目标和工作任务，住房和城乡建设部研究制定了《住房和城乡建设部关于落实〈国务院关于印发“十二五”节能减排综合性工作方案的通知〉的实施方案》（建科［2011］194 号），并于 2011 年 12 月 1 日下发实施，方案明确推动北方采暖地区既有居住建筑供热计量及节能改造。“十二五”期间完成北方采暖地区既有居住建筑供热计量及节能改造建筑面积 4 亿 m^2 以上。

2012 年

■ 2011 年 12 月 10～29 日，住房和城乡建设部组织对全国建筑节能工作进行了检查。住房和城乡建设部办公厅印发《2011 年全国住房城乡建设领域节能减排专项监督检查建筑节能检查情况通报》（建办科函［2012］212 号）。通报中显示，截至 2011 年底，北方 15 省（自治区、直辖市）及新疆生产建设兵团共计完成既有居住建筑供热计量及节能改造建筑面积1.32亿平方米，已开工未完成的改造面积0.24亿平方米。

■ 住房和城乡建设部在2012年8月21日召开“2012年北方采暖地区供热计量改革工作电视电话会议”，时任住房和城乡建设部副部长仇保兴在《坚定信心 创新机制 全面实施供热计量收费》讲话中指出，一是供热计量收费面积快速增加；二是新建建筑供热计量装置安装比例明显提高；三是既有居住建筑供热计量及节能改造大规模推进。

■ 为贯彻落实2012年北方采暖地区供热计量改革工作电视电话会议精神，促进建筑节能，住房和城乡建设部办公厅于2012年9月10日下发关于《关于开展供热计量专项检查的通知》（建办城函［2012］526号），重点检查供热计量工程“两个不得”落实执行情况，供热计量收费机制的落实执行情况。

■ 住房和城乡建设部办公厅2012年11月23日下发《关于组织开展2012年度住房城乡建设领域节能减排监督检查的通知》（建办科［2012］43号），北方采暖地区供热计量改革成为检查重点之一。

2013年

■ 住房和城乡建设部办公厅2013年4月18日下发《关于2012年北方采暖地区供热计量改革工作专项监督检查情况的通报》（建办城函［2013］240号）。2012年12月，住房和城乡建设部组织对北方采暖地区15个省（自治区、直辖市）及26个地级和副省级城市的供热计量改革工作情况进行了专项监督检查。总体显示，北方采暖地区供热计量收费面积进一步增长，供热计量价格和收费政策继续完善，供热计量收费节能效果显现，供热计量改革工作得到了全面推进。并指出部分省自治区、直辖市新建建筑供热计量装置继续欠新账，部分地区供热计量收费严重滞后等问题。

■ 住房和城乡建设部2013年11月14日在京召开了“2013年北方采暖地区供热计量改革工作会议”，时任住房和城乡建设部副部长仇保兴发表了题为《落实大气污染防治，深入推进供热计量改革》的演讲。仇保兴总结2012年以来供热计量改革工作进展情况，部署下一阶段工作任务。仇保兴强调，北方采暖地区的建筑节能潜力巨大，供热计量改革是落实大气污染防治的有效措施，在人民群众对供热计量的呼声越来越高的形势下，供热计量改革已是大势所趋、民心所向，各地要认清形势，坚定信心，继续深入推进供热计量改革。

■ 住房和城乡建设部办公厅2013年12月03日下发《关于开展2013年度住房城乡建设领域节能减排监督检查的通知》建办科函［2013］715号。北方采暖地区供热计量改革成为此次检查内容之一：新建建筑和经节能改造的既有建筑供热计量装置安装及收费情况；由供热企业负责供热计量装置的选购、安装、运行和管理情况；出台供热计量价格、供热计量价格基本热价降至30％情况，取消超过“面积上限”的热量不收费政策的情况；充分发动用户参与供热计量收费情况；供热计量收费约束和激励政策措施情况。

（2）地方政策

1）河北：《关于进一步推进供热计量改革工作的意见》

为贯彻落实河北省人民政府办公厅《关于进一步推进供热计量改革工作的意见》（办字〔2012〕117号），加快推进本市供热计量改革工作，有效节约能源，减少污染，降低供热成本，减轻居民采暖负担，结合本市实际，提出如下意见。

到2013年采暖期，主城区住宅供热计量收费面积达到本市住宅集中供热面积的35%以上。当年竣工新建建筑供热计量及调控装置安装率100%，当年完成既有居住建筑供热计量及节能改造任务70万平方米，集中供热的既有大型公共建筑完成供热计量改造率70%以上，并同步实行计量收费。

主城区以外各县、管理区供热计量工作全面推开，住宅供热计量收费面积要占住宅集中供热面积的15%以上。当年完成既有居住建筑供热计量及节能改造面积5万平方米以上，其中张北、怀来完成10万平方米以上，当年竣工新建建筑热计量及调控装置安装率100%。

到2014年采暖期，主城区住宅供热计量收费面积达到本市住宅集中供热面积的40%以上。当年竣工新建建筑供热计量及调控装置安装率100%，当年完成既有居住建筑供热计量及节能改造任务50万平方米，具备改造价值的既有大型公共建筑基本完成供热计量改造，并同步实行计量收费。

主城区以外各县、管理区住宅供热计量收费面积要占住宅集中供热面积的20%以上。当年完成既有居住建筑供热计量及节能改造面积5万平方米以上，其中张北、怀来完成10万平方米以上，当年竣工新建建筑供热计量及调控装置安装率100%。

2）河北：《关于加强城市供热保障工作实施方案的通知》

为加强供热行业管理，全面提高城市供热保障能力，切实解决当前城市供热中存在的突出矛盾和问题，促进供热事业健康发展，按照河北省人民政府办公厅《关于加强城市供热保障工作实施方案的通知》的要求，制定本实施方案。

通知提出：

①利用3年时间，全面提升城市供热保障能力。2013年为“供热保障攻坚年”，要着力加快热源设施建设，争取到2015建成以热电联产为主、大型区域锅炉房为补充的热源充分保障的集中供热体系，实现多热源联网，具备相互支援能力。

②加快老旧供热管网改造工程。结合集中供热二次管网及分户改造工程，开展15年以上的老旧集中供热管网改造工程，自2013年起每年完成1/3改造量，到2015年底前全部完成。

③推进建筑节能和供热计量收费。3 年基本完成主城区具有改造价值的既有居住建筑供热计量及节能改造工程。到 2013 年采暖期，住宅供热计量收费面积达到本市住宅集中供热面积的 35%以上；到 2015 年采暖期，达到 50%以上。

3）辽宁：《辽宁省建筑节能和供热计量实施方案》

印发了《辽宁省建筑节能和供热计量实施方案》，各市均编制了计量工作规划、年度计划、实施方案等。如大连市编制了《大连市“十二五”既有居住建筑供热计量及节能改造实施方案》。

4）贵阳：《贵阳市民用建筑节能条例》

条例鼓励民用建筑项目采用太阳能、地热能、地表水源热能、污水源热能等可再生资源；鼓励具备条件的民用建筑采用集中供暖制冷方式。条例还规定，政府投资和以政府投资为主的新建民用建筑、既有民用建筑节能改造具备可再生能源利用条件的，应当选择适合的可再生能源用于集中采暖制冷等。

5）河北石家庄：《石家庄市供热用热条例》

为了改善民生和发展供热事业，加强城市供热用热管理，规范供热用热行为，保障供热用热双方的合法权益，《石家庄市供热用热条例》将于 9 月 1 日起施行，进一步对热源建设规划、设施标准等进行了规范，并将建筑节能标准、供热单位应履行的义务以及热价制定方法等条款列入该《条例》。

《条例》规定，城市热源和供热设施建设应当与城市居住规模、国民经济和社会发展相适应，做到提前设计、提前建设、提前运转。市供热用热行政主管部门应当根据城市供热用热规划制定年度新建、改建、扩建热源、热网供热设施等供热工程建设计划，供热单位应当按照年度计划组织实施。

城市建设和改造，应当按照城市供热用热规划预留建设热源、热网、热力站等供热配套设施的建设用地或空间，任何单位和个人不得擅自占用或改变用途。

既有建筑未达到 50%以上节能标准将进行改造。

新建建筑的供热系统应当符合国家、省、市建筑节能标准，室内采暖系统应安装热计量和温度调控装置，实行分户计量、温度调控。

既有建筑未达到 50%以上建筑节能标准、分户控制和温度调控的，应当逐步进行建筑节能和温度调控改造，由市人民政府制定计划，逐步实行供热计量收费。

6）吉林：2013 年供热计量相关政策

《吉林省城镇供热条例》进行修订。在修订过程中，我省将供热计量改革纳入条例并单设一章，明确要求各地实行热计量改革，编制热计量规划，出台热计量方案、管理办法等。为进一步做好新建建筑的供热计量工作，已经完成了《加强新建建筑供热计量工作的实施意见》的起草工作，等征求相关部门意见后将尽快印发。

7）北京：2013 供热计量相关政策

2013 年制定了《北京市既有节能居住建筑供热计量改造项目验收管理暂行办法》，即将发布《民用建筑供热计量设计标准》等地方标准，逐渐完善北京市供热计量技术标准体系。

市政市容委、市住建委、市财政局部门分别制定了既有非节能和节能居住建筑的供热计量及节能改造项目管理办法和财政补助政策，全面启动了改造工作。对于既有非节能住宅，将围护结构节能改造、热计量改造与水电气热管线改造、小区环境整治一并进行，市财政对于综合改造补助 100 元/m²；对于既有节能住宅的热计量改造，经过财政评审后，市级财政将补助标准由 6.3 元/m² 提高到 10 元/m²。上述两类住宅的改造费用由各区县财政统筹，并参照市财政补助标准按 1∶1 比例配套。另外，市区两级公共机构的供热计量改造也在抓紧进行，改造费用全部纳入同级财政预算。

8）辽宁：《辽宁省建筑节能和供热计量实施方案》

印发了《辽宁省建筑节能和供热计量实施方案》，各市均编制了计量工作规划、年度计划、实施方案等。如大连市编制了《大连市“十二五”既有居住建筑供热计量及节能改造实施方案》。

9）天津：2013 年供热计量相关政策

2013 年，天津市组织了对住宅供热计量的完善研究，在固定部分 30％的基础上，主要针对不利位置用户和周围有停热户进行认真分析，进一步完善供热计量收费政策和价格。

为推进我市供热计量改革，规范供热计量收费行为，维护供用热双方权益，依据《天津市供热用热条例》等有关法规、规章，制定了《天津市居民住宅供用热合同（按计量计费）》的示范文本，已在 2013 年新建住宅中试行。

2013 年 9 月，市供热办编制了《天津市供热计量发展规划（2013—2017 年）》（津热办［2013］77 号），确定了今后几年的供热计量工作目标、任务和重点工作及保障措施。

2. 与暖通空调节能相关的政策

国家和地方有关政策直接或者间接推动了暖通空调行业的发展，这里列举部分政策如下：

(1)《大气污染防治行动计划》

2013 年 9 月 10 日，国务院印发《大气污染防治行动计划》。这是当前和今后一个时期全国大气污染防治工作的行动指南。该计划与 6 月份的大气“国十条”核心内容基本一致，《大气污染防治行动计划》中的第一条，即提到了工业企业大气污染的综合治理，要求京津冀、长三角、珠三角等区域要于 2015 年底前基本完成燃煤电厂、燃煤锅炉和工业窑炉的污染治理设施建设与改造，完成石化企业有机废气综合治理，体现了工业企业治污在大气污染防治中的重要性。

(2)《北京市 2013—2017 年清洁空气行动计划》

2013 年 9 月 12 日，北京市发改委出台的《北京市 2013—2017 年清洁空气行动计划》。根据《行动计划》，北京将在 2017 年燃煤总量降至约 1000 万吨，为完成这一目标，全市将由内向外集中推进供暖锅炉清洁改造。2013 年，北京市计划改造约 2100 吨燃煤锅炉，四环以内将取消燃煤锅炉房。

(3)《页岩气产业政策》

10 月 22 日，国家能源局发布了《页岩气产业政策》。该政策鼓励页岩气就近利用和接入管网，以促进页岩气开发利用。国家将鼓励企业在基础设施缺乏地区投资建设天然气输送管道、压缩天然气（CNG）与小型液化天然气（LNG）等基础设施。

(4)《气候变化绿皮书：应对气候变化报告（2013)》

11 月 4 日，中国社科院、中国气象局在北京联合发布的《气候变化绿皮书：应对气候变化报告（2013)》。我国雾霾天气增多最主要的原因是社会化石能源消费增多造成的大气污染物排放逐年增加。这些污染的主要来源是热电排放、工业尤其是重化工生产、汽车尾气、冬季供暖、居民生活（烹饪、热水），以及地面灰尘。此外，人类活动产生的光化学产物、局地烹饪、汽车尾气等造成的挥发性有机物转化为二次有机气溶胶，都将使雾霾情况频繁产生。以北京为例，PM2.5 气体的产生大约有 30％～40％来自原始排放，20％～30％来自大气中的光化学转化，30％～40％来自区域输送。应该说，国家对雾霾问题的关注已经上升到前所未有的高度。然而，治理空气污染、减少雾霾天气无法一蹴而就，需要各界长期持续关注和行动。

(5)《关于加快推动我国绿色建筑发展的实施意见》

住房和城乡建设部网站 2013 年 1 月 16 日消息，为落实《关于加快推动我国绿色建筑发展的实施意见》，住房和城乡建设部日前发布通知，加强和规范绿色建筑评价标识评审管理。

住房和城乡建设部办公厅《关于加强绿色建筑评价标识管理和备案工作的通知》。通知指出，各地应本着因地制宜的原则发展绿色建筑，并鼓励业主、房地产开发、设计、施工和物业管理等相关单位开发绿色建筑。

第二节 暖通空调行业相关标准规范

本节主要针对 2013 年至今暖通空调行业新出台的相关标准规范进行介绍。

(1)《低温辐射电热膜供暖系统应用技术规程》(编号 JGJ 319—2013)，已被作为电热膜应用设计行业标准正式实施，已获住房和城乡建设部批准通过，自2013年6月1日起，这意味着我国电热膜采暖行业将逐步向规范化、集中化发展。同时，以“电采暖”作为引领的建筑供暖方式变革，也将大大提速。

(2) 为加快推动北京市绿色建筑发展，按照《关于组织开展北京市绿色建筑适用技术（2013）申报工作的通知》（京建发〔2013〕411号）要求，经公开征集、企业申报、专家评审和广泛征求意见，北京市住房城乡建设委组织编制了《北京市绿色建筑适用技术推广目录（2014）》，向社会推广绿色建筑适用技术项目55项。

(3) 为提升施工技术水平，规范工程建设工法的管理，住房城乡建设部日前修订并印发了《工程建设工法管理办法》，原办法同时废止。新办法明确其适用范围包括工法的开发、申报、评审和成果管理。工法分为房屋建筑工程、土木工程和工业安装工程三个类别，按照企业级、省（部）级和国家级三个级别管理。

其中，申报国家级工法应满足的条件为：已公布为省（部）级工法；工法的关键性技术达到国内领先及以上水平；工法中采用的新技术、新工艺、新材料尚没有相应的工程建设国家、行业或地方标准的，已经通过省级及以上住房城乡建设主管部门组织的技术专家委员会审定；工法经过两项及以上工程实践应用，安全可靠，具有较高推广应用价值，经济效益和社会效益显著；工法遵循国家工程建设的方针、政策和强制性标准，符合国家建筑技术发展方向和节约资源、保护环境等要求；工法编写内容齐全、完整，包括前言、特点、适用范围、工艺原理和应用实例等内容；工法内容不得与已公布的有效期内的国家级工法雷同。新办法还对国家级工法的申报程序、申报限制、申报资料、审查阶段等内容做出了明确规定。

值得注意的是，新办法提出，鼓励企业积极开发和推广应用工法。省（部）级工法主管部门应对开发和应用工法有突出贡献的企业和个人给予表彰。企业应对开发和推广应用工法有突出贡献的个人给予表彰和奖励。

(4) 海南绿色建筑工程技术研究中心于2014年7月在海口组织召开专题讨论会，省内外20余名绿色建筑方面的专家学者集中对编制《海南省绿色建筑评价标准体系》和《海南省绿色生态小区评价技术导则》建言献策。

《海南省绿色建筑评价标准体系》要以全省强制实施绿色建筑项目为对象，以满足一星级绿色建筑要求为目标，从国家标准《绿色建筑评价标准》中挑选适合海南地域特点的绿色建筑技术指标，将其分配至工程建设管理程序的各阶段，提出规划、设计、施工、运营管理等阶段的技术要求及相关行政监管部门的审查要点，为建立海南省绿色建筑全过程监管体系提供技术支撑。而编制《海南省绿色生态小区评价技术导则》则要在总结近年来海南绿色建筑及绿色生态小区实践经验和研究成果的基础上，吸取国内外成功案例，切实引导全省绿色生态小区建设、保护生态环境、节约能源资源、减少环境污染、提高住宅品质和小区建设质量，建设与自然生态环境相协调、资源节约的居住环境。

(5) 上海市政府办公厅日前转发了上海市城乡建设和管理委员会等6部门制订的《上海市绿色建筑发展三年行动计划（2014～2016）》简称《三年计划》。《三年计划》明确提出，通过三年的努力，初步形成有效推进本市建筑绿色化的发展体系和技术路线，实现从建筑节能到绿色建筑的跨越式发展。新建建筑绿色、节能、环保水平明显提高，建筑工业化水平取得显著进步，既有建筑节能改造稳步推进，绿色建筑发展水平位于全国领先。

(6) 根据《绿色建筑评价标识管理办法》（建科［2007］206号)、《绿色建筑评价标准》GB/T 50378—2006、《绿色建筑评价技术细则》（建科［2007］205号)、《绿色建筑评价技术细则补充说明（规划设计部分）》（建科［2008］113号)、《绿色建筑评价技术细则补充说明（运行使用部分）》（建科函［2009］235号）和相关地方标准，我部组织完成了2014年度第十一批绿色建筑评价标识项目的评价工作。

(7)《江苏省绿色建筑设计标准》将于2015年出台，届时，江苏全省城镇新建建筑将根据此标准全面达到绿色建筑一星以上标准设计建造，到2020年全省50%的城镇新建筑必须按照二星及以上绿色建筑标准设计建造。目前江苏省对于一星、二星、三星绿色建筑设计分别奖励15元、25元、35元每m^2，建筑节能和绿色建筑示范区给予不低于1000万元的补贴。

(8) 2014年6月，天津市规划局受住房和城乡建设部委托，组织有关专家，对天津建筑设计研究院承担的住房和城乡建设部课题《超低能耗绿色建筑技术集成研究》（2011-k1-69）项目进行了验收。住房和城乡建设部建筑节能与科技司建筑节能处汪又兰处长出席验收会，市规划局科技处黄跃红处长主持会议。

《超低能耗绿色建筑技术集成研究》课题以中新天津生态城公屋展示中心为对象，系统地开展了超低能耗绿色建筑的研究工作，进行了自然通风、自然采光、太阳能辐照和能耗模拟分析等被动式技术的优化方法和节能技术集成研究，构建了适宜该地区的超低能耗绿色建筑技术体系，为寒冷地区超低能耗绿色建筑研究与实践，提供了指导与借鉴。项目组提出的“基于能耗目标与模拟分析的超低能耗绿色建筑设计方法”具有创新性。项目成果达到了课题申报任务书中的技术考核指标要求，对超低能耗绿色建筑发展具有较高的应用价值，达到了国内领先水平。

(9) 安徽省合肥市《绿色建筑设计导则（征求意见稿）》简称《导则》2014年6月已完成，并开始公开征求意见。合肥市新建、改建和扩建的民用建筑将全部适用《绿色建筑设计导则》。

根据即将出台的《导则》，绿色建筑宜采用工业化装配式体系或工业化部品，这些工业化部品选择混凝土构件、钢结构构件等工业化生产程度较高的构件，整体厨卫、单元式幕墙、装配式隔墙等都能优先使用。装饰装修设计应采用工厂化生产的建筑部品。建筑用能应优先采用太阳能、地源热泵等可再生能源技术，确定合理的利用方式。对既有建筑改造设计应优先利用可再生能源，推进太阳能、地源热能等可再生能源的建筑一体化应用。合理开发利用地下空间，规划设计应与地上建筑及其他相关城市空间紧密结合，提高土地综合利用效率，鼓励人行地下通道、轨道车站通道与建筑物合理连接，且地下空间宜采用自然采光。

第三章　暖通空调行业展望

近年来，国内建筑节能改造需求也较为旺盛，工业、交通以及建筑是我国能源消耗三大主要部分，其中建筑能耗占比在27.5%左右，而发达国家一般在40%以上。随着城镇化建设进程的持续推进，未来我国建筑能耗占比将有进一步提升；而从既有建筑来看，我国城镇每年新建建筑面积已超过20亿m^2，根据住房和城乡建设部数据，在当前节能标准低于欧美发达国家水平，我国城镇节能建筑依然仅占既有建筑总面积的23%。

未来暖通空调行业主要发展趋势为以下六个方面：

（1）继续提高暖通空调设备和系统的能效是行业的永恒追求

提升建筑能效是世界各国建筑节能的核心重点工作。在建筑节能领域处在关键位置，因此继续提升暖通空调设备和系统的能效是行业的永恒的追求。

冷水机组、锅炉、水泵和风机等用能设备是建筑中的主要耗能设备，这些暖通空调设备的能效决定建筑能效。

（2）既有建筑节能改造将成为暖通空调行业的发展机遇

随着《十二五建筑节能专项规划》的出台，既有建筑节能改造工作在政府工作中的重要性得到了强调。《十二五建筑节能专项规划》中将推进既有居住建筑节能改造作为住房和城乡建设部建筑节能工作的9大重点内容之一。强调扎实推进既有居住建筑节能改造。深入开展北方采暖地区既有居住建筑供热计量及节能改造。以围护结构、供热计量和管网热平衡为重点实施北方采暖地区既有居住建筑供热计量及节能改造；启动“节能暖房”重点市县，到2013年，地级及以上城市要完成当地具备改造价值的老旧住宅的供热计量及节能改造面积40%以上，县级市要完成70%以上，达到节能50%强制性标准的既有建筑基本完成供热计量改造。鼓励用3～5年时间节能改造重点市县全部完成节能改造任务。同时，试点夏热冬冷地区节能改造，形成规范的既有建筑改造机制，确保既有建筑节能改造的安全与质量。

与此同时，根据2013年发布的《绿色建筑行动方案》规划，“十二五”期间我国将完成公共建筑改造6000万平方米、办公建筑改造6000万平方米，以常见的VAV中央空调系统中主机部分每平方米300元更新造价计算，则中央空调更新需求将达360亿元。

而目前部分早期的中央空调系统运行周期也达到20年以上，一般中央空调主机使用寿命在15～25年之间，考虑到政府建筑节能计划实施，我们乐观预计中央空调机组更新换代周期缩短至15年左右，根据统计局从1999年开始统计的商业地产竣工面积数据，2014年国内商用中央空调主机更新换代需求将达到85亿元，到2018年更新换代需求将达到168亿元，复合年均增长率（CAGR）达到18.55%，进一步考虑到医院、车站以及政府办公场所等公共建筑更新换代需求，我们预计2018年国内市场整体更新换代需求将超过200亿元。

总体来看，考虑到未来5年商业地产将迎来竣工高峰、节能改造推动更新换代需求加快释放、轨道交通及医院等基建保持稳定增长。根据上述测算，我们预计到2018年国内商用中央空调市场规模有望达到1400亿元。

（3）地热能的开发和利用将替代常规能源

我国地热能开发利用起步较晚，最初主要在旅游和养殖等方面进行应用，近年来在供暖制冷领域也得到积极推广，目前供暖制冷面积已达2亿平方米。目前，由国土资源部、国家能源局等部门制定的《关于大力推进地热能资源勘查开发利用工作指导意见》已经编制完成，有望在明年年初对外公布。新能源中的冷门产业地热能，有望在未来政策扶持下得到进一步发展。

据悉，国家初步计划在未来五年，完成地源热泵供暖（制冷）面积3.5亿平方米，预计总市场规模至少在700亿元左右。除了供暖外，到2015年，浅层地温能开发投资额将达1500亿元以上。热泵及PE管线设备产业、地下钻井产业、地上风道产业投资规模均各占到500亿元以上。

地热能的开发和直接利用以地源热泵为主。至2020/2030/2050年全球地热直接利用设备能力将分别为2010年的3/8/16倍。地源热泵占直接利用比例在70%，至2020/2030/2050年世界地源热泵规模为现状的3/9/17倍。

近6年，我国地源热泵应用面积复合增长率44%，占直接利用比为38.5%，与国外均值（70%）相比有较大上升空间。预测到2015/2020/2030/2050年，我国地源热泵应用面积将分别达到5/8/16/40亿平方米，新增投资额650/750/1600/2880亿元。

目前，我国地源热泵技术基本成熟，激励政策是驱动地源热泵行业发展的主要动力，随着各省（区、市）地热能开发利用规划的逐步出台，我国地源热泵将进入成熟健康增长阶段。

地热发电的能源替代性逐步显现，预计2014—2020年，全球年均装机容量是目前的4倍。截至2013年底，世界地热发电总装机容量1.2万MW，新增530MW。预测至2020/2030/2050年，全球地热装机容量将分别达到2.59/5.1/15万MW，GAGR为6.02%。按此测算，2014—2020年年平均新增装机容量为2000MW以上。我国地热装机容量“十二五”末达到100MW。我国目前地热发电装机容量仅为27MW，按照政府目标，到2015年地热发电装机容量达到

100MW。我国地热发电的推广刚刚起步，进入快速增长期还需要一定的时间。短期来看，低温地热发电以及油气地热联合发电将先行启动，从长远来看，增强型地热发电具有更大发展潜力。我国干热岩储量是现消耗能源的4400倍：汪集旸院士团队测算，中国大陆3～10km深处干热岩资源总计为20.9×106EJ，按2%的可开采资源量计算，相当于中国大陆2010年能源消耗总量的4400倍。未来地热能的开发和利用将成为替代常规能源的重要手段。

(4) 供热计量已成为建筑节能和大气污染防治的重要手段

随着人民生活水平的日益提高，用户对用热个性化和提高舒适性的要求越来越迫切。在传统供热系统中，用户处于被动状态，室内温度由供热单位进行调节，这种单一调节不能满足用户的不同需要。实施供热计量就可以满足用户根据自身要求，利用室内温度控制装置（如暖气温控阀）在一定温度范围内自主调节所需室温。

供热按计量收费的方式，对节能减排、减少能源消耗、提高供热效率、缓解供需压力、避免资源浪费都有十分重要的意义。对用户来说，计量收费增强了用户的节能意识，保障了供热和用热双方利益，用户可以根据实际需要，用多少热掏多少钱，不存在按面积强行收取的情况；对社会资源来说，科学、合理的供热大大减少了热能的浪费，有利于绿色低碳、节约能源；对政府职能部门来说，供热计量可准确掌握冬季供暖需求量，大大有利于合理安排网点建设。实行供热计量改革既节约减排，避免能源浪费，又可降低供暖消费支出，可以说是利国利民。

能源计量改革被纳入国务院2013年9月公布的《大气污染防治行动计划》中，以提高能源使用效率。供热计量改革自2007年成为城镇供热体制改革的中心，在取得阶段性成果之余，新建建筑不装表、装表计量收费滞后的问题仍然存在。住房和城乡建设部希望各地自查，拿出可行的整改方案，并将检查各地计量收费实施情况，并联合媒体作通报批评。

供热计量为大气污染防治的重要抓手。据住房和城乡建设部估算，北方采暖地区集中供热具有节能改造价值的建筑面积达30亿m^2。若全面实施计量收费，在不增加能耗的情况下，可以有效增加20亿m^2的供暖面积。住房和城乡建设部指出，采用供热计量节能达30%。全面推行计量收费，将成为明年的工作核心：已经安装计量装置的新建和既有建筑，供热企业必须无条件地计量收费。供热计量作为建筑节能和减少化石燃料燃烧和污染物排放的重要手段，在未来大有可为。

(5) 新风处理和空气净化类产品将面临巨大的市场潜力

近年来雾霾频发，人们对于通风净化类产品的需求也越来越高，这为当前新风行业的发展提供了有利的土壤。未来的几年里围绕新风处理将迅速形成一个巨大的产业链，技术研发、产品生产、品牌经营、终端服务每一个环节均为每一个先知先行者创造了一个新的致富良机。美国《财富》杂志将健康产业列为未来10年增长最快的10个行业之一，而且排在第一位。而新风治理行业作为与人类健康息息相关的重要组成部分已经提到前所未有的高度。目前，在社会各界的催生下，市场迅速火暴起来，据相关数据统计，新风系统在我国民用市场潜力至少在1.68亿台以上，潜在的消费规模高达17000亿；工业市场需求更是逐年增加。

目前，空气净化器在中国的普及率在3%左右，在空气质量更好的美国和日本却达30%左右。在国外，空气净化器功能主要是去除花粉和可吸入颗粒物，在大气污染更为严重的中国，空气净化器则被生活在灰霾天气下的人们寄予重任——“去毒”和“去污染”。在未来，该领域将是暖通空调行业的重要发展领域之一。

(6) 太阳能供热空调综合应用将成为建筑节能的新兴力量。

太阳能是一种取之不尽、用之不竭的洁净能源，用太阳能替代常规能源驱动空调系统对于节能和环保都具有十分重要的意义，因而正日益受到世界各国的重视。

当前，大部分使用的空调技术是一种以电能为动力，把室内热量加以吸收排除到室外的循环系统。耗能的严重问题，在世界能源日益紧张的今天，采用更为节能的空调系统是人类的共同需要。太阳能空调解决了这个问题，它基本不用电能，运行费用低（可无运行费用），无运动部件，寿命长，无噪声。而且，利用太阳能作为能源的空调系统，它的诱人之处还在于越是太阳能辐射强烈的时候，环境气温越高，人们的生活越需要空调，此时，太阳能空调的制冷能力就越强。这是人和自然和谐的理想境界。使用太阳能空调的结果，既创造了室内宜人的温度，又能降低大气的环境温度，还减弱了城市中的热岛效应。更为可取的是，它既节约了能源，还不使用破坏大气层的氟利昂等有害物质，是名副其实的绿色空调。在节能和环境方面有很大的发展潜力。

经过几十年的发展，太阳能空调技术已经开始迈入实用化阶段，并逐渐走入了市场；科技的进步和经济的发展对能源与环境也提出了更高的要求，相信在政府和社会的大力支持下，紧紧依托太阳能热水器这个成熟的大市场，太阳能供热空调一定会有很大的发展。

暖通空调作为建筑节能的主要行业，在节能环保的大背景下，低碳环保的生活方式对暖通空调市场影响深远。随着暖通空调行业不断发展，产品布局正在悄然发生变化。低碳节能已经成为暖通空调产品的基本诉求。暖通空调企业不断运用先进的科技，提高空调产品的能效等级，开发能源替代和再生能源利用，研制新制冷剂等。

节能环保时代的到来为节能技术占优的企业赢得了更多商机，同时也向一些产品技术落后的品牌提出了挑战。目前，国内暖通空调行业在研发发面不断加大投入，力推节能产品，围绕节能、环保打造企业核心竞争力。节能环保成为暖通空调行业的发展趋势。

参考文献

[1] 产业在线网
[2] 暖通空调在线
[3] 供热制冷网
[4] 中央空调资讯，2013 年 12 月
[5]《供热制冷》，2013 年 12 月
[6]《2013 中央新风系统市场调查报告》

暖通空调专业编写人员：
路 宾 王东青 陈讲运 李月华 何远嘉

第 七 篇　地源热泵

第一章　地源热泵行业发展状况

全球气候变化问题的日益凸显，煤炭、石油、天然气等常规化石能源的有限性与需求增加的矛盾日益突出，各国围绕低碳技术展开新一轮面向未来的竞争。地源热泵技术的开发利用作为一项节能的系统工程，由于系统的高效、稳定和可持续性，受到政府和各界的大力支持，具备十分广阔的市场前景。我国水地源热泵行业经过多年的发展，不论是在技术上还是在市场上都逐步走向成熟。水地源热泵产品凭借其良好的节能特点越来越受到人们的青睐。

国家《“十二五”建筑节能专项规划》、《节能减排“十二五”规划》及《可再生能源发展“十二五”规划》等政策的出台给地源热泵等新能源行业的发展将带来新的机遇。目前，我国已首次将绿色建筑纳入了国家“十二五”规划中，建筑业已加大既有建筑节能改造的投入和可再生能源建筑应用的力度。随着这些新政策的出台和相关措施的实施，地源热泵在建筑中应用将迎来发展的新高潮。

第一节　2013 年可再生能源建筑应用发展状况

可再生能源建筑应用是降低建筑能耗的有效途径。将太阳能、地热能、风能、生物质能等可再生能源充分合理地应用到建筑中去，特别是实现太阳能建筑一体化，对缓解现今能源紧张、环境污染问题具有重大的现实意义。

2013 年，财政部深入开展节能减排政策创新，以节能减排综合示范为抓手推进新型城镇化，加强政策集成与平台化。同时，调整完善财政政策及资金分配、管理方式，有效提升财政资金使用效益。2013 年安排节能减排专项资金 778.69 亿元，可再生能源发展资金 153 亿元，用于支持能源节约利用和生态环境保护。

第二节　2013 年地源热泵行业市场状况

目前地源热泵系统的工程应用项目数量越来越多，规模越来越大，集成商实力不断增强，新专利新技术不断涌现，从业人员不断增多，行业已进入了快速发展阶段，针对 2013 年地源热泵行业的发展情况，下面从市场产值、行业规模、行业市场特点三个角度来分析今年的行业市场状况。

1. 地源热泵行业市场产值

目前，世界地源热泵的应用主要集中在北美、欧洲和中国。在2010年世界地热大会上参加报告地源热泵利用的国家，从2000年的26个国家已经增加到2010年的43个国家。据2010年世界地热大会的统计数据，2010年世界地源热泵的年利用能量已经达到了214782 TJ（1TJ= 10^{12} J），与2005年世界地热大会的统计数据相比，五年内增长了2.45倍，平均年累计增长率达到了19.7%；地源热泵的设备容量为35236MW，五年间增长了2.29倍，平均年累计增长率为18.0%。

截至2013年9月底，我国地源热泵市场销售额已超过80亿元，从目前市场来看，大部分项目集中在北京、天津、河北、辽宁、河南、山东等地区。同时地源热泵系统的初装费也大幅度下降，由最初的每平方米400～450元，降到目前的220～320元，据测算，未来五年内，我国地热能开发利用市场规模将接近1000亿元。预计到2015年全国地热能利用总量相当于6880万t标准煤，占我国能源消耗总量的1.7%。

“十二五”规划中明确提出，非化石能源在未来能源结构中将占15%以上。因此，随着地热能利用技术快速进步，地热能利用在我国未来能源利用中必将占有更为重要的地位。据预测，“十二五”期间，我国每年将推广应用1000个绿色建筑项目，累计将完成地源热泵供暖(制冷)面积3.5亿 m^2 左右，整个地热能开发利用的总市场规模将超过700亿元。

2. 地源热泵行业应用规模

随着我国《可再生能源法》的颁布和大量财政补助措施的出台，近年来开始大量应用于工程实践，与此相关的热泵产品应运而生，并已形成了一批提供热泵技术、产品和服务的厂家和从事地源热泵技术设计、施工的单位。

从整体上看，我国地源热泵工程应用面积越来越大，据有关数据统计，我国地源热泵总应用面积从2005年约3000万 m^2，到2010年年底为2.27亿 m^2，而到2011年年底，则已突破2.4亿 m^2，比2010年增长了1300万 m^2。我国地源热泵市场规模约以每年30%的速度递增，到“十二五”期末，建筑节能形成1.16亿t标准煤节能能力，力争新增可再生能源建筑应用面积25亿 m^2，形成常规能源替代能力3000万t标准煤。

3. 地源热泵行业市场特点

目前，我国地源热泵行业有自身的特点：一是以公共建筑大型水地源热泵系统工程应用居多；二是利用温度偏高，因此在系统设计时，应按照规范要求进行热响应实验，确定打孔数量并通过计算机模拟运行效果，经过测试和模拟运行，可考虑降低利用温度下限以达到理想运行效果；三是政策补贴力度加大，地源热泵符合国家可持续发展的国策，尤其是在“十一五”、“十二五”规划中，地源热泵项目得到了财政上的大力支持；四是别墅项目成为地源热泵市场新增长点，未来地源热泵的发展将倾向于居住建筑领域；五是行业应当加强监管，促进行业的可持续健康发展。

4. 地源热泵设计，施工和运行管理现状

据不完全统计，目前国内地源热泵相关设备产品制造，工程设计与施工，系统集成与调试管理维护的相关企业已达1000多家。自2005年开始，企业数量和规模不断扩大，新专利和技术不断涌现，从业人员不断增多。地源热泵企业的规模从100万至数亿元不等，其中注册资本在1亿元以上的占25%，500万元～1亿元的占13%，3000万元～500万元的为25%，3000万元以下的有37%。许多企业具备了一定的系统设计，施工能力。由于地区经济发展不平衡和地源热泵系统供热效率较制冷效率高等因素，从事地源热泵的企业多分布于华北，华东和东北。全国能够从事地源热泵系统设计的设计师人数也日益增大，施工队伍的整体水平也日益增高。

目前为止，地源热泵系统的运行管理水平还有待提高，系统的运行管理优化对提供整体系统的效率，节能有重要作用。

第三节 地源热泵行业政策及发展动态

根据2012年中国建筑节能协会主编的《中国建筑节能现状与发展报告》中地源热泵篇对国家和地方相关政策的描述，这里仅介绍近两年新出台的国家政策和地方政策。

1. 国家标准

我国已出台的关于水源/地源热泵的国家标准主要有以下两本：《水源热泵机组》GB/T 19409—2003和《地源热泵系统工程技术规范》GB 50366—2005。

(1)《水源热泵机组》GB/T 19409—2003

该标准于2003年11月25日发布，2004年6月1日实施，对水源热泵机组的术语和定义、形式和基本参数、技术要求、试验方法、检验规则、标志、包装、运输和贮存等做了明确规定，并以资料性附录和规范性附录两种形式制定了水源热泵机组型号的编制方法和水源热泵机组噪声试验方法。

与ISO 13256—1：1998《水源热泵机组——试验及测定第1部分：冷风式水

源热泵机组》和ISO 13256—2：1998《水源热泵机组——试验及测定第2部分：冷水式水源热泵机组》相比，该标准增加了检验规则、包装、运输、贮存等内容；增加了噪声限值和COP、EER限值；根据国内的实际情况调整了地下水式机组的试验工况；增加了机组的案例要求和对应的试验方法，并按照国内产品标准编写的惯例对编排格式进行了修改。

(2)《地源热泵系统工程技术规范》GB 50366—2005

该标准由中国建筑科学研究院会同相关单位共同编制，于2005年11月30日发布，2006年1月1日实施，2009年进行局部修订，形成2009年版，自2009年6月1日实施。该规范适用于以岩土体、地下水、地表水为低温热源，以水或添加防冻剂的水溶液为传热介质，采用蒸气压缩热泵技术进行供热、空调或加热生活热水的系统的设计、施工及验收。规范内容包括：术语；工程勘察；地埋管换热系统；地下水换热系统；地表水换热系统；建筑物内系统；整体运转、调试与验收。其中第3.1.1和5.1.1是强制性条文，必须严格执行。

地源系统方案设计前，应进行工程场地状况调查，并应对浅层地热能资源进行勘查。地下水换热系统应根据水文地质勘察资料进行设计。必须采取可靠回灌措施，确保置换冷量或热量后的地下水全部回灌到同一含水层，并不得对地下水资源造成浪费及污染。系统投入运行后，应对抽水量、回灌量及其水质进行定期监测。

2. 国家相关政策及动态

(1)《绿色建筑行动方案》

2013年1月1日，国务院办公厅以国办发[2013]1号转发国家发展改革委、住房和城乡建设部制订的《绿色建筑行动方案》。该方案主要目标包括新建建筑和既有建筑节能改造两部分。对新建建筑，提出了"十二五"期间，城镇新建建筑严格落实强制性节能标准，新建绿色建筑10亿m^2，2015年城镇新建建筑中绿色建筑的比例达到20%。对既有建筑节能改造，提出"十二五"期间完成北方采暖地区既有居住建筑供热计量和节能改造4亿m^2以上，夏热冬冷地区既有居住建筑节能改造5000万m^2以上，公共建筑和公共机构办公建筑节能改造1.2亿m^2；到2020年，基本完成北方采暖地区有改造价值的城镇居住建筑节能改造

(2)《关于促进地热能开发利用的指导意见》

2013年1月10日，国家能源局、财政部、国土资源部和住建部四部门发布了《促进地热能开发利用的指导意见》(下称《意见》)。根据《意见》，地热能利用的主要目标为：到2015年，基本查清全国地热能资源情况和分布特点，建立国家地热能资源数据和信息服务体系。全国地热供暖面积达到5亿m^2，地热发电装机容量达到10万kW，地热能年利用量达到2000万t标准煤，形成地热能资源

评价、开发利用技术、关键设备制造、产业服务等比较完整的产业体系。到2020年，地热能开发利用量达到5000万t标准煤，将形成完善的地热能开发利用技术和产业体系。

(3)国家地热能源开发利用研究及应用技术推广中心成立

为促进我国地热能技术进步和产业发展，国家能源局依托中国石化集团所属新星石油公司专业力量组建而成的国家地热能源开发利用研究及应用技术推广中心(简称国家地热研发中心)正式运行。该中心在业务上接受国家能源行业主管部门指导，受委托承担相关研发和技术推广等任务，主要工作内容包括地热能源发展战略、规划和政策研究，地热能源开发利用关键技术研发及推广应用，以及地热能源人才培养和国际合作等。

(4)“十二五”绿色建筑和绿色生态城区发展规划公布

2013年4月3日，住房和城乡建设部公布了《“十二五”绿色建筑和绿色生态城区发展规划》(以下简称《规划》)。按照《规划》提出的具体目标，“十二五”时期，将选择100个城市新建区域按照绿色生态城区标准规划、建设和运行。2014年起，政府投资的建筑，直辖市、计划单列市及省会城市建设的保障性住房，以及单体建筑面积超过两万平方米的大型公共建筑，将率先执行绿色建筑标准。此外，将完成北方采暖地区既有居住建筑供热计量和节能改造4亿m^2以上，夏热冬冷和夏热冬暖地区既有居住建筑节能改造5000万m^2，公共建筑节能改造6000万m^2。

(5)《低碳产品认证管理暂行办法》发布

国家发展和改革委员会和国家认证认可监督管理委员会3月20日印发《低碳产品认证管理暂行办法》。根据这个办法，我国将建立统一的低碳产品认证制度，以规范低碳产品认证活动，引导低碳生产和消费，促进我国低碳产业发展。

(6)建筑节能2012年终考成绩公布

住房和城乡建设部通报了2012年全国住房城乡建设领域节能减排专项监督检查建筑节能检查情况。通报指出，2012年12月7日至26日，住房和城乡建设部组织了对全国建筑节能工作的检查。此次检查范围涵盖了除西藏自治区外的30个省(区、市)及新疆生产建设兵团，其中包括5个计划单列市、26个省会(自治区首府)城市、26个地级城市以及26个县(市)；共抽查了936个工程建设项目的建筑节能施工图设计文件及施工现场，并对检查中发现的问题下发了58份执法建议书。从检查情况看，各地围绕国务院明确的建筑节能重点任务，进一步加强组织领导，落实政策措施，强化技术支撑，加强监督管理，各项工作取得了积极成效。

(7)《关于加快发展节能环保产业的意见》

2013年8月1日，国务院印发《关于加快发展节能环保产业的意见》。《意见》

提出，节能环保产业产值年均增速在15%以上，到2015年，总产值达到4.5万亿元，成为国民经济新的支柱产业。通过推广节能环保产品，有效拉动消费需求；通过增强工程技术能力，拉动节能环保社会投资增长，有力支撑传统产业改造升级和经济发展方式加快转变。

(8)今年首批节能改造财政奖励项目公示

2013年7月30日，国家发改委下发了《关于拟下达2013年节能技术改造财政奖励项目实施计划(第一批)的公示》。通过对各地方上报的2013年节能技术改造财政奖励项目进行专家评审和审核，共选出符合奖励条件项目256个，拟纳入2013年节能技术改造财政奖励项目第一批实施计划。

(9)中国拟花20亿建"地下水监测工程"覆盖全国

环保部已于近日受理了"国家地下水监测工程"环评报告。根据该工程《建设项目环境影响报告表》(报告简本)，工程总投资20多亿元，由水利部水文局、中国地质环境监测院负责建设，控制面积达350万km^2，以形成布局较为科学合理的国家地下水监测站网。

(10)《大气污染防治行动计划》

国务院给各省、各自治区、直辖市人民政府、国务院各部委和各直属机构下发《大气污染防治行动计划》(以下简称《行动计划》)，《行动计划》要求，加快调整能源结构，增加清洁能源供应，大力培育节能环保产业。明确经过五年努力，全国空气质量总体改善，重污染天气较大幅度减少；京津冀、长三角、珠三角等区域空气质量明显好转。力争再用五年或更长时间，逐步消除重污染天气。

(11)我国首个被动式低能耗住宅诞生

河北秦皇岛在水一方小区的"被动式——低能耗住宅"示范项目通过德国能源署和中国住房城乡建设部验收，标志着我国首个被动式建筑建设成功。

(12)空调热泵两委会在上海成立

2013年10月9日下午，中国建筑节能协会地源热泵专业委员会和中国建筑节能协会暖通空调专业委员会成立大会暨第一次工作会议在上海世博展览馆召开。

(13)我国首个国家级地热调研机构成立

2013年11月29日，中国地质调查局地热资源调查研究中心在中国地质科学院水环所成立，这是我国地热领域的第一个国家级调查研究机构。

3. 地方政策及动态

(1)呼和浩特地区首次开展浅层地温能调查评价工作

由内蒙古地质调查院承担的呼和浩特市地区浅层地温能调查评价工作，历时一年，已取得阶段性成果。开展浅层地温能调查评价工作在内蒙古尚属首次，它为科学合理开发利用呼和浩特市地区浅层地温能资源奠定了基础。

(2)南京市浅层地温能调查初具成果

由江苏省地调院与南京市国土局承担的《南京市浅层地温能调查评价》项目从2012年2月启动以来，日前已完成野外主体工作。此次调查评价，计划用1～2年时间，查明南京浅层地温能的分布特点和赋存条件，为该项清洁能源的开发利用做好准备。该项目是2011年中国地质调查局启动的全国地热资源调查评价工作项目之一，也是全省规模最大、层次最高的浅层地温能调查评价项目。

(3)太原2013年起推广应用浅层地温能

山西省太原市国土资源局对太原市浅层地温能资源潜力进行了地质调查，基本查明了主要城市规划区567km^2范围内，3～150m浅层地温能的分布特点、赋存条件以及浅层地温资源量和开发利用潜力；对浅层地温能开发利用适宜性进行了区划，为浅层地温能合理开发利用和保护提供了依据。太原市国土资源局将建设浅层地温能示范及监测工程，目前已完成项目选址和场地地质调查评价工作。

(4)天津武清地热回灌技术获突破

达热力集团有限公司投资建设的武清区天和林溪小区地热井回灌试验工作取得重大突破，单井最大回灌量每小时达到120m^3，回灌率接近100%，实现了天津市北部区域冀中凹陷构造区地热回灌的历史性突破，改写了武清区单井开采的历史。

(5)江西研究开发17个城镇浅层地温能

由江苏省地矿局组织实施的《鄱阳湖生态经济区地热与浅层地温能勘查开发战略研究》项目在南昌通过专家评审。该项目研究成果显示，江苏省17个城镇浅层地温能可供暖面积和可制冷面积分别达到2.456亿和1.266亿m^2，相当于400多万户居民可“免装空调”。

(6)北京拟全域监控浅层地下水

北京正在编制2013年～2020年浅层地下水监测规划。截至2015年年底，该市将建成浅层地下水水质监测网点738个，同时将建成浅层地下水动态监测信息公共服务平台。根据规划，2013年该市将布设重点控制监测网点30个；2014年～2015年，新增监测网点123个；2020年，将实现北京市平原区和浅山区浅层地下水的全域监控，基本健全和完善与地下水监测工作有关的法规制度与保障体系。

(7)广西建首个地表水地源热泵集中能源站

2013年3月12日下午，柳州风情港项目工地——风情港地表水地源热泵集中能源站项目正在施工，作为广西首个地表水地源热泵集中能源站项目，预计在2013年5月完成建设。

(8)北京居住建筑节能标准提高至75%

由北京市质监局和北京市规划委联合发布的地方标准《居住建筑节能设计标准》DB 11/891—2012，于2013年1月1日起正式实施。该标准在国内首次提出建筑节能设计75%的要求，高于国内相关国标和行标，同发达国家水平相当。

(9)青海省推进地热资源开发利用

青海省水工环地质调查院编制完成了《青海省地热资源勘查及开发利用规划》初稿。根据规划，“十二五”期间青海省将安排地热资源勘查面积4162.5平方千米，实现地热供暖面积68万m^2；“十三五”期间，青海省计划实现地下热水供暖面积150万m^2，地热发电装机3万～5万kW。青海省国土资源厅积极筹措资金，安排了一批地热资源勘查项目，在浅层地温能、地下热水、干热岩等方面取得了初步成果和认识。

(10)河北省内最大的水源热泵机组性能试验中心在南皮县落成

河北省内可检验机组功率最大的水源热泵机组性能试验中心在南皮县落成，这是目前河北省内可检验机组功率最大的试验中心，检验功率为200～1000kW。

(11)河南省多项可再生能源利用标准发布

根据国家工程建设标准化信息网资料显示，日前，河南省住房和城乡建设厅多项可再生能源应用与检测标准通过备案并实施。这些标准包括《污水源热泵系统应用技术规程》DB J41/T 123—2013，《河南省地源热泵建筑应用检测及验收技术规程》DB J41/T 119—2013、《河南省太阳能热水建筑应用检测及验收技术规程》DB J41/T 123—2013。

(12)北京节能环保促进会成立浅层地能开发利用专委会

2013年3月16日，北京节能环保促进会浅层地(热)能开发利用专业委员会成立大会在京隆重召开。成立大会由中国工程勘察大师、国务院资深参事王秉忱同志主持。科技部原秘书长、国务院参事、中国可再生能源学会理事长石定寰，国务院资深参事、连续四届北京市人大代表沈梦培，中科院院士汪集旸等专家顾问，北京节能环保促进会会长柴晓钟、副会长倪文驹和陈怀伟，以及专委会会员代表等70多人出席了大会。

(13)江苏编著绿色建筑应用技术指南

江苏省住房和城乡建设厅科技发展中心日前成功编著《江苏省绿色建筑应用技术指南》，总结近年来江苏省绿色建筑应用技术的经验，提出了具有江苏地域和气候特点的绿色建筑应用技术路线，以更好地指导绿色建筑的健康发展。

(14)中央财政5000万元支持天津生态城绿色建筑项目

为加快中新天津生态城建设，天津市获得中央财政资金5000万元，专项用于补助中新天津生态城绿色示范项目建设。中新生态城利用城市基础设施，注重建筑节能、节水的实际效果，鼓励采用被动式节能技术和可再生能源与建筑一体化应用，在技术措施的选取上考虑成本增量的回收期，努力探索能实行、能复制、能推广的绿色建筑发展模式。

(15)湖北省65%居住建筑设计标准发布

《湖北省低能耗居住建筑设计标准》正式出台并于10月1日起执行。在该标准中，新建居住类建筑要求设计节能达到65%，比国家节能设计要求还高出15%。明年1月1日起，新设计的建筑如果不符合该标准，将无法通过施工图纸审核。

(16)大连市污水源热泵技术通过论证

作为大连市建筑节能科研课题项目——“大连市污水源热泵技术在建筑中应用发展规划”近日通过专家论证。该项目规划调研了大连市污水流量、污水温度及利用污水中的热量对污水处理的影响，内容全面、数据翔实，对于推动大连市建筑节能减排工作和污水源热泵技术应用具有指导意义。

(17)山东省32个绿色建筑示范项目获亿元省级补贴

由山东省财厅、省住房和城乡建设厅确定的32个绿色建筑示范项目，共可获得省级补贴资金1.06亿元。这32个绿色建筑示范项目，为5000m^2以上公共建筑单体面积，或5万m^2以上的住宅小区(住宅小区组团)，总面积达379.67万m^2。

(18)北京节能环保产值2015年将达5000亿

北京市公布了《北京市战略性新兴产业专项规划之节能环保产业发展规划(2013～2015)》。规划指出，北京市实施“绿色北京”战略，2013～2015年，将立足节能、环保和资源再生利用三大领域，努力将北京打造成为全国节能环保产业的技术创新“策源地”，产品标准“引领者”、服务资源“集聚地”和市场应用“示范区”，到2015年节能环保产业总产值将达到5000亿元人民币。

(19)山东首个市级公共建筑节能监测平台建成

山东淄博市住房和城乡建设局，经过一段时间的试运行后，淄博市公共建筑节能监测平台通过山东省住房和城乡建设厅专家验收，成为山东省首个验收的市级公共建筑节能监测平台。

(20)天津成立首家节能环保技术“超市”

全国首家集节能环保技术、产品、咨询、设计、监测等为一体的综合服务平台——天津市节能环保技术超市在滨海会展中心正式开业。该超市将先进实用和国家鼓励发展的国内外技术产品聚集在一起，通过创新服务模式，搭建国际化的供需双方沟通交流平台，实现从技术方案到工程一条龙服务。

(21)安徽出台环保产业发展规划

安徽省近日下发了《安徽省节能环保产业发展规划》(以下简称《规划》)，把节能环保产业作为节约能源资源、发展循环经济、保护生态环境提供物质基础和技术保障的产业，列为全省加快培育和发展的8个战略性新兴产业之一。《规划》提出，到 2015 年，节能环保产业年产值达到 2200 亿元，年均增长率 25％以上，增加值占国内生产总值的比重达到 2.5％以上。

(22)河北出台政策规定新建住宅使用地源热泵面积不低于 3 成

河北省国土资源厅出台《关于加快推进浅层地温能开发利用的意见》提出，优先在河北省大中城市、机关办公建筑、大型公共建筑中大规模推广浅层地温能开发利用。在浅层地温能开发适宜区，新建民用住宅项目使用地源热泵系统的面积，大中城市不低于 30％，县城不低于 20％。

(23)宁波市新能源产业三年行动计划发布

《宁波市新能源产业三年行动计划》(2013～2015)正式发布，到 2015 年，浙江省宁波市新能源产业力争实现工业产值 350 亿元，同时还将建成投运 54 个项目，总投资 54 亿元。未来三年，宁波市新能源开发利用水平将显著提升，力争成功创建国家新能源示范城市。

(24)合肥浅层地热资源丰富

安徽省国土资源厅《安徽省浅层地热能调查与评价报告》在合肥通过专家评审，评估结果表明合肥拥有丰富浅层地热资源，土壤温度相对恒定，每年可开采的浅层地热能资源量相当于 1.4 亿 t 标准煤，在民宅和公共建筑中的应用前景广泛。

(25)福州市浅层地温能开发前景可观

由福建省地质工程勘察院实施的“福州市浅层地温能调查评价”项目成果报告，近期通过了中国地质科学院组织的专家评审。成果报告首次评价了福州市浅层地温能开发利用的适宜性，认为福州浅层地温能开发利用具有较大的潜力。

(26)唐山开建首个绿色建筑产业基地

河北省唐山市首个大型绿色建筑产业基地——中唐绿色建筑产业基地项目在唐山市芦台经济开发区开建，首批 12 家绿色环保节能企业签约入住。作为国家重大科技工程示范基地之一，基地建成后计划入住 800 家绿色环保节能型企业。

(27)济南将试点污水源热泵系统供暖

为了解决热源紧缺的问题，济南市正在探索多渠道的供热，其中一项利用污水供热的技术，目前已经被提上日程。该项技术有望结合污水处理三厂率先在滨河新区的局部区域进行试点。

(28)山东即墨首次尝试海水热能供热

国内面积最大的海水供热项目，在即墨东部海泉湾旅游度假区启动。据介绍，作为新能源供热技术，海水供热在即墨首尝先例。以后，即墨还将引进污水能源等更多新能源供热技术，并在全市全面推广新能源技术。

(29)《山西省高速公路站区地源热泵系统工程技术规范》编制项目通过验收

2013 年 11 月 1 日，由山西省交通科研院完成的“《山西省高速公路站区地源热泵系统工程技术规范》编制”项目验收会在太原顺利召开，山西省交通运输厅组织专家对项目进行了验收。验收组认真评议，最终审定该项目符合验收要求，同意通过验收。

(30)上海建筑节能改造项目最高可获每平方米 80 元补贴

在 2013 年 11 月 1 2 日上午举行的上海市既有公共建筑节能改造工作新闻通气会上，记者获悉，上海市改造示范项目依据不同改造标准可获得相应的财政补贴，最高能享受 80 元/m^2 财政补贴。

(31)西安市将引导民用建筑项目应用可再生能源

《西安市民用建筑节能条例(草案修改稿)》提交市十五届人大常委会第十二次会议审议。草案修改稿在新建民用建筑节能和绿色建筑推广等方面新增了多条款项。

(32)河北出台节能环保产业新规

河北省《关于进一步加快发展节能环保产业的十项措施》获讨论通过，河北将对企业从事环境保护、节能节水项目所得，节能服务公司实施合同能源项目所得，实行 3 年免征、3 年减半征收的优惠政策。

(33)江苏首个建筑节能和绿色建筑示范区建成

江苏省昆山市花桥国际金融服务外包区顺利通过验收，成为该省首个通过验收的建筑节能和绿色建筑示范区，标志着花桥国际商务城迈入“绿色建筑时代”。

(34)天津进一步加强浅层地热能地质监测管理

为加强天津市浅层地热能开发利用的监督管理，促进浅层地热能资源的科学、合理和可持续利用，天津市日前下发了《市国土房管局关于进一步加强浅层地热能地质监测管理工作的通知》。未来天津市市将有更多学校、医院、酒店、商场以及居民住宅利用浅层地热满足供热或制冷的需求。

(35)天津首个大规模集中供热地源热泵示范项目投运

天津首个采用地源热泵技术供热的供热站近日在天津宝坻经济开发区投入运行。该项目是天津市地源热泵集中供热示范项目，由两条 10kV 线路采取双电源方式供电，用电总容量 5130kV・A，供热面积达 15 万 m^2。

第四节　地源热泵技术的新动态

1. 新技术和新产品

(1)新技术方面

随着对地源热泵系统研究的深入，相关的新技术也随之发展起来。针对垂直地埋管系统主要可以总结为以下几个方面：垂直地埋管岩土相应实验及换热器的数值模拟和新型换热器的研究。表现为：针对岩土热响应试验，科研工作者提出了解决波动及停电情况下测试的非稳态方法，描述岩土热物性测试结果不确定性的方法。也有学者分别对热响应实验进行了分析比较，得出两种方法有相似结果的结论，并对地埋管周围岩土温度恢复周期进行了研究。地源热泵系统和其他能源一起的复合式热泵系统的研究也有进展。地源热泵系统设计，运行管理的优化上也有许多创新，如海尔公司提出水冷多压缩机组压缩机启停控制方法，风冷热泵机组，板式换热器防冻控制方法，空调的无线控制方法和无线网络系统。

(2)新产品方面

随着热泵技术的发展和科研力度的加大，地源热泵新产品也层出不穷。这里简要总结如下：在垂直型地埋管方面，开发出新型的换热器，江苏际能环境能源科技有限公司研发出一种梅花螺旋形地下换热器。在冷水机组的研发方面：海尔公司开发出磁悬浮水源热泵机组，螺杆式水源热泵系统，直接蓄冰式冷机，热泵机组，涡旋式水源热泵。在污水源系统中，哈尔滨工业大学热泵空调技术研究所开发了一套具有快速除污功能的干式管壳式污水源热泵机组，研发出自除污污水换热器。

2. 地源热泵技术的未来发展趋势

随着国家对可再生能源应用以及建筑节能的不断重视，地源热泵这项技术必将引起政府更高层次的重视，地源热泵的使用将保持快速增长趋势，总量持续增长，技术含量不断提高，热源类型不断增加，产业规模持续扩大，市场价格逐渐降低，为节能减排的贡献率不断增加。总体而言，地源热泵系统发展存在以下发展趋势。

(1)地下水源热泵越来越少，而土壤源热泵、地表水源热泵、工业余热等热泵系统不断增加；

(2)更高层次的专家整合，更详细的专业划分；

(3)地方政府协调机构更加专业；

(4)地源热泵系统稳步发展，实现从数量的稳步增长到质量稳步提升跨越；

(5)国际间合作不断增强，不断成熟完善的国际新技术出现；

(6)专注地源热泵系统设计、施工、运行的专业化公司出现，产业规模不断扩大；

(7)新型热泵系统不断出现。

第二章　地源热泵系统评价

地源热泵系统的高效应用，从资源性条件和系统性条件出发，结合对项目所在地区水文工程地质环境和浅层地热能状况，对岩土体与地下水中热能提取使用进行分析和评价。下面结合工程案例分别从地源热泵的几种形式分别进行介绍。

第一节　土壤源热泵系统

1. 土壤源热泵适宜性评价

土壤源热泵系统是以岩土体作为热泵机组的低温热源，传热介质通过地下换热器，冬季从岩土中吸热，夏季向岩土中排热，从而实现为建筑供热、制冷的系统。由于地下一定深度处土壤温度较为恒定，作为热泵机组的低温热源，可使机组达到较高的运行效率，并且运行较为稳定。

我国地域辽阔，从东到西、从南到北的气候条件差异很大，由此建筑的冷热负荷需求相差较大，并且各地的地质条件、常规能源价格、电力价格等因素也有所差异，这就导致不同地区采用土壤源热泵系统所能达到的节能效益和经济效益是不同的，那么土壤源热泵应用在哪些气候区更适宜，以及在不同气候区如何应用能达到更优的效果是一个亟待解决的问题。评价体系的建立需要分析不同气候区采用土壤源热泵系统的适宜性，从资源性条件、节能效益、经济效益和环境效益四方面因素来进行评价。

2. 工程案例：中关村国际商城土壤源热泵系统

(1)工程概况

中关村国际商城位于北京市八达岭高速公路和北清路入口，是一座大型商业建筑，规划效果图如图 7-2-1 所示，一期由 1、2、3 号楼组成，总建筑面积 15.6 万 m^2，以商业建筑为主，辅以一定数量的餐饮用房，并相应配备机动车库、设备机房、库房等后勤辅助用房，具体布局地下一层为汽车库和设备机房，一层、二层为商业及餐饮用房，三层为影视厅和汽车库，屋顶为设备机房和屋顶汽车库。

(2)系统形式

中关村国际商城一期的冷热源形式为土壤源热泵系统，热泵系统共选用三台地源热泵机组，单台制热量为2206kW，可提供总热量为6618 kW，单台制冷量为2388kW，可提供总冷量为7164kW，负责面积为15.6万m^2。建筑内区为全空气系统，外区按负荷需求设置风机盘管。商城、餐厅、影视中心为双风机全空气空调系统。由于空调用冷量显著大于空调用热量，且可用于埋管的面积比较紧张，因此采用复合式空调冷热源系统，按空调热负荷配置垂直埋管土壤源热泵系统，并配置常规冷却塔+冷水机组冷源，由土壤源热泵和常规冷源共同承担空调冷负荷。与传统冷热源系统相比较每年可节约标准煤920t、减少CO_2排放2298.9t，节约用水2.9万t。

图7-2-1 中关村国际商城规划效果图

(3)测试结果

测评机构于2009年1月13～15日对该示范项目进行了冬季工况现场测试，2009年6月23～25日对该示范项目进行了夏季工况现场测试。

1)冬季工况测试结果

根据对中关村国际商城的室内温度实测结果，土壤源热泵系统供暖区域的室内应用效果较好，但存在一定的温度不平衡现象。测试期间商场内平均温度普遍偏高，而商场一层靠近商场出入口附件的测点却不能满足设计要求，主要原因是由于受室外新风渗透的影响较大。建议在今后的运行中根据实际负荷，对系统的运行状态和系统的平衡性进行调整，以利于系统的节能运行。

2)夏季工况测试结果

商场内湿度测点测试结果均满足设计要求，保证率为100%，10个测点相对湿度在29%～54%之间，平均相对湿度44%。根据对中关村国际商城的室内温湿度实测结果，土壤源热泵系统供冷区域的室内应用效果较好，但存在一定的温度不平衡现象。

第二节　地下水源热泵系统

1. 地下水源热泵适宜性评价

地下水源热泵区域适宜性评价是以全国、一个省或一个区域为评价范围，考虑地质条件、水源温度、水质、环境影响、投资、节能效果等多种因素，对该区域或项目的地下水源热泵系统利用提供较为宏观的综合性评价，并为该区域的资源利用发展规划提供指导。

对于一个区域采用地下水源热泵系统是否适宜，主要取决于两类因素：一方面是直接与该地区自然资源条件和社会资源条件相关的因素，如：该地区地下水的富水性、水温、回灌条件等，又如人口密度、人均 GDP 等社会条件。另一方面是采用地下水源热泵系统能够产生的经济、环境、节能效益，即在具备基本应用条件的情况下，地下水源热泵系统所具有的优势。

地下水源热泵的适宜性涉及多方面因素，主要有建筑负荷特性、系统运行特性、地区气候特点、地质状况、设备价格、设备使用寿命、当地的能源价格和电力价格等。为了全面、公正、合理的评价地下水源热泵系统，这里介绍一套综合的评价体系——层次分析法来进行系统适宜性的评价。层析分析法是一种定性与定量相结合的多因素决策分析方法，是分析多目标多准则复杂系统的有力工具。运用这种方法，决策者通过将复杂问题分解为若干层次和若干因素，按上一层的准则对其下一层次的各要素进行分别比较，就可以得出各要素的重要性程度权重，给定定量指标，然后求解各层次各要素相对重要性权值，最后做出综合分析和评判。

2. 工程案例：西山创意产业基地 G 区项目地下水源热泵系统

(1)项目概况

西山创意产业基地 G 区工程项目位于北京市海淀区杏石口路，规划效果图如图 7-2-2 所示，总建筑面积为 10.9 万 m^2。工程采用可再生能源——浅层地能

图 7-2-2　西山创意产业基地规划效果图

冷暖系统取代传统冷热源，采用恒有源地能热泵系统设置一个集中机房为建筑冬季供暖、夏季制冷，可使本工程建筑冷暖能源3/4以上来自浅层地能，提升了建筑群体的能源利用品质，为打造绿色生态建筑奠定了基础。

(2)系统形式

采用地下水源热泵系统为建筑提供冷热源，热泵机房内配备了4台型号为YSSR-1900A/F2的热泵机组，机组的单机制冷量为1882kW，单机制热量为2029kW，热泵系统总装机制冷量为7528kW，总装机制热量为8116kW，热泵机组共配置了4台空调循环泵和10台潜水泵。

(3)测试结果

西山创意产业基地G区地下水源热泵项目属于国家第四批可再生能源建筑应用示范项目，按照住房和城乡建设部《可再生能源建筑应用示范项目测评导则》中检测程序和评价标准，测评机构于2011年12月9日～12月11日对该示范项目进行了冬季工况现场测试。

通过对西山创意产业基地G区项目地下水源热泵系统冬季运行工况的测试和分析，得到如下结论：

1）测试期间在室外气候条件下，抽测房间的供热保证率为100％。

2）测试期间在实际运行工况下，抽测热泵机组的制热平均性能系数为3.70，热泵系统制热平均性能系数为2.58。

第三节 地表水源热泵系统

1. 地表水(江、河、湖)源热泵系统

(1)地表水源热泵适宜性评价

地源热泵评价体系的建立是对热泵系统适宜性做出评价的前提，是评价的准则。评价体系的建立的目的是为较全面、合理地评价地表水源热泵的适宜性。各影响因素之间既相对独立，又互相影响，具有层次性和结构性，利用系统理论工程中的层次分析法结合专家咨询法进行构建方法的建立。

与第二节的层次评价分析法类似，地表水的评价体系也划分为目标层、准则层1、准则层2及准则层3，其中指标的选取应从影响热泵系统的运行效果、应用条件，依据上述指标体系建立的原则进行，并且应尽量选择定量表达的指标，在概念上要具体清晰、有层次性。在选取过程中不断进行理论分析和专家咨询，筛选过程中注意到我国幅员辽阔，地表水源热泵系统的适宜性会因地域、水文情况、气候条件及生活习惯、社会经济状况等不同而不同，通过多层次的筛选来得到较为合理的评价指标体系。从三大方面来分别考虑：能效方面、经济方面及社

会环境方面。

(2)工程案例：重庆市开县人民医院地表水源热泵系统

1)工程概况

重庆市开县人民医院位于开县新城伯承路以西、安康水库东侧，是集医疗、教学、科研于一体的大型综合性医院，承担着近200万人的医疗救治和预防保健任务，和市内外医学院校及县内乡镇中心卫生院的科研教学、实习任务。该项目是三峡库区移民迁建项目业务综合楼工程，业务综合楼总占地面积68199.62m^2，总建筑面积54411.2m^2，其中地下3722.15 m^2，地上50689.05 m^2。大楼地下2层，地上21层，主要为开县人民医院的门诊、医技、住院用房，图7-2-3为建成后的医院外景图。

2)系统形式

根据建设方各科室独立计费需求，空调系统采用自带冷热源的水环热泵机组，共计700台。系统的总装机制热量为2912.7kW，总装机制冷量为1117.2 kW。安康水库距开县人民医院约300～400m，水库水容量常年维持在约16～22万m^3范围内，水体表面积约33000m^2，水体深度常年保持5～7.5m，水质较好。机房水泵吸水标高低于取水口标高，采用自灌式吸水，系统一次侧采用开式系统。由于项目楼层较高，若末端热泵机组直接和湖水构成开式系统，将导致取水泵的扬程过高，因此在机房设置板式换热器，末端采用分散布置的水—空气热泵机组，二次侧为闭式循环。

图7-2-3 重庆市开县人民医院外景图

3)测试结果

①系统总体运行情况

该项目在2007年年底完成安装调试，从2008年4月投入运行，至今经过了两个供暖季和两个供冷季，系统运行稳定，各项指标达到设计参数。经过连续运行监测，效果较好，冬季室内温度可以达到18～20℃，夏季室内温度达到25～26℃的要求，医院对使用情况比较满意。

②测试结果及评估

作为国家可再生能源建筑应用示范项目，测评机构于2009年8月进行了夏季测试；2009年1月对该示范项目进行了冬季工况测试。该地表水源热泵系统制冷能效比为3.8，冬季系统能效比为2.3。全年常规能源替代量为163t标准煤。项目费效比为0.77元/kWh。实现二氧化碳减排量402.6t/年，二氧化硫减排量

3.3t/年，粉尘减排量为1.6t/年，该项目年节约费用为330015元。

2. 海水源热泵系统

(1)海水源热泵适宜性评价

海水源热泵适宜性需要综合权衡资源性条件和海水源热泵系统性条件两方面，其中资源性条件为海水水温、水质、混浊度，系统性能条件包括节能性、经济性、环境效益几个方面，这是个多指标决策问题，可采用层次分析法对海水源热泵的适宜性进行分析。

对海水源热泵系统来说，系统能效比除了与机组COP相关外，还要考虑输送系统能耗，即海水泵以及用户侧循环水泵的耗功。一般工程项目机房均设置在项目所在地，因此用户侧循环水泵仅与末端建筑类型以及用户需要有关。海水源侧输送距离的差别，导致了海水源热泵系统耗功的差别和能效比的不同。

图 7-2-4 大连大窑湾港区规划图

(2)工程案例：大窑湾港区海水源热泵系统

1)工程概况

大窑湾港区位于辽东半岛南部、大连市金县东南13km，其规划图如图7-2-4所示。大窑湾集装箱码头三期工程辅建区位于集装箱码头二期工程的西侧和汽车码头工程的东侧，建筑包括工楼、机修车间、DPCE办公楼、海关查验办公楼、仓库等，总采暖面积约1.6万m^2。

2)系统形式

大窑湾集装箱码头三期工程辅建区空调形式为海水源热泵系统，所有热泵机组集中于同一热泵机房内，制备的冷热水通过小区外网输送至辅建区各用户。系统热源采用4台海水源热泵机组，系统的总装机制热量为1643kW，总装机制冷量为1569kW，同时设置1台板式换热器，3台海水循环泵，5台中介水泵和5台空调循环泵。

3)测试结果

①冬季工况测试结果

根据测评机构2009年2月对该项目的测试，海水源热泵系统供暖区域的室内应用效果较好，布置的10个温度测点，有8个温度测点达到设计要求，采暖保证率达到80%。

②夏季工况测试结果

根据测评机构 2009 年 8 月对该项目的测试，海水源热泵系统供冷区域的室内应用效果较好，布置的 8 个温度测点，均达到设计要求，供冷保证率达到 100%。

3. 污水源热泵系统

(1) 污水源热泵适宜性评价

城市污水有三种形式：原生污水、二级再生水和中水。原生污水就是未经任何物理手段处理的污水。二级再生水是指经过物理处理之后的一级污水再经过活性污泥法或生物膜法等生化方法处理或深度处理后（可称二级污水），达到排入天然河道的标准，主要用于使河水还清。少量二级再生水经过进一步深化处理，成为中水，作为城市杂用水，用于市政绿化、居民冲厕等。

将水源热泵系统技术与城市污水结合来回收污水中的热能，不仅是城市污水资源化的新方法，更是改善我国供暖以煤为主的能源消费结构现状的有效途径，同时也为可再生能源的应用和发展拓展了新的空间。

(2) 工程案例：北京市马坊馨城污水源热泵系统

1) 工程概况

北京市马坊馨城总建筑面积为 128137.06m^2，其中住宅建筑面积为 100497.69 m^2，配套商业建筑面积 5921.78 m^2，住宅及配套商业地下一层建筑面积为 9959.9 m^2，地下车库建筑面积为 10240.09m^2，其效果图如图 7-2-5 所示。

图 7-2-5　北京市马坊馨城效果图

2) 系统形式

系统冷热源配备 8 台水源热泵机组，清河污水处理厂的二级中水经水处理后进入热泵机组，夏季提供7520kW的冷量，冬季提供7357kW的热量。空调水系统为双管制系统，设置9台循环泵（8用1备），夏季冷水供回水温度为7/12℃，冬季热水供回水温度为52/45℃，空调的末端形式为风机盘管。

3）测试结果

①夏季工况测试结果

根据测评机构2008年8月对该项目8套住宅和3个底商的室内温度进行监测，所测区域的室内温度均达到设计要求，8套住宅的室内平均温度为23.2℃，最高温度为28.6℃，最低温度为17.7℃；3个底商的室内平均温度为25.2℃，最高温度为29.2℃，最低温度为23.2℃，供冷保证率达到100%。

②冬季工况测试结果

根据测评机构2008年12月对该项目11套住宅的室内温度进行了监测，所测区域的室内温度均达到设计要求，11套住宅的室内平均温度为23.2℃，最高温度为27.4℃，最低温度为18.1℃；采暖保证率达到100%。

第四节 复合式地源热泵系统

1. 复合式地源热泵系统的必要性分析

地源热泵的应用要遵循因地制宜的原则，对于全年冷、热负荷不均的地区，需作技术经济性分析，确定是否要增设辅助热源或冷源，使两者合理匹配，以保证整个系统经济、高效运行。地源热泵系统运行费用低，但初投资偏高，如何合理地降低初投资及运行费用是地源热泵系统应用中值得探讨的。复合式地源热泵系统应重点考虑以下两个方面：

（1）解决冷、热不平衡

对于冷热负荷差别比较大，或者单纯利用地源热泵系统不能满足冷负荷或热负荷需求时，经技术经济分析合理时，可采用复合式地源热泵系统。

对冷热负荷不等的地区，地源热泵向地下排放和吸收的热量不等，存在着不平衡，如果夏季空调向岩土体排放的热量大于冬季采暖时所提取的热量，那么，长期运行结果势必使岩土体温度越来越高，所能取得的热量会逐年减少，这将降低热泵系统的运行效率，最终导致夏季地源热泵系统不能正常运行。相反，如果夏季空调向岩土体排放的热量小于冬季采暖时所提取的热量，那么，长期运行结果势必使岩土体温度越来越低，所能取得的热量会逐年减少，这也将降低热泵系统的运行效率，最终导致冬季地源热泵系统不能正常运行。

因此，对冷、热负荷相差较大时，可采用复合式地源热泵系统。当冷负荷大于热负荷时，可采用“冷却塔+地源热泵”的方式，地源热泵系统承担的容量由冬季热负荷确定，夏季超出的部分由冷却塔提供。

当冷负荷小于热负荷时，可采用“辅助热源＋地源热泵”的方式，地源热泵系统承担的容量由夏季冷负荷确定，冬季超出的部分由辅助热源提供。通常采用的辅助热源方式有：太阳能、燃气锅炉、电加热器或余热等。

（2）降低初投资

对于地源热泵系统来说，由于室外钻孔的价格偏高，从而导致地源热泵系统的初投资要略高于常规空调系统，但地源热泵系统的运行费用低。对于常规系统来说，初投资偏低但运行费用高，因此采用复合式地源热泵系统不仅要从技术上，还要从经济性角度进行优化分析。

典型的复合式地源热泵系统有：地源热泵与太阳能复合式系统、地源热泵与冰蓄冷复合式系统、地源热泵与冷却塔复合式系统、地源热泵热水系统等。下面简要介绍太阳能地源热泵系统，天然气热泵系统和冰蓄冷热泵系统。

1）太阳能地源热泵系统

随着我国“十一五”节能规划和《可再生能源法》的颁布实施，可再生能源，尤其是地源热泵技术和太阳能技术的结合在建筑中的应用正日益受到重视。对于地源热泵系统来说，如果放热量和取热量不平衡，将会导致土壤温度逐年升高或者降低，会导致系统运行效率降低，不利于系统长期稳定运行。另一方面，太阳能是取之不尽，用之不竭的可再生能源，两种能源结合使用可以相互弥补自身不足，提高资源利用率。

太阳能—地源热泵系统的优点可以简要总结如下：①采用太阳能集热器辅助热泵供热时，热泵机组的蒸发温度提高，使热泵压缩机的耗电量减少，节省运行费用；②在夏季太阳能集热器可以作为辅助散热设备，从而减少向地下的排热；③在冬季运行时由于蒸发温度较高，使用户侧出水或空气侧出水温度上升，适应性提高；④在制冷量高于制热量的地区，系统可以按照夏季工况设计，从而减少了地下换热器的容量，减少初期投资。

2）天然气热泵系统

天然气热泵以天然气发动机内燃烧做功驱动压缩机，并通过回收发动机缸套水和烟气的余热，提高机组的一次能源利用率，减低运行费用。

燃气制冷可降低电网夏季高峰负荷，填补燃气夏季用电高峰，提高燃气网管利用率，实现资源的充分和均衡利用。

天然气热泵具有如下优势：优化能源利用结构，环保性能好，空气调节温度恒定，舒适，使用同一套系统，同时解决夏季制冷和冬季供热需求，节省投资，且高效节能，运行费用低。

3）地源热泵和冰蓄冷系统

冰蓄冷系统在夏季将蓄能空调和电力系统的分时电价相结合，从宏观上可以起到削峰填谷，平衡电网负荷的作用，微观上可以使用户享受到分时电价政策，节省费用。低于热泵和冰蓄冷系统可很好的利用于冷负荷大于热负荷的区域，这样系统的设计可以按照热负荷的要求来设计，可以减少相关机组，设备，减少投资，夏季不足的冷量可以由冰蓄冷来解决。这样的复合式系统即减轻了采用常规能源带来的环境压力，还为平衡电网负荷做出了贡献。

需要指出的是，地源热泵和冰蓄冷复合式系统不能减少夏季向土壤的排热量，相反会因夜间采用冰蓄冷导致热泵机组效率下降，增加向土壤的排热量。但是因为采用了复合式系统，减少了尖峰负荷，所以降低了最高地埋管进出水温度。

2. 工程案例：北京建研科技园复合式地源热泵系统

（1）项目概况

该示范工程位于北京市通州区，有 3 栋建筑，为管理方便，将 3 栋建筑分为南、北两区。南区建筑面积 6625m²，北区建筑面积 2835m²。主要功能为办公和试验，其规划图如图 7-2-6 所示。

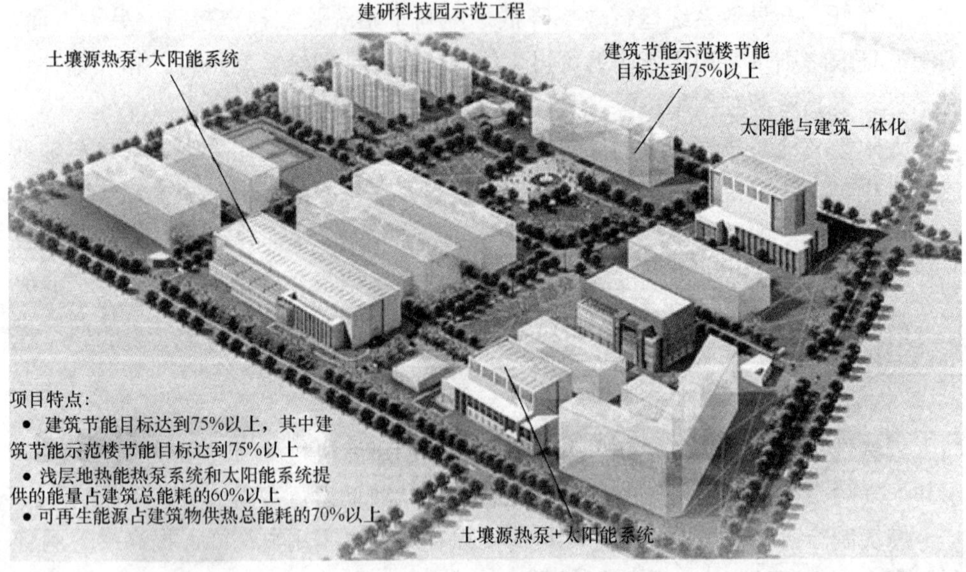

图 7-2-6 北京建研科技园规划图

（2）系统形式及特点

本项目采用太阳能与地源热泵系统联合运行的方式。南、北两区均采用地源热泵系统、太阳能系统作为空调采暖系统的冷热源。办公区域夏季采用风机盘管加新风系统；冬季，北区采用地面辐射采暖系统，南区采用风机盘管加新风系统；试验区域夏季不设空调，冬季采用辐射型散热器采暖系统，保证值班采暖温度。设计工况下的负荷为：北区冬季热负荷 110kW，夏季冷负荷 55kW；南区冬季热负荷 298kW，夏季冷负荷 140kW。

1）太阳能系统与地源热泵系统联合供热

原则是以地源热泵系统为主，太阳能系统为辅助热源，但在运行控制上要优先采用太阳能，并加以充分利用。在供热运行模式下，北区试验区域采用散热器采暖系统与办公区域采用的地面辐射采暖系统串联运行，以提高太阳能利用率。

2）太阳能系统与地源热泵系统联合制冷

南区夏季采用地源热泵系统与太阳能一溴化锂制冷系统为办公区域提供冷量。在过渡季需要制冷时，仅采用太阳能一溴化锂制冷系统为办公区域提供冷量。采用太阳能一溴化锂制冷系统时，需采用热管真空管太阳集热器。

在制冷工况下，地源热泵系统与太阳能一溴化锂制冷系统交替运行，冷却系统均采用土壤 U 形地埋管换热器。根据蓄冷/热水箱中的温度判断地源热泵系统与太阳能一溴化锂制冷系统的启停。当蓄冷/热水箱中的温度低于设计值时，太阳能一溴化锂制冷系统运行，地源热泵系统停止；当蓄冷/热水箱中的温度高于设计值时，地源热泵系统运行，太阳能一溴化锂制冷系统停止。

在本项目中，因地源热泵系统与太阳能一溴化锂制冷系统在制冷时，并不同时运行，同时因空调供暖面积不同，冬夏季负荷也不同，冬季负荷大于夏季负荷，因此采用该联合系统后，地埋管换热器的配置能满足系统的要求。

第三章 地源热泵行业发展展望

随着我国《可再生能源法》、《可再生能源中长期发展规划》、《可再生能源发展“十二五”规划》等法律法规相继颁布，地源热泵系统作为一项建筑节能和可再生能源应用的重要技术，得到了政府部门的大力支持，从而得以迅速推广和大量应用，在建筑节能与可再生能源应用中地位突出。我国地源热泵从2009年开始进入快速发展阶段，2011年4月至2012年3月，国家科技部会同重庆市科委共同组织开展了全国范围地热能利用技术及应用情况的调研工作，编制完成了《中国地热能利用技术及应用》宣传手册。未来地源热泵产业空间巨大，预计“十二五”期间，我国将完成地源热泵供暖（制冷）面积3.5亿m^2左右，届时整个地热能开发利用的总市场规模至少在700亿元左右。

国家能源局、财政部、国土资源部、住房和城乡建设部于2013年年初联合印发《关于促进地热能开发利用的指导意见》，提出到2015年基本查清全国地热能资源情况和分布特点，建立国家地热能资源数据和信息服务体系。全国地热供暖面积达到5亿m^2，地热发电装机容量达到10万kW，地热能年利用量达到2000万t标准煤，形成地热能资源评价、开发利用技术、关键设备制造、产业服务等比较完整的产业体系。到2020年，地热能开发利用量达到5000万t标准煤，形成完善的地热能开发利用技术和产业体系。

可以预见，随着地热能利用技术快速进步，地热能利用在我国未来能源利用中必将占据更为重要的地位，我国的地源热泵将迎来更大的发展机遇。

1. 行业发展需加强浅层地热能资源的调查

浅层地热能资源的调查评价工作是地源热泵行业发展的基础，“十二五”期间，国家出台一系列可再生能源政策，对推动地源热泵产业模式升级有促进作用，浅层地热能资源调查的主要任务是查明我国主要城市浅层地热能分布特点和赋存条件，评价资源量及开发利用潜力，编制开发利用规划，建立监测网络，推动可再生能源示范项目建设，用好国家专项资金，在调查评价的基础上，结合当地行政区域可再生能源开发利用中长期目标，编制地源热泵项目开发利用专项规划。

2. 加强市场环境分析，促进企业有序健康发展

地热能应用市场潜力巨大，工程增长速度加快。目前，全国各区域地源热泵发展程度不同，而且行业品牌格局多，竞争日趋激烈。多数企业是为了当前地热市场的利润而来，没有做长远投资打算，更没有开展相匹配的地质条件研究，不具备全面的地源热泵系统工程设计、施工及相关服务能力。政府相关机构及行业组织应加强对市场的分析，开展行业自律，引导和促进企业有序健康发展。

3. 加强人才培训，提高从业人员专业素养

在目前我国已经建设的地源热泵项目中，部分地源热泵工程不能正常运转或效率低下，一些地区对已建工程的水热均衡研究及其对环境的影响缺乏监控，造成地源热泵工程不能长期有效运行。因此，解决上述问题的最有效方式就是让地源热泵从业人员参加系统、全面的地源热泵专业培训。地源热泵企业对行业人不仅对数量上有要求，更对质量上有要求。新投资的地源热泵公司需要补充人才，其岗位跨越多个层面，从项目经理、暖通设计师、暖通工程师到热泵施工员、技术员、项目销售工程师，涉及各个岗位；从类型讲，包含工程类、设计类、研发类、销售市场类等；从岗位层面分析则涵盖了中高级的管理人才，中层的技术研发销售人才，普通的施工技术人才等。

基于地源热泵的行业特性，企业为抢占市场，会尽快扩大公司在行业内的影响力，同时为提高企业利润都会采取了一系列措施，加强公司团队管理和相关制度规范化，提升公司研发设计能力，打造品牌。而这一切都需要优秀的人才，特别是一加入公司就可以为公司带来巨大效益的人才。在大型地源热泵公司受过良好培训且从事多个工程项目设计以及产品方案技术支持的人才，一到岗就可投入到工作当中，不但能立即为企业带来经济效应，而且还能带来大企业的先进设计理论和前沿技术方案。因此，可通过行业协会组织的系统培训，热泵公司自身对人员的培训，以及与高校联系开展在职教育等方法展开各种培训提高从业人员专业知识水平和专业素养。

4. 加强系统匹配的技术投入，建立完善的标准规范体系

从整体上看，市场不规范，缺乏市场准入制度和科学评价体系，是制约我国地源热泵技术推广的重要因素。以牺牲质量为代价的恶性竞争出现不断加剧之势。同时，对于目前我国地源热泵应用呈现城市级、超大规模使用的趋势和特点，不管是从技术上还是从管理上，各个相邻地源热泵项目间相互产生热干扰的风险都应引起高度重视。目前执行的标准仅有 2005 年编制、2009 年修编的国家标准《地源热泵系统工程技术规范》GB 50366—2009 和设备生产方面的国家标准《水源热泵机组》GB 19409—2003 等少数几个，目前《水源热泵机组》标准正在修编中，标准规范的滞后于行业的发展。

从产业自身发展来看，缺乏完善的地源热泵制造标准和应用规范，工程施工质量缺少监理；从产业政策看，对地源热泵项目的建设及运营监管不严格。同时，国内已建的大部分热泵工程，均未建立地下水和岩土监测系统，不掌握地源热泵运行过程中对地质环境产生的影响，相关的土壤热传导机理研究和地下水回灌技术仍需完善。我国的地源热泵缺乏有序的竞争、规范的管理。引领行业健康发展，必须首先建立标准规范体系，依靠标准规范引领和加强行业的管理。

5. 产业规模不断扩大，应加强行业指导

我国地源热泵产业规模不断扩大，截至 2011 年年底，地源热泵应用面积已达 2.4 亿㎡，预计到 2020 年，我国的地源热泵市场规模将比目前增长 5～8 倍。如此大市场规模的新兴的产业，应加强行业指导。而地源热泵行业协会是联络政府、专家和企业，协调内外关系，解决技术和矛盾，组织交流与合作，带动全行业大小企业共同发展的重要行业组织，其协调和指导作用至为重要，应加强行业协会的指导作用。

参考文献

[1] 徐伟主编.《中国地源热泵发展研究报告(2013)》. 中国建筑工业出版社，2013 年 10 月.

[2] 徐伟主编.《地源热泵技术手册》. 中国建筑工业出版社，2011 年 5 月.

[3] 马最良，姚杨，姜益强等.《热泵技术应用理论基础与实践》. 中国建筑工业出版社，2010 年 6 月.

[4] 郑克棪.《谈地源热泵在中国的发展前景》中国新能源网，2011 年.

[5] 龚长山. 中国地源热泵行业发展浅析[J]. 中生产资料国市场，2011 年，第 45 期.

[6] 2010 世界地热利用的最新数据[J]. 地热能，2010 年，第 5 期.

[7]《地源热泵》杂志，2013 年，第 78～82 期.

[8]《建设科技》杂志，2013 年，第 09 期.

地源热泵专业编写人员：

徐伟　王东青　孙德宇　田志勇　才隽

第八篇　太阳能建筑应用

第一章 太阳能光热建筑应用发展

《中华人民共和国可再生能源法》的颁布，《国务院关于加强节能工作的决定》(国发[2006]28号)与《财政部、建设部关于推进可再生能源在建筑中应用的实施意见》(建科[2006]213号)的出台有力拉动了太阳能光热建筑应用行业的迅速发展，越来越多的高层建筑开始利用太阳能光热系统，光热市场也从零售市场转向工程市场。

为了解光热建筑应用行业的发展，专委会前往宁夏、湖北、江苏等地开展了相关调研活动，与地方住房和城乡建设主管部门代表进行座谈，并走访了多家光热企业和多个光热工程项目，在结合已有研究的基础上，形成了本报告。

第一节 太阳能光热建筑应用发展现状

经过30多年的发展，中国已成为世界上最大的太阳能集热器生产国和应用国，太阳能产品逐渐从农村走向城市，从零售转向工程，从单一的供给热水逐渐融合采暖、空调等多种用途，应用规模稳步增长，普及率也随之提升。与此同时，太阳能利用技术不断进步，中低温利用技术日渐成熟。建筑工程应用正成为太阳能企业竞逐的主战场。

1. 光热建筑应用规模

太阳能光热建筑应用是城市太阳能热利用的主力，技术也相对成熟，在各地强制安装政策的拉动下，我国太阳能光热建筑应用面积逐年增加，见图8-1-1。

2. 集热器类型

根据太阳界智库对太阳能光热行业的调研数据显示，2013年上半年，太阳能集热面积销售总量为2590万m^2，从产品类型上看，真空管产品为2289.30万m^2，占比88.39%；平板产品为300.70万m^2，占比11.61%。从销售渠道上看，零售市场为1550万m^2(真空管98%，平板2%)，占比59.85%，同比下滑1.9个百分点；工程市场为1040万m^2(真空管72.53%，平板27.47%)，占比40.15%，同比增长2.8个百分点。从以上数据分析得出，因价格优势，真空管集热器占据主导地位，且占据72.53%的工程市场，平板集热器尽管在量上难以

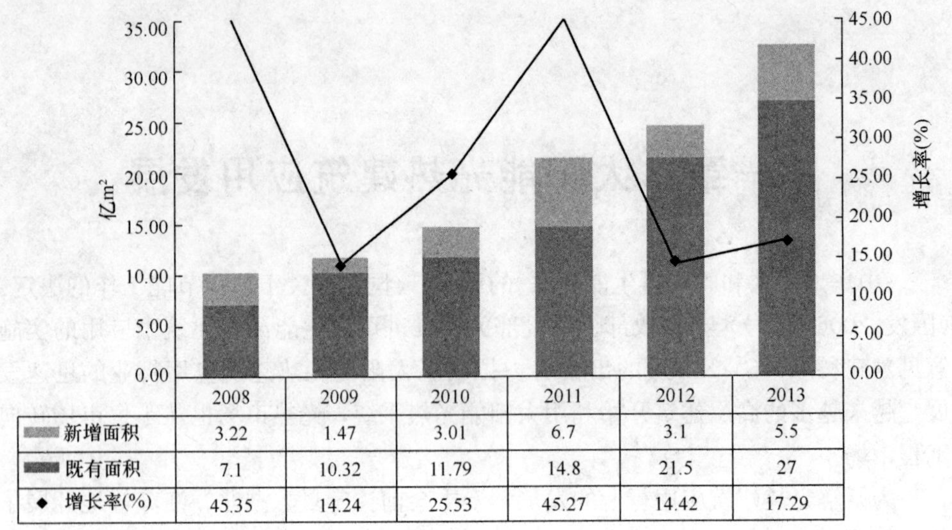

	2008	2009	2010	2011	2012	2013
新增面积	3.22	1.47	3.01	6.7	3.1	5.5
既有面积	7.1	10.32	11.79	14.8	21.5	27
增长率(%)	45.35	14.24	25.53	45.27	14.42	17.29

图 8-1-1　2008～2013 年全国太阳能光热建筑应用面积(亿 m²)

媲美，但因外形美观、承压性强、热效率高、使用寿命长等优势更符合建筑一体化的发展趋势，95.01％应用于工程市场。根据 2013 年对光热建筑应用项目的抽样调研数据显示，72％的项目使用了真空管集热器，24％的项目使用了平板集热器，另有 4％的项目同时使用了这两种类型的集热器，见图 8-1-2。

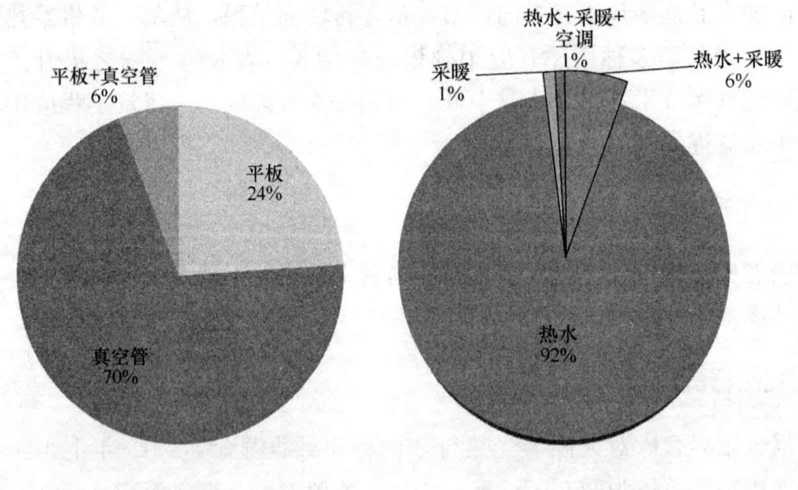

图 8-1-2　集热器使用情况　　　　图 8-1-3　用途类型

3. 用途类型

目前，太阳能光热建筑应用重在满足生活用水需求，仅有少部分示范工程用于供热采暖和空调，用途相对单一，而不像发达国家一样更多地采用太阳能供热采暖及空调的综合利用。根据 2013 年对光热建筑应用项目的抽样调研数据显示，92%的项目使用热水系统，1%的项目使用采暖系统，6%的项目采取热水系统与采暖系统相结合的方式，1%的项目采取热水、采暖及空调系统三者相结合的方式，见图 8-1-3。可见，热水系统占据了绝对的主导地位，且由于采暖系统主要是利用太阳能产生的热水进行供暖，采暖系统常与热水系统一起使用。

4. 与建筑的结合方式

太阳能集热系统与建筑结合方式主要包括平屋面支架式、阳台壁挂式、坡屋顶内嵌三种形式。根据 2013 年对光热建筑应用项目的抽样调研数据显示，平屋面支架式占项目总量的 81%，其次是阳台壁挂式，占调研项目总量的 11%，坡屋顶内嵌式使用最少，占调研项目总量的 3%，综合运用多种形式的项目占到 8%左右，此外还有 5%的项目使用了其他的结合方式，如平板集热器与幕墙、阳光屋顶融合等，见图 8-1-4。此外，在调研过程中发现，平屋面支架式主要采用真空管集热器，阳台壁挂式更多采用平板集热器，且平板集热器的应用比例近年略有提升。

随着新型城镇化的发展与居民生活水平的提高，太阳能不仅要实现节能，而且还要满足居民对生活品质的追求，做到舒适、智能，这就需要改变太阳能不能全天候供应热水、承压性能弱等不足，且实现智能化控制。所以，太阳能与多能源互补已成为一种趋势。在我国南方地区，太阳能与空气源相结合的互补方式已悄然兴起，且已有多家太阳能企业推出了太阳能与空气源或燃气的能源互补系统。此外，随着能源互补的发展，原本供应热水就以捉襟见肘的太阳能，也将有更多的能力用于采暖，使资源配置更加合理与高效，供热与采暖的组合系统正日益受到国内外的关注。

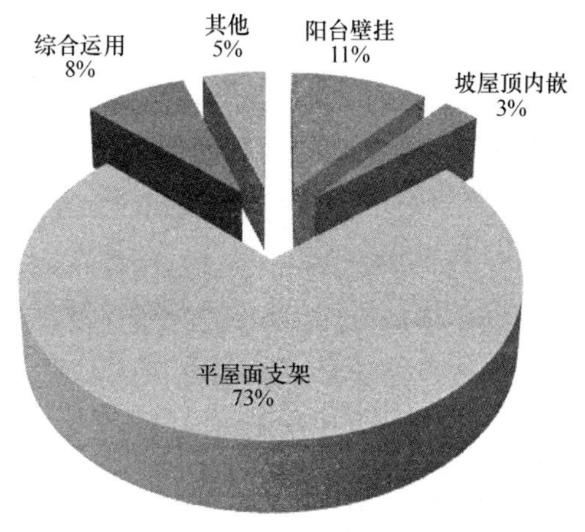

图 8-1-4　与建筑的结合方式

第二节　太阳能光热建筑应用政策现状

得益于《国务院关于加强节能工作的决定》(国发[2006]28 号)、《财政部、建设部关于推进可再生能源在建筑中应用的实施意见》(建科[2006]213 号)、与《绿色建筑行动方案》(国办发［2013］1号)的出台，各地区纷纷出台太阳能光热建筑应用推进政策。据不完全统计，2005年至今，山东省等14个省、宁夏回族自治区等3个自治区、北京等3个直辖市、深圳等50个城市相继发布了太阳能光热建筑应用推广政策。其中，山东省及其8个城市均出台了推广政策，数量居首，其次是安徽省、江苏省、河南省及河北省。

1. 光热建筑应用类型

在不断的实践与探索中，推广应用太阳能热水系统的建筑类型也在发生着变化。2005～2008年，光热建筑应用类型逐渐发展成为12层及以下新建、改建、扩建的居住建筑和有集中热水需求的公共建筑。在随后的近五年的时间里，基本未发生变化，直到2013年，青海省、武汉市将安装太阳能热水系统的建筑层数提升为18层及以下，济南市提出了100m以下的发展定位，光热建筑应用类型又一次发生变化，见图8-1-5。

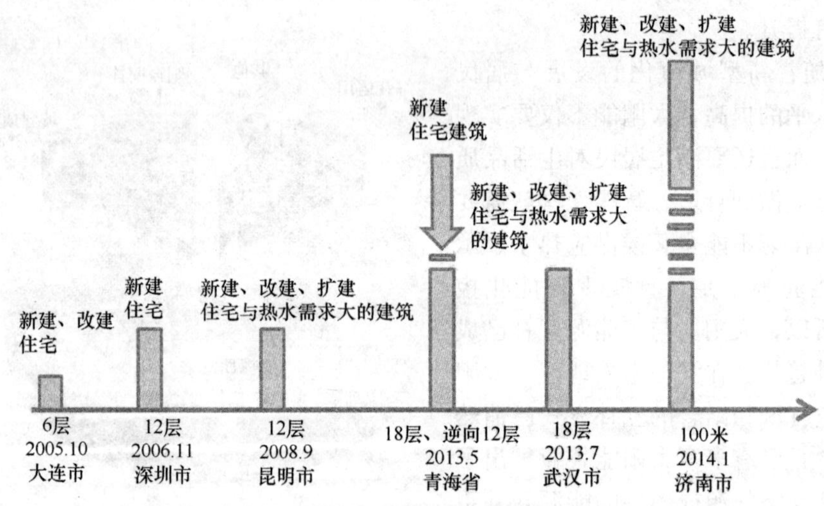

图8-1-5 光热建筑应用类型变化

2. 政策强度

在现有的太阳能热水系统推广应用政策中，可以根据政策规定的约束程度分为强制安装、应当安装和鼓励安装，其中强制安装是指提出一定条件(楼层高度、建筑用途、能源使用情况等)下“必须安装”或含有“凡未按规定统一设计和安装太阳能热水系统的工程，不予出具施工图审查合格书”的政策，比应当安装与鼓励安装的约束力更强。

各省和自治区出台的政策中，强制安装与应当安装数量上保持一致，仅辽宁省属于鼓励安装政策，且多数为 12 层及以下强制安装或应当安装，见图 8-1-6。从 3 个直辖市和 50 个城市来看，强制安装政策比例最高，为 57%，其次是应当安装，为 36%，鼓励安装比例最低，为 7%。从各省及其城市来看，山东省内已有政策全部为强制安装政策，广东省、陕西省均为应当安装政策。

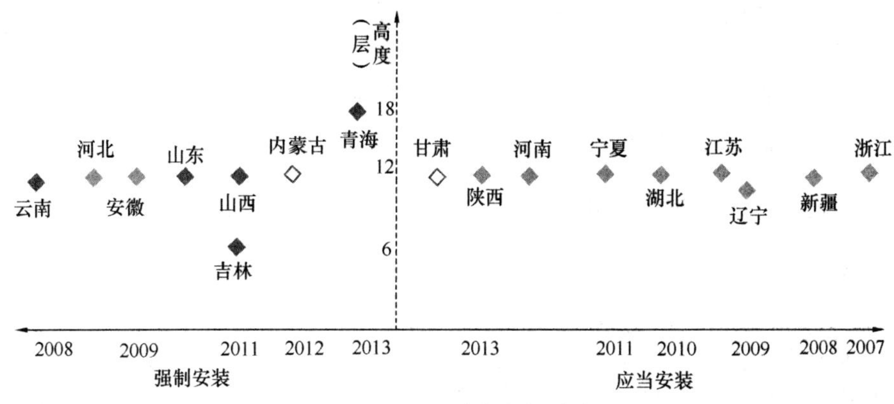

图 8-1-6 各省及自治区太阳能热水系统推广政策强度

3. 监管措施

为了保证太阳能热水系统的顺利推广，各地区都提出了相应的监管措施，明确了建设单位、设计单位、施工图审查机构、施工单位、工程质量监督部门(监理单位、验收部门)的责任，同时也有部分地区对选用的太阳能热水系统产品与技术做出了要求。太阳能热水系统安装高度的增加对监管措施提出了更高的要求，所以部分地区提出了更为严格、细致的监管措施。

济南市一是要求应对太阳能热水系统实行施工图专项审查，编制太阳能热水系统专项施工和监理方案，进行专项验收，纳入建筑节能专项验收范畴；二是要求外地企业须在济南设有固定维修点或办事处，应用产品企业要派人参与设计、施工、验收全过程，实施技术指导和专业培训；三是既有高层建筑安装应用太阳能热水系统须经三分之二以上业主同意。此外，武汉市要求“竣工验收前应委托具有相应资质的检测机构对可再生能源建筑应用的能效进行测评，并由检测机构出具能效测评报告，作为验收和备案依据”。随着实践经验的积累，监管措施的针对性和操作性都会得到逐步改善。

太阳能光热建筑应用政策的出台对太阳能建筑应用的推广起到了良好的作用，为建筑节能做出了贡献，尤其是在光热建筑发展初期，为太阳能进入工程市场，走进城市提供了重要引导，且在政策的持续拉动下，光热建筑应用市场日渐成熟。与此同时，光热建筑应用政策设计日趋完善，在建筑类型、应用高度、能源配置、监管措施等方面，可操作性与监管力度逐渐加强，为促进光热建筑应用行业健康发展作出了贡献。

第三节　太阳能光热建筑应用存在问题

尽管太阳能光热建筑应用已发展多年，多个地区都在实施光热建筑应用推进政策，太阳能企业蓄势待发，但有些问题仍需要引起重视并解决。

1. 缺乏对政策适宜性的分析

首先，各地区的太阳能资源条件、经济发展水平、能源禀赋条件各不相同，但在 2006 年自深圳市出台 12 层这一要求标准后，各地纷纷将 12 层作为划分依据，逐渐成为主流趋势。据调研所知，有地区尽管出台了“12 层及以下新建建筑，新建、改建、扩建的宾馆等有热水需求的公共建筑，应统一设计和安装应用太阳能与建筑一体化热水系统”，但当地房价仅 2000～3000 元，太阳能热水系统增量成本占房价比例近 1/50，占初始投资的比重更大，开发商存在抵触情绪，在补贴资金的扶持下，太阳能热水系统的推广应用效果仍不够理想。其次，某地区在技术可行的基础上，为响应国家和省里大力推广可再生能源建筑应用的号召，出台了加快太阳能热水系统推广应用的实施意见。有地区从“十二五”节能减排需要完成的任务出发，将节能减排任务分担到工业、交通、建筑等领域，为了保证完成建筑领域的任务而出台了有关太阳能热水系统应用的管理办法。可见，制定政策的出发点非常多元，一定程度上弱化了政策适宜性的考虑。据调研所知，因执行太阳能热水强制安装政策，有部分项目节能不节钱，有的甚至既不节能也不节钱。

2. 最低太阳能热水保证率

太阳能热水保证率与安装地区的太阳能辐照条件、产品性能、热水需求规律、安装面积等众多因素有关，且是衡量强制安装强度最为常用的指标。国外有部分地区依据太阳能资源条件等因素提出了最低太阳能热水保证率的要求，我国也有部分地区要求“年太阳能保证率不小于 50％的十二层以上住宅应采用太阳能热水系统”、“18 层以上居住建筑的上部应统一设计，安装太阳能热水系统，其太阳能热水系统使用比例应达到 30％以上”。事实上，考虑到阴雨天气及冬季环境温度较低等因素，太阳能热水系统常需要配置辅助热源。在南方地区，太阳能热水系统常与空气源热泵相结合，两者相得益彰，且正逐步成为主流趋势。当然，太阳能热水保证率也会随之降低，但这并未影响节能效果的最终实现，既节能又经济。譬如，某高校宿舍楼热水改造项目，考虑到太阳能热水系统、空气源热泵的单位成本、项目运行特点，最终选择太阳能与空气源相结合的方式保证热水供应，太阳能热水保证率仅为33%左右，但这一比率却实现了整个项目的收益最大化。

3. 热水用水定额偏大

据调查所知，尽管气候条件、用水习惯、生活水平存在差异，但实际人均每天的热水需求量要低于用水定额。然而，一般在设计太阳能热水系统时，都会执行60L/(人·天)的用水定额。通过对部分太阳能热水工程检测发现，实际检测的太阳能热水系统保证率多高于设计保证率，尽管发挥了节能效果，却一定程度上降低了系统的经济性。究其原因之一便是实际用水量低于所执行的用水定额，导致了太阳能热水系统集热器面积设计相对偏大。此外，部分零售卖家因对实际热水需求量缺乏了解，通常也会按照较高的用水定额进行配售。

关于用水定额，多个相关标准都有规定，且差异较大，以有自备热水供应和淋浴设备的住宅建筑为例，用水定额区间在20～100L/(人·天)。所以，如何使用水定额更真实地反应实际用水量有待进一步研究。不仅如此，当小区集中供应生活热水时，这一问题就变得更加复杂。

4. 运行与维护效果不理想

太阳能光热建筑应用系统操作起来相对复杂，因疏于管理、不合理操作导致效率低、甚至损坏的情况时有发生。在调研时发现，有的太阳能集热板数月未进行清洗，仅靠雨水天气自然清洁，满布灰尘，影响集热效率，且有的物业管理部门对太阳能热水系统需要定期排污这一维护要求不知情。此外，太阳能热水系统稍有问题(管道不畅、水压低)，用户就不再使用，加之难以保障冬天热水需求，有些甚至还未使用就直接更换为电热水器或燃气热水器。

某地区房屋空置率很高，且这种局面短期内不易改善，因此有部分太阳能光热一体化建筑处于空置状态，入住率很低，这就导致了安装好的太阳能热水系统处于闲置状态。一般来说，太阳能热水系统可供使用10～15年，且随着时间推移，效率会降低却维护愈加烦琐，致使太阳能热水系统未能发挥最佳使用效果，尤其是集中储热的太阳能热水工程因入住率低，热水使用量有限，无法弥补运行成本，物业部门不得不关闭太阳能热水系统。不仅如此，有些工程通过租赁太阳能集热器的方式应付验收，工程验收结束后这些集热器也就随之消失，使太阳能集热器成了应付工程验收的摆设。

图 8-1-7　满布灰尘的集热板

第四节　太阳能光热建筑应用发展建议

1. 提高政策的适宜性

太阳能热水系统的推广应综合考虑太阳能资源条件、能源禀赋条件、经济发展水平和用户习惯等因素，加强政策的适应性分析，12 层的安装要求不一定适合每个地区，且需要着重加强对经济可行性的考虑，只有在经济可行的基础上太阳能热水才能被市场所接受，依靠补贴拉动应用规模固然有效，但终究难以得到长足发展。

随着实践经验的积累和事实证明，因强制执行太阳能热水安装政策，有部分项目节能不节钱，有的甚至既不节能也不节钱。所以，与推行单一的太阳能热水系统应用政策相比，如何让用户基于市场规律做出最优的节能手段选择更为重要。因此，尊重市场规律，以节能效果为衡量标准，才能够因地制宜，充分挖掘各种节能手段的适用性和潜力，避免政策失灵。

2. 不宜规定最低太阳能热水保证率

事实上，受日照条件的约束，太阳能热水系统难以保证全天候供应热水，配置辅助热源已成为太阳能热水系统发展的必然趋势。所以，太阳能是否仍就处于热水供应的主导地位应由工程需要和满足用户体验需求决定，以太阳能为主的设计理念也需相应做出适当调整。因此，要求最低太阳能热水保证率难免会导致损失，只有通过市场化的选择确定最佳的太阳能热水保证率，才能发挥多能源互补的优势，同时也不能一味地追求高的太阳能热水保证率，重在发挥其的引导与规范作用，而不是强制作用。

3. 合理的用水定额

根据工程项目实测和用户调查，了解用户的用水习惯、用水时间、卫生设备选型等信息，提出合理的用水定额，使太阳能热水系统的设计更加合理。一是合理的用水定额能够避免系统设计过大，提高系统使用效率，避免浪费；二是较小的用水定额，可相应缩小水箱体积，减少空间占用，有利于太阳能热水系统与建筑的一体化；三是合理的用水定额对依赖其他能源的热水系统仍具有重要的指导作用。

4. 加强运行与维护

保证太阳能热水系统的良好运行，即需要规范厂商的售后服务行为，也需要对负责日常运行维护的物业单位做出规定，这样既能做好故障维修也能做好日常运行维护。因此，需要更多的太阳能热水系统售后服务规范出台，约束太阳能企业行为。与此同时，需要加强对物业单位的培训，使其掌握太阳能热水系统的日常维护与管理的相关知识和技术，确实做好太阳能热水系统的维护与管理工作。

据调研所知，某地区针对高校、医院等热水需求稳定、有足够运行时间、违约风险低、位置相对固定的公共建筑实施合同能源管理模式的太阳能热水改造项目，即企业负责热水系统的节能改造和运行管理，并依靠供应热水所取得的收入收回投资成本并获取合理收益。企业为保证项目收益，非常注重太阳能热水系统的运行与维护，有效避免了因疏于维护与管理而引起的系统荒废或被弃用的现象的发生，因此这种能源费用托管型的合同能源管理模式有效解决了太阳能热水系统运行过程中的维护与管理问题，值得借鉴。

第二章　太阳能光伏建筑应用发展

第一节　中国太阳能光伏发展现状

1. 发展综述

2013 年是我国光伏产业否极泰来的一年，行业在经历 2011 和 2012 年的持续亏损之后，终于在 2013 迎来逆袭，主要光伏企业实现扭亏，经营状况得到了较大改善。这一年，也是体现了中央政府对光伏产业高度重视的一年，国务院出台了《关于促进我国光伏产业健康发展的若干意见》(国发[2013]24 号)，相关配套文件也相继出台落实，涉案金额最大的中欧光伏贸易纠纷也实现和解，这些都为产业走出困境奠定坚实的基础。

2. 产业发展

2013 年全国多晶硅产量 8.4 万 t，同比增长 18.3%，进口量 8 万 t，占全球总产量的 1/3，见图 8-2-1。

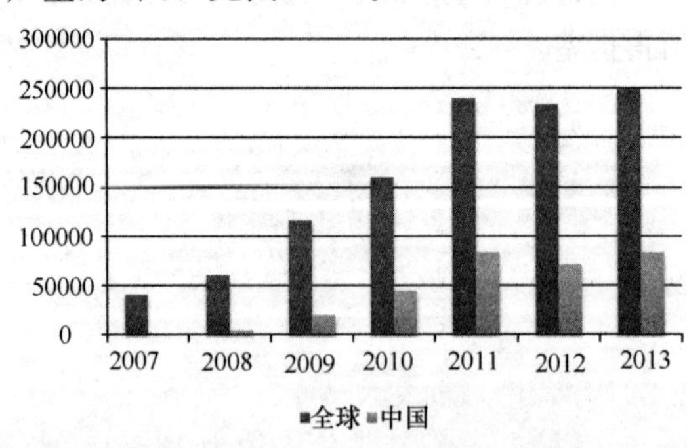

图 8-2-1　2007～2013 年全球和我国多晶硅产量(t)

2013 年全球光伏组件产量达 40GW，同比增长 9%，其中全球主要组件生产国如欧洲、日本和美国的组件产量分别为 3.5、2.8 和 1.2GW，我国光伏组件产量约为 26GW，同比增长 13%，占全球份额超过 60%，连续 7 年位居全球首位，出口量 16GW，出口额 127 亿美元，见图 8-2-2。电池组件内销比例从 2010 年的 15%增至 43%。全行业销售收入 3230 亿元(制造业 2090 亿元，系统集成 1140 亿元)。

2013 年，欧盟对我光伏“双反”案达成初步解决方案，我对美韩多晶硅“双反”作出终裁，外部环境进一步改善。国内企业经营状况不断趋好，截至 2013 年年底，在产多晶硅企业由年初的7家增至15家，多数电池骨干企业扭亏为盈，主要企业第四季度毛利率超过15%，部分企业全年净利转正。同时，受政策引导和市场调整等影响，产业无序发展得到一定遏制，众多企业加大内部整改力度，部分落后产能开始退出。部分企业兼并重组意愿日益强烈，出现多起重大并购重组案。从工业和信息化部发布的第一批符合《光伏制造行业规范条件》企业名单(共109家)情况看，其2013年多晶硅、硅片、电池组件产量分别占全国的85.7%、61%和74%；从业人员及销售收入分别占光伏制造业的58%和78%。2013年，我国前10大光伏企业销售收入占全行业23.6%，前50家销售占比63.6%，产业发展逐步向东部苏、浙、中部皖、赣及西、北部蒙、青、冀等区域集中。

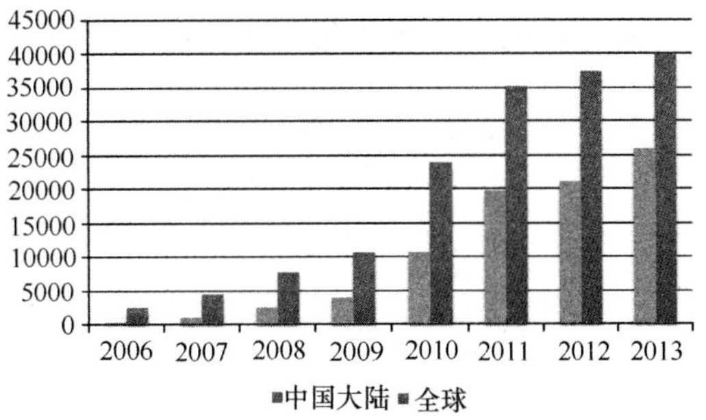

图 8-2-2　2006～2012年全球和中国大陆太阳能电池组件产量(MW)

3. 成本价格

2013年我国多晶硅现货价格呈“涨跌涨稳”的走势，受多晶硅“双反”预期影响，2013年初多晶硅市场止跌反弹，国内现货价格从2012年年底的12万元/t温和上涨至3月底的14.3万元/t，增幅为19.2%，但从4月初开始，多晶硅“双反”预期推迟、国外多晶硅倾销加剧、企业出货艰难等因素导致多晶硅价格逐渐回落，6月底价格降至12.1万元/t，跌幅为15.4%。7月初开始，随着业内对“双反”裁决的预期，我国多晶硅价格呈温和上涨态势，直到2013年7月18日商务部发布公告对产自美韩的太阳能级多晶硅采取临时反倾销措施，在反倾销初裁出台的利好因素刺激下，多晶硅价格一路阶段性温和上涨至10月中旬的13.5万元/t，增幅为11.6%。随后多晶硅价格小幅回落后又回升至12月底的13.5万元/t。

太阳能光伏系统的初始投资在2008年9月前变动不大。2008年金融危机后，光伏组件价格大幅度下降，2009年上半年光伏组件价格约为13～15元/W，此后频繁波动，但总体趋势呈现速度较缓的下降趋势。进入2011年，由于国际光伏市场政策影响，光伏行业竞争激烈，引起光伏电池价格大幅度下降。2012年，德国、西班牙和意大利等政策调整频繁，欧洲市场规模与2011年相比有所下降。我国光伏产业对2012年国际光伏市场增速也预期过高，导致国内光伏产能严重过剩，加上美国对我国光伏产品双反终裁结果以及欧盟启动双反调查，国内光伏电池和组件价格继续大幅度下滑。2013年多晶硅组件价格维持在0.7美元/W 波动，光伏发电系统投资 9 元/W 左右。

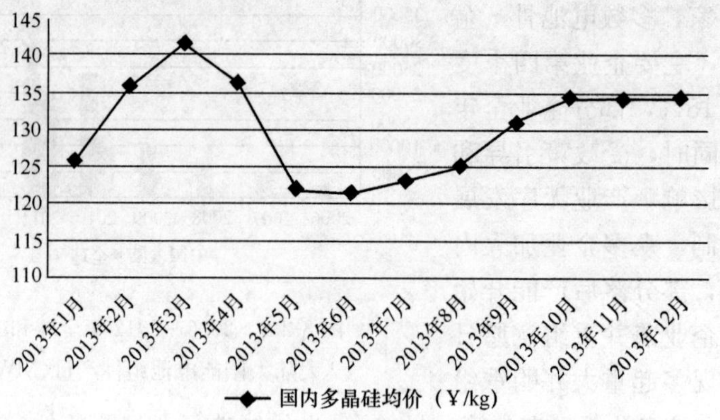

图 8-2-3　2013 年国内多晶硅现货价格

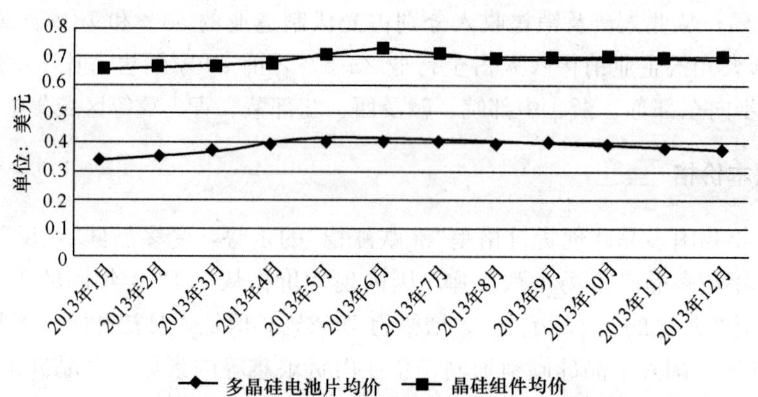

图 8-2-4　2013 年多晶硅电池片和组件均价情况

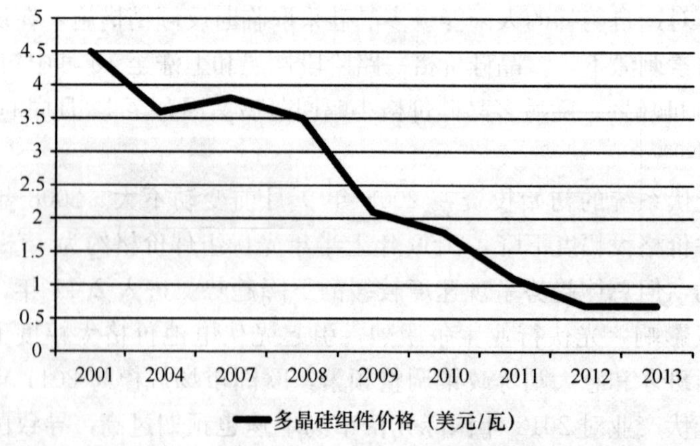

图 8-2-5　2001～2013 年多晶硅组件价格变化情况

4. 技术创新

在目前全球光伏市场供过于求的大背景下，技术突破显得尤为迫切。传统光伏技术遇到转换效率的瓶颈，非硅成本下降空间有限，高效电池技术在设计和材料选择上的突破，使非硅成本有较大下降空间；光伏产品转换效率的提升可以直接降低系统平衡成本，组件效率每提高一个百分点，系统平衡成本可下降 5 到 7 个百分点。以美国 SunPower 和日本 Panasonic 为代表的高效电池组件制造商的光伏产品效率已达到 24%，国内的电池组件商也在积极开发高效光伏产品。全球 P 型、N 型单晶电池效率已分别达到 18.5%～20%和 21%～24%，多晶电池效率达到 17%～7.5%。

目前，我国骨干企业已掌握万吨级多晶硅及晶硅电池全套工艺，光伏设备本土化率不断提高。2010 年至今，每千吨多晶硅投资下降 47%，每千克多晶硅综合能耗下降 35%，多晶硅企业人均年产量上升 165%，骨干企业副产物综合利用率达 99%以上；每兆瓦晶硅电池投资下降超过 55%，每瓦电池耗硅量下降 25%，骨干企业单晶、多晶及硅基薄膜电池转换效率由 16.5%、16%、6%增至 19%、17.5%、10%。

5. 市场应用

2013 年，全球光伏新增装机市场达到 40GW，同比增长 30%以上。其中中国新增装机量 12.92GW，位于首位，其次为日本 6.9GW，美国 4.8GW，德国 3.3GW。

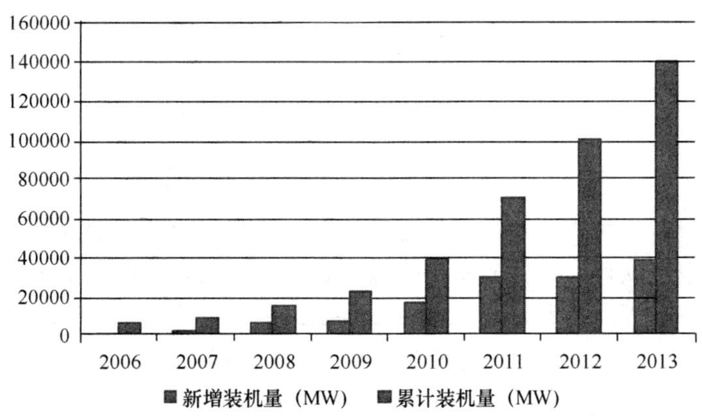

图 8-2-6　2006～2013 年全球装机量情况

2013 年国内光伏市场规模化扩大。在国务院《关于促进光伏产业健康发展的若干意见》及一系列配套政策支持下，光伏发电快速发展。截至 2013 年年底，全国累计并网运行光伏发电装机容量 1942 万 kW，其中光伏电站 1632 万 kW，分

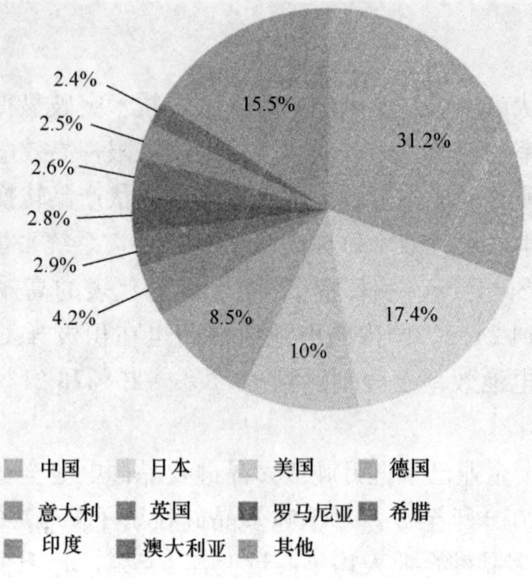

图 8-2-7　2013 年全球光伏新增装机容量排名前十的国家占比

布式光伏 310 万 kW，全年累计发电量 90 亿 kWh。2013 年新增光伏发电装机容量 1292 万 kW，其中光伏电站 1212 万 kW，分布式光伏 80 万 kW。

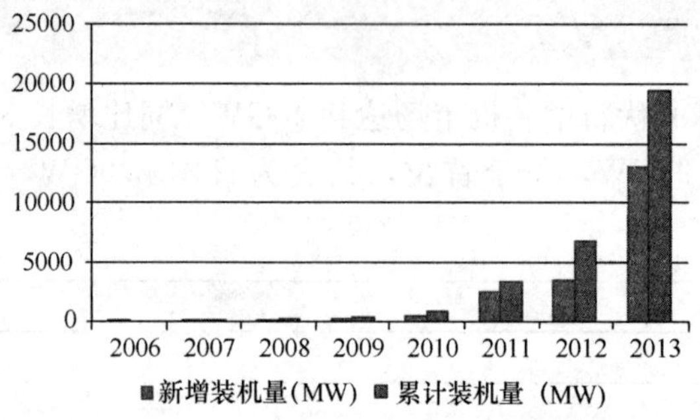

图 8-2-8　2006～2013 年中国装机量情况

截至 2013 年年底，全国 22 个主要省(自治区、直辖市)已累计并网 741 个大型光伏发电电站项目，主要分布在我国西北地区。累计装机容量排名前三的省份分别为甘肃省、青海省和新疆维吾尔自治区，分别达到 432 万 kW、310 万 kW 和 257 万 kW，三省(区)之和超过全国光伏电站总量的 60%。

6. 2013 年相关政策

2013 年，光伏产业的发展已上升到国务院层面，最高层对于光伏产业进行顶层设计。国际上，由国家总理亲自带队，通过与欧盟各国交涉磋商，降低对中国光伏产品反倾销税，为国内光伏产品出口打开绿色通道；国内，各部门紧密联动，出台度电补贴政策及落地细则，为光伏产业健康发展和规模应用消除障碍。

这个设计有利于产业的可持续发展，而最重要的意义是提振该行业的市场信心，为市场在经济中起决定性作用打下坚实基础。

2013 年 7 月 15 日，国务院对外发布《关于促进光伏产业健康发展的若干意见》(以下简称《意见》)，其中对光伏产业今后新增项目有了更加严格的技术要求，目的是推动全行业的企业重组、淘汰落后产能，这是 2012 年底和 2013 年 6 月国务院常务会议“国五条”“国六条”的深化和延伸。“八条意见”把扩大国内市场、提高技术水平、加快产业转型升级等作为促进光伏产业持续健康发展的根本立足点。《意见》中提到：到 2015 年光伏发电总装机容量达到 3500 万 kW(35GW)以上，2013～2015 年年均新增光伏发电装机容量在 1000 万 kW 左右。《意见》中强调，抑制光伏产能盲目扩张，严格控制新上单纯扩大产能的多晶硅、光伏电池及组件项目。《意见》还首次明确提及“对光伏电站，由电网企业按照国家规定或招标确定的光伏发电上网电价与发电企业按月全额结算；对分布式光伏发电，建立由电网企业按月转付补贴资金的制度”。

随着《意见》的出台，国家部委和地方政府相继出台促进光伏发展的政策，详见表 8-2-1、表 8-2-2。

2013 年各部委出台的光伏发电政策　　　　表 8-2-1

时间	部门	文件名	要点
7 月 18 日	国家发改委	《分布式发电管理暂行办法》	对于分布式发电，电网企业应根据其接入方式、电量使用范围，提供高效的并网服务。对入网时如何计价等相关问题做出阐述，并且表示将会给予一定补贴；还鼓励企业、专业化能源服务公司和包括个人在内的各类电力用户投资建设并经营分布式发电项目，豁免分布式发电项目发电业务许可
7 月 24 日	财政部	《关于分布式光伏发电实行按照电量补贴政策等有关问题的通知》	《通知》确认了对分布式光伏发电项目按电量补贴的做法，明确国家对分布式光伏发电项目按电量给予补贴，补贴资金将通过电网企业转付给分布式光伏发电项目单位
8 月 9 日	国家能源局	《关于开展分布式光伏发电应用示范区建设的通知 》	批准了 18 个示范区分别为：北京海淀区中关村海淀园、北京顺义、上海松江、天津武清、河北高碑店、河北保定英利、江苏无锡、江苏南通、浙江绍兴、浙江杭州、安徽合肥、江西新余高新区、山东泰安高新区、山东淄博高新区、广东三水工业园、广东从化明珠工业园、深圳前海、宁波杭州湾新区
8 月 12 日	南方电网公司	《南方电网公司关于进一步支持光伏等新能源发展的指导意见》	从并网服务、购售电服务、并网调度管理等方面全面支持新能源有序协调发展

续表

时间	部门	文件名	要点
8月22日	国家能源局、国家开发银行	《关于支持分布式光伏发电金融服务的意见》	国开行支持各类以“自发自用、余量上网、电网调节”方式建设和运营的分布式光伏发电项目，重点配合国家组织建设的新能源示范城市、绿色能源县、分布式光伏发电应用示范区等开展创新金融服务试点，建立与地方合作的投融资机构，专项为分布式光伏发电项目提供金融服务
8月26日	国家发展改革委	《关于发挥价格杠杆作用促进光伏产业健康发展的通知》	《价格通知》明确，对于光伏电站，采用三类资源区的标杆上网电价，分别为0.9、0.95、1元/kWh时的标杆上网电价；对于分布式光伏发电，实行按照电量补贴的政策，自发自用电量及余电上网的补贴标准均为0.42元/kWh
8月30日	国家发展改革委	《关于调整可再生能源电价附加标准与环保电价有关事项的通知》	明确“将向除居民生活和农业生产以外的其他用电征收的可再生能源电价附加标准由每千瓦时0.8分钱提高至1.5分钱”，落实国六条关于扩大可再生能源基金规模的要求
9月24日	国家能源局	《光伏电站项目管理暂行办法》	提出光伏电站项目管理要求，包括规划指导和规模管理、项目备案管理、电网接入与运行、产业监测与市场监督等环节的行政管理、技术质量管理和安全监管
9月16日	工信部	《光伏制造行业规范条件》	从生产布局与项目设立、生产规模和工艺技术、资源综合利用及能耗、环境保护、质量管理安全、卫生和社会责任等方面规定相关约束指标
9月29日	财政部	《关于光伏发电增值税政策的通知》	自2013年10月1日至2015年12月31日，对纳税人销售自产的利用太阳能生产的电力产品，实行增值税即征即退50%的政策
10月11日	工信部	《光伏制造行业规范公告管理暂行办法》	规范光伏制造行业规范公告的申报、复核等程序
11月18日	国家能源局	《关于印发分布式光伏发电项目管理暂行办法的通知》	规范分布式光伏发电项目管理，涉及总则、规模管理、项目备案、建设条件、电网接入和运行、计量与结算、产业信息监测及违规责任等细则
11月19日	财政部	《关于对分布式光伏发电自发自用电量免征政府性基金有关问题的通知》	进一步明确了分布式光伏发电免交税费政策，使得用户自发自用成本降低，将有利于促进分布式光伏应用市场的扩大

续表

时间	部门	文件名	要点
11月26日	国家能源局	《光伏发电运营监管暂行办法》	适用于并网光伏电站项目和分布式光伏发电项目，由国务院能源主管部门及其派出机构依照办法对光伏发电项目的并网、运行、交易、信息披露等进行监管
11月27日	工业和信息化产业部	《光伏制造行业规范条件》企业名单	共有134家企业入围公示名单，涵盖组件、电池、硅锭、硅片、硅棒、多晶硅等各类产品生产企业

2013年各地方出台的光伏发电政策　　表8-2-2

省(市)	文件名	要　点
上海	上海市贯彻《国务院关于促进光伏产业健康发展的若干意见》的实施方案	2015年本市光伏发电装机容量超过250MW。优先支持在用电价格较高的工商企业、园区建设规模化的分布式光伏发电示范项目，支持结合光伏建筑一体化推广小型分布式光伏发电系统。鼓励采用新工艺、新技术的光伏产品，探索电站投资、建设、运营和光伏电池系统制造合作的新型商业模式
江苏	《关于继续扶持光伏发电的政策意见》	早在2012年发布该政策：实施新一轮光伏发电项目扶持政策，执行期限为2012～2015年，对在此期间新投产的非国家财政补贴光伏发电项目，实行地面、屋顶、建筑一体化，每千瓦时上网电价分别确定为2012年1.3元、2013年1.25元、2014年1.2元和2015年1.15元
浙江	《浙江省人民政府关于进一步加快光伏应用促进产业健康发展的实施意见》	光伏发电项目所发电量，实行按照电量补贴的政策，补贴标准在国家规定的基础上，省再补贴0.1元/kWh
安徽合肥市	《合肥市人民政府关于加快光伏推广应用促进光伏产业发展的意见》	在合肥注册的光伏企业在我市新建光伏发电项目，且全部使用由我市企业生产的组件和逆变器，根据项目建成后的实际发电效果，除按政策享受国家、省有关补贴外，按其年发电量给予项目运营企业0.25元/kWh补贴；鼓励委托专业化公司管理屋顶、光电建筑一体化等光伏电站，按所管理的电站年发电量给予管理公司0.02元/kWh补贴；连续补贴15年，其中2015年以后并网发电的项目，根据光伏市场、技术变化情况，补贴标准按照项目达到盈亏平衡的原则进行调整
江西	江西省发展改革委关于印发《江西省万家屋顶光伏发电示范工程实施方案（试行）》的通知	示范工程除了国家补贴0.42元/kWh外，省专项资金补助：一期工程4元/W，二期工程暂定补助3元/W

续表

省(市)	文件名	要　点
山东	《山东省物价局关于运用价格政策促进可再生能源和节能环保发电项目健康发展的通知》	2013～2015年并网发电的光伏电站上网电价确定为每千瓦时1.2元(含税，下同)，高于国家标杆电价部分由省级承担。已享受国家金太阳示范工程补助资金、太阳能光电建筑应用补助资金以及我省新能源产业发展专项资金扶持项目不再享受电价补贴
河南洛阳	《关于加快推广分布式光伏发电的实施意见》	从2014年起，全市符合相关要求、新建屋顶面积1000m^{2}以上的工业厂房、大型会展场馆、商业综合体、体育场馆、机场、车站、污水处理厂、办公楼等建筑和空间，应按照满足建设分布式屋顶光伏电站的要求进行设计，根据需要预留光伏配电房空间。 凡2015年底前建成并网发电，且优先使用洛阳市企业生产的组件的分布式光伏发电项目，经审定，除按政策享受国家、省有关优惠外，还按其装机容量给予运营企业0.1元/W的奖励，连续奖励3年。奖励资金由市政府和项目所在地的县(市、区)政府各承担50％
甘肃	《甘肃省贯彻落实国务院关于促进光伏产业健康发展若干意见的实施方案》	2015年底并网装机达到500万kW以上。积极推广屋顶光伏和光伏发电建筑一体化建设，鼓励省内新建的工业厂房、大型会展场馆、商业综合体、体育场馆、机场、车站、保障房、污水处理厂、办公楼、居民小区以及条件较好的小体量建筑进行分布式光伏发电建设。优先在用电价格较高的工业园区和工业企业的屋顶进行分布式光伏发电示范建设

第二节　分布式光伏发电发展现状

1. 分布式光伏发电应用领域

2013年7月18日国家发改委发布的《分布式发电管理暂行办法》对分布式发电做出了明确的定义：分布式发电指的是在用户所在场地或附近建设安装、运行方式以用户端自发自用为主、多余电量上网，且在配电网系统平衡调节为特征的发电设施或有电力输出的能量综合梯级利用多联供设施。

具体到分布式光伏发电，2012年4月，国家电网发布的《关于分布式光伏发电并网方面相关意见和规定》中指出，分布式光伏发电是指位于用户附近，所发电能就地利用，以10 kV及以下电压等级接入电网，且单个并网点总装机容量不超过6MW的光伏发电项目。目前应用最为广泛的分布式光伏发电系统，是建在城市建筑物屋顶的光伏发电项目。该类项目必须接入公共电网，与公共电网一起为附近的用户供电。

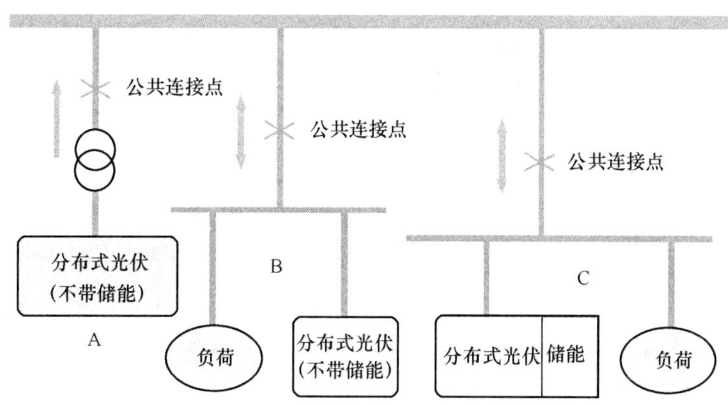

图 8-2-9 分布式光伏连接方式示意图

目前分布式光伏发电主要应用领域是与建筑结合的分布式发电系统，在德国、日本和美国占主流，德国的“10 万屋顶计划”，日本的“10 万屋顶计划”以及美国的“百万屋顶计划”主要都是针对低压配电侧并网的分布式光伏发电系统。

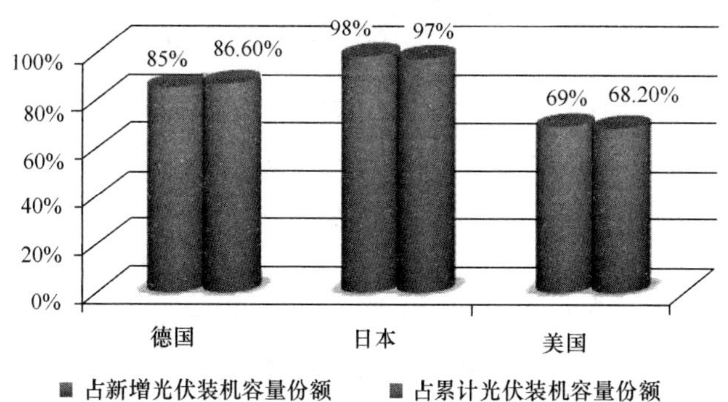

图 8-2-10 美日德建筑应用分布式光伏发电比例(截至 2010 年年底)

我国 2002 年实施的“送电到乡”工程，2006 年以后的“无电地区电力建设”项目，2009 年开始实施的“金太阳示范工程”和“光电建筑一体化示范工程”都属于分布式光伏发电。2011 年光伏上网电价出台后，大型光伏电站的市场份额迅速增加，目前是中国光伏发电的主要市场。据国家能源局统计，2013 年我国新增光伏装机容量 12.92GW，其中分布式系统新增约 0.8GW(约占 6.19%)；截至当年年底累计光伏装机容量 19.42GW，其中分布式系统累计装机容量 3.1GW(约占 16%)。但随着政策导向和市场的变化，分布式光伏将成为市场的主流，建筑分布式光伏发电是主要形式。根据测算，全国建筑物可安装光伏发电约 3 亿 kW，仅省级以上工业园区就可安装 8000 万 kW。截至 2013 年，太阳能光伏建筑应用装机容量 1.875GW，占分布式光伏 3.1GW 的 60%。

2. 分布式光伏发电现状

2013 年我国新增光伏装机容量 12.92GW，其中分布式系统新增约 0.8GW(约占 6.19%)；截至当年年底累计光伏装机容量 19.42GW，其中分布式系统累计装机容量 3.1GW(约占 16%)。我国分布式光伏系统以工商业设施和公共设施上的并网系统为主，其中有不少 1MW 以上的屋顶系统，例如京沪高铁虹桥站 6.68MW 并网光伏系统、上海世博会主题馆 3MW 并网光伏系统、浙江义乌商贸城 1.295MW 并网光伏电站、深圳园博园 1MW 并网光伏系统、上海崇明岛 1MW 并网光伏电站、上海太阳能工程中心 1MW 并网光伏系统。

在激励政策方面，近几年来我国推出了多项光伏发电激励政策，其中涉及分布式光伏系统的政策主要有“金太阳示范工程”和“光电建筑一体化示范”工程。金太阳示范工程是财政部、科技部、国家能源局 2009 年推出的一项光伏补贴政策，支持对象包括产业园区 10MW 以上的用户侧并网系统、在工商业和公共设施上安装的 300kW 以上用户侧并网系统、利用智能电网和微电网建设的用户侧并网系统和无电地区独立系统。金太阳示范工程的政策是国家对于光伏项目进行初投资补贴，补贴标准基本按照离网光伏系统补贴 70%，并网光伏系统补贴 50% 的原则执行；光电建筑一体化示范工程政策于 2009 年开始实施，重点支持与建筑结合得光伏发电项目，包括采用专用光伏建筑构件和建筑材料的光伏建筑一体化(BIPV)项目和采用常规光伏组件的光伏建筑附加(BAPV)项目。光电建筑的政策同样是初投资补贴，BIPV 的补贴标准要高于 BAPV 的补贴标准。以上两项政策实施情况和补贴标准见表 8-2-3。

光电建筑和金太阳示范项目统计 表 8-2-3

光电建筑项目		
项目分期	规模	初投资补贴标准(元 /W)
第一期 2009	111 个项目，91MW	BIPV 20，BAPV 15
第二期 2010	99 个项目，90.2 MW	BIPV 17，BAPV 13
第三期 2011	106 个项目，120.0 MW	BIPV 12 元 /W
第四期 2012	128 个项目，225.0 MW	BIPV 9.0，BAPV 7.5
合计(到 2012 年底)	合计大约 526.2 MW	
资金来源	可再生能源专项基金	

续表

金太阳工程示范项目		
项目分期	规模	初投资补贴标准(元 /W)
第一期 2009	140 个项目，304.0 MW	建筑光伏 14.5，离网 20
第二期 2010	46 个项目，271.7 MW	建筑光伏 11.5，离网 16
第三期 2011	129 个项目，692.2 MW	C—Si 9.0，a—Si 8.5
第四期 2012	155 个项目，1709.2 MW	建筑光伏 5.5，离网 >7.0
合计(到 2012 年底)	2977.2 MW	
资金来源	可再生能源专项基金	
金太阳示范工程和光电建筑合并期		
第五期 2012 年 11 月	2830.0 MW	BIPV 7.0，BAPV 5.5
资金来源	可再生能源专项基金	
	全部已经批准的光伏项目	
	6333.4 MW	

从分布式光伏发电装机构成来看，“金太阳工程”以及“光电建筑一体化工程”两项初投资补贴政策极大促进了分布式光伏发电的发展。截止到 2012 年年底，“金太阳工程”以及“光电建筑一体化工程”安装的光伏系统占据了近 95% 的分布式光伏发电装机比例(见图 8-2-11)。但由于初投资补贴存在很多诸如质量控制、补贴效果追踪等问题，2012 年开始就逐步被度电补贴政策取代。短时来看，度电补贴对分布式光伏发电市场的刺激力度不及初投资补贴。2013 年“金太阳工程”以及“光电建筑一体化工程”停止后分布式光伏发电发展速度稍减，当年新增分布式光伏装机约为 0.8GW，比照 2012 年的 3.17GW 安装量下降了约 74.76%，但为使光伏产品质量和电站效率能进一步提高，产业能够淘汰落后，健康发展，对于发电量的鼓励才是正确的方向。

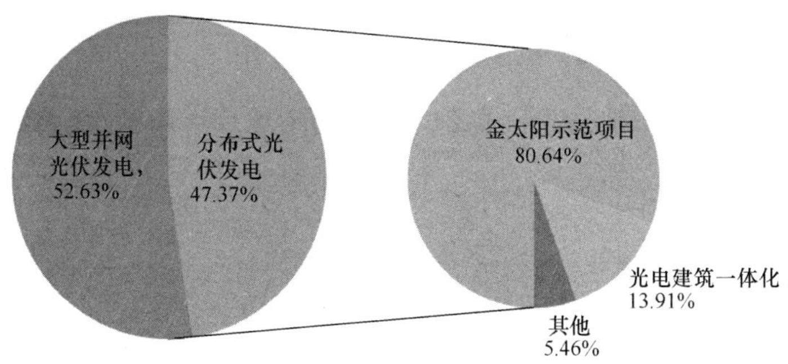

图 8-2-11 2012 年底大型并网光伏和分布式光伏发电累计容量占比

2013 年 7 月国务院发布《关于促进光伏产业健康发展的若干意见》后，各有关部门密切配合，陆续按国务院的要求制定了配套政策文件。以其消除分布式光伏发展过程中遇到的阻碍，如财政部出台了《关于分布式光伏发电实行按照电量补贴政策等有关问题的通知》、《关于分布式光伏发电自发自用电量免征政府性基金有关问题的通知》；国家发改委发布了《关于调整可再生能源电价附加标准与环保电价有关事项的通知》，《关于发挥价格杠杆作用促进光伏产业健康发展的通知》；财政部和国家税务总局出台了《光伏发电增值税政策的通知》；国家能源局以发展改革委名义印发了《分布式发电管理办法》、《光伏电站项目管理暂行办法》、《分布式光伏发电项目管理暂行办法》和《光伏发电运营监管办法》；国家能源局还会同国家开发银行出台了《关于支持分布式光伏发电金融服务的意见》；国家电网公司发布了《关于做好分布式光伏发电并网服务工作的意见》；南方电网公司出台了《关于进一步支持光伏等新能源发展的指导意见》。

一系列的政策有效地促进了分布式光伏的发展。我国分布式光伏装机主要分布在电力负荷比较集中的中东部地区，华东和华北地区累计并网容量分别为 145 万 kW 和 49 万 kW，占全国分布式光伏的 60%。排名前三的省份分别为浙江、广东和河北省，并网容量分别达到 16 万 kW、11 万 kW 和 7 万 kW，三省之和占全国分布式光伏并网总容量的 40%以上(图 8-2-12)。

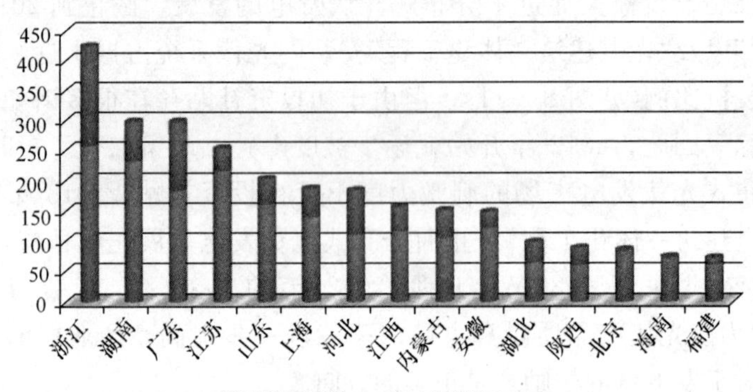

图 8-2-12　2013 年底累计分布式光伏装机情况

从发布的政策来看，分布式发电成为发展重点，将成为市场的主流，在 2014 年 1 月 14 日召开的 2014 年全国能源工作会上，国家能源局已敲定 2014 年国内光伏新增装机 14GW，其中分布式 8GW，地面电站 6GW。

第三节　光伏建筑应用发展情况

1. 与建筑系统结合形式

当前国外光伏与建筑的结合形式大体上分为两类：一是建筑与光伏系统的结合，或称为光伏附着设计(BAPV)；另一种是建筑与光伏组件的结合，或称为光伏和建筑的一体化集成设计(BIPV)。

在 2009 年财政部、住房和城乡建设部下发的《关于印发太阳能光电建筑应用示范项目申报指南的通知》中，为了体现对光电建筑一体化应用示范项目的引导和支持，将其按安装方式分为建材型、构件型和与屋顶、墙面结合安装的支架型三种形式。建材型是指将太阳能电池与瓦、砖、卷材、玻璃等建筑材料复合在一起成为不可分割的建筑构件或建筑材料，如光伏瓦等等，如图 8-2-13 所示。构件型指与建筑构件组合在一起或独立成为建筑构件的光伏构件，如以标准普通光伏组件或根据建筑要求定制的光伏组件构成雨棚构件、遮阳构件、栏板构件等，图 8-2-14 所示。与屋顶、墙面结合安装型，指在平屋顶上安装、坡屋面上顺坡架空安装以及在墙面上与墙面平行安装等形式。但是在实际操作过程中发现，由于工程项目应用情况的千差万别，后两种分类无法明确界定。

图 8-2-13　建材型

图 8-2-14　构件型

2010 年住房和城乡建设部组织编写的《建筑太阳能光伏系统设计与安装》图集中，明确将与建筑结合的光伏构件定义为建材型光伏构件和普通型光伏构件。所谓建材型光伏构件是指太阳电池与建筑材料复合在一起、成为不可分割的建筑材料或建筑构件(图 8-2-15)；普通型光伏构件是指与光伏组件组合在一起、维护更换光伏组件时不影响建筑功能的建筑构件，或直接作为建筑构件的光伏组件(图 8-2-16)。

图 8-2-15　建材型光伏构件

图 8-2-16　普通型光伏构件

从太阳能与建筑一体化的角度考虑，我们可以将光伏建筑一体化进行如下定义：(1)太阳能光伏发电技术与先进的建筑节能材料和节能产品等集成化组合，使建筑可利用太阳能的部分(如屋顶、幕墙、遮阳板等)得以充分利用；(2)光伏系统与建筑同步规划设计、同步施工安装，通过建筑材料或构件实现与光伏组件的有机结合，降低光伏系统的安装成本和建筑成本；(3)光伏系统与建筑融为一体，保持建筑物的整体美观性。

光电建筑一体化具备统一性和取代性两个显著特点。首先，光伏系统与建筑同步设计、同步施工，同建筑、技术、美学融为一体，提高了建筑物的整体美观性。其次，随着大尺度新型彩色光伏模块和各种造型的光伏模块的诞生和光伏技术的不断更新，不仅使光伏构件代替昂贵的外装饰材料(玻璃幕墙、屋顶瓦片等)成为可能，而且还能够使建筑外观更具有魅力。

但是随着光电建筑一体化水平的不断提高，除具备以上优点之外，一些新的附加功能也日益体现出来，如表 8-2-4 所示。可见，光伏应用技术作为一种新型的技术，在建筑学上已经成为一种新的可行的选择。光伏建筑一体化应用技术可以利用太阳能这种巨大的可再生能源来产生电力，又可以作为多功能建筑材料构成实际的建筑物构件，为建筑提供遮阳、通风等附加功能。

光伏建筑一体化附加功能　　**表 8-2-4**

一体化形式	附加功能
屋顶平行安装	保温隔热、通风屋顶
墙体结合安装	有效降低建筑墙体温度，减少空调冷负荷
光伏幕墙	具有遮阳作用，节省建筑面积
光伏遮阳板	具有遮阳作用
太阳能瓦	综合使用材料，节约成本
采光顶	采光照明

2. 体系建设情况

由于光伏构件产品标准的欠缺，导致我国光伏建筑应用产品水平落后于国际，在一定程度上限制了光伏系统在建筑中的应用。国内光伏建筑应用系统大多是由光伏企业进行设计和施工，普遍存在光伏建筑一体化设计及施工能力薄弱的问题，亟须国家标准、行业标准及产品标准的引导和规范。目前，已出台的相关标准集规范见表 8-2-5。

正在编写的有：

(1)由中国电力企业联合会、中国建筑设计研究院主编的《民用建筑太阳能光伏系统应用技术规范》(国标)，2013 年立项。

关于太阳能与建筑结合的标准及规范　　表 8-2-5

序号	编　号	名　称	备　注
1	JGJ 203—2010	民用建筑太阳能光伏系统应用技术规范	行业标准
2	10J908—5	建筑太阳能光伏系统设计与安装	图集
3	JGJ/T 264—2012	光伏建筑一体化系统运行与维护规范	行业标准
4	GB 50057—94	建筑物防雷设计规范	有关防雷/接地设计方面
5	GBJ 65—83	工业与民用电力装置的接地设计规范	
6	GBJ 64—83	工业与民用电力装置过电压保护设计规范	
7	SJ/T 11127—1997	光伏(PV)发电系统过电压保护—导则	
8	YD 5098—2005	通信局(站)防雷与接地工程设计规范	
9	YD 5068—98	移动通信基站防雷与接地设计规范	
10	GB 50009—2006	建筑结构载荷规范	有关防风设计方面
11	GB 15763.3—2009	建筑用安全玻璃第 2 部分：夹层玻璃	行业标准

(2)由中国建筑设计研究院主编的《建筑用光伏构件》(行标)，2010 年立项，即将形成征求意见稿。

(3)由深圳市创益科技发展有限公司主编的《太阳能光伏玻璃幕墙电气设计规范》(行标)，2010 年立项，目前已完成征求意见稿。

(4)《光电一体化建筑遮阳板》(国标)，正在编写。

(5)《建筑光伏幕墙采光顶检测方法》(产品国家标准)，正在编写。

(6)《太阳能光伏瓦》(产品行业标准)，正在编写。

正在编写的有：

(1)《建筑光伏夹层玻璃用封边保护剂》(产品行业标准)，已形成征求意见稿。

(2)《建筑光伏组件用 EVA 胶膜》(产品行业标准)，已形成征求意见稿。

(3)《建筑光伏组件用 PVB 胶膜》(产品行业标准)，已形成征求意见稿。

3. 应用安装情况

根据住房和城乡建设部发布的数据，截至 2013 年底，建成及正在建设的光电建筑装机容量达到 1875MW。

加快推进太阳能光电技术在城乡建筑领域的应用，从 2009 年开始，财政部、科技部和国家能源局支持“金太阳示范工程”，财政部、住房和城乡建设部支持开展光电建筑应用示范，实施“太阳能屋顶计划”。

本报告搜集整理了近年实施的“金太阳示范工程”和“光伏屋顶示范工程”项目，包括 2009～2012 年底完成的 1504 个部分太阳能光伏发电项目相关资料显

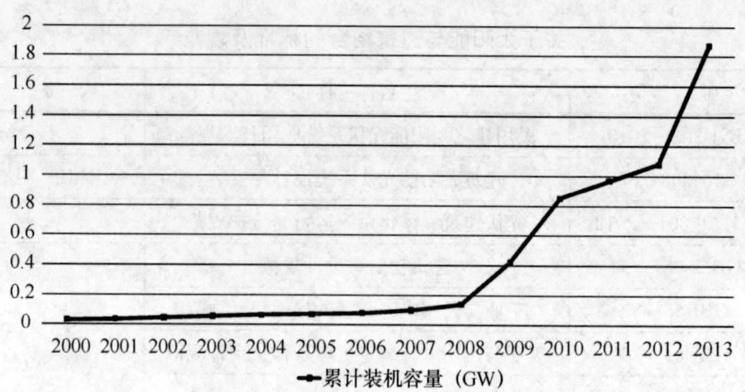

图 8-2-17　2000～2013 年我国太阳能光伏建筑应用装机情况

示，结合各类建筑安装的光伏系统装机容量达到 4656MW，占统计样本量的 67.7%，其余为大型地面电站或偏远无电地区独立电站，以及在农业大棚及道路交通景观等其他设施上的应用，相应构成如图 8-2-18 所示。

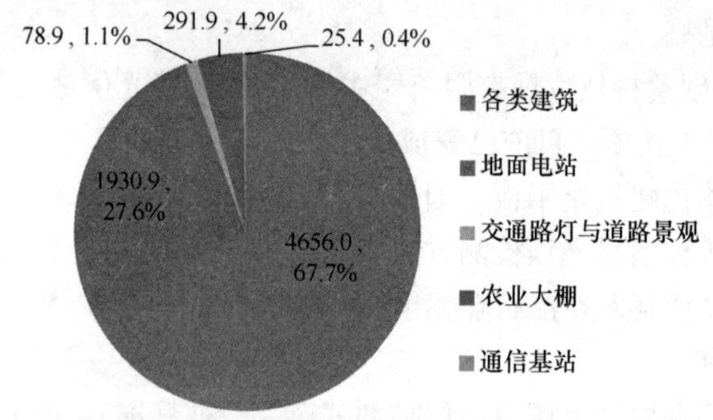

图 8-2-18　各类光伏系统比例分布(单位：MW)

在各光伏发电系统与建筑结合中，主要以工业建筑为主，所占比例为 75.8%，装机容量为 3528MW，需要说明的是，这其中包括了安装有光伏系统的工厂办公建筑、员工宿舍、厂房及仓储等各类建筑；两类民用建筑合计占 23.9%，其中公共建筑为约为 20%左右，居住建筑只占 3.9%左右；军事类建筑主要为哨所营房，约占 0.3%，相应构成如图 8-2-19 所示。

在工业建筑中，太阳能光伏系统主要安装在工业厂房上，装机容量为 3042MW，在与工业建筑结合中占 86.2%，在与各类所有建筑结合中占 65.3%，而工厂中结合于办公建筑上的系统仅占与工业建筑结合的 7.2%，员工宿舍占 4.9%，其余为仓储及其他包括员工文体活动类建筑等，如图 8-2-20 所示。

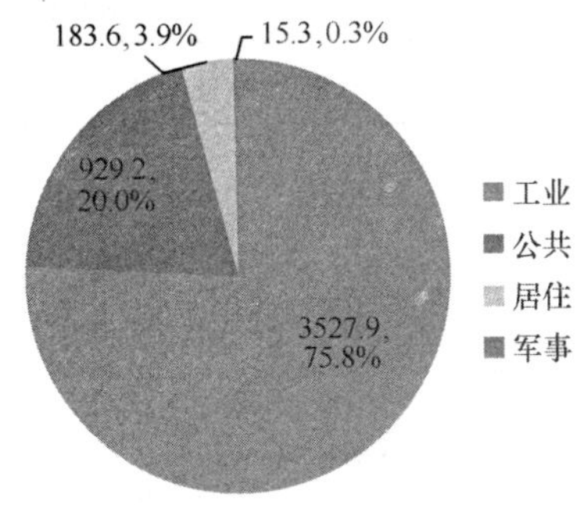

图 8-2-19 各大类建筑中光伏系统装机容量比例（单位：MW）

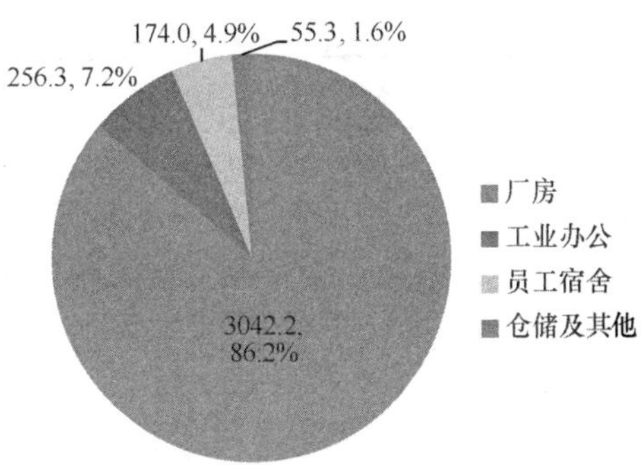

图 8-2-20 各类工业建筑中光伏系统装机容量比例（单位：MW）

对于民用建筑中的公共建筑，由于分类较为复杂，按照主要建筑功能归为以下，如表 8-2-6 所示，相应所占比例如图 8-2-21 所示。

由于前期在开展各类示范项目中，对各级政府、科研院所办公建筑及各类学校给予了大量投入，所以这两类建筑所占比例相对较高，分别达到 16.3%和 34.2%。需要说明的是，表中学校建筑包括了教学楼、学生宿舍及实验楼、图书馆等其他各类教学用房。市政类建筑指的是各类城市污水、垃圾处理场和油、气供给场等建筑。文体会展场馆由于其都有共同的特点，即大面积的屋顶，所以这类建筑被归为一类，其所占比例达到 9%左右。交通场站类建筑指的是机场航站楼或火车站，结合了光伏系统的这类建筑基本均为新建建筑，且光伏建筑一体化程度较高；商业综合建筑指的是集中多种商业功能的建筑；物流集贸类建筑被从商业类建筑中独立出来，主要是因为其基本均分布于城市近郊，且大多为建材家居或其他商品批发零售类建筑，一般具有大跨度钢结构屋顶等，其所占比例也达到 16%左右。

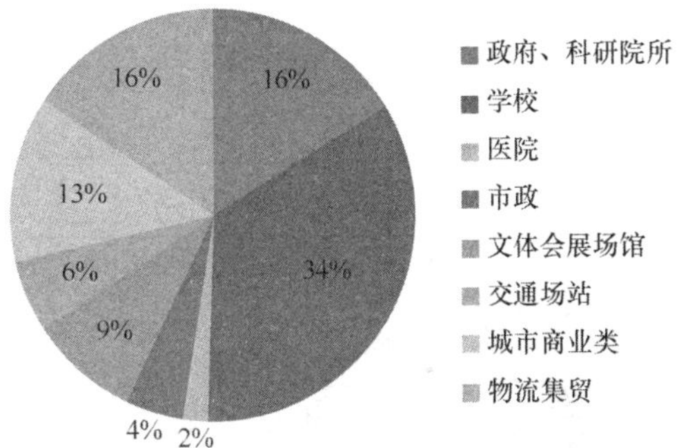

图 8-2-21 各类公共建筑中光伏系统装机容量比例

各类公共建筑中光伏系统装机容量比例 **表 8-2-6**

建筑类型		装机容量（kW）	百分比（%）
政府、科研院所	政府机构	104019.4	11.2%
	科研院所	47742.3	5.1%
学校		317805.4	34.2%

续表

建筑类型		装机容量（kW）	百分比（%）
医院		18713.2	2.0%
市政		42785.3	4.6%
文体会展场馆	文化场馆	17220.6	1.9%
	体育场馆	6806.4	0.7%
	会展场馆	56494.2	6.1%
交通场站		52494.3	5.6%
商业	商业综合	18253.0	2.0%
	商场	18349.2	2.0%
	酒店宾馆	24233.4	2.6%
	商业办公建筑	59117.7	6.4%
物流集贸	物流	16894.6	1.8%
	集贸	128230.3	13.8%

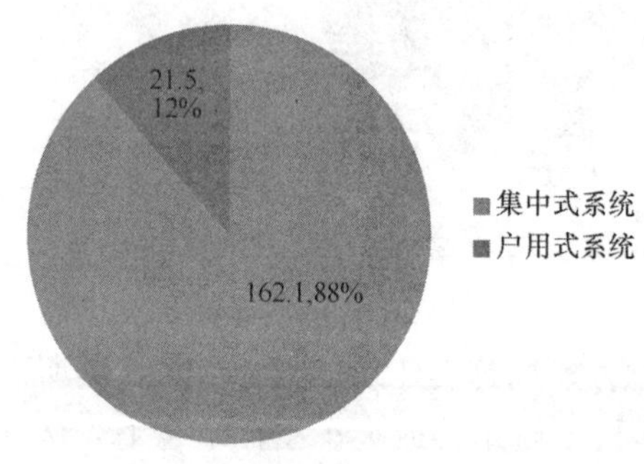

图 8-2-22　居住建筑中光伏不同系统形式装机容量比例（单位：MW）

对于光伏系统在居住建筑中的应用，当前所占比率并不高，搜集的样本中仅有 183.6MW，分析原因应当主要有城镇安装空间及系统成本等方面的制约。当前在居住建筑中相关的系统由其规模大小可分为两类：集中式系统和户用式系统，二者的构成比例如图 8-2-22 所示。统计中的户用系统几乎均来自偏远地区或农村无电地区，而集中式则一般分布在城镇中。

根据前期调研统计数据分析，当前国内光伏系统与建筑结合主要以附加型为主，其装机容量占到 87.69%，如图 8-2-23 所示。由于在工业建筑中，光伏系统与厂方结合形式大多是采取在彩钢瓦屋顶上以夹持件进行附加式固定安装的方式进行，而且与厂房结合装机容量所占比重较大，故而在工业建筑中以 BIPV 形式结合方式只占 7.32%；而在公共建筑及居住建筑中以 BIPV 形式结合的装机容量则相对较高，分别达到 29.22%和 22.7%。

住房和城乡建设部、财政部从 2009 年开始支持太阳能光电建筑一体化示范

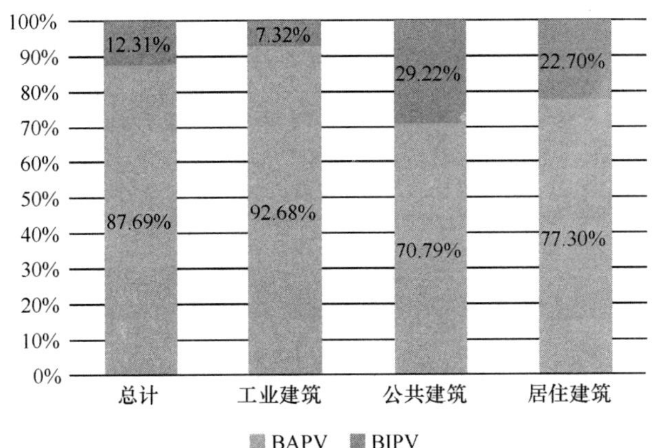

图 8-2-23 国内光伏系统与建筑结合方式比重

工程，重点支持与建筑结合得光伏发电项目，包括采用专用光伏建筑构件和建筑材料的光伏建筑一体化（BIPV）项目和采用常规光伏组件的光伏建筑附加（BAPV）项目。2009～2012 年，财政部、住房和城乡建设部共批准光电建筑示范项目 608 个，总装机容量 859.5MW，各省（市）具体实施情况如图 8-2-24、图 8-2-25 所示。示范工程重点向产业基础好，资源丰富的省（市）倾斜；重点引导光伏与建筑一体化发展，重点扶持技术先进的光伏产品推广应用。

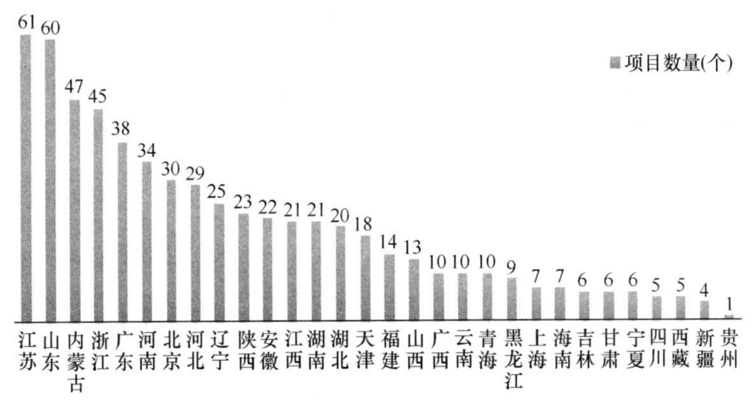

图 8-2-24 太阳能光电建筑应用示范项目实施量

山东、江苏、辽宁、内蒙古、河南、浙江分列全国示范项目装机容量前五位，占总装机容量的 52%。我国太阳能资源最为丰富的青海、西藏、新疆地区的项目实施数量较少，装机容量较低，这与当地经济条件有很大关系（图 8-2-26）。

目前，我国实施的太阳能光电建筑应用示范项目中，建材型组件的装机容量占示范项目总装机容量的 27%，非建材型组件占 73%；在非建材型组件中，41%是支架型组件，32%是构件型组件，如图 8-2-27 所示。

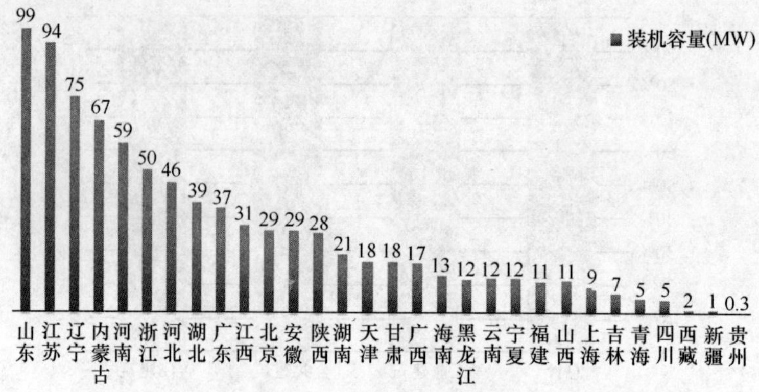

图 8-2-25 太阳能光电建筑应用示范项目装机容量

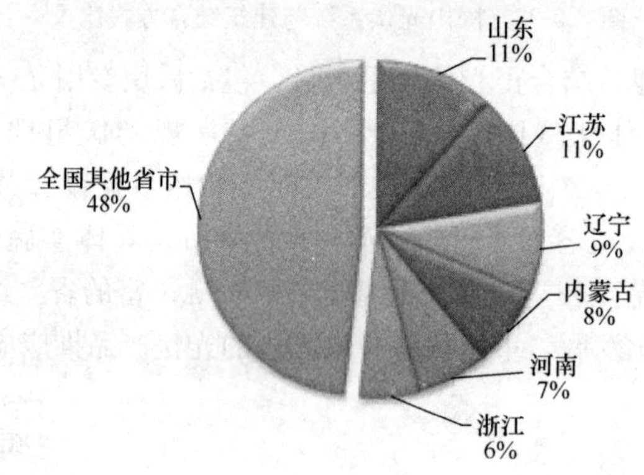

图 8-2-26 太阳能光电建筑应用示范项目装机容量集中度

图 8-2-27 光伏与建筑不同一体化形式所占比例

第四节 太阳能光伏建筑应用发展存在的问题

当前，我国太阳能光伏建筑应用发展规模与我国太阳能光伏产品的巨大产能相比，与建筑领域应用的广阔前景相比，极不适应。我国太阳能光伏建筑应用市场仍处在启动阶段，距离实现规模化、高水平应用的目标，存有一定差距。还需要面对巨大的挑战。主要有以下几点：

1. 住宅建筑市场的应用还很少

我国太阳能光伏建筑应用的市场规模还不大，并且以在工商业设施和公共设施上安装的系统为主，住宅建筑安装的并网系统还很少。如何启动住宅建筑的分布式光伏应用市场、扩大工商业设施和公共设施的并网系统市场，真正调动起民间资本的积极性，需要决策部门给予有利的政策导向以及、电网企业积极参与配合。

2. 存在较多的利益相关方，屋顶、电费等不确定因素较多

太阳能光伏建筑应用涉及屋顶所有者、设备生产商、开发商、用户、工程总包（EPC）公司、合同能源管理（ESCO）公司以及电网公司等多方关系，在项目实施过程中很可能出现诸如屋顶权属转移、用户因不可抗力等因素终止使用的情况，这为整个的运转体系增加了多种不确定的因素。如：电站业主与屋顶业主不是同一方时，将难以达成协议且容易引起法律纠纷；即使达成协议，分布式光伏发电系统的盈利情况与用电方的运营情况密切相关，一旦电力需求出现问题或变化，电站盈利和运营都会受到影响；不受电网监管的光伏分布式发电项目，由于缺乏统一的数据跟踪和监测系统，相关数据统计困难。

建筑分布式光伏发电项目不同阶段风险　　表 8-2-7

勘察期及施工期风险	• 欲出租的屋顶，是否有法律要求使用限制或已排除自用区域/面积； • 如为公有（共有）建筑物出租，产权所有人与物业管理者须就出租是否达成共识； • 屋顶漏水或破损、防腐以及其他安全问题； • 项目未能顺利获得入网许可
运营期风险	• 屋顶破损漏水导致电站不能正常运行；屋顶所有者或者屋顶使用者违反法令或租约用途，任意改变屋顶用途；屋顶产权发生变更；屋顶出租合同提前终止。 • 电池组件寿命低于设计寿命；屋顶安装支架出现问题；电量受灰尘影响严重。 • 电站不按时支付屋顶租金；由于屋顶破损给屋顶所有者造成损失而带来的经济纠纷；运转期间电站必要的水费、电费、环境清洁费等引起的纠纷。 • 电力用户用电稳定性差，用电负荷变化大，用户数量变化大，电力用户不按时支付电费等

3. 电站效率和光伏产品质量难以保证

由于国家政策的刺激，很多企业贸然进入光伏行业，光伏产品和电站质量出现良莠不齐的现象。从相关数据来看，部分完成建设的光伏电站质量问题严重，一些建成仅几年的电站光电转换率严重衰减。其他如光伏组件变黄爆裂、支架事故在光伏电站现场也屡见不鲜。光伏电站效率和质量关系整个电站的投资回报期，电站使用寿命的延长与发电效率的稳定，才是保证电站收益最关键的两个方面。但目前对于光伏电池的转化率、衰减、电站的收益如与预期是否一致很难把握，长期的发电量也难以保证，从而影响投资信心。

4. 光伏建筑应用的投融资体系有待完善

目前分布式建筑光伏发电处于初级阶段，项目开发建设运营中涉及到金融机构、项目开发商、屋顶所有者、电网公司和电力用户等，当前商业模式不完善以及电站建设运营管理存在较多不确定性等特点，导致目前分布式光伏发电投融资呈现出投资形式单一、银行融资严重受限等问题。从融资途径看，项目融资还主要以政府补贴和银行贷款为主，但是由于项目收益的不确定性较多，项目融资往往并不被商业银行看好，因此较难贷到足额优惠的贷款；企业融资目前是较有实力的大型开发企业的主要融资手段，凭借其企业优良的业绩在资本市场进行融资后进行分布式光伏的开发，从目前项目融资较难推进的情况下，该融资方式成为分布式光伏发电的主要融资模式。另外，由于光伏产品和电站的标准和认证体系的不完善，无法支撑金融行业和投资者对产品和项目做出准确的风险识别和评级，相关的保险和担保体系也不健全。

5. 技术标准和质量认证方面还存在差距

目前我国光伏发电相关标准的制修订工作明显滞后于国际标准的制定和行业的发展需要。光伏相关的标准实际涉及多个领域，如电池组件相关的超白玻璃，EVA，TPT 背板，焊锡带，密封剂等，没有统一的协调，导致出现同一种产品多头上报的情况。太阳能光伏建筑应用标准、规范、工法及图集的还未全面覆盖到太阳能光电建筑应用的设计、施工及验收等环节，未能有效地与建筑工程相关标准融合。

第五节　建 议 和 展 望

目前，我国太阳能光伏建筑应用仍处于发展初期阶段，市场要素尚不能够满足需求，商业化运作有待进一步厘清，建议加大对中国“太阳能屋顶计划”的实施力度，同时注重统筹规划，突出制度创新，强化技术进步，完善政策措施，规范市场秩序，加大扶持力度，促进太阳能光伏在建筑领域规模化、高水平应用。

1. 配套城市建筑设计，合理管理屋顶资源

针对屋顶资源紧张，整体规划欠缺，城市规划与建筑设计缺乏相应的配套机制等问题，建议将分布式光伏建筑应用纳入城市规划与建设的综合考量。在设计阶段考虑到使新建建筑满足光伏建筑应用的具体要求，通过技术设计增加新建屋顶面积。此外，鼓励成立专业机构对屋顶资源进行统一的管理和协调，缓解屋顶资源紧张现状。

2. 与发展绿色生态城区、绿色建筑相结合

国务院办公厅转发的《绿色建筑行动方案》中明确提出，“十二五”末完成新建绿色建筑 10 亿 m^2，实施 100 个绿色生态城区示范建设。因此，需加快分布式光伏在住宅建筑的应用，将分布式光伏建筑应用与旧城区改造、绿色生态城区建设、工业区整体改造等相结合，实现集中连片推广；在绿色建筑建设、保障性住房建设、“无电村”改造等工程实施过程中，鼓励家庭和社区安装、使用光伏发电系统，加大光伏产品的推广力度。

3. 加快提升光伏产品适应建筑应用的能力

加快组织对太阳能光伏建筑应用标准、规范、技术规程、工法及图集的编制和修订，完善太阳能光伏建筑应用设计、施工及验收等环节技术标准体系；支持光伏建筑构配件的研发及应用水平创新，研发适应建筑应用的不同类型的光伏产品构件，如不同颜色，不同透光率的组件，以便更好地适应建筑师的需要，开发多种型号的天窗、遮阳板、百叶窗和幕墙等光伏构件，从而有效地在建筑中推广使用。

4. 积极开展光伏建筑综合效益评价

积极开展光伏建筑综合效益评价，不仅要考虑系统的经济性分析，还要兼顾考虑一体化应用所带来的其他效益，主要包括建筑光伏构件或系统的遮阳、隔热、通风等功能。例如对于冬季有供暖需要的建筑，引入太阳电池方阵冷却空气，可以大大减少供暖用能，通过在太阳电池方阵顶部的墙体上设置风口风阀，非供暖季节将排风排入大气，供暖季节将热风引入室内，既能降低光伏电池温升，提高太阳能电池转换效率，又能为实现房间的隔热和保温功能。

5. 完善光伏产品质量认证体系，将金融要求标准化

建立光伏产品质量检测认证体系，保障组件和电站符合设计预期，将质量风险降到最低。同时，将金融机构对电站的要求，包括电站输出功率，即性能、效率和电量等因素有效融入标准化程序中，为投资方和运营商提供电站筛选和评估的标准，同时也为保险服务提供数据参考依据，为建立市场化的分布式光伏建筑应用的商业环境提供基础。开展太阳能光伏建筑应用系统评价，通过第三方评价，规范市场秩序，有助于优胜劣汰。

6. 明确电费结算和交易规则，创新商业模式和管理机制

由于分布式光伏发电开发商普遍采用合同能源管理模式与建筑业主以及用电户合作，电站开发商与建筑业主会经常因为售电收益分配问题产生矛盾，电费结算也面临无法及时到位的风险。建议针对分布式光伏发电项目，出台规范的合同能源管理办法和交易标准，并制定相应的保障措施，加强对合同能源管理模式的监管和合同的执行，保障多方利益，免除对电费结算的风险。此外，为了破解分布式光伏发电的资源散、业主多、统筹难、积极性不高的难题，建议在分布式光伏项目开发链条的每个关键操作环节组建统一的协调平台，或专业公司，使项目资源统一、操作专业且集中，以降低管理和开发成本，从而形成规模效应。例如，鼓励地方政府和管理部门承担更多的协调工作，特别是在企业比较集中的开发区、工业区，管委会可在协调屋顶业主、发电方和用电方等方面发挥主动性。也可考虑由管委会、开发商共同成立光伏物业管理公司，负责辖区内所有分布式光伏电站的电网对接工作、电费结算、运行维护等服务工作。

光伏作为新兴产业，问题与发展同在是正常现象，在发展中解决问题是制胜之道。发展的动力来源于政策、企业与市场的协调作用。2014 年，相关部委将贯彻落实相应的配套政策，扩大国内市场、规范产业发展、促进技术进步，太阳能光伏在建筑领域将能实现规模化、高水平的应用。

参考文献

[1] 数据来源：历年全国建设领域节能减排专项监督检查建筑节能检查的通报

[2] 太阳界智库. 2013 年上半年太阳能光热行业运行报告. http：//news. dichan. sina. comcn/2013/07/17/797009. html.

[3] 黄祝连等. 太阳能光热建筑应用工程测试总结评价[J]. 建设科技，2013(1)：26～27.

[4] 中国建筑节能协会太阳能建筑一体化专业委员会，国际铜业协会. 中国太阳能与建筑一体化应用项目研究报告，2013.

[5] 赵世明，高峰. 生活热水太阳能集热器面积的确定[J]. 中国给水排水，2009，25(20)：28～33.

[6] 吴晓春. 政策扶持 促进太阳能光热技术应用[J]. 建设科技，2014，2：12～13.

[7] 仲继寿，张磊，何少平. 住宅建筑太阳能热水应用的调查研究[J]. 住宅科技，2007，8.

[8] 李现辉，郝斌. 太阳能光伏建筑一体化工程设计与案例. 2012.

[9] 李俊峰. 中国分布式光伏投融资机制研究. 2014 年 5 月.

[10] 李俊峰，王斯成，王勃华等. 中国光伏站报告(2013). 2013 年 8 月.

[11] 北极星电力网. http：//www. bjx. com. cn/.

[12] EPIA. GLOBAL MARKET OUTLOOK FOR PHOTOVOLTAICS 2014-2018. 2014 年 6 月.

［13］　SEMI. 2013 中国光伏产业发展报告.

［14］　2013 年光伏发电统计. http：//www. nea. gov. cn/2014-04/28/c _ 133296165. htm.

［15］　关于 2013 年全国住房城乡建设领域节能减排专项监督检查建筑节能检查情况的通报. http：//www. mohurd. gov. cn/zcfg/jsbwj _ 0/jsbwjjskj/201404/t20140416 _ 217682. html.

［16］　国务院办公厅关于转发发展改革委住房城乡建设部绿色建筑行动方案的通知. http：//www. gov. cn/zwgk/2013-01/06/content _ 2305793. htm.

［17］　住房和城乡建设部科技发展促进中心. 中国建筑节能发展报告(2012 年)—可再生能源建筑应用. 2013 年 3 月.

［18］　郭梁雨，郝斌，刘幼农等. “十一五”可再生能源建筑应用示范[J]. 建设科技，2011(12).

［19］　刘幼农，马文生，郭梁雨等. 我国可再生能源建筑应用示范实施情况综述[J]. 建设科技，2012(7).

［20］　国际能源署太阳能光伏路线图. www. iea. org/roadmaps.

［21］　2013 年我国光伏产业运行情况. http：//www. miit. gov. cn/n11293472/n11293832/n11294132/n12858462/15971104. html.

［22］　2014 年中国光伏产业发展形势展望. http：//www. mofcom. gov. cn/article/hyxx/jidian/201312/20131200435023. shtml.

［23］　中国有色金属工业协会硅业分会. 2013 年多晶硅市场评述及后市展望. 2014 年 1 月.

太阳能建筑应用专业编写人员：

王珊珊、郭梁雨、章文杰、郝　斌、刘幼农、姚春妮

第九篇 建筑电气与智能化

第一章　建筑电气与智能化节能现状和发展趋势

第一节　中国建筑电气与智能化节能现状

中国是一个能源消耗的大国，其中，建筑能耗在总能耗中占相当大的比例。多年来，中国建筑行业在建筑节能技术方面取得了更大的进步，为减少建筑的能源消耗贡献一份力量。智能建筑契合了可持续发展的生态和谐发展要求，我国智能建筑更多地凸显出的是智能建筑的节能环保性、实用性、先进性及可持续发展等特点，和其他国家的智能建筑相比，我国更加注重智能建筑的节能减排，更加追求的是智能建筑的高效和低碳。这一切对于节能减排降低能源消耗等都具有非常积极的促进作用。

根据智能建筑设计标准（GB/T 50314—2006）中的定义，智能建筑是指以建筑物为平台，兼备信息设施系统、信息化应用系统、建筑设备管理系统、公共安全系统等，集结构、系统、服务、管理及其优化组合为一体，向人们提供安全、高效、便捷、节能、环保、健康的建筑环境。

建筑智能化系统主要包括如下5个方面：建筑设备监控系统、通信网络自动化系统、办公自动化系统、火灾自动报警系统及安全技术防范系统。如图9-1-1所示。

- 智能建筑的发展阶段

智能建筑在中国的发展可分为三个阶段：

智能建筑的发展阶段　　**表 9-1-1**

第一阶段	初始发展阶段（1990～1995年），智能建筑的智能化程度还不高，只在宾馆、酒店、商务楼等地方有部分应用
第二阶段	规范管理阶段（1996～2000年），智能化系统实现了系统集成和网络化的控制，应用的范围也从宾馆、酒店、商务楼扩展到了机关，企业单位办公楼、图书馆、医院、校园、博物馆、会展中心、体育场馆以及居民小区
第三阶段	快速发展阶段（2001年至今），智能建筑呈现网络化、IP化、IT化、数字化的趋势 智能建筑得到了政府的大力推广，应用范围越来越广泛，智能化程度也越来越高

- 中国智能建筑发展背景

中国建筑业产值的持续增长推动了建筑智能化行业的发展，智能建筑行业市

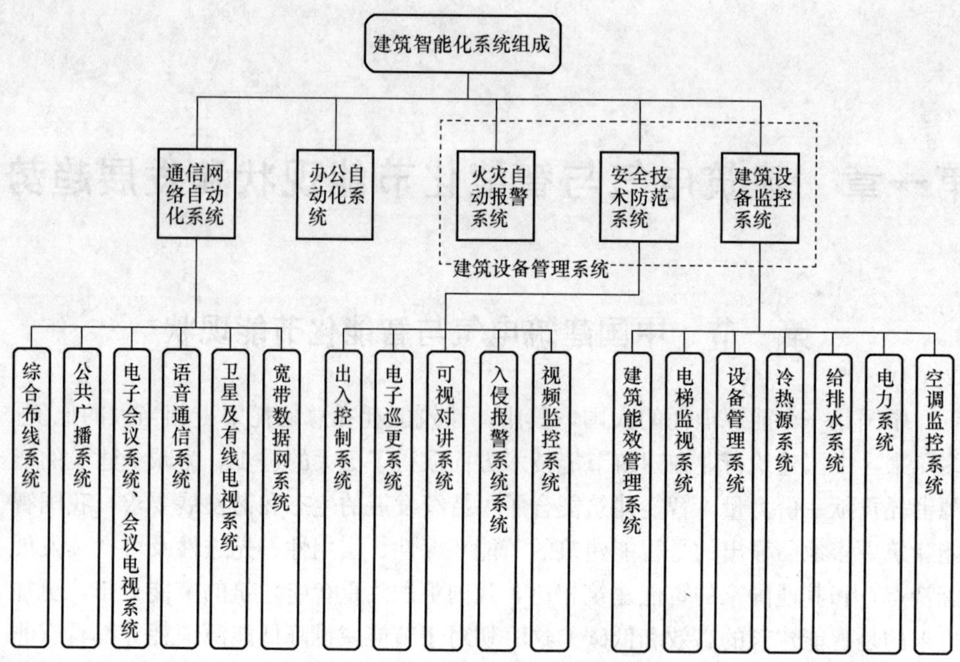

图 9-1-1　建筑智能化系统组成

场在 2005 年首次突破 200 亿元之后，也以每年 20％以上的增长态势发展，2012 年市场规模达到 861 亿元。我国智能建筑行业仍处于快速发展期，随着技术的不断进步和市场领域的延伸，未来几年智能建筑市场前景仍然巨大。

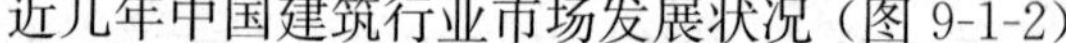
近几年中国建筑行业市场发展状况（图 9-1-2）

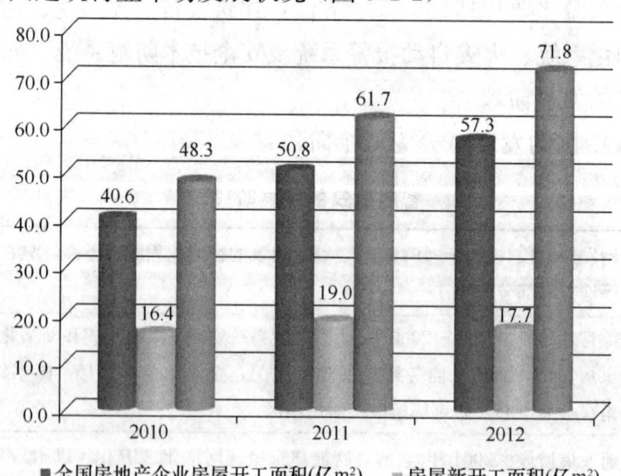

图 9-1-2　近几年中国建筑行业市场发展状况

据国家统计局统计，2010 年全国房地产企业房屋开工面积为 40.6 亿 m²，2011 年增加到 50.8 亿 m²，增长了 25.3%，到 2012 年变为 57.3 亿 m²，又增长了 13.2%。近几年全国房地产总投资也在不断地增长，从 2010 年的 48.3 千亿元增长到 2012 年的 71.8 千亿元，增长率达 76.8%。这些数据充分说明了我国的房地产企业的开发力度以及投资力度都在不断地加大。

近几年中国智能建筑占新建建筑的比例（图 9-1-3）

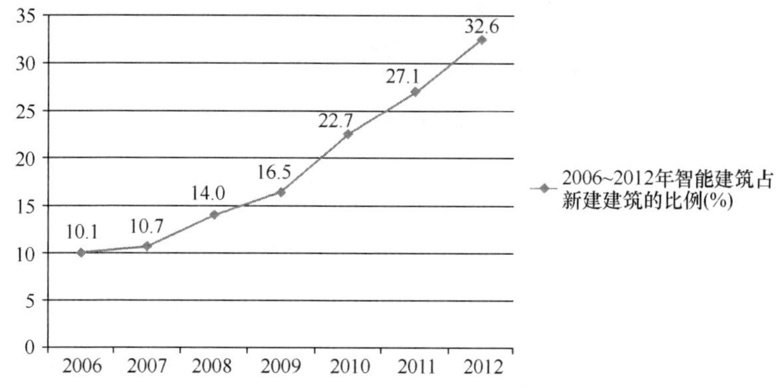

图 9-1-3 近几年中国智能建筑占新建建筑的比例

根据住房和城乡建设部资料显示，近年来我国智能建筑占新建建筑的比例不断升高，如图所示：在 2006 年，智能建筑只占新建建筑的 10.1%，2012 年智能建筑就已达 32.6%。2012 年中国智能建筑所占比例已经发展至 2006 年的 3.2 倍。

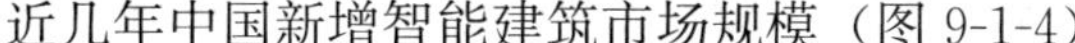

近几年中国新增智能建筑市场规模（图 9-1-4）

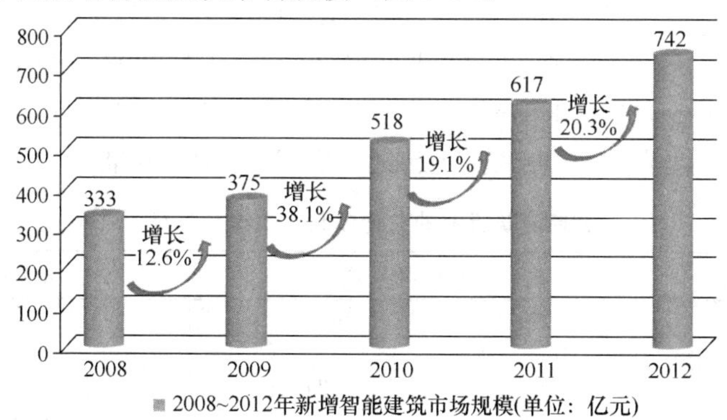

图 9-1-4 2008～2012 年新增智能建筑市场规模

就我国新增智能建筑的市场规模而言，2008 年，我国对于智能建筑的投资规模大概在 333 亿元，随着国家对智能建筑行业的鼓励和扶持，近几年来，每年的新增智能建筑市场规模均都有一定幅度的增长，到 2012 年，新增智能建筑市场规模已经达到了 742 亿元，比 2008 年增长 120%（数据来源于 2011～2015 年中国智能建筑行业发展前景与投资战略规划分析报告）。

近年来智能建筑改造市场规模

图 9-1-5　2008～2012 年智能建筑改造市场规模

中国智能建筑行业发展前景与投资战略规划分析报告（2011～2015 年）中表明，智能建筑的市场除了新建智能建筑之外，对一些老旧建筑的智能化改造也具有相当大的市场前景；近年来我国的智能建筑改造市场规模大幅增加。2008 年我国的改造市场规模为 20 亿元，2009 年实现了翻番增长，到 2010 年增长到了 200 亿元，2012 年中国智能建筑改造市场规模是 2008 年的 17 倍。未来还将持续发展和扩大。

智能建筑行业的监管体制、政策及规范已日渐成熟

目前，中国已颁布了《智能建筑设计标准》GB/T 50314—2006 、《视频安防监控系统工程设计规范》GB 50395—2007 、《入侵报警系统工程设计规范》GB 50394—2007 、《公共建筑节能设计标准》GB 50189—2005、《综合布线系统工程设计规范》GB 50311—2007、《建筑照明设计标准》GB 50034—2013 以及《绿色建筑评价标准》GB/T 50378—2014 等 200 多本规范。许多省市也先后编制了"智能建筑设计标准"、"公共建筑节能设计规范"等地方标准。

智能建筑行业的监管体制、政策及规范　　**表 9-1-2**

监管体制	行业标准、规范	相关政策
住房和城乡建设部主管，对市场主题资格和资质、建设工程全过程以及建设项目的经济技术标准等进行管理	《智能建筑设计标准》GB/T 50314—2006 《视频安防监控系统工程设计规范》GB 50395—2007 《入侵报警系统工程设计规范》GB 50394—2007 《公共建筑节能设计标准》GB 50189—2005 《综合布线系统工程设计规范》GB 50311—2007 《建筑照明设计标准》GB 50034—2013 等 200 余项	《全国住宅小区智能化系统示范工程建设要点与技术指导原则》 《建筑智能化系统工程设计管理暂行规定》 《建筑智能化系统工程设计和系统集成专项资质管理暂行办法》

1. 中国建筑电气与智能化节能市场现状

近几年中国各类建筑的建筑面积细分（表 9-1-3）

2009～2012 年公共、工业及住宅建筑的建筑面积（单位：亿 m^2） **表 9-1-3**

年份	2009	2010	2011	2012
公共建筑	105	109	113	117
工业建筑	95	99	102	106
住宅建筑	300	311	323	335

近几年中国各类建筑的智能化产值（图 9-1-6）

2009～2012 年公共、居住、工业三类建筑智能化市场规模几乎都实现了翻番增长。

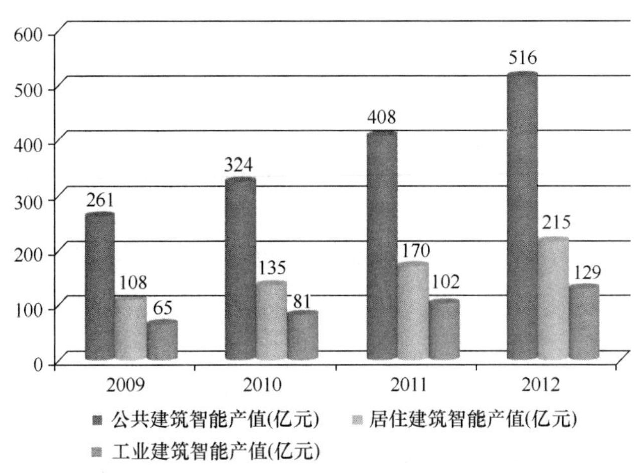

图 9-1-6 公共、居住、工业三类建筑智能产值

行业企业数量

据粗略统计，目前从事建筑智能化企业至少 3000 家左右，产品供应商也将近 3000 家左右，具备智能化工程承包资质的有 1100 家左右。同时具备建筑智能化系统集成设计甲级资质、建筑智能化工程专业承包一级资质、计算机信息系统集成一级资质的三甲企业有 30 余家。

中国建筑智能化市场前景可谓非常广阔，然而也存在如下几方面有利因素和不利因素直接影响智能建筑行业未来的发展。

● 有利因素分析

(1) 国家政策支持

2011 年，住房和城乡建设部下发的《关于印发住房和城乡建设部建筑节能与科技司 2011 年重点的通知》中要求：完善省、市、县三位一体，协调运行，监管有力的建筑节能管理机制，确保工程质量。继续抓好政府办公建筑和大型公共建筑节能监管体系建设，完善国家机关办公建筑和大型公共建筑能耗统计制度。扩大高等院校节约型校园建设示范规模。建筑节能已经从住房和城乡建设部行业标准逐渐向全社会强制执行推进，建筑节能已势在必行。

(2) 国民经济的持续稳定发展

自20世纪八、九十年代以来，中国国民经济保持了快速发展。随着经济的持续发展和人们对生活质量要求的进一步提高，中国房地产、基础设施等支柱行业也将保持快速稳定的增长态势，这必将推动中国智能建筑行业的快速发展。

(3) 市场前景广阔

随着中国经济发展水平的不断提高，人们生活水平的提高，国内智能化市场呈快速增长态势。随着中国城镇化进程步伐的加快和城市规模的不断扩大，以建筑智能和城市轨道交通为代表的智能化系统行业市场前景十分广阔。与此同时，智能化系统正向纵深发展，应用领域不断扩展，可以预见智能化系统企业面临较好的发展机遇。

(4) 科技进步对行业的促进作用

科技进步对智能建筑行业的发展具有较大促进作用。近十年来，新技术的推广和普及对整个社会的发展产生了深远的影响，特别是信息、网络和通信等技术的发展，极大促进了行业的需求，满足了社会对智能化建设内容的需求。如今，可持续发展的理念得到社会认同。在追求管理自动化、信息化的同时，越来越多地将节能、环保的需求引入智能建筑行业应用中：未来在空调节能、绿色照明、可再生能源利用、生活污水处理等方面的需求还将不断增加，科技进步将有助于建筑智能工程行业的进一步发展。

与此同时，科技进步导致建筑智能化工程采用的高新技术产品价格不断降低，客户使用成本不断下降，也促进了建筑智能化工程技术的广泛推广和应用。

● 不利因素分析

(1) 行业市场集中度不高

智能建筑行业企业的市场占有率不高，没有一家企业在整体市场及细分市场中占有主导地位，行业集中度不高，市场竞争激烈，整个行业抗风险能力相对较弱。

(2) 资金实力不足

由于建筑智能化工程的合作方式日益向着国际先进的工程总承包与带资承包模式方向发展，智能建筑工程企业是否具备相应的自有资金实力和融资能力，已成为工程建设项目业主衡量承包商实力的重要指标。中国的智能化工程企业起步晚、资产规模小、融资贷款难度相对较大，往往导致恶性循环。企业实力弱致使融资困难、人才流失，从而难以承揽大型工程项目，进而更加剧了经营困难、商业信誉变差、融资更加困难等不利处境。

（3）企业的创新能力不足

中国建筑智能化工程行业创新能力不足，体现在对系统核心技术的掌握以及通过对新技术的集成应用进行行业解决方案的创新。目前部分建筑智能化工程企业还停留在简单的产品模仿和常规系统集成服务上，没有从根奉上根据客户的需求和业务流程的特点，进行智能化解决方案的设计、定制和软硬件产品的开发，无法真正满足用户对智能化系统的使用要求。

总而言之，中国是一个能源消耗的大国，其中建筑能耗占有相当大的比例。目前建筑相关能耗占全部能耗的 46.7%，其中包括建筑能耗、生活能耗、空调等 30%。

智能建筑节能的程序中，实现节电节能是重要的一环，国外系统节能率一般可达 30%左右，而中国智能建筑的建筑节能远远落后世界先进水平，现有建筑只有 4%实现了节能。

目前，中国既有建筑约有 75%～80%属高耗能建筑，使它们成为节能型建筑也是住房和城乡建设部在“十二五”期间推动的重点。“十二五”期间，国家将会加大改造的力度，扩大改造的规模，也会把改造的范围从居住建筑推广到公共建筑领域，并在体制机制上创新。

智能建筑不仅为人们提供安全、舒适的工作和生活空间，还能运用高新技术实现节能减排。而建筑智能化，减少资源消耗，将是大势所趋。

● 照明节能市场

国家发改委发布《关于加大工作力度确保实现 2013 年节能减排目标任务的通知》，根据《通知》精神，发改委、财政部和住建部共同负责推动实施绿色照明工程，落实 LED 节能产业规划，继续实施节能产品惠民工程，推广高效照明产品 1.3 亿只。据悉，今后的绿色照明财政补贴将从荧光灯转向 LED 等高效照明产品。

行业数据显示，今年的 LED 商业照明市场爆发力非常巨大。今年上半年的 LED 路灯招标总额已超过 200 亿元，部分省市截至目前的招标金额，已经远超 2012 年全年水平。此外，由于国际 LED 企业大规模与中国 LED 企业合作，整体提升了中国 LED 技术水平，预计随着 LED 技术的日渐成熟，产品价格不断下调，可推广面将越来越大，包括 LED 路灯在内的商业照明将迎来新一波的高速增长。

从如今的商业照明市场看，LED 产品正在不断替代传统照明产品。相较之下，LED 照明产品具有使用寿命长、光效高、更加节能环保、无频闪、无辐射与低功效等显著的优点。“价格高”这个最大的缺点也将随着技术的不断进步而逐渐得到解决。业内人士也表示，LED 产品之所以长期以来未能大规模适用于商照领域，价格是其中很大的因素。因此，国家发改委此时出台加大节能减排力度的通知，对于扩大LED产品在商业照明领域的市场份额，将起到积极的推动和促进作用。业界普遍表示，未来LED大规模进入商业照明领域是必然的趋势。在环保节能的基础上，企业能否加快产业升级，推出性价比高的照明产品，也将成为未来照明市场上优胜劣汰的关键因素。

目前，在国家政策的推动下，随着LED照明产品价格的持续下降，再出于对照明消耗成本的考虑，越来越多的商家开始主动更换和选用LED照明产品。有业内人士表示，今年国内LED灯管的出货量增长率有望超过100%，而从未来5年看，LED灯管销售数量的增长速度将维持在33%以上，市场销售规模增长率将维持在20%以上，到2017年，LED灯管市场销售规模将达445亿元。

据业内专家介绍，LED照明产品的市场渗透是分层次的，层次分级又主要取决于用户对价格的敏感度、能源紧迫程度等。一般来说，从照明应用细分市场来看，长时间的工厂照明、商业照明需求总是最先爆发，局部照明应用快速渗透，最终逐渐走向家庭照明。

今年年初，国家发改委、科技部、工业和信息化部等六部委就联合发布了《半导体照明节能产业规划》。规划要求，LED照明节能产业产值年均增长30%左右，2015年达到4500亿元（其中LED照明应用产品1800亿元）。此项规划的出台，无疑是为LED照明产业的前路亮起一盏灯。

从我国传统照明市场来看，我国的照明需求是非常庞大的。2012年白炽灯和节能灯的大陆市场需求分别达到11.76亿只和12.69亿只，直管荧光灯的市场需求为8.3亿只，环形荧光灯的市场需求为8亿只，卤钨灯的市场需求为7.55亿只……如果将这些都将被LED照明产品替代，这个市场将是非常广阔的。

虽然家用照明潜在市场巨大，但因为LED照明需要的前期投入较大，消费者信心又尚未完全建立，因此业界人士表示，虽然业内普遍看好LED家用照明前景，但高昂的价格以及产品质量仍是LED家用照明普及路上最大的绊脚石。业内人士预测，LED灯在家用市场的普及度要到2020年才可望由目前的1%跃升至32%。

• 空调节能市场

近日国务院、发改委、住房和城乡建设部陆续发文推广绿色建筑。国家住建部于2013年1月16日再次发文《关于加强绿色建筑评价标识管理和备案工作的通知》，这是继2013年1月11日国务院转发《绿色建筑行动方案》后又一重要文件，其要求各省、自治区住房落实工作，加强和规范绿色建筑评价标识评审管理。从转变城乡建设发展模式出发，以推广绿色建筑为重要抓手，制定相应的激励政策与措施，大力引导和推动绿色建筑发展。得益于建筑节能的强力推进，整个空调产业链将迎来新的发展机遇。

中央空调是建筑业重要的下游配套设施，数据显示，预计到2015年末，建筑节能的市场规模将达到600亿元，有市场就有需求，随着国家对建筑节能工作的大力推进，建筑节能市场将成为拉动国内空调行业发展的新动力。

我国是能源大国，也是能耗大国。随着全国城镇化速度的加快，能源消耗已经成为我们不得不面对的问题。在我国，建筑物能耗占到公共机构能耗的70%以上，而中央空调就占到建筑能耗的40%，由此可见，采用中央空调节能对于推动“低碳化”进程至关重要。此次《绿色建筑行动方案》对具体的绿色节能标准，措施以及补贴政策做出详细要求，绿色建筑政策支持力度呈现加强态势。

《绿色建筑方案》要求城镇新建建筑将严格落实强制性节能标准，要求“十二五”期间完成新建绿色建筑10亿m^2；到2015年末达到绿色建筑标准要求的城镇新建建筑将达到20%。对于既有建筑节能改造项目，要求“十二五”期间完成北方采暖地区既有居住建筑供热计量和节能改造4亿m^2以上，夏热冬冷地区既有居住建筑节能改造5000万m^2，公共建筑和公共机构办公建筑节能改造1.2亿m^2，实施农村危房改造节能示范40万套。到2020年末，基本完成北方采暖地区有改造价值的城镇居住建筑节能改造。随着国家对建筑节能工作的大力推进，中央空调将成为推动当前到2015年建筑节能服务行业发展的巨大力量。

目前我国公共建筑节能降耗的任务严峻，我国对节能减排的指标提出的要求和标准更高，因此与建筑节能相关的各个行业都面临严峻挑战，中央空调业首当其冲。在建筑节能市场中，越来越多的空调厂商针对不同使用环境的差异化需求，为客户制定更节能、健康和舒适的中央空调系统解决方案，可以预见，建筑节能的巨大市场将成为未来空调企业抢夺的重点对象，也成为2013年企业市场布局的重要内容。

以北京为例，到2016年前，北京市将有3000万m^2的居住建筑和3000万m^2的公共建筑要进行节能改造，大约能节约60.6万t标准煤。据了解，北京还将通过可再生能源建筑应用节约56.94万t标准煤，其中：将有1800万m^2的民用建筑采取浅层地热或污水源热泵采暖、制冷，并节约14万t标准。据分析，这一规划对于建筑节能的要求明确而具体，对带动北方其他省市落实各自的建筑节能政策将起到积极示范和带动作用。

据悉，有关部门已初步确定全国近40座城市作为“十二五”期间公共建筑节能改造重点城市，要求每个城市未来两年内完成改造建筑面积不少于400万m^2。数据显示，预计到2015年年末，中央空调节能的市场规模将达到240亿元。得益于建筑节能的强力推进，整个中央空调产业链将迎来新的发展机遇。

2. 中国建筑电气节能技术现状

目前，我国拥有世界第三大能源系统，一次能源总产量仅次于美国和俄罗斯。但因我国的人口众多，人均拥有量很低，能源效率低下，未来建筑能源需求量很大。节约能源、降低能源消耗、提高能源效率关乎中国经济的前途，也关乎全球的经济发展。

建筑智能化系统根据建筑的功能不同，其要求也不尽相同，具体的系统形式和配置方式要根据建筑功能和业主要求而确定。而采用智能化系统必然带来以下的优势：

由于集中监控系统具有管理软件并实现与现场设备的通信，因而系统各设备之间的连锁保护控制更便于实现，有利于防止事故，保证设备和系统运行安全可靠。

能方便地实现下位机间或点到点通信连接，因而对于规模大、设备多、距离远的系统比常规控制更容易实现工况转换和调节。

具有统一监控与管理功能的中央主机及其功能性强的管理软件，可减少运行维护工作量，提高管理水平。

系统所关心的不仅是设备的正常运行和维护，更着重于总体的运行状况和效率，因而更有利于合理利用能量实现系统的节能运行。

节能控制系统应满足以下要求：

与设备运行和能耗相关的数据应具有历史数据保存功能，且应能至少保存12个月，并可将记录进行复制拷贝。通常建筑能耗是以年为周期的，必要时需进行不同年度同期数据的对比分析。

节能控制系统的对象应至少包括：能量监测计量系统，计量暖通空调系统，供配电系统，照明系统，生活热水供应系统，电梯及自动扶梯系统，可再生能源利用系统含地源热泵系统、太阳能热水系统、太阳能光伏发电系统等。

1）能量监测计量系统应符合国家相关法律法规的规定。2008年10月1日起施行的《民用建筑节能条例》和《公共机构节能条例》里分别对必须监测的项目进行规定，而建设部试行的《国家机关办公建筑和大型公共建筑能耗监测系统》系列五个技术导则：即《分项能耗数据采集技术导则》、《分项能耗数据传输技术导则》、《楼宇分项计量设计安装技术导则》、《数据中心建设与维护技术导则》、《建设、验收与运行管理规范》分别对系统建设进行了技术规定。

2）室内环境的综合控制：智能遮阳（通风）设备与室内照明和空调系统的联动和优化控制。

3）照明系统的控制应包括：公共区域的照明控制与感应控制，室内不同使用模式下的照明控制，泛光照明的控制，停车场的控制等等。最简单有效的方式是分组照明控制。

4）暖通空调系统的控制应包括：冷热源系统的连锁保护和运行优化控制；公共场所应安装室内温度调控装置，可以实现室温独立调节的集中空调系统末端装置有风机盘管和变风量末端，宜采用联网控制。

5）可再生能源利用系统的监控应符合相关国家标准的规定：《可再生能源建筑应用示范项目数据监测系统技术导则》（试行），《地源热泵系统工程技术规范》GB 50336—2005（2009 年局部修订），《民用建筑太阳能热水系统应用技术规范》GB 50364—2005 和《光伏系统并网技术要求》GB/T 19939—2005 等。

建筑电气与智能化节能设计现行的电气节能措施主要有：提高变压器负荷率，当变压器负荷率较低时轮换使用变压器；将现有变压器更换高效节能变压器；调整三相负荷使其尽可能平衡；将耗能大的设备改为节能设备；增加新型功率因数补偿电容器；增加谐波滤波器消除线路上的谐波电流；将发光效率低的光源更换为高效光源；将电感式镇流器改为电子式镇流器（节能型电感镇流器还是能用的）；调整灯具的数量，满足照度标准；照明系统的自动控制（感应、声、光、时控）；调整电气设备的使用时间（风机盘管、开水器、电梯、泛光照明）。

第二节 中国建筑电气与智能化节能发展趋势

1. 中国建筑电气与智能化节能行业发展趋势

我国经济持续、稳定的增长有力推动建筑电气与智能化节能行业发展。

我国新的经济区域发展将推动新一轮的建设高潮。东部率先、西部开发、中部崛起、东北振兴的发展态势形成以长三角、珠三角、环渤海等经济圈的东、中、西部共同开发的格局，为此带来大量基础设施建筑和城市基本建设，为建筑业带来了巨大的市场商机，建筑电气与智能化节能行业也将大有作为。

新型城镇化建设将成为我国未来经济发展的重要动力，快速发展的新型城镇化必然会带来城镇公共服务体系和基础设施投资的扩大，对建筑电气与智能化节能有巨大的推进作用。

我国智慧城市建设刚刚起步，国家相关部门正制定相关政策、标准规范、资金支持和工程项目试点，各级政府积极筹划智慧城市建设，提升城市综合实力。智慧城市建设对建筑电气与智能化节能行业成功难得的发展机遇。

（1）建筑行业高度景气

我国工程建设正处于前所未有的历史高峰期，大量的住宅和公共建筑和城市基础设施等建设和投入使用，而且随着中国经济社会的进一步发展，新的建设工程仍将不断涌现。据住房和城乡建设部预测，到 2020 年，中国将会新增各类建筑大约 300 亿 m^2，因此建筑业仍将保持持续快速发展的趋势。

随着建筑业的快速发展，建筑智能行业发展潜力极大，被认为是中国经济发展中一个非常重要的产业，其产业带动作用更是不容小觑。据统计，2006 年中国智能建筑比例仅为10%左右，2012年我国新建建筑中智能建筑的比例为26%左右，远低于美国的70%、日本的60%，市场拓展空间巨大。按照“十二五”末国内新建建筑中智能建筑占新建建筑比例30%计算，未来三年智能建筑市场规模增速维持在25%左右。

（2）建筑节能的需求日益彰显

在庞大的建设规模背后是巨大的能源消耗和浪费。按目前趋势发展，预计到2020年，建筑能耗将达到10.9亿t标准煤，建筑物在建造和使用过程中直接消耗的能源已占全社会总能耗的30%左右。无论从整个国际经济气候还是中国宏观经济大势来看，中国能源问题已经日趋严峻，节约能耗势在必行。

智能建筑节能是世界性的大潮流和大趋势，同时也是中国改革和发展的迫切需求，这是不以人的主观意志为转移的客观必然性，是21世纪中国建筑事业发展的一个重点和热点。节能和环保是实现可持续发展的关键。可持续建筑应遵循节约化、生态化、人性化、无害化、集约化等基本原则，这些原则服务于可持续发展的最终目标。

（3）节能政策的倾向

中国国民经济和社会发展“十二五”纲要明确指出：“坚持把建设资源节约型、环境友好型社会作为加快转变经济发展方式的重要着力点。深入贯彻节约资源和保护环境基本国策，节约资源，降低温室气体排放强度，发展循环经济，推广低碳技术，积极应对全球气候变化，促进经济社会发展与人口环境资源相协调，走可持续发展之路”。“抑制高耗能产业过快增长，突出抓好工业、建筑、交通、公共机构等领域节能，加强重点用能单位节能管理。”确定了“城市化水平提高4个百分点”，“国内生产总值年均增长7%”，“非化石能源占一次能源消费比重达到11.4%。单位国内生产总值能源消耗降低16%。单位国内生产总值二氧化碳排放降低17%”的发展目标。

国务院印发《关于加快发展节能环保产业的意见》，提出到2015年，我国节能环保产业总产值达到4.5万亿元，成为国民经济新的支柱产业。国家大力扶持节能环保产业，我国智能建筑节能行业将迎来发展黄金期。

2. 中国建筑电气与智能化节能市场的发展趋势

电子信息技术快速革新与发展，决定了智能化系统产品设备性价比上升，促使智能建筑工程建设成本下降，必将推动智能建筑市场规模进一步扩大。

在确立节能、降耗、可持续发展经济的思想指引下，努力推进建筑节能，制定了绿色节能、低碳、环保、生态等功能的建筑建设和运营目标。政府主管部门制定和发布《公共建筑节能设计标准》、《既有居住建筑节能改造指南》等一系列标准和文件，大力推进建筑节能和发展绿色建筑，2012年发布了《“十二五”建筑节能专项规划》，2013年发布了《关于转发发展改革委住房城乡建设部绿色建筑行动方案的通知》。上述政策将促使在新建建筑和既有建筑中大规模地采用各类新能源和低能耗的新系统、新设备，同时将普遍地建立建筑设备监控系统和建筑能耗分项计量、监测和管理平台。绿色建筑的建设和能源管理系统的日常运行，为建筑电气与智能化节能行业企业开拓了更为广阔的市场新领域。

“十一五”以来，民生保障和改善民生成为党和政府关注重点。

建筑电气与智能化节能程度的提高是民生改善的重要组成部分。智慧社区建设与居民个人密切相关。社区信息平台建设，更有利于扩大居民知情权、参与权、监督权为核心的基层民主建设和社会共治。国家民生改善政策推动了建筑电气与智能化节能行业的市场拓展，推动了建筑电气与智能化节能向新的深度发展。

我国城乡既有建筑达430多亿m^2，数量如此之巨的建筑中。统计数据表明，中国建筑能耗的总量逐年上升，在能源消费总量中所占的比例已从20世纪70年代末的10%，上升到近年的27.8%。

随着新增建筑的不断增加，预测到2020年，中国的总建筑面积将达到700亿m^2，遵照国家总体的节能减排规划，势必将产生一个巨大的建筑节能市场，而目前这个市场还处在起步阶段。

国家“十二五”规划中已经明确了建筑节能的主要目标：到2015年，北方采暖地区既有居住建筑供热计量和节能改造4亿m^2以上；夏热冬冷地区既有居住建筑节能改造5000万m^2；完成办公建筑节能改造6000万m^2；创建2000家节约型公共机构示范单位；“十二五”时期，形成3亿t标准煤的节能能力；为了完成既定的节能减排计划，国家势必会在政策、财政、税收等多方面给予大力支持，当前市场还处于全面启动期，可预见的未来市场发展空间巨大。

3. 中国建筑电气与智能化节能技术的发展趋势

电子信息技术新进步带来建筑电气与智能化节能发展新机遇。

物联网、云计算等新一代信息技术的日新月异，带动了建筑电气与智能化节能技术的不断更新与进步。建筑电气与智能化节能领域的信息网络技术、控制技术、可视化技术、家庭智能化技术、数据卫星通信和双向电视传输技术等，都将被更加广泛发展与应用，全面实现人类社会环境可持续发展目标。

新一代网络技术广泛应用，将改变智能建筑内各系统的网络架构，所有专业系统的数据采集和远程监控进入统一的信息平台，数据整合、信息集成和联动控制功能大大增强，使同一平台下实现诸多智能建筑的统一管理成为可能。物业管理、能源监控、环境监测、安全保障和信息发布与交流将突破建筑的物理范畴，延伸至多种类型建筑群体以致整个城市，成为智慧城市中社会化信息平台的组成部分。

(1) 独立系统节能向系统间的协调运转

随着对建筑节能要求的不断提高，各子系统之间的联动和协调控制，达到优化组合和管理，实现整体节能显得越发重要。照明系统可以和空调系统之间实现联动；门禁在检测到内无人的时候可以关闭照明、空调等设备；在光照充足的室内，照明系统自动降低室内人工照明等，不同系统之间的互联互通和协调工作，进而实现建筑节能的最大化。

(2) 云计算

随着信息技术的发展，传统的 BAS 已无法满足智能建筑的节能要求，如何实现对分类能耗及分项能耗的远程监测与管理；对于监测获取的大量能耗数据，如何进行分析并从中获取有价值的信息数据，从而调控能耗设备；同时如何合理布局与管理机房设备对系统服务器设备进行集中管理以提高服务器的利用率，这些都将成为未来建筑电气与智能化节能发展必须考虑的问题。

今后完全可以利用云计算技术构筑一个统一的信息平台，并且这个信息平台及其相应的服务可以从一栋建筑扩展到整个社区乃至整个城市。将所有建筑能耗数据上传到服务器平台。在云端将对历史数据和瞬时数据的分析，为建筑提供节能解决方案。

在英国一个名叫“CarbonBuzz”的云计算平台，已经应用到建筑节能中，能够让参与计划的成员以匿名的方式评测他们的建筑的碳排放性能表现、进行管理风险以及分享经验教训。

建筑节能与智能化技术紧密结合，将有利于挖掘建筑节能潜力，提高建筑节能水平，智能化建筑节能技术将在生产生活中全面应用，同时将突飞猛进的发展。

(1) 中国智能建筑的发展趋势——节能

1) 技术及行业的发展趋势

智能建筑领域的相关技术的发展将呈现出如下趋势：

①智能建筑系统的集成化和相关技术的标准化；

②行业智能化解决方案的不断创新化；

③企业的核心竞争力将集中体现为其技术创新能力和信息化管理能力。

智能建筑行业的发展主要有如下几个趋势：

①行业的市场规模还将稳步扩大；

②行业集中度将不断提高；

③高、低端市场将逐步分化；

④ 技术的进步也促进企业快速地发展。

2) 绿色建筑是智能建筑的发展方向

据统计，全球共有约 41％的能源消耗在了建筑领域，约 21％的 CO_2 排放量来源于建筑（图 9-1-7、图 9-1-8）。由此可见，就目前而言建筑的节能问题是相当严峻的。

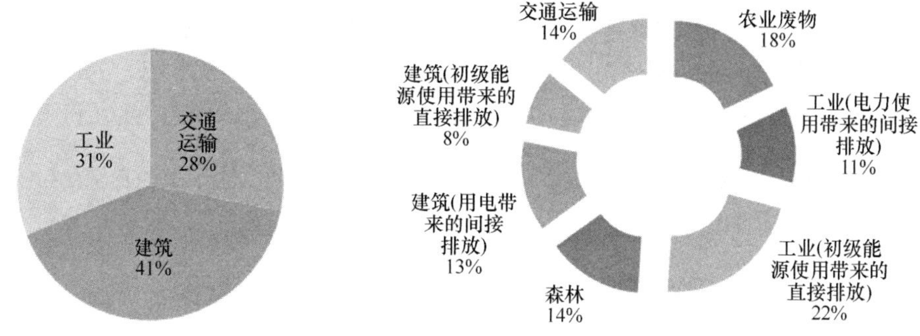

图 9-1-7 各行业的能源消耗占比

图 9-1-8 各行业 CO_2 排放量所占比例

目前，随着生活水平的提高，建筑能耗正呈现出持续增长的态势。

众所周知，电气能耗是建筑能耗的重要组成部分。据统计，我国住宅年耗电量约占发电总量的 10％，而高档办公楼、购物中心、交通枢纽等公共建筑年耗电量约占全国城镇总耗电量的 22％，每平方米年耗电量是普通居民住宅耗电量的 10～20 倍，是欧洲、日本等发达国家同类建筑的 1.5～2 倍。

以北京为例，各类建筑的耗电比例如图 9-1-9～图 9-1-12 所示。

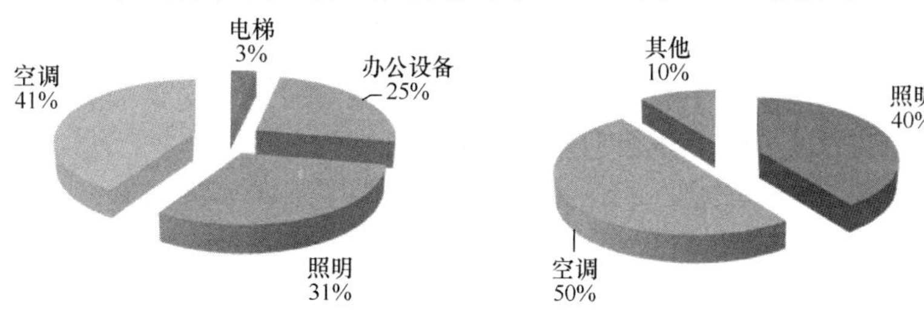

图 9-1-9 北京地区写字楼各类设备耗电量占比分析

图 9-1-10 北京地区商场各类设备耗电量占比分析

综上所述，我国的建筑节能事业已是势在必行，而建筑电气的节能作为建筑节能的重要组成部分，扮演着不容忽视的角色。近年来，伴随着绿色建筑概念和技术的兴起，也为我国的建筑节能事业开辟了一条崭新的道路。在各级政府的大力支持和行业发展的带动下，全国各地纷纷开始兴建绿色建筑，截至目前已有如图 9-1-13、图 9-1-14 所示诸多省份在绿色建筑建设方面取得了不小的成就。

伴随着我国国民经济的稳步发展和建筑节能工作的不断推进，未来绿色建筑还必将获得长足的发展。

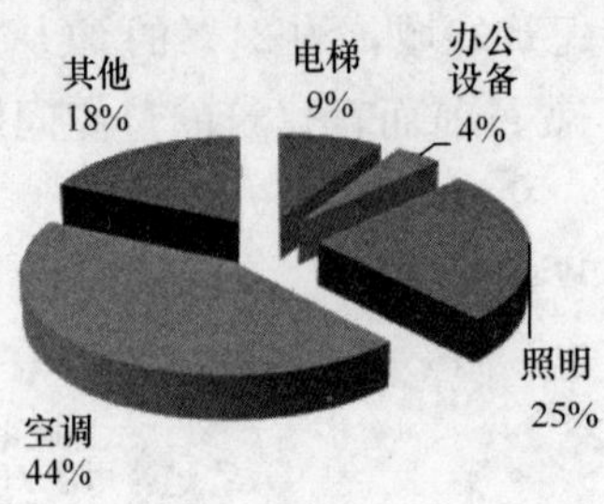

图 9-1-11 北京地区宾馆各类设备耗电量占比分析

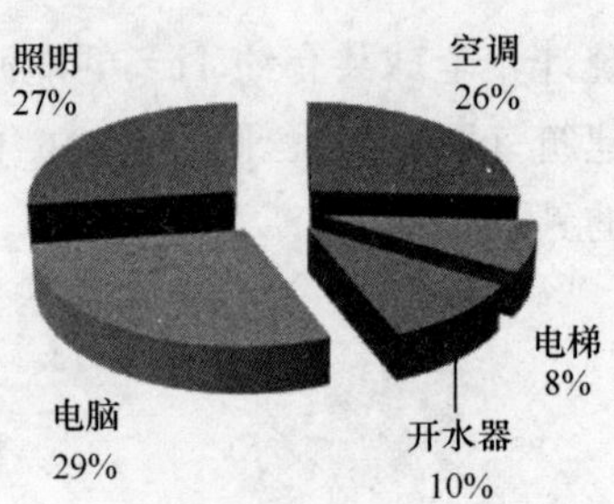

图 9-1-12 北京地区政府办公楼各类设备耗电量占比分析

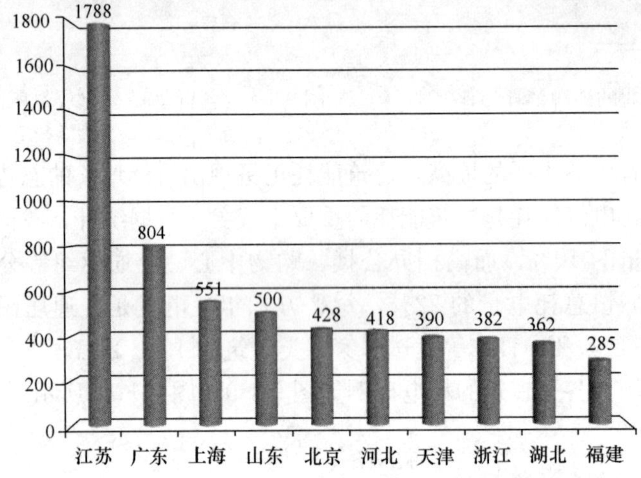

图 9-1-13 截至 2012 年底中国各省绿色建筑面积总和（单位：万 m^2）

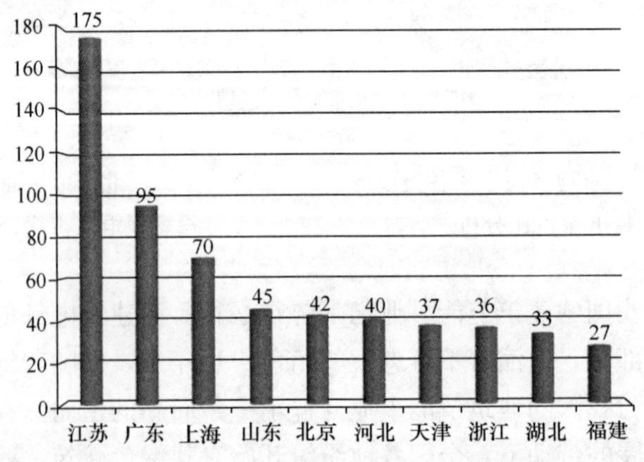

图 9-1-14 2012 年底中国各省绿色建筑个数（单位：个）

3）智能建筑节能的四大机遇

①政府的大力扶持

政府的大力扶持促进城镇绿色建筑发展，中央政府节能补贴大幅增加，地方政府优惠政策日益明确。三星级绿色建筑，每平方米给予75元补助；对新建绿色建筑达到30%以上的小城镇命名为“绿色小城镇”，并一次性给予1000～2000万元补助。有的地方政府提出：凡是绿色建筑一星容积率返还1%，二星返还2%，三星返还3%。另外，国家从实行税收优惠、加大资金支持力度、完善会计制度、提供融资服务等方面积极支持合同能源管理节能产业的发展。

②新技术在不断涌现

例如可再生能源电梯，节能率达到50%以上，利用电梯下降时候发电，成本仅增加5%，运行寿命更长；冷热电三联供对能源进行充分的回收利用；采用新型材料光伏幕墙对透光串进行调节等等，这些新型技术有些已经运用的很成熟，有些还有待推广。

③国际合作项目日益增多

国际合作正在蓬勃发展。随着绿色建筑概念的不断推广，国际的合作也在日益加强。近年来，很多的发达的国家都向我国提出共建绿色建筑示范区的合作要求。

④专业协会的成立

中国智能建筑行业的蓬勃发展，除了得益于国家政策支持和建筑企业的创新，还有赖于一些业内高品质协会的良性引导。

由民政部批准的“中国建筑节能协会——建筑电气与智能化节能专业专委会”已于2013年5月正式成立了。该协会聚集了一百多位在行业内较有影响力的专家，致力于搭建交流合作的良好平台，积极引导智能建筑行业发展，并将主营业务定位为：广泛收集和共享业内信息、提供业务培训、编辑发行书刊、努力推进国际合作。未来一段时间，伴随协会工作的稳步推进，必将促进我国智能建筑行业的快速发展。

（2）节能建筑设计的核心技术——BIM技术

1）BIM技术发展

节能建筑的设计作为节能建筑建设过程中最重要的环节，节能建筑设计领域的发展对整个节能建筑行业的发展起着至关重要的作用。建筑设计技术的发展过程：1991～1992年，第一次设计技术手段阶段，“从甩图板到计算机二维设计”，2011～2012年是第二次设计技术手段阶段，“从二维设计到BIM三维设计”。随着技术手段的发展，当前国际建筑设计领域越来越多地采用BIM技术来作为建筑设计的核心手段。BIM（Building Information Modeling 建筑信息模型）是以建筑工程项目的各项相关信息数据作为模型的基础，进行建筑模型的建立，通过数字信息仿真模拟建筑物所具有的真实信息。它具有可视化，协调性，模拟性，优化性和可出图性五大特点。

2）BIM技术的项目应用

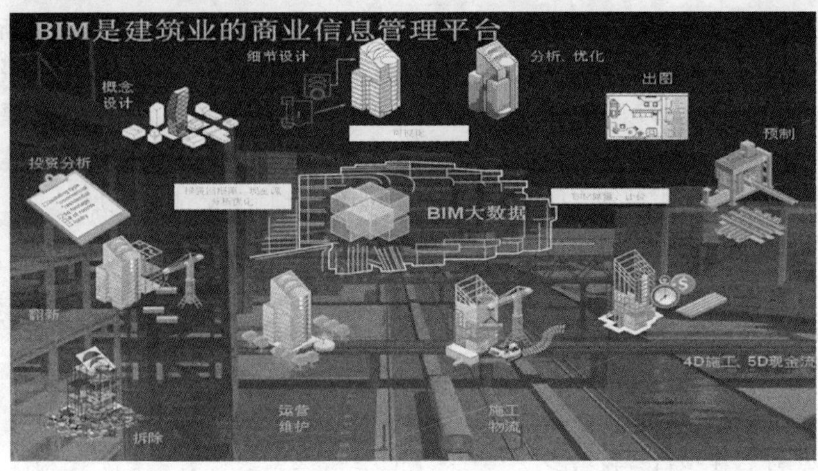

图 9-1-15　BIM技术全生命周期的项目应用

采用BIM技术能在项目的建设期，将建设单位、设计单位和施工单位有机结合起来，有效的传递信息，这样可以在建设阶段就避免资源的浪费和项目建设的各种困难。此外，在项目建成之后的运营阶段，BIM技术同样为运营单位提供各种有价值的信息参考，使得该建筑能够最大化地发挥其作用。

在智能化绿色建筑的设计和建设中，BIM技术的作用更为明显，智能建筑的高科技、多系统集成性以及绿色建筑本身的节能性需求，使得该建筑的设计和管理更需具有良好的信息传递功能和全寿命周期管理功能。以BIM技术作为智能化节能建筑设计的核心手段，必将大大裨益于项目和建设和后期的运营维护等。

3）BIM技术发展的六大需求：

序号	发展需求	内容描述
1）	经济发展的需求	GDP、生产力、可持续健康发展等
2）	技术进步的需求	手段、流程、质量、效率等
3）	核心竞争力需求	人才、品牌、战略等
4）	行业发展的需求	科技研发、节约投资等
5）	城市发展的需求	城镇化、数字城市等
6）	社会进步的需求	节能环保、社会责任等

4）BIM技术发展的六大变革：

序号	发展变革	内容描述
1）	传统思维的变革	习惯意识，传统想法等
2）	技术手段的变革	科技创新、科研转化生产力、软件技术变革等

续表

序号	发展变革	内容描述
3)	商业模式的变革	开拓新的经营模式及市场、传统工作模式等
4)	城镇化建设变革	政府审批、管理运营的统筹、应急预案等
5)	产业信息的变革	全生命周期、信息的全过程传递和综合使用等
6)	建筑产业的变革	信息化水平、工业化水平等

5）BIM 技术八大设计优势

序号	设计优势	内容描述
1)	三维设计	项目各部分拆分设计，便于特别复杂项目的方案设计，简单项目质量优化
2)	可视设计	室内、室外可视化设计，便于业主决策，减少返工量
3)	协同设计	多个专业在同一平台上设计，实现了高效的协同设计
4)	设计变更	一处修改，处处更新，计算与绘图的融合
5)	碰撞检测	通过机电专业的碰撞检测，解决机电管道碰撞
6)	提高质量	采用阶段协同设计，减少错漏碰缺，提高图纸质量
7)	自动统计	可自动统计工程量并生成材料表
8)	节能设计	支持整个项目绿色节能环保可持续发展

6）BIM 技术未来发展的八个趋势：

序号	发展趋势	内容描述
1)	趋势之一	国家发展目标与 BIM 未来技术发展相一致
2)	趋势之二	未来 BIM 的发展整体变革模式
3)	趋势之三	BIM 技术促进了决策流程和成本控制的优化
4)	趋势之四	BIM 技术应用的高价值体现
5)	趋势之五	5D 技术对项目成本、周期、质量的影响力
6)	趋势之六	云计算对建筑产业发展的影响
7)	趋势之七	BIM 技术对节能建筑及数字城市的技术支撑
8)	趋势之八	绿色节能可持续及装配式建筑设计

（3）物联网技术

物联网是通过射频识别（RFID）、红外感应器、全球定位系统、激光扫描器等信息传感设备，按约定的协议，将任何物品与互联网相连接，进行信息交换和通信，以实现智能化识别、定位、追踪、监控和管理的一种网络技术，其用户端延伸和扩展到了任何物品和物品之间。

物联网（Internet of Things）这个词，国内外普遍公认的是 MIT Auto-ID 中

心 Ashton 教授 1999 年在研究 RFID 时最早提出来的。在 2005 年国际电信联盟（ITU）发布的同名报告中，物联网的定义和范围已经发生了变化，覆盖范围有了较大的拓展，不再只是指基于 RFID 技术的物联网。

自 2009 年 8 月温家宝总理提出“感知中国”以来，物联网被正式列为国家五大新兴战略性产业之一，写入“政府工作报告”，物联网在中国受到了全社会极大的关注，《物联网“十二五”发展规划》中提出二维码作为物联网的一个核心应用，使得物联网从“概念”走向“实质”。

物联网典型体系架构分为 3 层，自下而上分别是感知层、网络层和应用层。感知层实现物联网全面感知的核心能力，是物联网中关键技术、标准化、产业化方面亟须突破的部分，关键在于具备更精确、更全面的感知能力，并解决低功耗、小型化和低成本问题。网络层主要以广泛覆盖的移动通信网络作为基础设施，是物联网中标准化程度最高、产业化能力最强、最成熟的部分，关键在于为物联网应用特征进行优化改造，形成系统感知的网络。应用层提供丰富的应用，将物联网技术与行业信息化需求相结合，实现广泛智能化的应用解决方案，关键在于行业融合、信息资源的开发利用、低成本高质量的解决方案、信息安全的保障及有效商业模式的开发。

物联网体系主要由运营支撑系统、传感网络系统、业务应用系统、无线通信网系统等组成。

物联网四大支柱技术与业务群包括：

1）RFID：电子标签属于智能卡的一类，RFID 技术在物联网中主要起“使能”（Enable）作用。

2）传感网：借助于各种传感器，探测和集成包括温度、湿度、流量、压力、速度等物理现象的网络。

3）M2M：侧重于末端设备的互联和集控管理。

4）两化融合：工业信息化也是物联网产业主要推动力之一，自动化和控制行业是主力。

（4）智慧城市

智慧城市是当今世界发达国家推进战略性新兴产业和城市信息化进程中的前沿理念和探索实践，正成为世界城市发展新的制高点，同时也是我国新一轮城市发展与转型的客观要求及提升城市品质和竞争力的必然途径。“智慧城市”概念的首倡者美国 IBM 公司认为，先进的信息和通信技术将越来越深刻地改变城市运行和管理方式。“智慧城市”就是借助新一代的物联网、云计算、决策分析优化等信息技术，将人、商业、运输、通信、水和能源等城市运行的各个核心系统整合起来，以一种更智慧的方式运行，进而创造更美好的城市生活。目前，智慧城市包括智能交通、智能电网、智能水务、智能环保、智慧医疗、智能养老、智慧社区、智能家居、智慧教育、智慧国土十大重点领域。

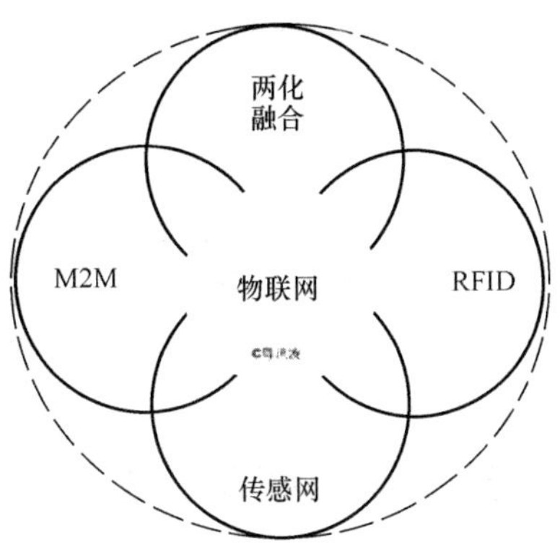

图 9-1-16　物联网四大支柱技术与业务群

城市与建筑密不可分，城市是建筑的载体，建筑是城市这个生命综合体中的细胞。在智慧城市中，对人类生活起到重要影响作用的主要是智能化的电气化设施以及智能建筑。智能建筑不仅仅是智能技术的单项应用，同时也是智慧城市架构下的智慧综合体。我国各地的智慧城市建设已正式迈入“实践探索”阶段，2013 年，住房和城乡建设部对外公布了 193 个国家智慧城市试点，国家发改委、工信部、科技部、住建部等多个部门研究起草的《关于促进我国智慧城市健康发展的指导意见》也已获国务院明确批复。各地住建厅等相关部门开始征集智慧城市建设专家，智慧城市产业联盟、智慧城市产业技术创新战略联盟等组织纷纷成立，许多建筑设计院也作为城市建设战略合作伙伴纷纷投入到智慧城市规划、设计研究等工作中。

美国、欧盟、韩国、新加坡等发达国家和地区已经发布了建设“智慧城市”的相关规划和政策，一些城市开始实施“智慧城市”的建设。IBM 公司等一些世界领先企业，提出了“智慧城市”整体解决方案，并且开始在全球推广。从“智慧城市”的解决方案来看，内容涵盖极其广泛，包括减少交通拥堵以及由此导致的空气污染的智慧交通；对医疗记录进行数字化处理，总体提高医疗质量的智慧医疗；改善水质，科学进行水分配，提升水行业运营效率的智慧水资源管理；更加智能化地运营和管理电力系统的智慧电网等等。在全球，许多城市正在建立起各种智慧的系统，如爱尔兰高威市先进的“智慧海湾”水资源管理系统，韩国松岛的“有线城市”计划以及新加坡的“电子乐章”交通管理系统等等。

北京市“十二五”规划提出，构建精细智能的城市管理，促进城市管理的精细化、智能化，建设智慧城市。上海市“十二五”规划提出，建设以数字化、网络化、智能化为主要特征的“智慧城市”。浦东制定了《智慧浦东建设纲要》和《智慧浦东建设三年行动计划》，把提升民众幸福感和城市运行效率，定为浦东向“智慧”发展的目标，并提出了基础设施、示范应用、产业发展、环境保障四大方面 20 项任务，涉及 118 个具体项目。

第二章　建筑电气控制节能技术常见问题

第一节　建筑供配电系统中控制节能技术的常见问题

问题 1：供配电系统中节能控制的基本原则是什么？

答：节能控制应以提高能效和降低能耗为建筑节能目标，综合应用信息通信、计算机网络、自动化控制等智能化技术，对建筑内的空调、给水排水、照明和机械动力等各类用能机电设备系统的运行实施能效管理和节能监控的系列技术措施。

问题 2：供配电系统中节能智能化系统怎样配置？

答：建筑节能智能化系统的配置，应根据各类建筑的使用功能、建筑规模、能耗特征及建筑物业管理方式等状况，采取能达到建筑有效节能的系列智能化技术措施，并确定相应的节能控制的具体可控范围和控制精度要求等，以实现有效降低能耗前提下的更大化经济能耗控制和使用效率。

问题 3：供配电系统中节能控制的前提条件是什么？

答：供配电系统的节能控制，首先是在保证建筑电力系统安全、可靠、经济、合理的运行前提下，通过各种先进的控制技术和方法，来实现供配电系统中的节能控制。

问题 4：供配电系统中节能控制主要靠什么方式实现？

答：供配电系统节能一般采用建筑设备管理系统和电能管理专用系统的两种方式实现，通过建筑设备管理系统可实现对供配电系统的中压开关与主要低压开关的状态监视及故障报警，中压与低压主母排的电压、电流及功率因数测量，电能计量，变压器温度检测及超温报警，备用及应急电源的手动/自动状态、电压、电流及频率监测，主回路及重要回路的谐波监测与记录。此方式适用于对一般中小型建筑工程的供配电系统实施电能管理及实现节能控制。侧重于采用电能管理系统的技术方式，这是适合综合型建筑所采取的技术方式，系统通过通信接口以通用的通信协议方式与建筑设备管理系统实现数据交换。

问题 5：供配电系统中节能控制要求有哪些？

答：主要有以下方面：

（1）系统应对供配电设备保护及运行工况、供配电系统的经济化运行的环节进行实时监控；

（2）系统应对变配电系统确保实现可靠供电的各种备用电源自动投入和负荷切换，实现监控；

（3）系统应对变配电系统适合各种运行方式的连锁及实现信息共享的节能控制等状况进行监控；

（4）系统应对建筑设备管理的计划用电和负荷管理提供可操作的实时工况监控。

问题 6：供配电系统中的节能功效主要体现在哪些方面？

答：供配电系统对负荷管理及调整功能，包括系统内用电负荷按重要性进行划分、依据既定的系统管理需要设定负荷管理方案、按负荷管理方案进行用电负荷投切等。系统应根据计算和预测工具，实行优化操作参数并组合，实现设备优化使用。系统的节能功效如下：

（1）系统应形成具有网络化、单元化及组态化的电力节能控制模式，实现对建筑供配电系统节能、安全、高效的综合管理。

（2）系统应实现测量并显示设备的状态参数设置、控制设备分合闸、提供运行报表及进行计算、统计和分析功能等；

（3）系统应具有根据建筑供配电系统运行记录和对运行记录分析采取对节能控制的负载调整及管理等措施；

（4）系统应具有根据建筑计划用电和负荷管理要求，对现场机电设备实施节能控制的负载管理及调整等措施；

（5）系统应具有根据计算和预测工具，优化操作参数并组合实现电能优化使用。

问题 7：供配电系统技术要求有哪些？

答：主要有以下方面：

（1）系统应汇集系统保护、运行监测、设备控制及信息通信等技术于一体，实现建筑供配电系统与建筑的设备管理系统、发电机系统等的数据交换。

（2）系统构成包括现场设备监控层、控制层和通信层。

（3）系统的现场设备监控层应对现场设备的遥测、遥信、遥控和故障记录等进行监控。系统的现场设备监控层包括 35kV、20kV 或 10kV 电压级综合数字继电器、0.4kV 的电压级智能数字测控仪表、自动切换装置（ATSE）、变压器温控仪、PLC、直流屏、模拟屏及发电机测控装置等。

（4）系统的控制层应对监控主机与现场设备监控层的各种设备运行状态进行监视，实施节能策略的控制，因为建筑能效综合管理系统实现互联创造条件。系统的控制层宜包括控制主机、备用机、UPS 不间断电源、打印机等。

（5）系统的通信层应实现系统的控制层对现场设备监控层设备的遥测、遥信、遥调及遥控功能的互联与建筑设备管理系统的数据交换。系统的通信层宜包括网络交换机、通信接口等。

问题8：供配电系统中节能控制要求有哪些？

答： 为加强对供配电系统经济运行管理，需建立有管理计算机、通信网络、网络组件、现场采集仪表为主要部件的能源统计平台；实现对用电数据及用电参数的采集。通常需采集的参数为电压、电流及功率因数测量，电能计量，电能质量参数、系统的运行状态、故障状态、现场环境参数等状态；通过传输网络把采集数据上传至管理计算机，对数据进行存储分析，根据国家及行业的运行定额和最优水平、以往数据、目标数据等计算分析，自动建立合理运行策略，实现有目的、有依据的节能运行管理。

问题9：供配电系统中对无功补偿有什么要求？

答： 无功补偿设置在变压器的低压侧，应采用分相补偿或混合补偿。对于三相不平衡或采用单相配电的供配电系统，优先采用分相无功自动补偿装置；当采用混合补偿时其分补容量不应小于总容量的40%。无功自动补偿应采用智能型免维护成套自动补偿装置，具备过零自动投切的功能，并有抑制谐波和涌流措施。

问题10：供配电系统中怎样最大限度提高功率因数？

答： 由于功率因数的高、低直接影响着电能的利用率，提高功率因数便成为供配电系统的重要组成部分；在通常都是加装无功补偿装置来实现对电网功率因数的提高，采用的是回路投切电容的方式，很难起到完全补偿无功电流的作用。这样可以通过加装电力电子元件和智能运算器，构成的静止无功补偿器（SVG）来达到完全的补偿，从而实现最优化的无功补偿方案，最大限度地提高了功率因数。

问题11：供配电系统中产生谐波的根源及消除方法？

答： 在现代建筑中，由于有大量的非线性负荷，如电子镇流器、计算机、变频器等设备的存在，便成为产生谐波的根源，会造成电网中的谐波严重超标。谐波会使电网产生附加的谐波损耗，降低了发电、输电及用电设备的效率，大量的3次谐波流过中性线时会使线路过热甚至发生火灾、危害设备的运行等影响。这样就需加装滤波器来吸收电网的谐波，以减少和消除谐波的干扰，把奇次谐波控制在允许的范围内，保证电网和各类设备安全可靠的运行。

问题12：供配电系统中对谐波治理有哪些要求？

答： 在民用建筑进线处或变配电所低压侧，应有谐波测量仪表，检测用户向电网注入的谐波量；注入电网谐波量不得超过国家标准《电源质量　公用电网谐波》GB/T 14549规定的允许值，超过标准值时应对谐波源的性质、谐波参数等进行分析，并应采取相应的谐波抑制及谐波治理措施；供配电系统中谐波电流含量较大的用电设备，应在其配电处就地设置滤波装置，或要求此设备供应配套谐波治理装置。

问题 13：如何能有效实现建筑设备的节能控制？

答：针对建筑设备的节能控制，提供强弱电一体化的设计解决方案，改变了传统的设计方法，克服了建筑设备管理系统强、弱电分开设计所存在的缺陷，在强调强、弱电一体化的基础上，充分考虑电气设备节能，不但使设计、设备选型、安装调试均实现一体化，而且大大降低了用户的投资成本及运营成本，简化了运营管理程序，提高工作效率。

问题 14：节能控制系统中如何实现系统能效管理？

答：系统采用分布式架构、模块化设计，以系统设备能效跟踪控制为核心，以基础能源统计和管理为手段，将建筑内各系统内各系统耗能设备运行信息、能耗数据、故障信息及环境参数进行跟踪、统计分析，从而为用户提供能效管理决策，并通过系统内嵌的能源监管平台，将用能单位能耗统计数据汇总显示。

问题 15：节能控制系统中如何根据系统工艺进行控制设计？

答：根据各系统工艺要求进行软、硬件结合的专业控制设计，各子系统采用专用智能控制器，并可实现组网，控制程序的编写应参照控制工艺并全面考虑各子系统的匹配，并制定详细的控制工艺流程图。

问题 16：建筑用各类检测元件的应用及安装有哪些注意事项？

答：检测反馈元件，主要包括各种温湿度、照度、压力、压差、流量变送器级空气质量检测器等，所选元件应精度准确，并符合工艺要求和系统要求。室外检测元件的安装能较准确地代表室外环境参数，并应设置专用的防护箱体。室内检测元件应安装在最能代表系统所需的控制取样点附近。

问题 17：建筑电气节能设计应遵循的原则？

答：电气节能设计既不能以牺牲建筑功能、损害使用需求为代价，也不能盲目增加投资为节能而节能。因此，电气节能设计应遵循以下原则：

（1）适用性：以最佳的供配电设计方法为建筑设备运行提供必需的动力，满足建筑物用电设备对于负荷容量、电能质量与供电可靠性等方面的要求。

（2）实际性：合理选用节能设备及材料并充分考虑实际经济效益，使节能增加的投资能在较短的时间内用节能减少下来的运行费用收回。

（3）节能性：采取必要的措施减少或消除与发挥建筑物功能无关的消耗，比如电气设备自身的电能消耗，传输线路上的电能消耗等等。

问题 18：供配电系统节能技术措施主要体现在哪些方面？

答：供配电系统节能技术措施，主要体现在变压器的选择、线路的选择、电气设备的选择和功率因数的提高，降低变压器的负载损耗以及谐波的治理等方面。

问题 19：对变配电所深入负荷中心和供电半径有哪些要求？

答：变配电所应深入负荷中心，超高层建筑宜在建筑避难层设置供电的分变配电所。低压（220V/380V）供电距离应满足电压偏差的要求。末级配电箱供电半径宜控制在 30～50m 内，超过时宜另设终端配电箱。

问题 20：对低压配电系统的分项计量有哪些要求？

答：在低压进线第一级配电或变配电所低压侧，应按照分项计量的原则要求（照明插座、空调、动力及特殊用电）分回路配电。在进线第一级配电或变电所低压侧能对建筑物进行总的电气分项计量。

问题 21：三相照明配电系统对相负荷平均值有何要求？

答：民用建筑的三相照明配电系统，其最大相负荷不应超过三相负荷平均值的 115%，最小相负荷不应低于三相负荷平均值的 85%。

第二节　照明系统中控制节能技术的常见问题

问题 1：照明系统中节能控制由什么组成？

答：照明节能控制是集电磁技术、智能化控制技术、数据控制技术于一体，在可控和平缓的方式下进行智能调节，使输出电压稳定在设定的额定值范围之间，实现公共照明系统的工作电流与亮度需求的理想结合，达到节电和优化供电目的。

问题 2：照明节能控制的基本原则是什么？

答：应根据建筑物的建筑特点、建筑功能、建筑标准、使用要求等具体情况，对照明系统进行分散、集中、手动、自动、经济实用、合理有效的控制。

问题 3：照明系统中节能控制方式有哪些？

答：主要包括照明开关控制、调光控制、定时控制、声光控制、人体感应控制、传感器控制、智能照明控制等多种控制方式。

问题 4：建筑物功能照明节能控制有哪些措施？

答：功能照明节能控制有如下措施：

（1）体育场馆比赛场地应按比赛要求分级控制，大型场馆宜做到单灯控制。

（2）候机厅、候车厅、港口等大空间场所应采用集中控制，并按天然采光状况及具体需要采取调光或降低照度的控制措施。

（3）影剧院、多功能厅、报告厅、会议室及展示厅等宜采用调光控制。

（4）博物馆、美术馆等功能性要求较高的场所应采用智能照明集中控制，使照明与环境要求相协调。

（5）宾馆、酒店的每间（套）客房应设置节能控制开关。

（6）大开间办公室、图书馆等宜采用智能照明控制系统，在有自然采光区域宜采用恒照度控制，靠近外窗的灯具随着自然光线的变化，自动点燃或关闭该区域内的灯具，保证室内照明的均匀和稳定。

问题5：楼梯间、走廊、门厅等公共场所照明节能控制有哪些措施？

答：节能控制有如下措施：

（1）公共建筑如学校、办公楼、宾馆、商场、体育场馆、影剧院、候机厅、候车厅的走廊、楼梯间、门厅等公共场所的照明，宜采用集中控制，并按建筑使用条件和天然采光状况采取分区、分组控制措施。

（2）住宅建筑等的楼梯间、走道的照明，宜采用节能自熄开关，节能自熄开关宜采用红外移动探测加光控开关，应急照明应有应急时强制点亮的措施。

（3）旅馆的门厅、电梯大堂和客房层走廊等场所，采用夜间定时降低照度的自动调光装置。

（4）医院病房走道夜间应采取能关闭部分灯具或降低照度的控制措施。

问题6：如何按灯光布置形式和环境条件选择合适的照明控制方式？

答：应根据照明部位的灯光布置形式和环境条件选择合适的照明控制方式：

（1）房间或场所装设有两列或多列灯具时，宜按分组控制，所控灯列与侧窗平行；电化教室、会议厅、多功能厅、报告厅等场所，按靠近或远离讲台分组。

（2）天然采光良好的场所，有条件时可按该场所照度自动开关灯光或调光；个人使用的办公室，可采用人体感应或动静感应等方式自动开关灯。

（3）对于小开间房间，可采用智能化面板开关控制，每个照明开关所控光源数不宜太多，每个房间灯的开关数不宜小于2个（只设置1只光源的除外）。

问题7：功能复杂、照明环境要求较高的建筑物如何选择照明控制方式？

答：功能复杂、照明环境要求较高的建筑物，宜采用专用智能照明控制系统，该系统应具有相对的独立性，宜作为BA系统的子系统，应与BA系统有接口。建筑物仅采用BA系统而不采用专用智能照明控制系统时，公共区域的照明宜纳入BA系统控制范围。

问题8：智能照明控制系统的控制原理是什么？

答：智能照明控制系统是一个总线形式或局域网形式的智能控制系统，所有的单元器件均内置微处理器和存储单元，由通信总线连接成网络，每个单元均设置成唯一的单元地址，并通过软件设定其功能，输入单元将采集的信号反馈到监控计算机，输出单元控制各回路负载。

问题9：智能照明控制系统的主要功能有哪些？

答：智能照明控制系统的主要功能有以下几个方面：

（1）智能照明控制系统是全数字、模块化、分布式总线型控制系统，将控制功能分散给各功能模块，中央处理器、模块之间通过网络总线通信，可靠性高，控制灵活。

（2）系统根据某一区域的功能、每天不同时间的用途和室外光亮度自动控制照明。并可进行场景预设，由BA系统或分控制器通过调光模块、调光器自动调用。

（3）照明控制系统分为独立子网式、特定于房间或大型的联网系统。

（4）联网系统具有标准的串行端口，可以容易地集成到BA系统的中央控制器，或与其他控制系统组网。

问题10：智能照明控制系统的应用范围？

答：智能照明控制系统可对白炽灯、荧光灯等多种光源调光，对各种场合的灯光进行控制，满足各种环境对照明控制的要求。

问题11：智能照明控制系统由哪些部件组成？

答：由调光模块、开关模块、控制面板、液晶显示触摸屏、智能传感器、PC接口、监控计算机（大型网络需网桥连接）、时钟管理器、手持式编程器等部件组成。所有单元器件（除电源外）均内置微处理器和存储单元，由信号线（双绞线或光纤等）连接成网络。每个单元均设置唯一的单元地址并用软件设定其功能，通过输出单元控制各照明回路负载。

问题12：智能照明控制系统传输方式有几种？

答：智能照明控制系统数据传输方式，在国际上尚无统一的标准，目前主要有光纤传输方式、双绞线传输方式、电力载波传输方式和无线射频传输方式等；这四种传输方式的数据传输速率、传输的可靠程度有较大区别，应根据各种传输方式的基本特点和适用范围合理地选择。

问题13：智能照明控制方式有哪些？

答：智能照明常用控制方式一般有场景控制、集中控制、群组组合控制、定时控制、感光探测控制、就地控制、远程控制、图示化监控、应急处理、日程计划安排等。

问题14：智能照明控制方式的主要功能及应用场所有哪些？

答：智能照明控制方式的主要功能及应用场所如下：

（1）场景控制：用户预设多种场景，按动一个按键，即可调用需要的场景。多功能厅、会议室、体育场馆、博物馆、美术馆、高级住宅等场所常采用此种方式。

（2）群组组合控制：一个按钮，可设定对多个配电箱（跨区）中的照明回路进行开关控制，即一键可控制整个场所的照明开关。

（3）定时控制：根据预先设定的时间，触发相应的场景，使其开启或关闭；适用于地下车库等大面积场所。

（4）天文时钟：输入当地的经纬度，系统自动推算出当天的日出日落时间，根据这个时间来控制照明场景的开关。特别适用于夜景照明、道路照明。

（5）感光探测控制：根据感光探测器探测到的照度，控制照明场所内相关灯具的开启或关闭。常在写字楼、图书馆等场所应用，靠近外窗的灯具可采用感光探测器控制。根据天然光的亮度进行开关或调光，以节约用电。

（6）就地控制：一般情况下，控制过程自动进行，在某些情况下，可使用控制面板来强制调用需要的照明场景模式。

（7）远程控制：通过互联网（Internet）对照明控制系统进行远程监控，能实现对系统中的各个照明控制箱的照明参数进行设定、修改；对照明状态进行监视、控制。

（8）图示化监控：用户可以使用电子地图功能，对整个控制区域的照明进行直观的控制。可将整个建筑的平面图输入系统中，开用各种不同的颜色来表示该区域当前的状态。

（9）应急处理：在接收到安防系统、消防系统的警报后，能自动将指定区域照明全部打开。

（10）日程计划安排：可设定每天不同时间段的照明场景状态，并将场景调用情况记录、打印输出，方便管理。

问题 15：大酒店如何实现智能照明控制节能？

答：主要有以下方面：

（1）大堂的灯光一般均由智能照明控制系统自动控制管理，系统根据大堂运行时间自动调整灯光效果；在接待区安装可编程控制面板，根据接待区域各种功能特点和不同的时间段，一般预设 4 种或 8 种灯光场景；工作人员也可进行手动编程，方便地选择或修改灯光场景；系统应充分利用自然光，实现日照自动补偿；当天气阴沉或夜幕降临，大堂的主照明将逐渐自动调亮；当室外阳光明媚，系统将自动调暗灯光，使室内保持要求的亮度，同时，可延长光源寿命 2～4 倍，延长了光源更换周期，尤其是高达空间光源的更换。

（2）西餐厅、酒吧厅、咖啡厅等一般采用多种可调光源，通过智能化控制使之始终保持最柔和、最优雅的灯光环境。可分别预设 4 种或 8 种灯光场景，也可由工作人员进行手动编程，方便地选择或修改灯光场景。

（3）宴会厅一般需预设多种灯光效果场景，以适应不同场合的灯光需求，并可配备遥控器，供值班经理等使用遥控器远距离控制大型宴会厅的灯光效果。

（4）大型中餐厅可利用智能照明控制系统的固有功能，随意分割或合并控制区域，方便控制及调整就餐空间。

（5）会议室是酒店的一个重要组成部分，采用智能化控制系统对各照明回路进行调光控制，实现预先设定的多种灯光场景，使得会议室在不同的使用场合都能具有合适的灯光效果。工作人员还可以根据需要，选择手动或自动的定时控制。会议室的灯光控制系统宜与投影设备相连，当需要播放投影时，灯光能自动缓慢地调暗；关掉投影仪后，灯光又会自动柔和地调亮到合适的效果。

(6) 地下车库照明平时一般由中央控制主机控制，处于自动控制状态。车辆进出繁忙时，照明全开。车辆较少时只开车道灯，如需观察车辆，可就地开启局部照明，经延时后关闭；停车区域采用智能移动探测传感器，当有人或车移动时开启相应的局部照明，车停好后或人、车离开后延时关闭，当有车移动时可以通过主机显示出来，方便保安和管理人员的管理；一般还在车库入口管理处内安装控制面板开关，手动控制车库的照明灯光。

问题 16：体育场馆如何实现智能照明控制节能？

答：主要有以下方面：

(1) 体育场馆主赛场照明应设置多种亮灯模式，例如“业余训练”、“国内比赛”，“国际比赛”、“TV 转播国内比赛”、“TV 转播国际比赛”等多种亮灯模式，应能根据需要灵活地实现各种比赛要求。观众席也宜实现多种不同的灯光场景。

(2) 系统需能自动调节各种场地灯光开启的先后顺序，避免由于同时点亮而引起的启动大电流冲击供电系统。

(3) 系统操作应简单、直观，使用者只需在控制面板上操作按键，就能自动进入该键对应的预置状态。

(4) 系统一般设置多地控制操作点，灯控室能控制主场地和观众席的灯光，场地便于操作处能控制“业余训练”等平时运营需要的灯光。

问题 17：写字楼（办公区）如何实现智能照明控制节能？

(1) 采用智能化控制系统后，可使照明系统工作在全自动状态。通过配置的“智能时钟管理器”预先设置若干基本工作状态，通常为“白天”、“晚上”、“清扫”，“安全”、“周末”、“午饭”等，根据预设定的时间自动地在各种状态之间切换。

(2) 各个办公事均应配有手动控制面板，可以随时调节房间的工作状态和合适的灯光效果。

问题 18：影剧院如何实现智能照明控制节能？

(1) 电影院和剧场应利用智能控制系统预先存储的场景及时和方便地调用灯光效果，以适应不同场合的灯光需求，供工作人员任意选择。

(2) 工作人员可通过可编程控制面板或遥控器按键调用所需的某一灯光场景。

(3) 在灯光控制室、放映室或舞台侧宜配备液晶显示控制器，工作人员通过操作控制器控制每路灯光，随时存储和调用各种灯光场景。

问题 19：照明系统怎样实现末端节能？

答：在各楼层配电箱处设置正弦波小系统节电装置，通过智能算法达到高效节能、稳定电压、提高功率因数、三相平衡、保护灯具等目的。

问题 20：大型办公区域怎样实现节能控制？

答：大型办公区域配置智能照明开关模块，对办公区域的照明灯具进行自动控制，通过内置时钟根据预设的模式实现各种工作模式自动切换；配置照明监控屏，可随时更改预设的工作模式达到满意的灯光效果。

问题 21：公共区域怎样实现节能控制？

答：公共区域配置具备自带照度及人体探测器的 LED 灯，实现人来灯亮、人走灯灭的效果。

问题 22：多功能厅怎样实现节能控制？

答：多功能厅配置调光模块，配合安装的照度探测器实现多种模式、多种照度的反馈控制。根据设定照度和实际照度实现反馈控制；配置照明监控屏，可随时更改预设的工作模式，即可达到良好的灯光效果，又达到最大节能效果。

问题 23：商业照明怎样实现节能控制？

答：商业照明配合的人员流量传感器及照度传感器，实现自动根据人员流量和照度情况自动调节工作模式，从而达到最大限度节能目的及良好的照明效果。

问题 24：智能照明控制系统按哪些条件进行节能控制的？

答：主要根据某一区域的功能，不同时间，室外光亮度及该区域的用途来自动控制照明。

问题 25：如何对不同区域的照明进行节能控制？

答：通过独立式或大型的系统联网由监控计算机来控制不同的房间和区域；照明设备安装在配电箱（柜）中，由传感器和控制面板组成的外部设备网络来操作运行。

问题 26：在照明设计中常用的节能方法有哪几种？

答：（1）严格控制照明用电指标。

（2）优选光通利用系数较高的照明设计方案。

（3）采用高效灯具及相关附件。

（4）合理的灯具安装方式。

（5）合理有效的照明控制方式。

第三节 电动机控制节能技术的常见问题

问题 1：电动机控制通过什么方法实现节能？

答：交流电动机通过控制其端电压、转矩、转速、功率因数、传动效率节能；直流电动机通过控制其输出转矩、电压、速度节能。

问题 2：电动机节能控制原则有哪些？

（1）电动机功率的选择，应根据负载特性和运行要求，使之工作在经济运行范围内。

（2）异步电动机采用调压节能措施时，需经综合功率损耗、节约功率计算及启动转矩、过载能力的校验，在满足机械负载要求的条件下，使调用的电动机工作在经济运行范围内。

（3）对机械负载经常变化又有调速要求的电气传动系统，应根据系统特点和条件，进行安全、技术，经济、运行维护等综合经济分析比较，确定其调速运行的方案。

（4）在安全、经济合理的条件下，异步电动机宜采取就地补偿无功功率，提高功率因数，降低线损。

（5）当采用变频器调速时，电动机的无功电流不应穿越变频器的直流环节，不可在电动机处设置补偿功率因数的并联电容器。

（6）交流电气传动系统应在满足工艺要求、生产安全和运行可靠的前提下，使系统中的设备、管网及负荷相匹配，提高电能利用率。

（7）功率在 50kW 及以上的电动机，应单独配置电压表：电流表、有功电能表，以便监测与计量电动机运行中的有关参数。

问题 3：电动机常用的节能措施及适用场合有哪些？

答：常用的节能措施及适用场合有以下方面：

（1）在新建、扩建、改建项目中，应选择高效节能的电动机。

（2）功率在 500～600kW 及以上的电动机，宜采用高压电动机；功率在 1200kW 及以上的电动机应采用高压电动机。

（3）当系统短路容量或变压器容量相对较小时，大容量交流异步电动机宜采用恒频变压软启动器启动，改善启动特性。在电动机空载或轻载时还可根据功率因数的大小，控制可控硅的导通角，提高功率因数，达到节电效果。

（4）在技术改造、节能改造的项目中，当电动机处于“大马拉小车”状态且电动机的绕组接线条件允许时，可将电动机定子绕组由“△”改为“Y”形接法。

（5）在技术改造、节能改造项目中，可将异步电动机同步化运行，提高系统功率因数。

（6）电动机通过调速控制实现节电。

问题 4：电动机调速控制节电有哪些措施？

答：改变交流电动机的定子频率、磁极对数、转差率可调节电动机的转速；异步电动机的电磁转矩与定子相电压的平方成正比，同步角速度与定子相电压的平方成正比，所以，调整电动机的端电压也可以调速；通过传动机械负载的离合器也可以调速。拖动恒转矩负载的直流电动机通过调电机电压调速，拖动恒功率负载的直流电动机通过调励磁调速。

问题 5：风机、水泵控制通过什么原理达到节能？

答：风机风量、泵流量的改变与转速成正比；风机风压、泵扬程的改变与转速的平方成正比；风机、泵的轴功率改变与转速、风机风量、泵流量的三次方成正比；风机、泵的轴功率在速度不变时与风机风压、泵扬程成正比。由于风机、泵的电动机的容量是按最大风量及风压、流量及扬程确定的，与空调系统实际需要存在较大的可调整空间，所以系统的设备需要按照风量、风压、流量、扬程等调节电动机的转速，从而改变电动机的输出转矩和输出功率，以达到节能效果。

问题 6：风机、水泵控制有哪些节能措施？

答：主要有以下节能措施：

（1）设定控制液位、时间，控制泵的启停。

（2）调节风机、泵类风门（挡板），阀门，控制风量、流量。对于风机类、泵类负载，当流量在 90%～100%范围内变化时，通过风门控制器、阀门控制器控制风门（挡板），阀门的开度，与电动机调速的节能效果相近，不必采取电动机调速措施。

（3）通过调速节能方法有：电动机定子调压；电动机变换极对数；在转子回路连续调节等效电阻；采用变频调速、静止串级调速，内反馈串级调速；采用电磁调速电动机调速系统；恒压供水系统的变频调速；冷冻水变流量供水系统的变频调速；控制风机转速调节冷却风量；风机盘管的风机电动机调速。

问题 7：如何实现电动机定子调压？

答：交流异步电动机定子调压一般采用双向可控硅调整电压实现无级调速，为转差功率消耗型的调速系统；由于风机、泵类负载转差功率损耗系数均较小，较适用于要求风量、流量在 50%～100%范围内变化、平滑启动、短时低速运行的风机、泵类负载。电风扇、风机盘管风机等采用单相交流异步电动机，一般采用串电阻调整电动机定子电压的有级调速方法。

问题 8：如何实现电动机变换极对数？

答：风机是按满足风量的最大需求选用的，但实际运行并不固定在最大风量的运行状态。例如：地下车库送排风风机、兼作火灾时排烟的风机，平时排风风量不大，只在汽车尾气浓度超过设定值和大火时排烟才需要加大或在最大排风风量的工况下运行，所以采用接触器切换来改变变极电动机定子绕组接线，获得多个不同转速，改变风量，使风机平时低速运转。电动机变换极对数调速方法适用于风量、流量在 50%～100%范围内变化的场合。

问题 9：如何实现电动机在转子回路连续调节等效电阻？

答：线绕转子异步电动机在转子回路连续调节等效电阻，用转子电阻斩波调速法改变可控硅的通断比率，实现无级调速节能；转子电阻斩波调速法是一种低效调速方法，适用于风机、泵类负载风量、流量在50%～100%范围内变化。电动机低速运转比关小阀门开度的耗电还节省得多。

问题10：如何实现变频调速、静止串级调速，内反馈串级调速？

答：当风量、流量在80%～100%范围内变化时；风量、流量变化大于50%～100%范围时，宜采用高效率的变频调速或静止串级调速，内反馈串级调速，不宜采用变压、转子回路串电阻、电磁转差离合器等低效率调速方法。静止串级调速、内反馈串级调速均属静止低同步串级调速，转差功率只能从转子输出，在同步转速以下调速，取代转子串电阻调速，适用于大功率风机，泵类的变速驱动。供水泵类负载的控制普遍采用以压力或流量、速度为参量的双闭环控制系统。

问题11：如何采用电磁调速电动机调速系统？

答：电磁调速电动机调速系统由鼠笼型异步电动机，电磁转差离合器、测速发电机及可控硅控制装置组成。电磁调速电动机适宜风量、流量在50%～100%范围内变化的小型风机、泵类负载的节能。YCTD系列低电阻端环电磁调速电动机较YCT系列电磁调速电动机效率高10%以上，宜选用YCTD系列低电阻端环电磁调速电动机。但此调速方案节能效果较低，且要求运行环境相对洁净。

问题12：如何实现恒压供水系统的变频调速？

答：民用建筑中用水量波动大，夜间几乎不用水，用水高峰时需多台水泵同时运行。供水系统宜采用一台泵调速的多泵恒压供水系统，可替代水塔、高位水箱、无塔上水等供水方式。

问题13：冷冻水变流量供水系统的变频调速怎样实现？

答：空调系统中，冷冻水的供给应随系统对冷量的需要而改变。若冷冻水泵恒速供水，会在消耗冷量少时造成浪费，所以冷冻水泵的电动机应随冷量需求量的变化改变转速，节约电能，在变流量冷冻水供水系统中，宜采用变频调速，控制冷冻水的流量。

问题14：如何采用控制风机转速来调节冷却风量？

答：中央空调系统风柜风机通过调速调节冷却风量，调速的方法一般采用串电阻调节电动机定子电压的有级调速、变频无级调速、直流电动机（无刷直流电动机）无级调速等。

问题15：风机盘管的风机怎样使电动机调速？

答：小容量直流电动机较单相异步电动机具有启动转矩大调速性能好等优点，被广泛应用于驱动风机盘管的风机，风机盘管风机采用无刷直流电动机驱动，大大减轻了维护工作量，改善了运行环境，利用调电枢电压实现无级调速，较单相异步电动机改变端电压的有级调速，具有显著的节电效果。

问题 16：怎样实现智能变频节能技术？

答：智能变频节能技术，电动机在运行过程中很难达到满功率运行，且需根据运行状况进行自动调节实现良好的运行效果，这样需安装变频器、智能控制器、现场传感器为主的节能控制系统，采集各控制点工艺参数及相关环境参数，实时调节变频器的运行状态，可最大限度进行节能，单纯地只安装变频器并不能产生很好的节能效果和运行效果。

问题 17：中央空调主机附件怎样实现节能？

答：中央空调主机附机系统通过综合采集各控制点工艺参数和室内外环境参数，根据系统实际负荷量，根据末端冷热源需要，实时跟踪控制末端和循环系统运行效率，优化调整主机的运行周期，实现对系统各个环节实现运行能效的全面控制，使系统始终保持在高能效比的工况下运行。变频器作为执行机构，与智能控制总柜共同组成中央空调节能控制系统，智能控制总柜实时发送指令至节能控制柜进行能效控制。

问题 18：新风机组怎样实现节能？

答：新风机组运行通过采集温湿度以及房间二氧化碳浓度与设定值进行比较，自动调整新风机的启停及运行能效。

问题 19：空调末端怎样实现节能？

答：空调末端控制系统由房间空调控制器（综合末端控制器）根据采集的相关参数及实际参数进行对比，实时调整阀门的开停以及风机的运行，并与控制总柜进行通信，控制总柜将整个空调系统设备的运行情况进行汇总，计算实际负荷量，以此调整系统各设备的运行效率。

问题 20：软启动在节能方面的表现如何？

答：软启动在节能方面的表现主要为降压启动，实现启动过程中的节能，在运行过程中没有节能效果。

问题 21：直接启动在节能方面的表现如何？

答：直接启动，组合电气启动无论在启动过程、运行过程中都没有节能效果。但在小功率电机控制中，通过与智能控制器相配合，可实现分时段运行，同时也会产生节能效果

问题 22：电动机节能还应包含什么？

答：在电动机节能控制中，要做到节能、保护、远程、能耗统计、减少管理为一体的控制思想。控制器通过总线上传至监控计算机，实现远程控制和远程数据显示。

问题 23：电机节能控制器的控制原理是什么？

答：控制器（类似软启动器）开始时采用电压/频率为恒值的变频方式启动电机，当电机启动完成达到稳态后进入节能控制。控制过程中根据交流采样采集

到电机定子端的电压和电流确定电机的功率因数、转差和负载转矩的大小，由功率因数判断电机是否节能，如不节能则根据负载大小和转速确定损耗最小的定子端电压和频率（由算法得出），继而由控制器输出相应比值的脉冲波控制电机节能。

问题 24：智能电机控制器是怎样降低电机电压而达到节电的目的？

答： 电机的电压和电流的相位角是随负荷的变化而改变的。负载情况下，电机的电流滞后于电压 30°，空载情况下，电流滞后于电压 80°。智能控制器 100 次/s 检测电机的电压和电流，通过比较确定两者的相位差，进而确定负载量。然后，通过半导体开关的通断随时“切削”电压，只允许电源电压部分供给电机。通过切削电压波形而降低电机电压从而使得电机定子中的电流下降，这样，许多损耗，如铜损、磁损、铁损都相应地降低了，电机的功率因数就提高了。

问题 25：影响电动机损耗大小的主要因素是什么？怎样降低损耗才能达到节能的目的？

答： 电动机的损耗大小与电压的比值和负载率有关。当运行电压低时，电机的铁损减少，而在负载率一定的情况下，运行电压低时，电机的定子铜损，转子铜损和杂散损耗综合增大，在运行电压不变的情况下，负载率越高。上述 3 种损耗的总和越大，而只有运行电压为恰当值时，电机的总损耗最小。

问题 26：改善电机起动控制方面有哪些有效措施？

答： 目前对于电机节能控制技术的研究应用较多，其中有不少成功方法，列举一些其改善电机起动控制方面的措施：

（1）改善电机的机械特性曲线，使其尽量能够平稳平滑地实现电机转矩的提升过程；

（2）尽量减小电机启动的瞬间电流；

（3）电动机启动装置控制要尽量简化，便于实现节能目标。

问题 27：传统的电机软启动装置是否真的实现了电机的节能应用？

答： 传统的电机软启动只是依靠电机接线方式的改变来减小启动瞬间的电流，从而减小电机部件受到冲击，但这样的软启动是从保护电机内部元件的角度出发的，并没有真正实现电机的节能控制。

问题 28：新型的软启动控制系统是怎样对电机实现节能控制的？

答： 新型的软启动节能控制系统，主要依靠对电机启动阶段的电压和电流进行实时监测和采集，并将采集数据与最优控制数据进行对比，从而实现对电机输出特性的闭环控制，以达到节能的目的。

问题 29：传统的中央空调风机水泵的控制方式有何缺点，怎么才能做到最佳节能控制？

答： 传统的中央空调控制方式即通过改变压缩机机组、水泵、风机 台数达到调节温度的目的，设备长时间全开或全闭，轮流运行，浪费电能，电机直接工频启动，冲击电流大，严重影响设备使用寿命，温控效果不佳。只有采用变频器才能做到最佳节能。

问题30：中央空调采用变频器控制对电机的运行有何影响？

答： 变频器可软启动电机，大大减小冲击电流，降低电机轴承磨损，延长轴承寿命；调节水泵风机流量、压力可直接通过更改变频器的运行频率来完成，可减少或取消挡板、阀门；系统耗电大大下降，噪声减小；若采用温度闭环控制方式，系统可通过检测环境温度，自动调节风量，随天气、热负荷的变化自动调节，温度变化小，调节迅速。

第四节　变压器中控制节能技术的常见问题

问题1：当前哪种变压器比较节能，其节能效果是怎样的？

答： 非晶合金变压器，其空载损耗一般不到普通硅钢片制作的变压器的30%。

问题2：变压器怎样自动调节输出电压？

答： 有载调压变压器输出电压自动调节，可根据不同时段，不同应用场合，实现输出电压的自动调节；减少因负载减少造成的电压过度提高，影响用电效率和用电设备寿命。

问题3：供配电系统中如何使三相负荷平衡？

答： 由于建筑中的用电负荷分时段、分区域运行，往往在运行过程中造成三相不平衡，势必会加重线路损耗、变压器损耗；为尽量使三相负荷达到平衡，在用电的出线端通过加装三相平衡装置，以提高三相负荷的平衡度，减少三相不平衡对供配电系统的影响。

问题4：变压器集中监控什么状态？

答： 加强用电统计和变压器状态监控，保证安全运行。

问题5：对于多台变压器并联运行的建筑应采用何种运行控制方式作为节能措施？

答： 根据负荷变化进行自动投切的控制装置，在控制方式中引入模糊控制的方法，使得投切策略不是简单地根据测量到的实时负荷进行投切，而是在考虑一系列综合因素后，将投切点模糊化，同时在软件中限定一定时间内连续投切的时间间隔及投切的次数。

问题6：对于小区内多台变压器进行具体投切都有哪几种策略？

答： 多台变压器进行具体投切有以下策略：

（1）以每天的瞬时负载功率为主，以时间和温度为辅的规则来判断是否投切。每天开关投切次数不应该超过 4 次。

(2) 根据建筑日负荷曲线和年负荷曲线，选取一天中某一特定时刻的瞬时负荷为代表，当这一时间点的瞬时负荷值连续若干天超过并联运行设定值时，将变压器组并联运行，反之，单台运行。

(3) 建筑年负荷曲线，将一年时间分为四段，分段参考，夏季和冬季，并联运行春季和秋季单台运行，节假日期间并联运行。

问题 7：一些面向变压器运行开发设计的节能运行控制系统应该具备哪些功能?

答：节能运行控制系统应该具备以下功能：

(1) 电力参数监测：传感器负责监测变压器状态参数和电力参数；

(2) 数据运算与管理：系统控制中心通过程序算法对传感器监测传输的电气参数进行记录、运算和存储等，自动识别变压器工作状态并给出自动投切指令；

(3) 自动控制变压器运行效益：根据对电气参数的监测与运算识别出当前变压器的运行效率及运行损耗，结合项目标值合理控制电气参数，使变压器始终在经济运行区间内。

(4) 变压器运行故障诊断。依托数据库的强大数据管理功能对变压器运行过程中的简单故障进行智能识别，并给出准确的故障类型和故障恢复建议。

问题 8：阐述变压器节能运行控制系统软件的基本运行流程是什么?

答：软件系统分为数据显示、数据管理、数据操作以及用户设置等几个功能模块。数据显示功能将变压器工作的相关电气参数直观显示，同时以曲线方式显示变压器运行能耗及损耗；数据管理对数据定期存储并更新；数据操作模块则用于实现用户对变压器工作状态的调整；用户设置模块则是用户对软件系统的基本操作习惯的设置。

问题 9：阐述变压器智能控制器的内部控制算法需考虑哪些问题?

答：变压器的模糊控制算法决策时应重点考虑低压侧负荷，兼顾温度和时间；在合闸之前应进行储能，达到一定的能力后才能有效合闸；投切后检测开关状态可以检验投切操作是否可靠执行；系统控制出现严重失误时进行报警。

问题 10：何种场合宜选用专用变压器?

答：空调等季节性负荷用电，医疗设备专用负荷；剧场、赛事等专用负荷。

第三章　建筑电气与智能化节能技术

第一节　建筑电气系统的节能技术

建筑电气系统通常是建筑物内电源系统、照明及动力等电气设备系统的总称。在能源紧缺的今天，加之我国城镇化进程的不断推进、人们生活水平的日益提高，建筑规模将持续增长，对电能的依赖性越来越强，用电的需求量必将直线上升。因此，建筑电气领域蕴含着巨大的节能潜力。建筑电气节能就是在充分满足、完善建筑物功能要求的前提下，减少能源消耗，提高能源利用率。

1. 电气照明的节能

照明系统是建筑电气中一大核心系统，同时也是一个大电能消耗单元。在我国的建筑照明中，年照明的用电量占到了总发电量的10%左右，主要是因为以低效照明为主，故还有很大的节能空间。所谓的照明节能，就是在保证不降低作业视觉要求和照明质量的前提下，力求减少照明系统中的能量损失，最有效地利用电能。一般来讲建筑照明节能要遵循以下3个原则：(1) 满足建筑物照明功能的要求。(2) 考虑实际经济效益，不能单纯追求节能而导致过高的消耗投资，应该使增加的投资费用能够在短期内通过节约运行费用来回收。(3) 最大限度地减小无谓的消耗。同时在选用节能设备时，要了解其原理、性能及效果。从技术经济上进行全面的比较，并结合实际建筑情况，再最终选定节能设备，达到真正节能目的。照明用电作为整个建筑物用电的重要部分，此部分的节能也成为人们很关心的问题。本章将在第三节中对建筑电气照明的节能技术做详细的叙述。

2. 新能源电气节能技术

风能太阳能等新能源的使用，对于建筑电气节能产生非常大的作用。目前，风力发电、太阳能热水器等新能源电气节能系统，已经在建筑中得到大规模推广使用；光伏发电、地热能等技术已经起步，在一些示范性工程中已经取得了很好的节能效果，将会在建筑领域很快得到广泛推广使用。在进行新能源电气节能系统设计时，需要注意风能、太阳能等新能源与建筑功能结构的一体化设计。

(1) 太阳能电气节能技术

太阳能热水和采暖电气节能技术目前在建筑中已经得到广泛推广使用，并获得较大的节能效果。在进行太阳能热水和采暖系统设计时，应考虑采用太阳能建筑一体化设计方案，实现太阳能集热系统与建筑功能结构间完美结合。根据工程项目的实际情况，太阳能热水和采暖系统的光热采集装置可以考虑安装在建筑物坡屋面上，利用建筑屋顶面积可以解决整个建筑一部分热水供应需求。

(2) 风力发电电气节能技术

风能作为一种新型可再生能源，已成为建筑电气节能研究的一个重要课题。在建筑环境中利用风能不仅具有免于输送的优点，所产生的风力电能资源可以直接用于建筑本身，且其具有节能环保等特性，有望成为一个城市的节能环保工作开展的标志性景观。

另外，建筑电气新能源节能技术还可以结合工程实际情况，采取风光互补供电系统，太阳能庭院照明，风光互补庭院照明等节能技术措施。

3. 电气控制设备节能

(1) 配电变压器应选用 D，yn11 结线组别的变压器，并应选择低损耗、低噪声的节能产品，配电变压器的空载损耗和负载损耗不应高于现行国家标准《三相配电变压器能效限定值及节能评价值》GB 20052 规定的节能评价值。

(2) 低压交流电动机应选用高效能电动机，其能效应符合现行国家标准《中小型三相异步电动机能效限定值及节能评价值》GB 18613 节能评价值的规定。

(3) 应采用配备高效电机及先进控制技术的电梯。自动扶梯与自动人行步道应具有节能拖动及节能控制装置，并宜设置自动控制自动扶梯与自动人行步道启停的感应传感器。

(4) 2 台及以上的电梯集中布置时，其控制系统应具备按程序集中调控和群控的功能。

第二节　供配电系统与电气设备节能技术

1. 变压器节能

建筑物配变电所用变压器，主要是用作降压变压器，以得到安全、符合用电设备的电压要求。变压器节能的实质就是：降低其有功功率损耗、提高其运行效率。通常情况下，变压器的效率可高达 96%～99%，但其自身消耗的电能也很大。变压器损耗主要包括有功损耗和无功损耗两部分。其节能技术如下：

(1) 采用新型材料和工艺降低配电变压器运行损耗

1) 采用新型导体

配电变压器的导体可以采用无氧铜，以降低线圈内阻，从而有利于降低配电变压器运行中的铁损和铜损，进而降低配电变压器的运行损耗。例如，目前已经投入使用的高温超导配电变压器，就是采用了超导线材取代了传统的铜芯导体，从而降低了变压器的损耗。

2）优化磁体材料

配电变压器的磁体材料也可以进行改进优化，以降低磁滞损耗。近年来，研究颇热的非晶合金材料，相较于传统的磁体，具有更加优良的磁化和消磁性能，利用这一类材料制作铁芯，不仅可以明显降低配电变压器的铁损，而且还能够降低配电变压器的无功损耗，提高配电变压器的运行经济效益。

3）改进制造工艺

在制造工艺上实施改进，以降低配电变压器的运行损耗。例如，采用现代计算机控制的数控加工系统，对变压器内部的硅钢片进行加工，从厚度、界面形状等，都完全能够实现精确控制，大大降低了配电变压器运行过程中的空载损耗。

4）布置新结构

目前在布置新结构方面研究热点主要集中在两个方面：采用新型绕组结构和采用新型线圈布置方式。

①采用新型绕组结构。传统的绕组结构具有损耗过大、抗谐波干扰能力差等缺点，通过研究，可以根据不同的配电电压等级选择新型绕组结构，如采用自粘型换位导线来控制漏磁走向，进而实现对绕组损耗的控制，以提高配电变压器的运行效益。

②采用新型线圈布置方式。根据涡流的流向，合理选用横向或者纵向线圈布置形式，以控制涡流损耗降到最小，从而降低配电变压器的运行损耗[1]。

（2）合理选择变压器

在确保供电可靠性、电源质量和经济运行的前提下，配电变压器的选择应根据建筑物的性质和负荷情况、环境条件等因素确定，并选用节能型变压器。主要选择原则如下：

1）设置专用变压器。若电力和照明采用共用变压器，冲击性负荷将严重影响照明质量及光源寿命时，可设照明专用变压器；季节性负荷容量较大，如以电制冷的空调系统，若其容量约占全部容量的60%左右，可设专用变压器；单相负荷容量较大，由于不平衡负荷引起中性导体电流超过变压器低压绕组额定电流的25%时，或只有单相负荷其容量不是很大时，可设单相变压器；在电源系统不接地或经高阻抗接地，电器装置外露可导电部分就地接地的低压系统中（IT系统），照明系统应设专用变压器。

2）变压器容量的选择。变压器的容量与负荷的种类和特性、负载率、功率因数、变压器的有功损耗和无功损耗、基建投资、使用年限、变压器折旧、维护费及将来的计划因素有关。通常可按综合经济效果选择变压器。该方法是满足供电质量、可靠性、运行合理、维护方便等条件的前提下，分别计算其基建投资费用、年运行费用和无功补偿装置费用等，在进行分析比较后，从中选择综合经济效果最好的方案。

3）变压器接线组别的选择。供配电系统中，宜选用 D，yn11 接线组别的变压器，与 Y，yn0 变压器相比，该变压器的明显优点是负荷产生的谐波电流在变压器△形绕组中循环而不致流入电网，因而限制了三次谐波，提高了电源质量。

（3）提高变压器负载率

变压器的负载率是变压器运行中，其实际 S(kV·A)与额定容量 S_n(kV·A)之比。负载率的取值将直接影响变压器的功率，通常，在保持总供电容量的情况下，变压器的负载率 β 值越高，其有功和无功电流消耗就越小，所以提高负载率可以实现变压器经济运行而节约电能。

（4）平衡变压器的三相负荷

若变压器的各相负荷调配不当，即三相负荷不平衡，会使线路及配电变压器的铜损耗增加，对节能不利。实践表明，当线路内减少 30%的负荷不平衡度，线损可降低 7%，若减少 50%的负荷不平衡，线损可降低 15%。因此，应经常调整三相负荷，力求基本达到平衡。

（5）优化变压器经济运行方式

实际应用中，变压器的运行方式较多，有一用一备、并列运行和分列运行等。在选择运行方式时，应根据实际需要，合理分配各台变压器的负荷，优化变压器的经济运行方式，尽可能地减少变压器无功功率消耗，在节能的同时提高电源的功率因数，以取得最佳的经济效益。此外，还应在了解供配电系统中各种用电设备的工作规律的基础上，结合电价制度，有计划地、合理地安排和组织各类设备的用电时间，以降低负荷高峰，填补负荷低谷。

（6）变压器二次侧无功功率补偿

变压器的效率随着负荷功率因数的变换而变换，所以对变压器二次侧的无功功率补偿，可以降低变压器对本身和高压电网的损耗，既可以提高变压器的负载能力，又可以改善用户的电压质量[2]。

2. 供配电线路的节能降耗

在电能传输的过程中，由于电流和阻抗的作用，在电力线路上及各种电源设施中产生的能量消耗，行业中将其统称为线路损耗。在建筑物内部，线路损耗主要是指供配电线路的损耗，由于它的表现形式多为发热，而且是无法利用的，因此，减少线路损耗可以有效地降低建筑能耗。其节能措施如下：

供配电线路损耗与线路参数和负荷大小密切相关，若已知线路参数和通过其电流的大小，则可以计算出三相供配电线路中的有功功率损耗 ΔP 和无功功率损耗 ΔQ。供配电线路损耗的节能途径有以下几种：

（1）合理确定供配电中心

根据建筑物内负荷容量和分布的需要，宜将配变电所设在靠近建筑物用电负荷中心的位置，以减少配变电所低压侧线路的长度，降低电能损耗、提高电压质量、节省线材。这是供配电系统设计时的一条重要原则。

（2）合理选择低压配电线路的路径

建筑物内的低压配电系统设计，应满足计量、维护管理、供电安全和可靠性要求，对容量较大和较重要的用电负荷宜从低压配电室以放射式配电；由低压配电室至各层配电箱或分配电箱，宜采用树干式或放射式与树干式相结合的混合式配电。

（3）降低线路电阻

线路电阻的大小主要与导体截面积和导体长度有关。而在配电半径一定的情况下，增大导体截面积可以有效地降低线路电阻，减少线路损耗。通常情况下，按经济电流密度选择导线和电缆的截面，既可以减少电能损耗，又不致过分增加线路投资、维修费用和有色金属的消耗量。

（4）提高功率因数

线路损耗与配电线路的功率因数的平方成反比，因此，提高配电系统的功率因数是降低线路损耗的有效措施。通常，通过合理选用电气设备容量来减少设备的无功功率损耗，通过在设备或配变电所装设并联电容器来平衡无功功率，限制无功功率在配电系统中的传送，减少配电线路的无功损耗，提高有功功率的输送量。

（5）抑制谐波

随着微机、电话系统、激光打印机、传真机、电视机、电池充电器、变频器、不间断电源 UPS、LED 照明、气体放电灯采用电子或电感镇流器的广泛应用，在配电系统中产生了大量的谐波。谐波电流不仅增加了配电线路的功耗，更重要的是污染电网，影响配电设备和弱电设备的正常工作，致使保护设备的误动作等。为此，国家标准《电能质量　公用电网谐波》GB/T 14549 中对电流的谐波提出了限制要求，并规定当用户单位配电系统的谐波发射量超出相关规定的限值时，宜采用有源或无源谐波过滤装置，抑制系统中的谐波，减少对电网的谐波污染[2]。

3. 电动机节能

在节能减排成为一项国策的今天，电动机节能成为业界孜孜以求的努力方向。其原因之一，是因为电能利用的普及、大多数生产机械依靠电力驱动，电动机的耗电总量占到了总用电量的60%上下，电力驱动领域的节电对改善能源利用效率具有非常重要的作用。

(1) 合理选型

1) 选用高效率电动机

提高电动机的效率和功率因数，是减少电动机电能损耗的主要途径。与普通电动机相比，高效电动机的效率要高3%～6%，平均功率因数高7%～9%，总损耗减少20%～30%，因而具有较好的节电效果。在设计和技术改造中，应选用高效率电动机，以节省电能。另一方面，高效电动机价格比普通电动机要高20%～30%，故采用时要考虑资金回收期，即能在短期内靠节电费用收回多付的设备费用。一般符合下列条件时可选用高效电动机：①负载率在60%以上。②每年连续运行时间在3000h以上。③电动机运行时无频繁起、制动。④单机容量较大。

2) 合理选用电动机的额定容量

国家对三相异步电动机3个运行区域作了如下规定：负载率在70%～100%之间为经济运行区；负载率在40%～70%之间为一般运行区；负载率在40%以下为非经济运行区。若电动机容量选得过大，虽然能保证设备的正常运行，但不仅增加了投资，而且它的效率和功率因数也都很低，造成电力的浪费。因此考虑到既能满足设备运行需要，又能使其尽可能地提高效率，一般负载率保持在60%～100%较为理想。

(2) 选用交流变频调速装置

推广交流电动机调速节电技术，是当前我国节约电能的措施之一。采用变频调速装置，使电动机在负载下降时，自动调节转速，从而与负载的变化相适应，达到节能的目的。目前，已广泛采用普通可控硅、GTR、GTO、IGBT等电力电子器件组成的静止变频器对异步电动机进行调速。在设计中，根据变频的种类和需调速的电机设备，选用适合的变频调速装置。

(3) 采取正确的无功补偿方式

异步电动机的无功损耗一般包括两部分，一是建立磁场所需的空载无功功率，这部分损耗一般占到电动机额定无功损耗的70%左右，无功损耗的大小和容量呈正相关，一部分是带负荷时在绕组漏抗中消耗的无功功率，这部分损耗和电动机的负载电流的平方正相关，负载率越小，功率因数越小，损耗就越大。我们可以采用就地无功补偿的方式，通过在电动机附近设置电容器一起运行的方法来进行无功补偿。具体可以减小配电变压器、低压配电线路的负荷电流；减少配电线路的导线截面和配电变压器容量；减小企业配电变压器以及配电网功率损耗；使补偿点无功当量达到最大，提高降损效果；减小电动机起动电流。

(4) 节能改造

可以使用电动机节能器进行节能，电动机节能器的工作原理是由于空载和轻载导致电动机的效率和功率因数很低，导致大量热损耗产生，为了减少无用功，节能器能够起到有效控制降低电机输出功率，减少电损耗，使电动机达到最优运行效率的目的。比如可以采用KYD电动机节能器，这是一项新技术，将此项技术和传统的电气控制技术相结合，通过跟随负载的变化，调节输入功率，并且迅速检测系统需要的电能，准确调节输出功率，在节电同时保持正弦波电压输出。此外，其他节电装置还有变频器、可控硅等[3]。

同时，还可以对电动机本身进行改造，以达到节能目的，比如，对于普通电动机进行改造，将电动机的定子进行重复利用，具体操作为在转子中加入永磁材料，经过外界磁场与先充磁后，可以在很长的时间内保持很强的磁场，并对原定子的线圈进行重新处理。转子转速与定子旋转磁场完全同步，无转差损耗，同时转子不需要外加励磁电源，无励磁损耗，这样功率因数就很大，电动机的效率也大大提升，启动力矩增大，过载能力增强，实现了很好的节能效果。

4. 供配电设备节能

（1）为提高供电可靠性，应根据负荷分级、用电容量和地区经济条件，合理选择供配电设备电压等级和供电方式，适度配置冗余度。

（2）供配电设备应设计规划安装在接近负荷中心，并尽可能减少变配电级数。

（3）为提高功率因数，视需要安装集中或分散就地的无功功率补偿装置。

1）当采用提高自然功率因数措施还达不到电网合理运行要求时，应采用并联电力电容器作为无功补偿装置。如经过技术经济论证，确认采用同步电动机作为无功功率补偿装置合理时，也可采用同步电动机。

2）当补偿电容器所在线路谐波较严重时，电容器应串联适当参数的电抗器。

3）电容器分组时，应满足下列要求：

分组电容器投切时，不应产生谐振。

适当减少分组组数和加大分组容量，必要时应设置不同容量的电容器组，以适应负载的变化。

应与配套设备的技术参数相适应。

应在电压偏差的允许范围内。

（4）供配电设备应选择具有操作使用寿命长、高性能、低能耗、绿色环保材料等特性的开关器件，配置相应的测量和计量仪表。

（5）根据负荷运行情况，合理均衡分配各相所带负荷，单相负荷也应尽可能均衡地分配到三相网络中，避免产生过大的电压偏差。

5. 变压器设备节能

(1) 应选用高效能、低损耗、低噪声的节能变压器。

(2) 合理地计算、选择变压器容量。力求使变压器的实际负荷接近设计的最佳负荷，提高变压器的技术经济效益，减少变压器能耗。

1) 变压器额定容量应能满足全部用电负载的需要，但不应使变压器长期处于过负载状态下运行。变压器的经常性负载应以在变压器额定容量的60%为宜。

2) 对于具有两台及以上的变压器的变电所，应考虑其中任一台变压器故障时，其余变压器的容量能满足重要一、二负荷及以上的全部负荷的需要。

3) 多台变压器的容量等级应适当匹配，并考虑维修方便和减少备品、备件的数量。

4) 应避免供电线路过长，造成过大的电压偏差增加线路的损耗。

5) 变电所主变压器经济运行的条件：两台或多台主变压器经济运行的条件见表9-3-1。

变电所主变压器经济运行的条件　　表9-3-1

序号	主变压器台数	经济运行的临界负荷	经济运行条件
1	2台	$S_{cr}=S_N\sqrt{2x\dfrac{P_0+K_qQ_0}{P_k+K_qQ_N}}$	如$S<S_{cr}$宜1台运行 如$S>S_{cr}$宜2台运行
2	n台	$S_{cr}=S_N\sqrt{n\cdot(n-1)\cdot\dfrac{P_0+K_qQ_0}{P_k+K_qQ_0}}$	如$S<S_{cr}$宜$n-1$台运行 如$S>S_{cr}$宜n台运行

S_{cr}：经济运行临界负荷(kV·A)；
S_N：变压器的额定容量(kV·A)；
S：变电所实际负荷(kV·A)；
P_0：变压器的空载损耗(kW)；
Q_0：变压器空载时的无功损耗(kvar)，按下式计算：
$Q_0\approx S_N(I_0\%)/100$，其中$I_0\%$为变压器空载电流占额定电流的百分值；
P_k：变压器的短路损耗(kW)(亦称负载损耗)；
Q_k：变压器额定负荷时的无功损耗增量(kvar)，按下式计算：
$Q_k\approx S_N(U_K\%)/100$，其中$U_K\%$为变压器阻抗电压占额定电压的百分值；
K_q：无功功率经济当量(kW/kvar)由发电机电压直配的工厂变电所，K_q=0.02～0.04kW/kvar；
经两级变压的工厂变电所，K_q=0.05～0.08kW/kvar；
经三级及以上变压的工厂变电所，K_q=0.01～0.015kW/kvar；
在不计及上述计算条件时，一般取K_q=0.1kW/kvar。

(3) 季节性负荷容量较大（如空调机组）或专用设备（如体育建筑的场地照明负荷）等，可设专用变压器，以降低变压器损耗。

(4) 供电系统中，配电变压器宜选用D，yn11接线组别的变压器。

6. 自备发电机设备节能

(1) 选择占地面积小等土建、通风条件要求不高，同时额定功率单位燃油消耗量小、效率高的发电机组。在满足相关规范的前提下，视当地燃料供应条件规划储备燃油设施。

(2) 根据带载负荷特性和功率需求，合理选择发电机组的容量，视需要配置无功补偿装置。

(3) 当供电输送距离远时，电压偏差超过规范规定的值时，应选用高压发电机组，以减少线路输送损耗。

(4) 推广使用节能发电机组。

7. UPS及蓄电池设备节能

(1) 合理选择UPS的容量，增加使用效率；同时，采用具有节能管理功能的UPS供电系统，根据负载大小自动调节系统中UPS运行的数量，在保证可靠性的前提下，最大限度地提升系统运行效率。

(2) 选择额定运行整机效率高、输入功率因数高、输入电流谐波含量少、占地面积小、环境污染噪声小的高频结构UPS。

(3) 采用优质寿命长的蓄电池组，可通过选择输入电压、频率可变范围宽的设备，减少蓄电池组逆变供电的时间，延长蓄电池的使用寿命。

8. 动力设备节能

(1) 选择高效率、能耗低的电机，能效值应符合国家相关能效节能评价标准。

(2) 电机的起动方式和操作运行管理应符合设备工艺要求，根据负荷特性合理选择电动机，为节能可选择轻载电机降压运行、电机荷载自动补偿、采用调速电机等。

1) 功率在250kW及以上恒负载连续运行宜采用同步电动机。

2) 异步电动机在满足机械负载要求的前提下，采取调压节电，并使电动机工作在经济运行范围内。

3) 风量、流量经常变化的负荷，宜采用电动机调速方式进行调节。

4) 功率在50kW及以上的电动机单独配置电压表、电流表、有功电度表等计量仪表，监测和计量电动机运行参数。

(3) 异步电动机在安全、经济合理的条件下，可采取就地补偿，提高功率因数，降低线路损耗。

(4) 交流电气传动系统中的设备、管网和负载相匹配，达到系统经济运行，提高系统电能利用率。

（5）超大容量设备选用高电压等级供电，如10kV高压制冷机组。

（6）电梯组采用智能化群控系统，缩短运行等候时间；扶梯及自动步道有人时运行，无人时缓速或停止运行。

建筑电气与智能化专业编写人员：

欧阳东　吕　丽　肖昕宇　于　娟

第 十 篇　屋顶绿化

第一章　屋顶绿化行业发展状况

屋顶绿化起源于西方国家，从20世纪60～80年代起，被视为集生态效应、经济效应与景观效应为一体的城市绿化的重要补充，受到广泛关注，成为一种新的城市绿化趋势。随着城市“热岛效应”的日益显著，给人们带来的负面影响越来越大，世界各国对屋顶绿化也更加重视。

我国屋顶绿化建设始于20世纪80年代前后，研究起步较晚。随着国内经济建设突飞猛进地发展，人居住环境和生活质量地评价日益受到重视，成都、重庆、上海、西安、深圳、杭州、长沙、天津等大城市地屋顶绿化自发地以各种形式展开。2005年—2013年国内屋顶绿化出现了迅速发展的形势，除西藏外，各省市都开始结合本地实际，实施屋顶绿化。

但就目前而言，我国屋顶绿化发展仍然相对缓慢，大部分城市的绿化建筑面积还不到城市现有建筑可绿化面积的1%。屋顶绿化被大多数中小型城市的政府所忽视，屋顶绿化的法律和政策都处于灰色状态，屋顶绿化始终无法得到全面的推广。

由于诸多原因，屋顶绿化在我国很多城市还是空白，因此，发展屋顶绿化前景十分广阔，也是城市绿化的必然趋势。屋顶绿化的经济效应同生态效益一样值得期待，其中蕴藏着无限的商机，将形成一个新的绿化产业，催生绿化产品及相关技术、绿化工程等诸多商机，成为一个新的经济增长点。

第一节　国外屋顶绿化的发展与未来

世界各国对环境问题越来越重视，城市中心区的污染，成为各国政府和人民最为关注的焦点，作为治理环境问题的重要手段，屋顶绿化受到了高度重视并迅速发展。

德国是世界上公认的绿化最好的国家。早在1957年，德国就在立法中指出，屋顶绿化是对于建筑破坏自然的一种补偿。1982年，德国立法强制推广屋顶绿化，在新建筑和改建建筑中强制推广屋顶绿化。现行的主要政策是：（1）在新建筑或改建的建筑报建的同时，必须同时上报屋顶绿化的设计，如果没有屋顶绿化的设计，规划部门就不予受理，这样该建筑就不能够建造。如果不做屋顶绿化，可以有两个选择。一个选择，就是根据报建的建筑面积缴纳补偿款，第二个选择，就是出资在另一个没有绿化的地方进行同等面积的绿化。(2) 做了屋顶绿化之后，政府相关部门会对该项目进行验收，通过后，该建筑才能使用。根据屋顶绿化质量的不同，政府将返还 50%～80%的工程款，作为奖励。(3) 如果没有做屋顶绿化，每年需要交纳排水费，缴纳标准是由屋顶的总面积决定的。这是因为没有屋顶绿化的屋顶增加了城市管道的排水压力，容易给城市造成内涝水患。经计算，大概 3～5 年的排水费就足够支付建造屋顶花园的费用，这样的政策就使得房屋所有者如果希望不收或少收排水费，就一定要在屋顶做绿化。

在这一强制政策的同时，德国对屋顶绿化实行了优惠的金融政策，可以享受银行和政府的低息贷款或者无息贷款。最后，屋顶绿化业主会得到各级政府的表彰以及受到社区群众的赞扬。

总的来说，德国的政策是"胡萝卜加大棒"，做得好，奖励，做不好，罚款，这样很有力地推进了屋顶绿化的进程。现在，德国正在进行坡改平、平改绿，就是把尖屋顶改成平屋顶，在平屋顶上做绿化。我国现在恰恰相反，大量进行平改坡，搞坡屋顶。德国人原来做坡屋顶是因为德国气候寒冷，为了避免积雪过大荷载不够的状况，现在随着建筑材料的改善，荷载已经不再是一个主要的问题，现在城市面临的问题是不够生态，所以德国积极推进坡改平、平改绿，增加屋顶绿化的面积，在做得好的城市汉诺威，整个屋顶绿化面积占了屋顶面积的 70%，热导岛效应没有了，夏天的温度会下降 5～10℃，冬天增加 1～3℃，使得这个城市冬暖夏凉，城市的很多现代病，如污染的问题、粉尘的问题都得到了有效的解决，特别是内涝也得到了很好的解决，所以德国的经验是值得学习和借鉴的。

日本是一个多地震、多台风的国家，为了治理城市的环境污染，自 2000 年立法以来，日本的新建筑屋顶绿化率已达到 100%。日本涌现了很多在全世界都非常著名的屋顶花园案例，如东京晴海屋顶花园，植物多达 660 种以上，是一个植物的科普园地；日本东京六本木新城的屋顶花园种植了水稻，是大学生体验劳动和种植的场所；东京琦玉新都新榉树广场 220 棵高 10m 的榉树，形成了一个绿树成荫的公共活动的广场；日本大阪的南波公园，每一楼层商店都有通往花园的大门，使得去商场购物和去逛公园可以同时进行。日本在很多商业设施上，建造大型的屋顶花园，有力地促进了商业的繁荣，如大阪心斋桥大丸百货，神户淡路岛公园餐厅等，这是一个值得推广和值得借鉴的好方法。日本在屋顶绿化的养护和可持续发展上也取得了许多宝贵的经验。

新加坡是屋顶绿化发展最迅速的国家。新加坡屋顶绿化的优秀案例已经成为他们国家的一张名片，如金沙酒店屋顶花园，建在了三幢 60 层的摩天大楼上，净高度 200m，整个屋顶花园就像大楼上顶着一艘巨轮，上面种植了几百棵树木，还拥有一个硕大的游泳池，这里已经成为新加坡地标性的建筑，几乎所有来新加坡观光、旅游、参加会议、参加商务活动的外国朋友都会登上这个屋顶花园，一览新加坡的无限美景。新加坡屋顶花园非常普及，不光应用于较高端的建筑场所，新加坡的组屋（相当于我们所说的经济适用房，由新加坡住宅发展局负责建造），每一栋都有屋顶花园的雨水收集利用系统；新加坡的商品房即公寓更是有着时尚高档的屋顶花园，游泳池、温泉、按摩床、酒吧、茶馆、休闲娱乐的设施和体育设施，都融合在这个花园里，使其成了深受该地居民欢迎的会所；在新加坡的国家公园中，专门设有屋顶花园管理中心，该中心由四个国务院公务员编制的人员组成，他们正在与新加坡城市的领导者和设计者研究把新加坡所有房子用屋顶花园连接起来，使新加坡城市由花园城市上升成一座立体花园城市。新加坡的做法和迹象代表了未来城市建设的方向，这样的城市建设，是生态、低碳、宜居的，基本上不会产生热岛效应、温室效应、空气污染和水污染等城市现代病。

美国、英国、法国、意大利、澳大利亚、加拿大等发达国家屋顶绿化多彩纷呈，都拥有精美的设计作品，并享有政府的鼓励政策，这些都是很值得我们借鉴的。

第二节 国内屋顶绿化的发展

目前，我国在屋顶绿化方面也涌现出许多做得非常好的城市，例如杭州、南京等。2011 年杭州市市长、市委书记亲自登上屋顶调研，布置屋顶绿化年度任务，于是杭州涌现出了钱江新城这样的屋顶绿化非常突出的新社区。这个新区屋顶上实现了 10 万 m^2 的屋顶绿化，大多数都是屋顶花园，只有少量的屋顶草坪。杭州市还有一个团队正在着手把西湖的美景搬到写字楼的屋顶花园上来。

南京紫东国际创意园区占地约 66 万 m^2，园区的所有建筑 100％达到国家绿色建筑标准。已领取了绿色建筑奖励资金近 1200 万元人民币，这个创意园区的屋顶 100％实施了屋顶绿化。其中有屋顶花园、屋顶菜园、屋顶果园、屋顶草坪、墙体绿化以及地下车库顶部绿化共约 15 万 m^2，是我国目前第一个实现了绿色建筑和屋顶绿化“双百”的新型社区。现在，上海前滩建设指挥部、深圳浅海建设指挥部、昆山市千灯镇人民政府都在用世界上最新的生态建设理念和屋顶绿化新技术、新政策规划设计，致力打造新的生态、低碳、宜居的城市。

城市发展到今天，人们已充分认识到人是自然的一部分，人必须与自然共存共荣，和谐发展才是最好的政策与方针。建造屋顶绿化响应了这种人与自然的和谐观和持续发展观，这也正是人类社会所需要的。随着城市人民对环保重要性的认识，环保意识的提高，同时在国家政策及国际局势的带动下，屋顶绿化正在被更多的人认识和接受，屋顶绿化发展前景十分可观。

目前国内的屋顶绿化仅仅是一些简单的平面绿化，采用草皮或被植物较多，经过一段时间的发展，科技含量的不断增加，将实现由单一植物品种到多个品种；由屋顶简单绿化向屋顶花园的方向发展，所以，相信经过我们的努力，屋顶绿化一定会造福全人类。

第二章　屋顶绿化的政策法规

作为一个新兴的行业，屋顶绿化屋顶绿化技术的运用和推广是推进建筑节能的一项重要手段，为了更好地研究推广屋顶绿化技术，同时规范屋顶绿化实施过程中的各项环节，用规范地标准和完善的技术确保在新建建筑和既有建筑改造中推广屋顶绿化工程，从而为全行业的节能节能技术的运用与推广贡献力量。

第一节　国 内 政 策 法 规

住房和城乡建设部，2004 年，关于贯彻《国务院关于深化改革严格土地管理的决定》的通知，其中指出要鼓励和推广屋顶绿化和立体绿化。

住房和城乡建设部，2007 年，关于建设节约型城市园林绿化的意见，指出要推广立体绿化，在一切可以利用的地方进行垂直绿化，有条件的地区要推广屋顶绿化。

住房和城乡建设部，2010 年，城市园林绿化评价标准，将立体绿化作为建设管控评价内容，要求各城市制定立体绿化推广鼓励政策和技术措施，并制订推广实施方案。

深圳市，1999 年，深圳市屋顶美化绿化实施办法，提出要采取全市统一部署、多方集资、分期实施的方式进行。并成立了由副市长牵头的领导小组具体实施屋顶绿化的组织协调工作。

深圳市，2012 年，深圳市城市绿化发展规划纲要，提出要强力推行以及适当补贴的方式，引导企业进行立体绿化。

北京市，2004～2008 年，北京市城市环境建设规划，要求北京市的高层建筑中 30％要进行屋顶绿化，低层建筑中 60％要进行屋顶绿化。

北京市，2005 年，北京市屋顶绿化规范，在相关技术层面上做了详细规定，以确保屋顶绿化工程质量。

北京市，2006 年，关于 2006 我市屋顶绿化的工作的意见，指出北京市园林绿化局将对已完成的屋顶绿化项目进行验收，合格后按每平方米 50～100 元的标准进行补贴。

北京市，2009 年，北京市城市绿化条例，鼓励屋顶绿化、立体绿化等多种形式的绿化。机关、事业单位办公楼及文化体育设施，符合建筑规范适宜屋顶绿化的，应当实施屋顶绿化。

北京市，2011 年，关于推进城市空间立体绿化建设工作的意见，提出了一系列强制性和鼓励性的屋顶绿化政策措施。并计划在“十二五”期间完成 100 万 m^2 的立体绿化任务。

上海市，2002 年，关于上海市静安区屋顶绿化实施意见（试行）的通知，提出凡列入当年屋顶绿化实施的项目，每完成 $1m^2$ 奖励 10 元。

上海市，2007 年，上海市绿化条例，指出本市鼓励发展垂直绿化、屋顶绿化等多种形式的立体绿化。新建公共服务设施适宜屋顶绿化的，应当实施屋顶绿化。

上海市，2012 年，上海市建筑节能项目专项扶持办法，针对屋顶绿化实施的项目制订了详细的补贴条件和补贴方案。

成都市，2001 年，成都市建设项目公共空间规划管理暂行办法，从规划层面明确要求建设屋顶绿化。

成都市，2005 年，关于进一步推进成都市城市空间立体绿化工作实施方案，要成立城市空间立体绿化工作小组，要求新开工建筑必须按规定实施屋顶绿化，已完工和正在建的建筑鼓励进行绿化改造，并为此采取了一些的奖惩措施。

杭州市，2007 年，关于屋顶绿化发展的政策，要求所有新建建筑必须进行屋顶的绿化美化。

杭州市，2010 年，杭州市区建筑物屋顶综合整治管理办法，明确屋顶绿化作为屋顶整治内容之一，规定可将屋顶绿化面积折算后计入项目绿地率指标。

另外，济南、青岛、广州、重庆、南宁、西安、南京、湖南省、河南省、河北省等多个省市均发布了关于推进屋顶绿化的多个法律法规。从整体趋势和进行效果来看，深圳市发展最早但后期明显乏力，北京上海发展较快较好，成都杭州卓有成效，其他城市也都开始重视屋顶绿化的发展和推进。

第二节 国外政策法规

日本东京，实行“两手抓”：一是以占地 $1000m^2$ 以上（公共设施 $250m^2$ 以上）为对象，规定新建、改建、增建的建筑物必须履行 20％的“屋顶绿化”义务，在建设前提交绿化计划书进行申报。项目完成后，还必须提交“绿化完成书”。在条例中还专门规定对凡未提交申报书或提交虚伪申报书的建筑商和业主将处以罚款。二是相应给予一些政策法规上的扶持。如将屋顶绿化记入建筑绿化总面积以及贴补体积率、给予赞助金、低率融资等优惠政策。对少数有些不宜进行屋顶绿化的也代之以阳台、墙面等绿化。

在德国，法律给任何新建筑的业主三种选择：第一，在其他地方新建一片与屋顶面积等同的绿地；第二，交罚款；第三，进行屋顶绿化。在这三者中间，屋顶绿化是最省钱的方案，政府还会根据实际情况给予一定数目的补贴，据介绍，德国的屋顶绿化率能达到80%左右。是世界屋顶绿化做得最好国家。1957年，德国政府提出屋顶绿化是建筑破坏自然的一种补偿方式。1982年，德国立法强制推行屋顶绿化。德国现行的政策还规定：新建或改建项目申报规划设计必须同时报屋顶绿化设计，否则不予受理；实施屋顶绿化可减免50%～80%的排水费；实施屋顶绿化可得到政府50%～80%的屋顶绿化工程款补贴；屋顶绿化项目可享受政府无息或低息贷款；屋顶绿化业主会受到各级政府的表彰、受到社区群众的赞扬。

联合国环境署的研究表明：当一个城市屋顶绿化总量达到城市建筑70%时，城市上空二氧化碳的含量将下降80%，夏天的气温将下降5～10℃，城市热岛效应将基本消除。

第三章　屋顶绿化的市场分析

屋顶是城市建筑的第五立面，也是一片未经开垦的处女地。随着当今世界人口的激增，不仅使城市的“热岛效应”日益突出，也使城市绿地严重紧张。而如何解决城市“热岛效应”，增加人均绿地面积已成为世界各国园林专家和建筑人士研究的重点。这便使屋顶成了一块与这些问题做斗争的阵地，进行屋顶绿化，建设楼顶花园，增加城市绿化面积便被各国政府和学者提到了议事日程上来，行成了一个具有广阔发展前景，极大潜力的新兴市场。

第一节　国际市场分析

目前在世界范围内，屋顶花园建设仅主要集中在一些发达国家及地区，而德国在屋顶花园的研究方面处于领先地位，日本、美国等对花园屋面的技术研究及发展均是基于德国的基本理论。德国拥有相关的屋顶绿化技术和世界范围内最大的屋顶花园市场。现在市场上使用的系统产品已有多年历史，基础技术也已经有25年历史。据调查，在德国，面积大于500m^2的屋顶绿化成本完全可以低于15欧元，可见屋顶绿化成本并不是高不可及。而且，世界范围内屋顶花园发展严重不均衡，只有少数发达国家发展迅速，大部分国家与地区都处于落后的局面，但是随着人们环保意识的逐渐增强，发展屋顶绿化，美化城市环境是大势所趋，屋顶花园必将得到大力推广，因而具有巨大的市场潜力。

第二节　国内市场分析

我国自20世纪60年代开始研究屋顶花园和屋顶绿化技术。近10年来，屋顶花园在一些经济发达城市发展很快。论文格式。随着我国城市化的加速，城市建成区中绿地面积不足的现象日益明显，建设屋顶花园，提高城市的绿化覆盖率，改善城市生态环境，已越来越受到重视。虽然每幢楼房的屋顶面积十分有限，但成千上万座高楼大厦的面积相加起来，就是一个十分可观的数字。有人估计，一座城市的屋顶面积，大约为居住区的1/5。

从国内市场角度分析，屋顶绿化项目，是一座待掘的“金矿”，业内人士分析：屋顶绿化环保效益不言而喻，其经济效益同样不容忽视。以绿化成本为例，在广州中心城区，绿化 1 万 m^2 土地，加上征地，拆迁补偿费用在内，约需 3000 万元人民币，而建造 1 万 m^2 屋顶绿化的投入只需约 300 万元，约为前者的 1/10。业界人士同时指出，屋顶绿化存在着巨大的市场空间，并将形成一个新的绿化产业，诱发绿化产品、相关技术、绿化工程等诸多商机。不仅如此，开发商将屋顶花园纳入建设计划，进行捆绑销售，更成为一种巨大的商机。

从政府政策角度分析，目前对于屋顶绿化都是利好局面。不少城市政府主管部门已经在制定相应的鼓励、扶持政策，对旧住宅区整改，并让今后新建住宅的屋顶披上绿装。例如上海市今年将对屋顶绿化给予法规支持，把其纳入《上海市绿化管理条例》，新建住宅和商务楼均将被强制推行屋顶绿化，这样全市有可能增添 1 亿～2 亿 m^2 的空间绿化；成都市则规定，凡是 12 层楼以下、40m 高以下的中高层和多层、低层非坡屋顶建筑必须按要求实施屋顶绿化。由此可见，未来屋顶花园发展势必会更加迅速。

人们对屋顶花园的需求相当可观，而且，当人们具备条件后，他们愿意建造屋顶花园，并且对屋顶花园的发展持看好态度，这些都足以说明屋顶花园前景良好。由此可见屋顶绿化还是有很大的发展前景的。

屋顶绿化专业编写人员：
王仙民　邹　冰

第十一篇　部分地方协会相关报告

北　京　篇

北京农村居住建筑清洁能源供暖应用现状
调　研　报　告

（发布会稿）

北京建筑节能与环境工程协会

2014-07

目　录

北京农村居住建筑清洁能源供暖应用现状调研报告

一、调研目的

北京随着经济的发展和居住人口的增长，环境污染趋向严重，雾霾天气增多，十分令人担忧。为了治理环境污染，还首都一片蓝天，北京市政府提出“2013年～2017年清洁空气行动计划”。该行动计划表明，京郊一百多万农户居住建筑的冬季燃煤供暖是主要的污染来源之一。如何减煤代煤、最终实现京郊冬季供暖无煤化是治理雾霾的重要任务。为了协助政府了解京郊清洁能源代煤供暖的应用现状，为北京市搞好农村供暖能源调整工作提供参考意见。北京建筑节能与环境工程协会在主管部门的支持下，组织了会员单位和行业专家，对北京市农村居住建筑，2013～2014年采暖季中清洁能源代煤供暖方式的应用现状，进行了入户问卷调查。做到实名录入，可跟踪追溯。

二、调研的主要内容、采用方式及调查文本数量

本次调查了京郊七个区县的1137家农户，并核实采用了289户的一个采暖季的完整数据。同时，收集了25家的清洁能源设备和散热末端产品的技术数据。调查中涉及了六种清洁能源供暖方式及3类末端形式。包括：热泵（主要是空气源热泵）、电地暖、蓄热电暖气、电锅炉；燃气壁挂\落地采暖炉供暖；太阳能供暖。为便于不同清洁能源合理地进行横向比较，对采暖时间（120天）、建筑面积（100m^2）、费用核算时间（8年）、冬季供暖室外计算温度（－9.6℃）、室内温度（18℃）进行了统一，并对有关数据进行了修正。建筑维护结构接近50％节能标准。电费及燃气费按政府补贴标准进行取值。对有效数据超过10组时，采用综合平均数。由于采取了修正计算，本调研报告的数据偏离度在10％。

三、统计数据分析

1. 运行费调查与分析（使用费用）：这是用户满意度关键数值，也是节能节费的实际体现；费用最低的是地源、空气源热泵＋低温辐射供暖系统，最高的是电锅炉供暖系统。举例：空气源热泵＋低温辐射供暖，系统供热水温在30～40℃，温差5℃。在北京，这个系统的冬季白天的平均能效比（COP）可以稳定

在 3.0 以上；冬季室外虽然寒冷，平均能效比（COP）低于白天，由于夜间可使用峰谷优惠电价，其用户的实际供暖费用还是便宜，本次调查结果：它供暖费为 15～22 元/m²，是集中供热的 50%～75%。

2. 初投资费用调查与分析（一次费用）：较低的是电锅炉＋散热器、蓄能电暖气、电地暖等。高的是太阳能辅助空气源热泵地暖，次之为空气源热泵低温辐射供暖。

3. 公共设施配套增容费调查与分析（基础投资）：此项费用是政府最大的投入之一，不但需要考虑初次投入费用还要评估设备全年使用效率。低的是空气源热泵地暖、太阳能辅助的热泵供暖。高的是燃气壁挂炉、蓄热电暖气、电地暖、电锅炉。两者之间相差 2～3 倍。

4. 供热水温度与室温波动调查与分析（舒适性）：社会在发展，供暖舒适性非常重要，是人性化的体现。低温地面辐射供暖舒适性最佳、散热器次之，蓄热电暖气舒适性较低。

5. 耗电量与能效比（COP）调查与分析（节能性）：（COP）值是评价供暖设备节能效率的重要指标，太阳能辅助空气源热泵地暖供暖系统为最高，其次是空气源热泵地暖供暖系统，低的是电直接供暖方式。

6. 全过程总费用：（8 年）这是一个综合经济评价指标。它既考虑一个项目的初投资，又考虑一个项目的运行费用，这是经济发达国家惯用的科学评价方法。本次调研对六种清洁能源供暖方式进行了全过程总费用评价（含设备初始投资、基础设施增容费、8 年运行费）。空气源热泵＋地板辐射供暖系统最低，较高的是电锅炉＋散热器供暖系统、蓄热电暖器、电地暖等。燃气壁挂炉供暖费用居中。

四、分析结论

北京郊区地域广大，从平原到山区地理环境不同；电力和燃气的基础设施情况不同；老百姓的经济状况不同。应该因地制宜地选择最适合的清洁能源供暖方式取代燃煤供暖。

（1）空气源热泵＋低温辐射供暖节能性好，全过程费用较低，方便分散安装。从发展的趋势来看，它将是北京市农村居住建筑供暖的一个重要发展方式。

（2）天然气壁挂炉＋散热器可同时解决供暖及生活热水需求。随着北京新农村炊事燃气管网全新规划的实施，在有条件的地方，可规划出部分区域增加燃气供给量，供居民供暖使用。是一种重要的代煤供暖方式。

（3）蓄热电暖器及电热膜、发热电缆等电地采暖有削峰填谷作用，安装费用较低老百姓易接受。蓄热电暖器安装、使用方便，农户可根据自己的生活习惯调节室内温度，有利于行为节能。例如采用双控双供型蓄能电暖气结合行为节能，农户电费也可低到一个采暖季 30 多元/m^2。这是目前农村煤改电最简单的一种。但直接用电，能耗仍较大，电力增容费较高。可以作为一种补充方式。

(4) 太阳能供暖方式虽然最节能，但因气候条件影响，在北京农村居住建筑供暖的实际应用中只能起到辅助作用。太阳能＋热泵，太阳能＋燃气等复合热源，目前初投资费用较高。太阳能＋生物质炉在安全和环保上的问题尚需彻底解决。今后随着技术日趋成熟成本下降，将会逐步得到推广应用。

五、对北京农村居住建筑清洁能源代煤供暖工作的建议

1. 应与农村居住建筑节能改造同步进行

北京根据住房和城乡建设部发布的《农村居住建筑节能设计标准》GB/T 50824—2013 的要求，投入了大量资金，对既有建筑进行了改造。在调查中发现，因农村住宅体型系数较大、单靠建筑的外墙、门窗的节能改造还无法满足此标准的要求。在代煤供暖改造时，应大力推动非节能建筑的改造，并尽可能达到 50％节能标准的要求。否则建筑物的热损耗过大，不利于清洁能源的应用。

2. 对热泵、太阳能等低品位、可再生的清洁能源供暖方式应加大补贴和推广力度

大力推进清洁能源的使用是对的，但一刀切的平均补贴所有清洁能源供暖是不适宜的；对那些高耗能的清洁能源供暖方式不但不能补贴还需要限制（例如电热锅炉直接供暖）。清洁能源供暖，既要代煤更要节能。需要大力提高可再生能源、低品位能源在供暖中的应用比例，逐步完成北京农村供暖能源结构调整。根据节能优先的方针，在清洁能源补贴过程中应向节能性好的清洁能源倾斜，如对空气源热泵等加大政府补贴额度。在政府主导的整村改造或者新农村重建项目中，应优先选择低品位、可再生能源供暖方式。

3. 运用政策杠杆、调动民间积极性，加快清洁能源供暖改造步伐

在整村电力增容不到位情况下，可充分利用现有农村配电措施，用政策鼓励部分经济条件较好的农户，先做空气源热泵地暖等低品位的清洁能源改造。北京市计划到 2017 年煤改电的 20 万户，分散到各村可以减少大量整村改造增容投入费用。

鼓励有资金的村集体或农户先期支付清洁能源改造应由政府补贴费用，政府可承诺以后按照标准再补发；调动民间积极性加快清洁行动计划落实。调整现有峰谷电申报政策，方便农户可分批申请，及时安装。使之与清洁能源取代燃煤逐步推广相匹配。

4. 鼓励技术创新，编制低品位、可再生的清洁能源供暖技术标准，做好技术培训

清洁能源推广的关键是技术的合理运用。尽快组织编制或修订相关的技术标

准，如空气源热泵供暖应用技术规范等，使清洁能源供暖技术做到有章可循、有法可依。清洁能源的使用一定要符合国家和北京市相关的节能规范的要求。清洁能源产品的选用一定要符合相关产品技术标准的要求。防止不达标的产品冲击市场。

针对广大用户，尤其是项目的组织者、建设方、采购人员等，要进行清洁能源代煤供暖的技术培训，普及相关知识，提高他们的技术水平，以免在应用中出现问题。北京建筑节能与环境工程协会可为企业、施工单位提供技术服务和技术培训。

在大力推广成熟技术的同时，更应鼓励技术创新，提高节能减排水平。太阳能及复合热源低温供暖技术，是今后北京要重点发展的节能技术。希望主管部门在科研资金和示范工程项目上给予支持。

5. 建立农村居住建筑清洁能源采暖工程质量保证体系

清洁能源采暖在农村的推广是一个建设量大、涉及面广的工程项目。在推广的过程中，应建立可靠的质量保证体系。把握好工程项目的设计、施工、验收及后期的维护管理的质量关。在招投标过程中，应公开、公正、科学，排除人为因素干扰，以使工程项目能够顺利实施，并能够持续安全的运行，为节能减排、清洁空气行动计划作出应有的贡献。

因为本次调研报告是第一次，还有一些不足；在主管部门、众多参与企业与专家的支持下，我们还会不断优化方式方法继续做下去，持续改善；更期待各位媒体朋友在今年冬季一起参与进来，用事实说话。谢谢大家。

上 海 篇

一、上海市建筑业发展情况概述

自2014年初至10月底，上海市总报建项目共1115项，总建筑面积5100.96万m^2。其中公共建筑493项，建筑面积1959.22万m^2，占报建项目总建筑面积的38.4%；住宅建筑195项，建筑面积2133.48万m^2，占报建项目总建筑面积的41.8%；其他类型建筑427项，建筑面积1008.25万m^2，占报建项目总建筑面积的19.7%。

自2014年初至10月底，上海市已竣工建筑1105项，总建筑面积4157.50万m^2。其中公共建筑639项，建筑面积987.71万m^2，占竣工项目总建筑面积的23.75%；住宅建筑327项，建筑面积2926.26万m^2，占竣工项目总建筑面积的70.3%；其他类型建筑139项，建筑面积243.51万m^2，占竣工项目总建筑面积的5.8%。

二、绿色建筑发展情况概述

（一）绿色建筑标识评价情况

自2014年初至11月底，上海市通过绿色建筑评价标识认证的项目共计41个，同比增长5.1%，总申报面积524.51万m^2，同比增长62.8%，其中公共建筑三星项目5个、住宅建筑三星项目3个、公共建筑二星项目14个、住宅建筑二星项目10个、公共建筑一星项目3个、住宅建筑一星项目6个。公共建筑项目22个，总申报面积311.65万m^2。住宅建筑项目共19个，总申报面积212.86万m^2。至此，上海市已有绿色建筑数量138个，总面积1291.13万m^2。此外，2014年上海还有30个绿色建筑评价标识项目处于申报阶段。

（二）绿色建筑标识评价管理工作情况

2014年1月10日，原市建设交通委建设市场监管处组织召开了“市绿色建筑评价标识工作办公室工作会议”。会议明确了上海市一、二、三星级绿色建筑评价标识工作均由市绿色建筑评价标识工作办公室统一受理。明确了由市绿色建筑评价标识工作办公室建立绿色建筑评价标识专家库及专家管理办法，并以市绿色建筑评价标识工作办公室名义聘请专家，确定了星级标识评审的相关流程。

2014年4月4日上午，原市城乡建设和管理委员会建设市场监管处组织召开了“市绿色建筑评价标识工作办公室工作会议”。会议建议组建上海市绿色建筑标识评定专家库，并制定《上海市绿色建筑标识评审专家管理暂行办法》，适当增加专家评审组组长和专业评审组组长，并对专家库专家进行统一培训。

2014年5月7日，上海市绿色建筑评价标识工作办公室、上海市绿色建筑协会组织开展了“上海市绿色建筑标识评审专家培训会”，根据培训考核结果，确定了78位专家为上海市绿色建筑标识评审专家，依据《上海市绿色建筑标识评审专家管理暂行办法》组建了专家库。

（三）《上海市绿色建筑发展三年行动计划（2014～2016）》

2014年6月17日，上海市政府办公厅转发了由市建设管理委等六部门制订的《上海市绿色建筑发展三年行动计划（2014～2016）》，明确要求通过三年的努力，初步形成有效推进本市建筑绿色化的发展体系和技术路线，实现从建筑节能到绿色建筑的跨越式发展。新建建筑绿色、节能、环保水平明显提高，建筑工业化水平取得显著进步，既有建筑节能改造稳步推进，绿色建筑发展水平位于全国领先。

主要目标：

1. 新建绿色建筑。2014年下半年起新建民用建筑原则上全部按照绿色建筑一星级及以上标准建设。其中，单体建筑面积2万m^2以上大型公共建筑和国家机关办公建筑，按照绿色建筑二星级及以上标准建设；八个低碳发展实践区（长宁虹桥地区、黄浦外滩滨江地区、徐汇滨江地区、奉贤南桥新城、崇明县、虹桥商务区、临港地区、金桥出口加工区）、六大重点功能区域（世博园区、虹桥商务区、国际旅游度假区、临港地区、前滩地区、黄浦江两岸）内的新建民用建筑，按照绿色建筑二星级及以上标准建设的建筑面积占同期新建民用建筑的总建筑面积比例，不低于50%。

2. 新建装配式建筑。各区县政府在本区域供地面积总量中落实的装配式建筑的建筑面积比例，2014年不少于25%；2015年不少于50%；2016年，外环线以内符合条件的新建民用建筑原则上全部采用装配式建筑，装配式建筑比例进一步提高。

3. 既有建筑节能改造。基本建成覆盖本市国家机关办公建筑和大型公共建筑的能耗监测系统，健全和完善既有公共建筑节能改造机制。力争至2016年底，三年累计完成700万m^2既有公共建筑节能改造。其中，改造后单位建筑面积能耗下降20%及以上的达到400万m^2。结合旧住房综合改造，因地制宜改善既有居住建筑能耗水平。

三、绿色建筑和建筑节能相关新增标准

《园林绿化栽植土质量标准》DG/TJ 08—231—2013

上海市工程建设规范《园林绿化栽植土质量标准》，自2014年2月1日起实

施。为贯彻城市可持续发展理念和城市工程建设安全的要求，进一步提升园林绿化植物栽植和养护水平，充分发挥园林绿化植物的生态景观效果，确保绿化土壤质量适应绿化植物健康生长的需要，特编制本标准。本标准适用于花坛栽植土、花境栽植土、树坛栽植土、草坪栽植土、保护地栽植土、立体绿化栽植土、容器栽植土等质量评价和检验，其他绿地栽植土在技术条件相同时也可执行。

《既有居住建筑节能改造技术规程》DG/TJ 08—2136—2014

上海市工程建设规范《既有居住建筑节能改造技术规程》，自 2014 年 4 月 1 日起实施。为贯彻国家和本市节能降耗的有关法律法规和方针政策，规范既有居住建筑节能改造技术应用，确保节能改造工程质量和安全，制定本规程。本规程适用于本市既有居住建筑的节能改造工程。

《既有公共建筑节能改造技术规程》DG/TJ 08—2137—2014

上海市工程建设规范《既有公共建筑节能改造技术规程》，自 2014 年 4 月 1 日起实施。为贯彻国家有关建筑节能的法律法规和方针政策，推进建筑节能工作，提高既有公共建筑能源利用效率，减少温室气体排放，改善室内热环境，制定本规程。本规程适用于本市既有公共建筑的节能改造工程。

《住宅设计标准》DGJ 08—20—2013

上海市工程建设规范《住宅设计标准》，自 2014 年 6 月 1 日起实施。为适应本市经济发展的需要，提高住宅建设水平，满足广大市民对居住质量、居住功能、居住环境和防火安全的需求，结合本市的实际情况，制定本标准。本标准适用于本市城镇新建 100m 以下商品住宅的设计。改建、扩建城镇商品住宅、租赁式公寓和别墅的设计在技术条件相同时也可适用。高度在 100m 及以上、150m 以下的高层住宅，除应执行本标准中高层住宅的全部有关规定外，还应执行本标准中高度在 100m 及以上的高层住宅的特殊规定。

《发泡水泥板保温系统应用技术规程》DG/TJ 08—2138—2014

上海市工程建设规范《发泡水泥板保温系统应用技术规程》，自 2014 年 6 月 1 日起实施。为规范本市发泡水泥板保温系统及其组成材料的技术要求以及系统的设计、施工和质量验收，提高民用建筑围护结构保温隔热性能和室内舒适度，降低建筑使用能耗，确保工程质量，满足节能工程的保温和防火要求，制定本规程。本规程适用于新建、扩建和改建的居住建筑和公共建筑节能保温工程的设计、施工和验收。工业建筑保温工程以及既有建筑节能保温改造工程，在技术条件相同时也可适用。

《外墙涂料工程应用技术规程》DG/TJ 08—504—2014

上海市工程建设规范《外墙涂料工程应用技术规程》，自 2014 年 7 月 1 日起实施。为推广建筑涂料及涂饰新技术，确保建筑外墙涂料工程施工及验收质量，结合本市大气环境及工程特点，制定本规程。本规程适用于以聚合物砂浆抹灰基层、水泥砂浆抹灰基层、混合砂浆抹灰基层、混凝土基层、人造板基层、装饰砂浆基层、砌块基层和旧墙体基层等基层上的外墙面涂饰工程，外墙外保温系统饰面涂料也适用本规程。

《住宅建筑绿色设计标准》DGJ 08—2139—2014

上海市工程建设规范《住宅建筑绿色设计标准》，自 2014 年 7 月 1 日起实施。为贯彻执行节约资源和保护环境的国家技术经济政策，推进上海市建筑行业可持续发展，规范住宅建筑绿色设计，制定本规程。本标准适用于本市新建、改建和扩建的住宅建筑工程的绿色设计。

《立体绿化技术规程》DG/TJ 08—75—2014

上海市工程建设规范《立体绿化技术规程》，自 2014 年 7 月 1 日起实施。为适应本市立体绿化发展需要，规范本市立体绿化建设和管理，促进立体绿化可持续发展，结合本市实际情况，特制订本规程。本规程适用于本市范围内主要立体绿化类型的规划、设计、施工和养护管理，其他立体绿化类型，在技术条件相同情况下，也可执行。

《既有建筑幕墙维修工程技术规程》DG/TJ 08—2147—2014

上海市工程建设规范《既有建筑幕墙维修工程技术规程》，自 2014 年 8 月 1 日起实施。为规范本市建筑幕墙的维护、修理与局部改造工程，保障既有建筑幕墙的使用安全和技术可靠，特制订本规程。本规程适用于本市既有建筑幕墙的维护、修理及局部改造工程。

《非承重蒸压灰砂多孔砖应用技术规程》DG/TJ 08—2142—2014

上海市工程建设规范《非承重蒸压灰砂多孔砖应用技术规程》，自 2014 年 8 月 1 日起实施。为促进非承重蒸压灰砂多孔砖在上海地区应用，规范非承重蒸压灰砂多孔砖墙的设计、施工和验收，确保工程质量，制定本规程。本规程适用于本市抗震设防烈度为 7 度及 7 度以下（含 8 度构造设防）、抗震设防分类为乙类及乙类以下的新建、扩建、改建的一般工业和民用建筑中采用非承重蒸压灰砂多孔砖的内外墙的设计、施工及验收。

《公共建筑绿色设计标准》DGJ 08—2138—2014

上海市工程建设规范《公共建筑绿色设计标准》，自 2014 年 9 月 1 日起实施。为贯彻执行节约资源和保护环境的国家技术经济政策，推进上海市建筑行业的可持续发展，规范公共建筑的绿色设计，制定本标准。本标准适用于新建、改建和扩建公共建筑的绿色设计。

《优秀历史建筑保护修缮技术规程》DG/TJ 08—108—2014

上海市工程建设规范《优秀历史建筑保护修缮技术规程》，自 2015 年 1 月 1 日起实施。为了规范本市优秀历史建筑的修缮，有效保护建筑历史文化与艺术，维护建筑安全，特制定本规程。本规程适用于本市行政区域内优秀历史建筑的修缮、检测、设计、施工和验收。其他历史建筑的修缮可参照本规程执行。

四、绿色建筑科研项目情况

（一）经上海市城乡建设和管理委员会批复同意（沪建管科信函【2014】12号），今年上海立项的绿色建筑相关科研项目共15项，包括：《装配式混凝土双肢剪力墙抗震性能与设计方法研究》、《预制装配式管涵工程技术标准研究》、《上海地区装配式建筑标准体系研究》、《保护环境区域的地下空间开发关键技术研究》、《预应力型钢混凝土组合桥梁关键技术研究》、《上海地区BIM技术应用标准体系研究》、《"住宅设计标准"比较研究》、《上海地区商业建筑绿色改造适用技术体系研究》、《非固化橡胶沥青涂料应用技术研究》、《新型钢渣沥青混凝土应用技术研究》、《结构混凝土抗压轻度检测技术研究》、《公共租赁住房绿色运营研究与应用》、《上海地区绿色施工评价体系研究与应用》，还包括由上海市绿色建筑协会与上海三湘（集团）有限公司合作研究的《上海地区绿色住宅室内空气净化系统关键技术研究》项目，与理事单位上海太平洋能源中心合作研究的《上海既有居住小区绿色化改造研究》项目。

（二）开展《"建设中国"产业链基地建设策划方案咨询服务》课题研究工作。上海市绿色建筑协会受南桥镇人民政府委托组织开展了针对南桥江海园区的建设产业链研究，会同协会副会长单位上海市建筑科学研究院（集团）有限公司、同济大学共同开展《"建设中国"产业链基地建设策划方案咨询服务》课题研究工作

五、上海市绿色建筑大事记

（一）2014年1月24日，华东地区绿色建筑基地启动会暨第一届第一次理事会会议召开。该基地由中国城市科学研究会绿色建筑与节能专业委员会授牌成立。由上海市绿色建筑协会，会同同济大学、上海市建筑科学研究院（集团）有限公司、华东建筑设计研究院有限公司、上海朗诗建筑科技有限公司、上海国际航运服务中心开发有限公司、中节能实业发展有限公司共同组建，旨在打造绿色建筑理念推广、技术研发、项目展示、培训教育、合作交流的平台。

（二）2014年2月，上海市城乡建设和交通委员发文同意上海市市场管理总站会同上海市绿色建筑协会共同组建成立"上海市绿色建筑标准化专业技术委员会"。工作范围主要为涉及规划、设计、施工、运营、评估、能效测评、新材料、新能源等标准的技术管理工作。

（三）2014年3月，上海市人民政府关于印发《上海市2014年节能减排和应对气候变化重点工作安排的通知》（沪府发［2014］17号）文，明确了2014年本市节能减排降碳的主要目标。

（四）2014年3月20日，协会在第四届第三次会员大会上，为新成立的绿色建造专业委员会、绿色建筑运行管理专业委员会、绿色住宅专业委员会、绿色建筑设备设施专业委员会揭牌。目前，上海市绿色建筑协会下设规划与建筑设计专业委员会、绿色建材专业委员会、绿色建造专业委员会、绿色住宅专业委员会、绿色建筑运行管理专业委员会、绿色建筑设备设施专业委员会六个专业委员。

（五）2014年4月29日，上海市绿色建筑标准化专业技术委员会成立大会及揭牌仪式在上海举行。该专业委员会的成立为进一步推进上海绿色建筑标准化的发展，提高绿色建筑标准整体编制水平，制定适宜上海地区的绿色建筑标准提供了重要支撑，也为推动上海地区绿色建筑规范化发展提供了制度保障。

（六）2014年5月7日，上海市绿色建筑评价标识工作办公室、上海市绿色建筑协会组织开展了上海市绿色建筑标识评审专家培训会，根据培训考核结果，确定了78位专家为上海市绿色建筑标识评审专家，依据《上海市绿色建筑标识评审专家管理暂行办法》组建了专家库。

（七）2014年6月17日，上海市政府办公厅转发了由市建设管理委等六部门制订的《上海市绿色建筑发展三年行动计划（2014—2016）》。明确了对新建建筑、新建装配式建筑、既有建筑节能改造三项主要目标，提出了全面推进新建建筑绿色化，大力推进建筑工业化和绿色施工，稳步推进既有建筑节能改造和加快适用技术和产品推广应用等四项重点任务。

（八）2014年7月1日，上海市人民政府召开了"《绿色建筑发展三年行动计划》推进工作会议"，会议由市政府副秘书长黄融主持，市建设管理委主任汤志平解读了《行动计划》，市规划国土资源局、奉贤区政府、上海建工集团、上海市绿色建筑协会分别就如何落实好《行动计划》作了交流发言。

（九）2014年7月21日，协会组织召开了"贯彻落实《上海市绿色建筑发展三年行动计划（2014—2016）》大型座谈会"，市城乡建设和管理委员会相关处室、市建筑建材业市场管理总站、市建设工程安全质量监督总站、市建设工程设计文件审查受理事务中心及上海绿色建筑行业内有关专家、协会副会长、常务理事、理事及会员单位代表共百余人参加了会议。

（十）2014年8月13日，上海市绿色建筑协会启动"2014年度上海市绿色建筑设计从业人员网络培训"，内容涉及上海市绿色建筑相关标准、绿色建筑。此次培训人数超过千人。

（十一）2014年9月，上海市绿色建筑协会开展了"上海市绿色建筑设计单位认定"工作，经专家评审，评选出了在本市绿色生态建设中具有引领及带头作用，为绿色建筑设计市场规范化发展做出榜样的26家设计单位通过首批认定。

（十二）2014年10月，上海市绿色建筑协会组织开展了"上海绿色建筑贡献奖"评选活动。在"2014上海绿色建筑和建筑节能科技周"开幕式上，对推进上海绿色建筑发展做出积极贡献的单位、个人及示范性绿色建筑项目进行表彰。

六、2014 上海绿色建筑和建筑节能科技周活动

2014 年 10 月 14 日—16 日，为深入贯彻国务院办公厅《绿色建筑行动方案》精神，认真落实《上海市绿色建筑发展三年行动计划》关于全面推进上海绿色建筑发展的总体要求，进一步推进上海地区绿色建筑与建筑节能工作，“2014 上海绿色建筑和建筑节能科技周”活动在政府有关部门的指导下正式举办。活动由中国建筑节能协会、上海市绿色建筑协会、浙江省绿色建筑与建筑节能行业协会、江苏省绿色建筑委员会共同主办。以“绿色建筑区域发展和建筑工业化发展”为主题，同期举办了 GBC 2014 上海绿色建筑与节能国际展览会、第七届上海绿色建筑与建筑节能国际论坛以及十余场专业分论坛。

活动在规模、层次、内容上较往年相比均有所提升，并得到了各级政府部门的关心和社会各界的支持，上海市人民政府蒋卓庆副市长、上海市人大常委会薛潮副主任、上海市政府黄融副秘书长、上海市城乡建设和交通工作党委崔明华书记、上海市住房保障和房屋管理局顾弟根副局长、于福林副局长等领导纷纷到现场指导。

本次活动全方位展示了上海以及夏热冬冷地区绿色建筑与建筑节能新技术、新工艺、新材料、新设备等成果，全方位探讨了绿色建筑的先进理念和地区性绿色建筑适宜技术，展望了绿色建筑的崭新未来，使之成为政府、企业、社会共同探讨绿色建筑和建筑节能相关话题的盛会，成为上海乃至夏热冬冷地区高专业性、高水准的国际交流平台。

江　苏　篇

江苏省保温材料市场现状调研报告

（发布会稿）

江苏省建筑节能协会

二〇一四年十一月

前 言

据有关文献报道，我国每年建成的房屋面积高达 16～20 亿 m^2，几乎超过所有发达国家年建筑面积的总和。而在这些新建建筑中，只有 10%～15%能达到国家制定的节能标准，80%以上为高耗能建筑，单位建筑面积能耗是发达国家的 2～3 倍。因此，我国建筑节能已迫在眉睫。

自 2006 年起，江苏省居住和公共建筑节能执行 50%的强制性标准，新建建筑节能强制性标准设计执行率和施工执行率都稳步提高，接近 100%。2012 年，江苏全年新增节能建筑 12000 万 m^2，其中居住建筑 8700 万 m^2，公共建筑 3300 万 m^2。实施既有建筑节能改造 330 余万 m^2，其中既有居住建筑节能改造约 200 万 m^2，公共建筑节能改造 130 余万 m^2。江苏省每年新增建筑面积在全国位居前列，市场广大，且从事相关新型材料和建筑节能产品、设备生产制造的企业众多，达 3000 多家，产业规模达 1000 多亿，绿色建材每年新增产值 300 多亿。产品种类涵盖了墙体材料、节能门窗和外遮阳、太阳能热水器和光伏发电、热泵及空调制冷设备、绿色照明和相关的咨询服务等。

建筑保温隔热作为建筑节能领域的重要组成部分，对全国建筑节能的推进起着至关重要的作用，因此为了宏观把握江苏省建筑保温隔热市场的整体发展趋势及动态，为行业良性发展提供信息支持，本次调研工作以江苏省 13 个市的 351 家保温材料生产企业作为调研对象，其中实地走访调研 72 家保温企业，电话及网络调研 279 家保温企业，旨在了解江苏省地区的保温隔热行业生产现状、产能现状及管理现状等。

此次调研工作得到了江苏省建筑节能协会会员单位的大力支持，在此一并感谢。

（注：由于江苏省建筑保温实行备案准入制度，因此报告中主要以在江苏省取得备案证的 351 家保温企业作为调研对象以推断江苏省普遍存在的行业现状，其他无证企业及省外企业暂不作考虑）

目　录

一、全国保温行业现状简要介绍

建筑保温材料主要分为有机保温材料和无机保温材料两大类：无机保温材料包括岩棉、玻璃棉、膨胀玻化微珠保温浆料等；有机保温材料包括膨胀聚苯乙烯板（EPS）、聚苯乙烯挤塑板（XPS）、聚氨酯保温材料及酚醛树脂保温材料等。各保温材料主要性能对比如表 11-3-1 所示。

各类保温材料性能对比　　表 11-3-1

项　目	单　位	聚氨酯(PU)	挤塑板(XPS)	聚苯板(EPS)	酚醛(PF)	岩棉
密度(重度)	kg/m³	30～45 中	28～35 轻	18～22 轻	40～70 中	≥100 重
导热系数	W/(m·K)	≤0.024 低	≤0.035 低	≤0.042 中	≤0.035 低	≤0.048 高
燃烧性能	等级	B1/B2	B1/B2	B1/B2	B1	A
耐热性能	℃	－100～90	－80～70	－80～70	－180～200	－60～500
熔　滴		无	有	有	无	无
垂直于表面的抗拉强度	MPa	≥0.12	≥0.12	≥0.1	≥0.1	应≥0.08
压缩强度	MPa	≥0.12	≥0.12	≥0.08	≥0.1	差
吸水率	%(V/V)	≤4	≤2	≤6	≤6	较高

保温材料发展受政策影响巨大。2011 年 3 月，公安部消防局下发《关于进一步明确民用建筑外保温材料消防监督管理有关要求的通知》（公消［2011］65 号），规定不允许非 A 级保温材料用于外墙保温。此规定一出，以岩棉为代表的无机保温材料得以爆发式增长，无机材料当年是因为节能效果达不到国家建筑节能标准才逐渐退出保温市场的，这也被认为是历史的倒退。一些有机保温材料也通过偷换概念、复合等方式千方百计取得 A 级不燃认定，一时间，新概念、新材料频出，市场非常混乱。

2012 年公安部消防局发文对 B1 级建筑外墙保温材料开始松绑，即将在 2015 年实施的《建筑设计防火规范》对各种材料更是有了明确的定位，对各种材料都提供了空间，整理了目前的混乱状态。预计保温材料性能更为优异的 B1 级无机保温材料将得到快速发展。

当前各主要保温材料产量见表 11-3-2。

各类主流保温材料规模　　表 11-3-2

材料种类		2013 年产量	同比增速
绝热材料总计		613 万 t	9%
主要无机保温材料	岩棉	195 万 t	10%
	玻璃棉	74 万 t	10%

续表

材料种类		2013 年产量	同比增速
主要有机保温材料	EPS（含改性）	140 万 t（建筑用）	5%
	聚氨酯（硬泡）	20 万 t（建筑用）	
	硬质酚醛泡沫	1584 万 m^2	20%

注：数据来源中国绝热节能材料协会

据统计，我国从事保温材料生产的企业众多，大小共计 8000 余家，其中规模型企业就高达数百家，主要分布在河北、河南、山东、上海、浙江、江苏、四川等地。

从目前我国外墙保温材料的区域生产看，我国外墙保温材料的区域生产主要集中在华东地区和华北地区，这两个地区的生产规模占全国 70%以上的市场份额，目前我国华北地区，东北地区，华东地区，华中地区，华南地区和西部地区分别占我国外墙保温材料生产能力的 30.5%，6.9%，39.2%。7.9%。8.3% 和 7.2%。

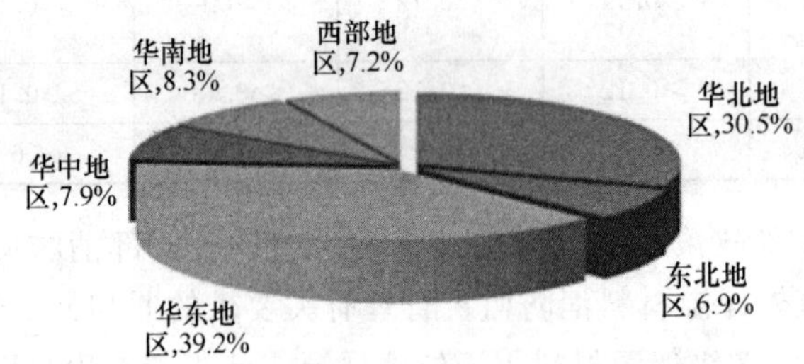

图 11-3-1　我国外墙保温材料的生产分布

注：数据来源国家统计局

二、江苏省保温市场容量及管理现状

1. 江苏省新建住宅外墙保温市场容量

江苏是建筑大省，2008 年以来房屋建筑面积基本保持 2 位数以上的速度增长。根据国家统计局公布资料，2008 年至 2012 年江苏省建筑施工数据如表 11-3-3 所示。

2008～2012 年江苏省建筑施工面积及竣工面积（单位：万 m^2）　**表 11-3-3**

指　标	2012 年	2011 年	2010 年	2009 年	2008 年
房屋施工面积	93685	83720	72051	62189	56722
住宅房屋施工面积	39261	35859	31279	27129	26089

续表

指 标	2012 年	2011 年	2010 年	2009 年	2008 年
住宅施工占比	41.91%	42.83%	43.41%	43.62%	45.99%
房屋竣工面积	33219	29596	28291	26123	23476
住宅房屋竣工面积	11400	9852	10087	10019	9454
住宅竣工占比	34.32%	33.29%	35.66%	38.35%	40.27%

根据《江苏省居住建筑热环境与节能设计标准》，我省居住建筑节能应达到50%的水平，有条件时宜达到节能 65%以上（徐州、连云港），即要求所有房屋建筑必须做墙体保温。江苏省新建建筑的保温市场容量，以房屋面积测算，2012 年房屋竣工面积 3.32 亿 m^2，外墙面积 2.3 亿 m^2（按墙体面积为建筑面积的70%计算），所需的保温材料也就是为 2.3 亿 m^2，按照保温系统平均每平方米造价 80 元（含施工）计算，2012 年江苏省保温市场总量约为 184 亿元左右。以保温材料平均 3cm 厚度计算，全省所需的保温材料共 690 万 m^3。

2. 江苏省既有建筑的节能改造

根据江苏省 2013 年统计公报，2013 年年末全省常住人口 7939.49 万人（未公布城镇人口数），以 2012 年 63%城市化率计算，城镇居人口 5002 万人。2013 年年末城镇居民人均居住房屋面积为 36.8m^2，合计江苏省现有城镇住房保有面积 18.4 亿 m^2（农村住房保有面积 12.8 亿 m^2），这些建筑多为高耗能建筑，需要进行节能改造，对保温材料的需求量也非常巨大。

因江苏省各地市节能改造政策推进力度均不一样，目前这一块市场容量暂无法估计。

3. 江苏省对保温材料的管理

跟全国其他省市一样，江苏省的保温材料也涉及多个部门管理，主要对口部门有建设部门（住建厅、各市区县建委、墙改办）和消防部门。各地区管理方式如表 11-3-4 所示。

各地区对保温材料的管理方法 **表 11-3-4**

地区	管理手段及现行政策
南京	南京市墙革节能办于 2013 研究制定了宁墙办〔2013〕27 号文：《南京市建筑节能材料及产品推广备案管理办法》，由市墙办负责本市节能产品的备案及监督管理，并且拟将此纳入基金反退
淮安	淮安市对建筑节能产品（含建筑保温材料产品）实施确认证制度，在工程中使用的建筑节能产品须取得淮安市建筑节能产品确认证书，才能使用并通过建筑节能专项验收

续表

地区	管理手段及现行政策
连云港	1. 外保温产品需通过江苏省住建厅科技发展中心的评估认证，取得江苏省科技项目推广证； 2. 保温节能产品实行备案制
南通	对保温材料要求企业要拥有省《推广证》方可办理登记手续，未经公示、登记的，在工程上应用时不予验收。
苏州	建筑保温行业管理首先是保温系统的江苏省建设科技成果推广项目认定书，其次是现场监理对保温工程质量的监督、验收，最后由质监站保温专项验收
扬州	合同备案管理，定期抽查
镇江	出台保温节能政策；所有进入镇江建筑市场的保温企业到市住建局科研处备案；要求质监部门加强现场质量监管；加大现场抽检力度；加强工程质量检测

三、江苏省材料生产企业现状

江苏省对建筑保温系统和材料实行备案准入制度，目前共有 351 家江苏省本土保温企业通过备案，本部分内容来源于对这些企业真实调研，其中实地走访调研 72 家规模和影响力较大的保温企业，电话及网络调研 279 家保温企业，基本能够代表江苏整体保温材料生产企业的现状。因调研人员能力的差异和调研手段的局限，数据可能存在偏差，但不影响整体结论。

1. 区域分布

在调研的351 个企业中，整体上江苏南部企业数量较多，南京、常州、苏州、无锡四个市的保温企业数量占到全省的 55.3％，是集中产地。江苏北部企业数量相对较少。

保温企业数量的区域分布　　　　**表 11-3-5**

区　域	生产企业数量	占　比
常州	54	15.4％
南京	54	15.4％
苏州	51	14.5％
无锡	35	10.0％
淮安	33	9.4％
盐城	25	7.1％
镇江	19	5.4％

续表

区 域	生产企业数量	占 比
南通	17	4.8%
徐州	16	4.6%
泰州	14	4.0%
连云港	11	3.1%
宿迁	11	3.1%
扬州	11	3.1%
合计	351	100%

2. 销售收入与从业年限

在调研的351家企业中，仅有1.42%的保温企业年销售额可达上亿元，而79.49%的企业的年销售额都在500万以下，说明江苏省保温材料行业以小企业为主，缺乏规模效应。

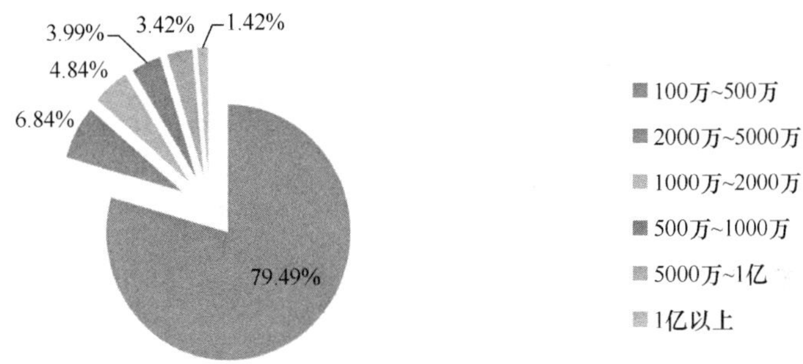

图 11-3-2 江苏省保温企业 2013 年销售额区间占比

销售额在1亿以上的企业共计5家，所占市场份额非常小，说明江苏省保温市场是集中度极低的一个行业，属于分散竞争型行业。

从表11-3-6及图11-3-2中可以看出：江苏省保温企业经营年限多数集中于3～10年，但这些企业销售额多集中在100万～500万之间，可见经营质量一般。

企业经营年限及销售额 **表 11-3-6**

经营年限 销售额	1～2年（含2年）	3～5年（含5年）	6～10年（含10年）	11年～20年（含20年）	21年以上	总 计
1亿以上	1	1	2	1		5
5001万～1亿（含1亿）	2	5	3	2		12
2001万～5000万（含5000万）	3	7	9	3	2	24

续表

销售额 \ 经营年限	1～2年（含2年）	3～5年（含5年）	6～10年（含10年）	11年～20年（含20年）	21年以上	总　计
1001万～2000万（含2000万）	2	3	9	3		17
501万～1000万（含1000万）	1	6	5	2		14
100万～500万（含500万）	72	89	80	34	4	279
总计	81	111	108	45	6	351

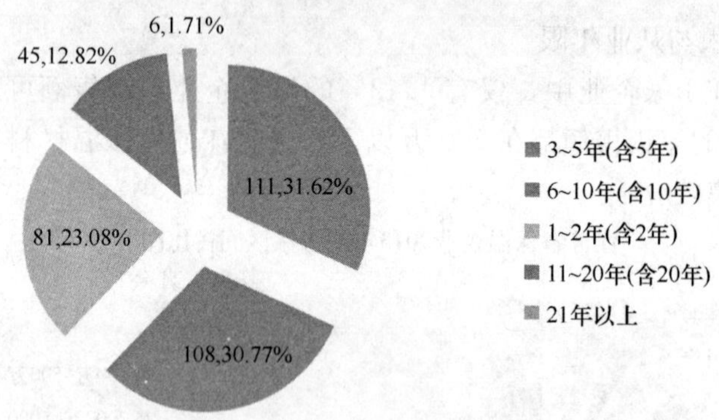

图 11-3-3　江苏省保温企业经营年限

3. 企业规模分布

江苏省保温企业以注册资金在100万～500万之间，50人以下规模的小型企业居多，注册资金在5000万以上的企业仅占4.56%，规模在300人以上的企业仅占0.85%。

保温企业人员情况及注册资金情况　　**表 11-3-7**

注册资金 \ 人员数量	300人以上	201～300人（含300人）	101～200人（含200人）	51～100人（含100人）	50人以下（含50人）	总　计
5001万以上	1	2	4	4	5	16
3001万～5000万（含5000万）			2	5	4	11
1001万～3000万（含3000万）	1	1	6	20	31	59
501万～1000万（含1000万）	1		3	8	46	58

续表

注册资金 \ 人员数量	300人以上	201～300人（含300人）	101～200人（含200人）	51～100人（含100人）	50人以下（含50人）	总 计
100万～500万（含500万）		2	4	13	121	140
51万－100万				1	11	12
小于50万（含50万）		1	2	7	45	55
总计	3	6	21	58	263	351

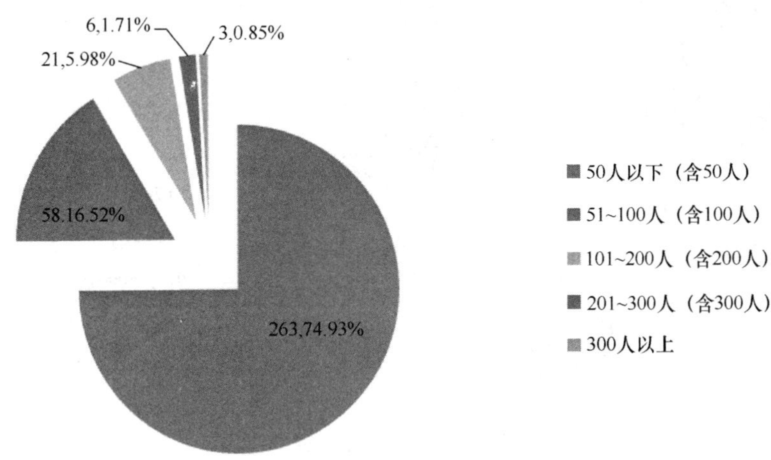

图 11-3-4 保温企业人员情况

4. 产品结构及产能结构

江苏省目前通过备案的产品多达近百种，总产能达到6265万m^3。其中聚氨酯保温材料所占份额最高，其次是XPS和保温装饰一体化板，分别达到18.85%、16.73%及8.73%。

各产品产能情况　　表 11-3-8

产品名称	产能	统一单位	其他单位	备 注
聚氨酯保温板	1181	万m^3	1181万m^3	
发泡水泥板	1048	万m^3	1048万m^3	
保温装饰一体化板	547	万m^3	547万m^3	
XPS	365	万m^3	365万m^3	
EPS	355	万m^3	355万m^3	

续表

产品名称	产能	统一单位	其他单位	备　注
岩棉	343	万 m^3	48 万 t	按照 140kg/m^3计算
保温砂浆	120	万 m^3	42 万 t	按照 350kg/m^3计算
酚醛板	65	万 m^3	65 万 m^3	
其他	2241	万 m^3	2241 万 m^3	

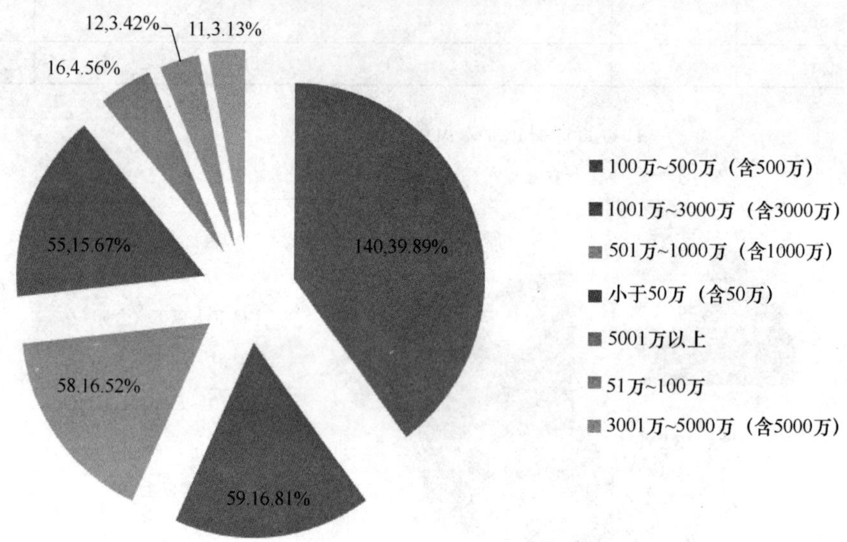

图 11-3-5　保温企业注册资金情况

调研中我们发现，江苏省保温企业生产线以国产线为主，整体生产装备水平一般。少数企业如常熟科盈复合材料有限公司、苏州美克思科技发展有限公司等采用进口线。

5. 销售模式

江苏省保温企业多数以材料销售为主，具有施工资质并可独立承担施工业务的企业仅占 24.79%。

四、江苏省建筑保温行业存在的问题

随着中国的城市化进程和建筑业的蓬勃发展，保温隔热行业也得到前所未有的发展机遇。但是保温行业目前混乱不堪，与这个行业应该具有的现状是不相符的。在针对江苏省保温材料生产企业的调研中，我们发现了整个行业各式各样的问题，主要表现如下：

1. 特殊的市场发展环境

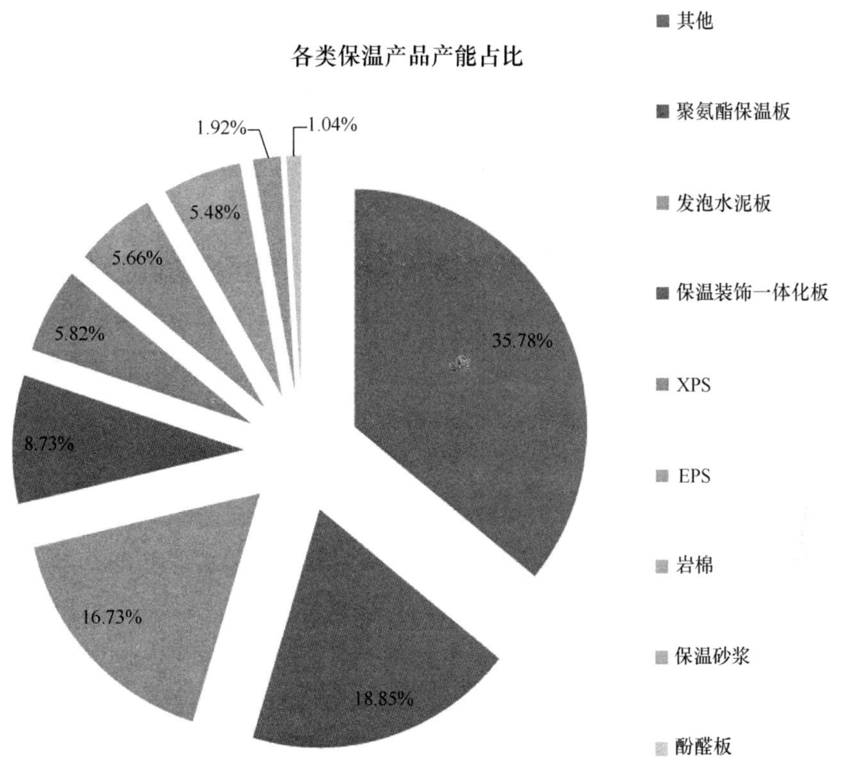

图 11-3-6 江苏省各类保温产品产能占比

建筑保温属于政府一头热的行业，虽然国家和江苏省对建筑节能越来越重视，出台了很多的节能政策、标准和要求，但建筑做完保温后节能效果到底如何很难有直观的感受，也没有很好的检测方法，特别是大多数江苏区域属于夏热冬冷地区，人们已经习惯了这种自然环境，对严寒的认识、对建筑保温的认识都不够。多种原因加在一起致使“建筑节能”虽然听起来高大上，但社会认知度和关注度依然比较较低。特别是大多数房地产开发商都不重视墙体保温，通常采用最便宜的原材料，随便做做，只要能通过验收就行，因为保温做的怎样，消费者是看不见的，不影响他的销售。特殊的市场发展环境，影响了江苏省保温行业的发展。

2. 产业发展不成熟

一是产能严重过剩，低水平重复建设问题突出。建筑保温行业准入门槛低，我省保温材料生产企业数量众多，仅仅通过备案的就多达 351 家，整体产能高大 6 千多万立方米，严重高于市场的需求量，处于严重的产能过剩状态。

二是行业集中度低。在调研的 351 家企业中，仅有 1.42％的保温企业年销售额可达上亿元，而 79.49％的企业的年销售额都在 500 万以下，说明江苏省保温

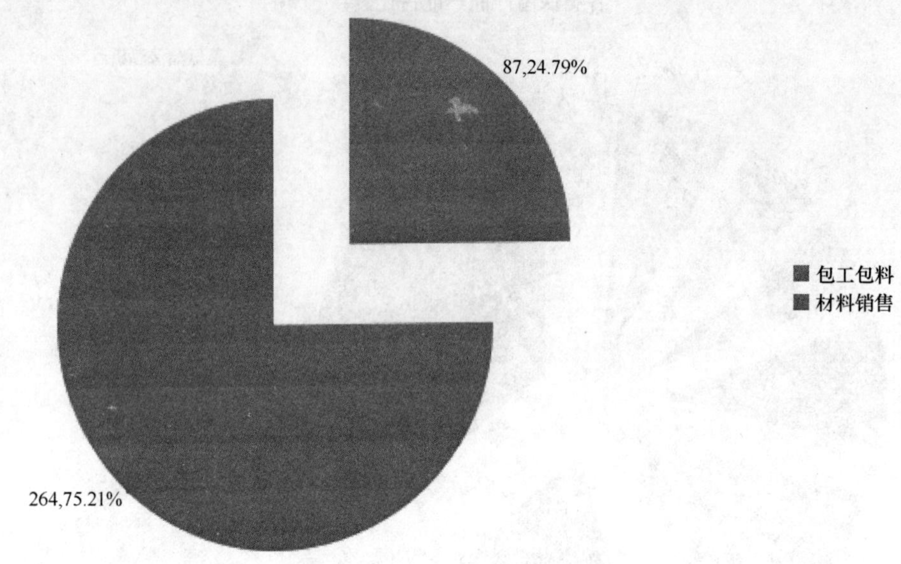

图 11-3-7 江苏省保温企业销售模式

材料行业以小企业为主，行业集中度极低，缺乏规模效应，属于分散竞争型行业。

三是科技投入匮乏。根据我们调研的情况来看，江苏省保温材料行业科研投入不足，高素质人才匮乏，技术创新能力弱，甚至大部分企业都没有专门的实验室。平均研发经费投入不足总销售额的1%，远远低于国外水平，造成消化吸收再创新能力严重不足，企业自我发展能力受到很大限制。

四是施工重视不够。“三分材料，七分施工”，保温效果受施工影响更大，但目前行业普遍对保温施工重视不够。一方面保温生产企业具备施工能力的不多，可独立承担施工服务只占到351家企业的24%；一些大的企业也通过经销商的小施工队来完成作业，保温工程质量很难保证。另一方面保温工程施工多以小施工队为主，缺乏必要培训和专业素养，施工机具也跟不上保温行业自身的发展，影响产品的应用效果。

3. 市场竞争不规范

一是市场地位不对等。保温材料生产企业一般规模较小，且下游用户是各种建筑的甲方和总包单位，生产企业很难与处于强势地位的客户进行公平对话，经常遭遇合同形式不合理、操作不规范、回款不及时以及拖欠货款等“不公平待遇”，在合同约定、产品定价、交货、付款等各个环节处于弱势地位。

二是低价中标规则不合理。目前建筑市场大多数工程包括国家项目均采用低价中标的招标办法，谁家价格低就用谁家产品。在“最低价中标”的机制引导下，合法守信企业生产的质量合格产品由于价格较高往往难以中标，而少数不法企业不惜一切手段，低于正常成本价投标中标，采取偷工减料、以次充好等手段进行生产，并以非正当手段使假冒伪劣产品蒙混过关、交付使用。比如一些厂家的B1级EPS仅仅只要300元/m^3，砂浆只要400元/t，这种价格下的产品质量可想而知。

三是企业经营行为不诚信。一方面一些保温企业通过炒作概念、钻国家政策空子，蓄意夸大产品效果，如有些根本达不到A级不燃的有机保温材料想方设法取得A级报告，一些保温材料根本不适合做外墙保温却被夸大保温性能等。2011年，公安部65号文之后，各种新保温材料、新概念乱飞，很多都是企业不诚信的表现。另一方面一些保温企业质量诚信缺失，放弃质量主体责任，一味追求低价低质竞争，以牺牲质量“谋求”市场逐利，表现在过程控制不严、故意偷工减料和蓄意逃避监管。

四是建筑工程层层分包严重。保温施工项目是整个工程分项工程，造成层层分包，使得工程造价有较大降低这样迫使施工方使用价低质次的产品和不合格的材料进行施工。

4. 政府监管不到位

一是保温政策多变。比如2010年上海静安区大火之后，公安部消防局、住建部甚至国务院都出台过关于保温材料的政策要求，政策频出、多变，让很多生产企业无所适从。

二是人为设置区域壁垒。江苏省保温材料和系统必须备案后才能在省内推广，但统一备案后，各地区、甚至一些区县都要求对材料或系统重新备案或检测，增加企业多区域销售的成本，人为的设置区域壁垒。这也是江苏省甚至全国没有大型保温企业的重要原因。

三是检测机构不诚信。各级检验机构众多，且这些检验机构之间市场竞争无序，有章就行，不能严格按照相关规范要求进行相应检测，给钱就给出报告，检测站变成收费站，缺乏诚信。

四是行业监管不到位。我省建材产品使用缺乏有效的监督管理。工程施工仅仅依靠质量监督总站的日常监督和建材主管部门的每年特定的专项检查是不到位的，检查深度不足，往往是出了问题再补救，因而不能及时地核查出质量问题。进入工地的建材产品不能从生产源头得到质量保证。

五、推进行业进步应采取的措施及建议

1. 加强行业管理，加强并推动保温企业“诚信管理制度”，提高企业的技术水平和施工水平，为保证工程质量打下基础。

严格备案制度，将企业质量诚信评价同产品备案结合起来，同时建立市场准

入制度、诚信保证制度，并与市住建委其他管理制度相互配合发挥作用。

2. 促进对保温企业新产品、新技术的开发力度，调整产业和产品结构，提高行业整体技术水平。

政府及行业协会、学术组织等非政府组织应联手鼓励和促进保温行业企业开展自主研发和技术创新，在新产品应用上从税收、土地、环评、人才引进及培养等方面给予相应的扶持和帮助，同时，还应加大引进、吸收和消化国外先进技术的步伐，逐步开拓国外保温市场，加大行业抵御风险的能力。

保温行业普遍存在注重主体材料的研究、生产，而忽视配套材料的研究，忽视产品的适用性和应用性能的研究，使保温工程存在隐患，通过成套应用技术的深入研究，为保温工程系统化和体系化得以实现，可以有效的保证建筑保温工程的质量。

3. 大力开发工程现场检测技术；逐步完善新型保温材料的施工工艺，鼓励、推行标准化施工及机械化施工，加快保温施工企业专业化、规模化的进程。

随着技术进步和市场需求的变化，新产品不断出台，产品标准及相关的施工技术、验收规范还需要不断完善和配套，大力开发现场快速检测技术，有效控制保温材料质量和工程施工质量；完善新型保温材料的施工工艺，鼓励、推行机械化施工及标准化施工是文明、进步、和国际接轨的一种体现。

目前保温专业化、规模化施工企业较少，众多的中小施工队存在挂靠专业施工公司的现象，技术和信誉都难以保障，扰乱了保温施工市场。建议政府采取有效的措施限制非专业、小规模队伍的发展，逐步提高施工企业的技术能力和水平，同时提倡二次设计，以确保保温工程质量。

4. 充分发挥协会作为政府与企业的桥梁作用，为政府工作服务

协会协助政府，加强对生产企业、施工企业、保温技术标准、规范、政策的培训工作，推广新技术、新产品，配合政府对企业产品质量信息监督反馈。

（1）协会建立与企业约谈制度。企业遇到的问题要向政府反映或政府有要向企业说明、宣贯的问题，通过协会约谈制度得到解决，加强政府和企业之间的有效沟通，达到利益双赢。

（2）将企业质量诚信评价同产品备案结合起来，将协会工作同政府工作保持步调一致，先由协会预审符合要求后，再予备案。

（3）建议保温施工人员的培训由保温协会和相关单位组织实施。

5. 完善行业质量自律机制

企业要树立是质量责任的主体的意识，建立和完善企业质量责任人制度和质量管理体系，完善从原材料进厂把关、生产过程控制和出厂检验全过程的质量控制体系，配备合格设备，质量控制人员要持证上岗，建立健全原材料和产品台账制度、实验室管理制度，并在生产经营环节严格执行。由江苏省建筑节能协会主

导发布"江苏省保温企业质量提升自律宣言"，并通过各种形式向社会公开，接受社会和媒体的监督。督促企业加强质量诚信建设和市场竞争自律，抵制低价恶性竞争。

附件：2014年调研工作进度表

时　间	工作内容
3月1日～3月10日	调研项目前期策划
3月11日～10月20日	调研数据搜集
10月21日～10月31日	调研数据整理
11月1日～11月11日	调研报告撰写

乌鲁木齐篇

乌鲁木齐市主城区既有居住建筑基本情况调查报告

项目承担单位：新疆大学建筑工程学院

项目委托单位：乌鲁木齐市建设委员会

德国技术合作公司

二〇一三年十二月

一、概述

乌鲁木齐市是新疆维吾尔自治区首府，有汉、维吾尔、哈萨克、回、蒙等47个民族，总人口约300万人（2008年人口统计：常住人口已达到236万）。乌鲁木齐市是自治区政治、经济、文化、科技、信息中心，是自治区的综合交通枢纽和开发大西北的重点城市，同时也是连接中亚、西亚、欧洲贸易通道的重要接合点，乌鲁木齐市也是世界上距海洋最远的中心城市。现辖7区（天山区、沙依巴克区、新市区、水磨沟区、头屯河区、达坂城区、米东新区）1县（乌鲁木齐县）、2个开发区（高新开发区、经济技术开发区）和1个出口加工区。乌鲁木齐市位于北纬42°～44°，东经86°～89°之间，地处天山北麓准噶尔盆地南缘，三面环山，市区南北长26km，东西宽6～12km，建成区面积约170km²，(所辖面积14216.3km²)，呈狭长带形状（图11-4-1）。

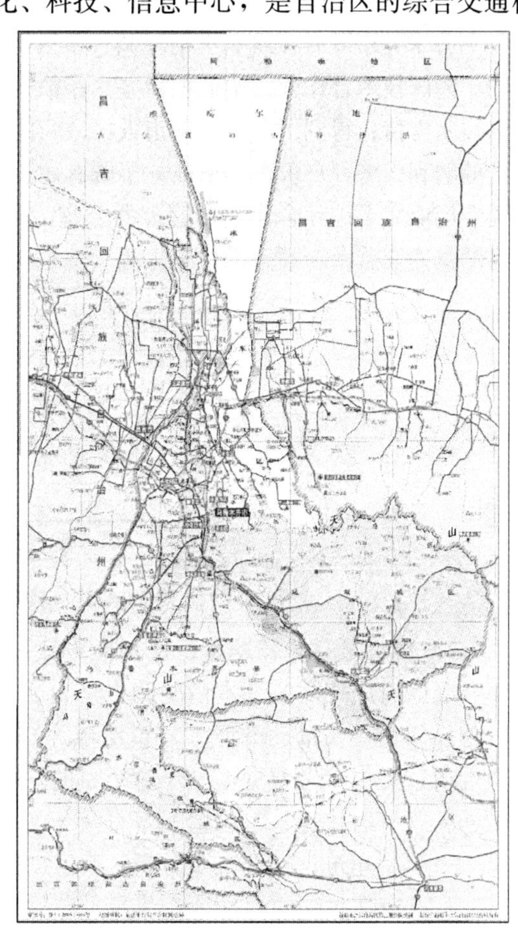

图11-4-1　乌鲁木齐市行政图

气候干燥，年平均湿度64%，降雨量少，蒸发量大，日照较充足，昼夜温差大，冬季寒冷，夏季炎热，春秋时间短，冬夏时间长，除南山山区外，属于典型的大陆干旱性气候。根据我国建筑热工设计分区图，乌鲁木齐市属于严寒地区。采暖期有关参数为：计算用采暖期天数162d；采暖度日数4293℃·d；采暖室外计算温度为－22℃；冬季空调室外计算温度－27℃；采暖期室外平均温度－8.5℃，一月平均气温为－13.5℃，极端最低气温为－30℃；七月平均气温为23.5℃，极端最高温度为38℃；全年平均气温7.9℃，平均相对湿度为29%。乌鲁木齐市既有建筑近1亿。

（一）既有居住建筑基本情况调查项目背景

“中国既有建筑节能改造”项目是住房和城乡建设部与德国技术合作公司共

同策划并具体实施的政府间合作项目。德国政府通过德国技术合作公司为项目提供资金和技术支持，为我国引进国际既有建筑节能改造理念、能耗检测技术，并确定中国北方既有建筑节能改造试点城市，实施示范工程。乌鲁木齐市是住房和城乡建设部确定的中德技术合作“中国既有建筑节能改造项目”第二批4个示范城市之一。

乌鲁木齐市既有建筑基本情况调查项目得到了德国专家希尔哈特博士、老樱桃博士、德国技术合作公司中德项目办主任徐智勇及中国建筑科学研究院刘月莉研究员的技术支持；得到了乌鲁木齐市人民政府的高度重视及市建委的资助。为了保障项目的顺利实施，乌鲁木齐市成立了既有建筑基本情况调查领导小组，乌鲁木齐市建委专门成立了国际合作项目管理办公室，负责项目的监督、协调及管理等工作。项目的具体实施由新疆大学建筑工程学院承担。项目组织机构图见图11-4-2。

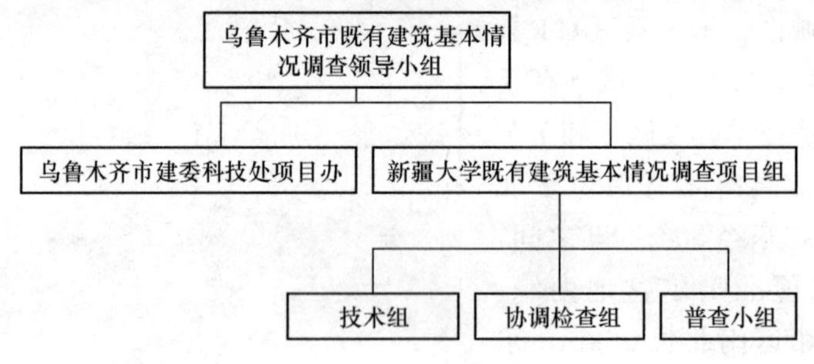

图11-4-2　组织机构图

（二）既有居住建筑基本情况调查项目内容与工作程序

开展既有居住建筑基本情况调查是为了掌握调查区域内的既有居住建筑的现状（建设年代、数量、类型、分布地域等），对其进行分析，为开展既有居住建筑节能改造提供参考数据。基于这个目的，整个调查工作分为三部分内容：

——既有居住建筑基本情况普查及分类；

——典型建筑重点调查及分析；

——既有居住建筑节能改造推算。

整个项目的实施过程如图11-4-3所示。

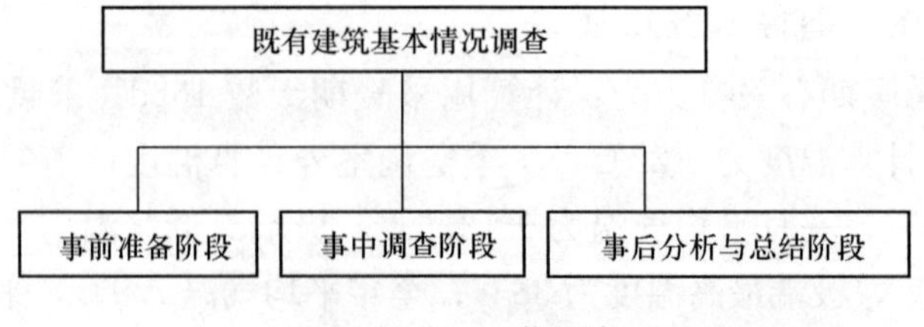

图11-4-3　工作程序

事前准备阶段的主要工作包括：明确普查的边界条件、获取乌鲁木齐市行政区划名称与界限图、普查表内容的确定、普查范围内的影像图的获取、与各行政区的联系与协调、政府文件的下发以及普查人员工作牌的制作等内容。

事中调查阶段主要工作包括既有建筑基本情况普查与分类和典型建筑的重点调查两部分内容。

事后分析与总结阶段主要工作是根据前期获取的普查数据及重点调查资料对乌鲁木齐市主城区既有建筑进行了能耗分析、节能潜力分析、经济性分析以及相关分析总结。

通过对全市的既有居住建筑基本情况进行普查、汇总，从中选取典型建筑进行重点调查，提出改造方案，计算改造成本及节能减排量，最后将结果推算到整个市区，从而为全市开展既有居住建筑节能改造工作提供参考依据。

二、既有居住建筑普查

（一）普查概述

1. 普查范围

普查工作不仅能够为开展既有居住建筑节能改造提供依据，同时也能够完善城市建设档案资料，为数字城市建筑的建设打下基础，因此，此次普查范围我们确定为占乌鲁木齐市既有建筑存量80%以上的主城区的四个区（天山区、沙依巴克区、新市区、水磨沟区）作为普查对象，所普查的建筑年代为2007年底之前竣工的、层数在两层以上的居住建筑、公共建筑以及纳入城市集中供热系统的私人自建房（军事管辖区的既有建筑除外）。

通过对主城区的普查能够基本掌握乌鲁木齐市既有建筑的现状。

2. 普查组织

普查工作是一项繁重的工作，要保证调查内容的准确性和唯一性。为此在这次调查中，我们专门成立了既有居住建筑基本情况调查项目组（参见图11-4-2组织机构图），完成了四个区的普查工作。项目组下设技术组、协调与检查组、普查小组。技术组主要负责前期资料准备、工作进度计划的制定、技术指导、普查数据分析、典型建筑的选取与调查和现场检测、改造方案的确定、能耗分析、成本分析、节能减排分析、完成既有居住建筑基本情况调查报告等工作；协调与检查组主要负责对外联络、协调各部门关系、核对与修正普查数据的准确性等工作；普查小组主要负责既有居住建筑现场普查与数据录入工作。工作程序见图11-4-4。

3. 普查内容

建筑物基本情况调查内容主要包括：建筑物基本信息（名称、地址、竣工日期）；楼层数、单元数、总套数、建筑面积（居住、商用面积）；建筑物尺寸；建筑物形状、朝向、层高；结构类型；围护墙体材料；供热方式和采暖系统，各建筑主要立面图（不含天山区）。具体内容参见附录1——基本情况调查表。

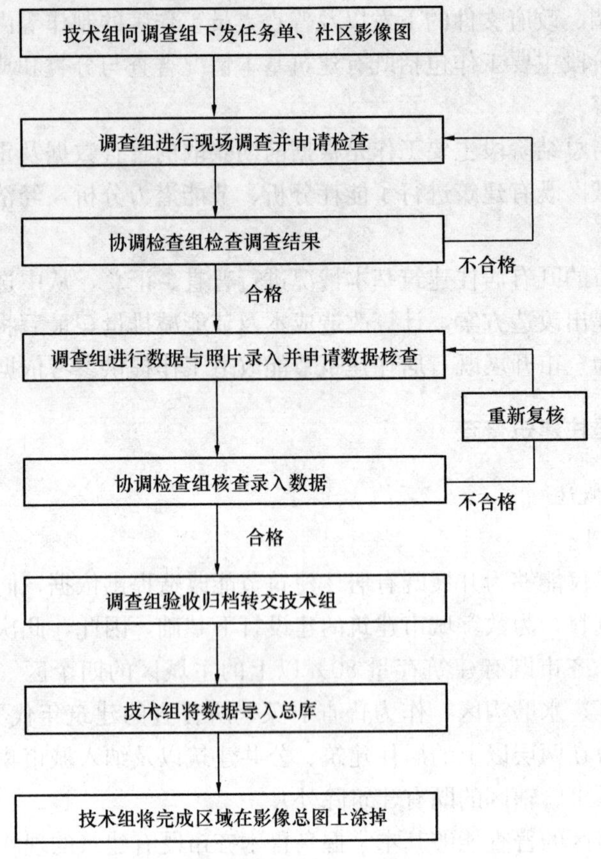

图 11-4-4 普查程序

4. 普查工作方法

普查的工作方法如下：

(1)“看”(看楼栋号、门牌号、层数、单元数、每单元住户数、总套数、建筑物形状)。

(2)“问”(询问建筑物竣工年代、供热方式等)。

(3)“查”(通过查竣工图纸、查房产证等获取建筑面积、竣工年代、查户内管道获取采暖方式)。

(4)“量”(量取建筑物的长宽尺寸，阳台尺寸)。

(5)“照”(拍摄建筑物照片、录像等获取建筑物现状，尽量从四个立面拍摄，有条件的拍摄屋面)。

(6)“涂填”(在影像图中涂掉已调查的建筑物，填上相应建筑物的信息与普查记录本对应页码，此种方式对于调查工作量大的城市非常重要，可以使普查人员工作思路清晰、避免在普查范围内漏查建筑物)。

(7)“补”(因为所获取的影像图有滞后现象，部分新建建筑在影像图中没有，应将其在影像图中补上）。

5. 普查工作进度

为保证普查工作在限定时间内顺利完成，我们制订了严格的工作进度计划（如表 11-4-1 所示），工作的每一过程按照计划执行。

普查进度横道图 **表 11-4-1**

	2008 年 1～2 月	2008 年 3 月	2008 年 4～6 月	2008 年 7 月	2008 年 8～9 月
培训与前期准备	——				
天山区普查		——			
沙依巴克区、新市区、水磨沟区普查照相			——		
数据录入与复核、建筑分类汇总				——	
数据复核与查漏补缺					——

（二）普查结果

1. 普查结果综述

通过对普查数据的统计，我市主城区（即天山区、沙依巴克区、新市区、水磨沟区四个区）既有建筑（居住建筑、公共建筑、纳入集中供热管网系统的私人自建房）共有 23141 栋，总建筑面积达 8487 万 m^2（各类建筑数量分布见表 11-4-2 和图 11-4-5）。其中，私人自建房多建于城市边缘，既有居住建筑中，层数为 6 层以下的占到 80%以上，其结构形式多为砖混结构，85%的居住建筑带地下室。

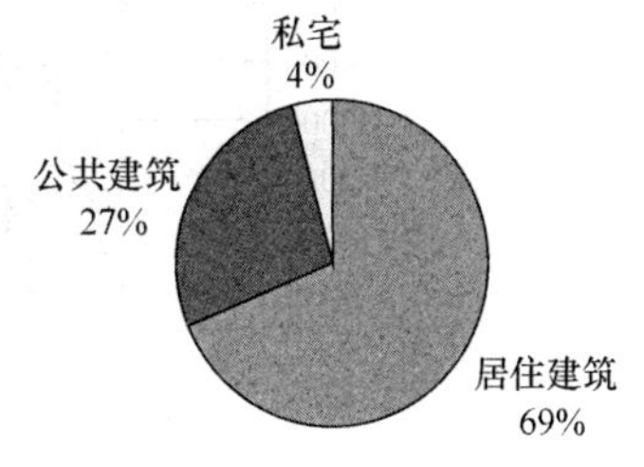

图 11-4-5　既有建筑按功能分类面积分布图

乌鲁木齐市主城区普查总体情况 **表 11-4-2**

	居住建筑			公共建筑	私人自建房	合计
	纯居住建筑	带底商的居住建筑	宿舍公寓			
楼栋数（栋）	13197	1333	375	4013	4223	23141
总套数（套）	681879	73820	375	—	—	756074
面积（万 m^2）	4761.39	937.90	133.45	2309.10	345.15	8487.00

2. 普查结果分析

我们此次普查的建筑既包括居住建筑又有公共建筑和私人自建房，因此，对普查结果分析分两部分论述，首先对所普查的所有的既有建筑进行分析然后单独对居住建筑展开分析。

（1）既有建筑普查结果分析

①按区域分类

按照区域分类，各区建筑分布见表 11-4-3、图 11-4-6、图 11-4-7。

各行政区既有建筑分布表　　表 11-4-3

	天山区	沙依巴克区	新市区	水磨沟区
楼栋数（栋）	5369	6043	6811	4918
面积（m^2）	2624.13	2370.18	2370.18	1100.44

既有建筑按区域分类时各区楼栋数情况见图 11-4-5。天山区建筑面积为 2624.13 万 m^2，占四区之首。而水磨沟区建筑面积所占比重较小，仅为 13.4%，见图 11-4-6。

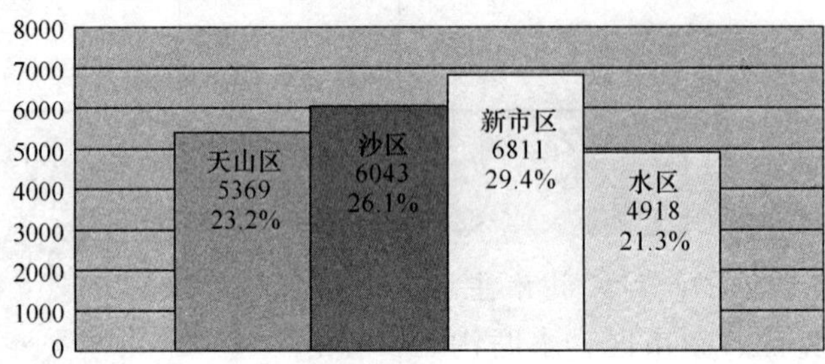

图 11-4-6　各区既有建筑按栋数分类分布图

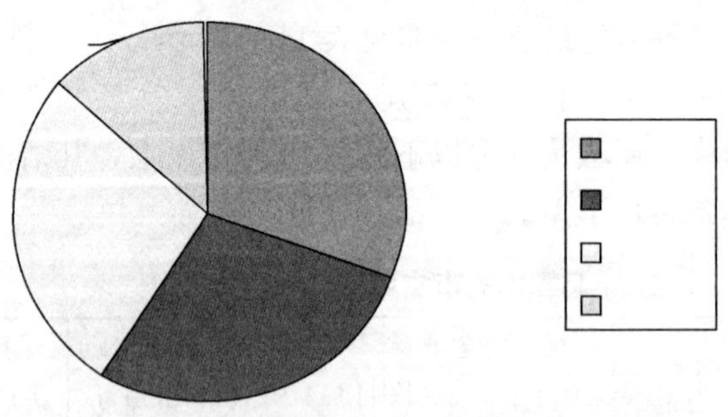

图 11-4-7　各区既有建筑按面积分类分布图

②按年代分类

既有建筑按年代分类时，将年代依次划分为 1980 年之前，1981～1997 年，1998～2002 年，2003 年，2004～2008 年共五个时间段，各年代建筑份额见图 11-4-8。

③按结构分类

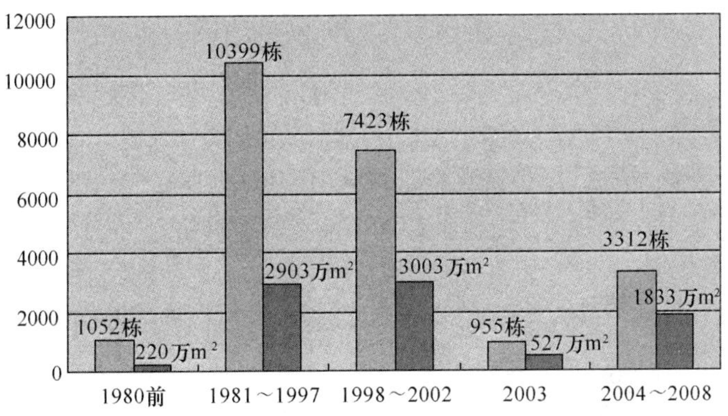

图 11-4-8　既有建筑按年代分类楼栋及面积分布图

建筑的结构类型包括砖混结构、框架结构、框剪结构、剪力墙结构、内浇外挂结构、内浇外砌结构、钢结构等。我市主城区既有建筑以砖混结构建筑为主，详细分类参见表 11-4-4。

乌鲁木齐市主城区既有建筑按结构分类　　表 11-4-4

项目 \ 结构形式	砖混	框架	框剪	剪力墙	内浇外挂	内浇外砌	钢结构	其他	合计
总栋数（栋）	20097	2455	405	86	1	6	1	90	23141
总建筑面积（万 m²）	5636.66	1959.12	743.94	109.16	0.14	1.24	0.08	36.65	8487.00

（2）既有居住建筑普查结果分析

①按功能分类

由普查数据分析可得，我市主城区既有居住建筑总面积为 5832.75 万 m²。因宿舍公寓所占比例较小，故在本报告中，主要针对纯居住建筑及带底商的居住建筑进行分析。此类建筑面积达 5699.29 万 m²。其中，纯居住建筑所占比重较大，总面积为 4761.39 万 m²，占总面积比重的 84%。带底商的居住建筑总面积为 937.90 万 m²，占总面积的 16%（图 11-4-9、图 11-4-10）。

乌鲁木齐市主城区既有居住建筑　　表 11-4-5

	居住建筑	
	纯居住建筑	带底商的居住建筑
楼栋数（栋）	13197	1333
总套数（套）	681879	73820
面积（万 m²）	4761.39	937.90

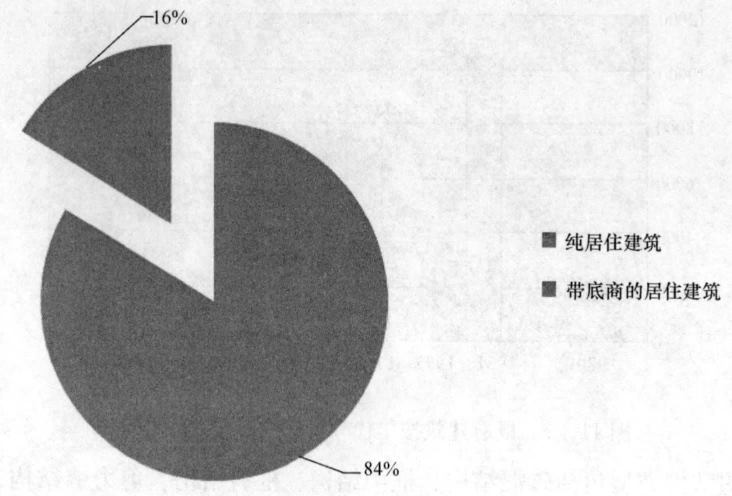

图 11-4-9 不同居住建筑的比例

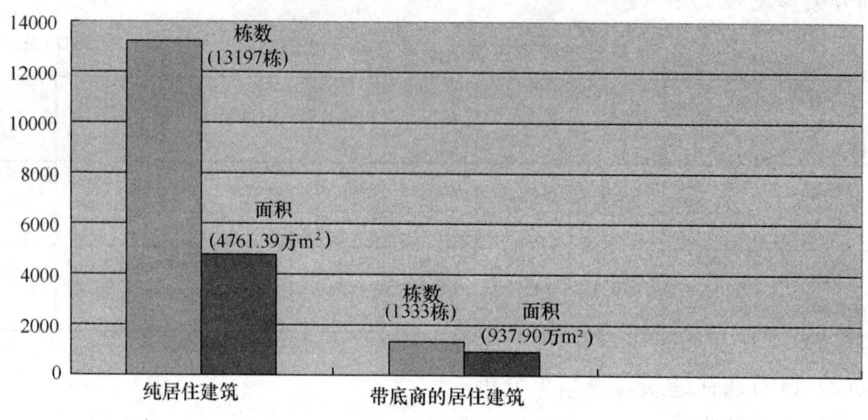

图 11-4-10 既有居住建筑按功能分类

②按年代分类

年代分类依据主要根据建筑物使用年代的长短、窗户使用的类型以及 2003 年 4 月 15 日以后我市开工的建筑均执行节能 50%的标准来考虑的。

既有居住建筑年代分布 **表 11-4-6**

分类依据	1980 年以前	1981～1997 年	1998～2002 年	2003 年		2004～2007 年
	使用接近 30 年	多使用双层钢窗	近 10 年的建筑、双层塑钢窗	非节能	节能	节能建筑
楼栋数（栋）	612	6561	4229	281	278	2569
面积（万 m^2）	110.96	1884.02	2047.70	126.74	199.72	1293.41
需改造的居住建筑面积合计（万 m^2）	4169.42				—	—

由图 11-4-11 可见，我市主城区既有居住建筑中，1980 年之前既有居住建筑面积为 110.96 万 m^2，占总面积的 3%左右，这类建筑使用年限已近 30 年；1981～1997 年及 1998～2002 年间的居住建筑存量较大。这些数据为后期制定既有居住建筑节能改造规划提供了依据。

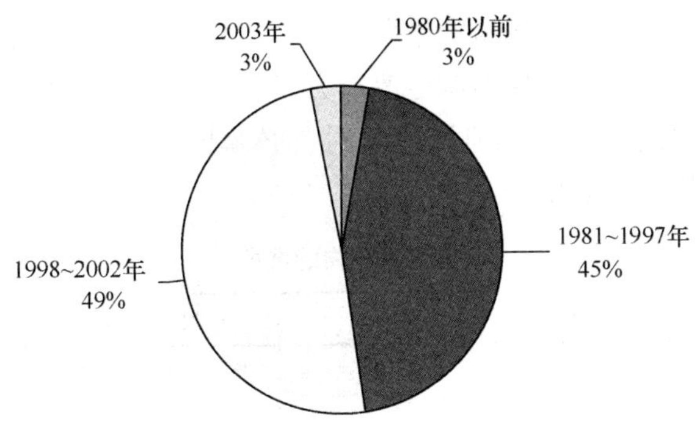

图 11-4-11　需改造的既有居住建筑面积分布图

（三）建筑的分类

在进行完普查工作后，要了解不同建筑的能耗状况，因此，必须对建筑物进行分类，为后期推算既有居住建筑节能改造后的效益、改造总投资的估算打下基础。经过项目办和各普查城市讨论，根据我国不同年代既有居住建筑的结构特点，既有居住建筑可以按结构类型（砖混结构、框架结构、框剪结构、剪力墙结构、内浇外挂、内浇外砌）、层数（3 层以下、3 层以上）和墙体材料（实心黏土砖、空心砖、加气混凝土砌块、轻集料砌块）等进行了分类，将既有居住建筑分为八类，类型名称和我市既有居住建筑分布情况，见表 11-4-7。由于我市既有居住建筑的特殊性，因此，只有三类。

乌鲁木齐市主城区既有建筑类型及分布　　　　**表 11-4-7**

类型			分布情况		
			总栋数（栋）	面积（万 m^2）	
Ⅰ	砖混结构	1～3 层	957	89.98	—
Ⅱ		4 层及以上	9229	3148.72	—
Ⅲ	框架结构	实心黏土砖	—	—	我市结构设计有明确规定不允许使用该类砖做填充墙
Ⅳ		空心砖填充墙	—	—	
Ⅴ		轻集料砌块填充墙	—	—	热工性能与第Ⅵ类相当，并入第Ⅵ类
Ⅵ		加气填充墙	1336	930.72	—
Ⅶ	内浇外挂（外砌）结构		—	—	仅有 1 栋并入第Ⅵ类
Ⅷ	剪力墙结构		—	—	无纯剪力墙结构并入第Ⅵ类
合　计			11522	4169.42	—

三、典型建筑的重点调查

（一）典型建筑的选取

根据既有居住建筑的分类标准，进一步考虑建筑物建设年代，我们开始从中选取典型建筑。通过对每类建筑群中典型建筑的具体研究，能够了解到该类建筑的现状及能耗水平，有针对性地制定改造方案，并通过典型建筑，推算出该类建筑的相关数据。因此，在选取典型建筑时，必须要求该建筑具有普遍性和代表性。具体典型建筑的选取见表 11-4-8。

典型建筑物的选取　　　　**表 11-4-8**

<table>
<tr><th colspan="3">类　型</th><th>典型建筑</th><th>代表年代</th></tr>
<tr><td>Ⅰ</td><td rowspan="6">砖混结构</td><td>1～3 层</td><td>明园石油干休 1 号楼</td><td>1980～1997 年</td></tr>
<tr><td rowspan="5">Ⅱ</td><td rowspan="5">4 层及以上</td><td>博物馆小区 56 号</td><td>1980 年以前</td></tr>
<tr><td>博物馆小区 69 号</td><td>1980～1997 年</td></tr>
<tr><td>新大北区 11 号</td><td>1998～2002 年</td></tr>
<tr><td>华美博奥一期 2 号</td><td>2003 年</td></tr>
<tr><td></td><td></td></tr>
<tr><td rowspan="2">Ⅵ</td><td rowspan="2">框架结构</td><td rowspan="2">加气混凝土填充墙</td><td>电力公司高层 1 号</td><td>1980～1997 年</td></tr>
<tr><td>华美丽景苑 6 号</td><td>1998～2002 年</td></tr>
</table>

（二）典型建筑重点调查的工作方法

典型建筑的重点调查有别于普查，通过重点调查了解既有居住建筑的具体情况，为后期确定改造方案、计算节能潜力等都具有非常重要的意义，因此普查内容非常详细，不仅包括室外情况还包括室内细部等，不仅有现场调查还有试验检测。我们采用的重点调查方法有：

——查阅图纸。对于建设年代较近的建筑，直接查阅图纸，了解建筑物各细部尺寸和采暖系统等。

——现场测量。对于没有图纸的建筑，在现场利用皮尺、测距仪进行测量，并绘制图纸。

——现场目测。对于周边环境、建筑物各部分破损状况等项目采用目测方法。

——入户调查、询问。对于调查的一些项目，采取入户调查方法，对于室内热湿以及居住环境等通过询问住户，进一步了解典型建筑物情况。

——拍照。对于现场情况进行拍照，利于后期分析典型建筑现状。

——现场测量。对于建筑物气密性能，我们主要采取现场检测方式。

传热系数采用中国建筑科学院测量的类似建筑数据。结构安全性由调查组全国一级注册结构工程师现场查看、翻阅图纸、进行演算判定。

典型建筑的详细调查为下一步节能改造提供必要的计算依据。

（三）典型建筑的现状描述

1. 总体描述

①围护结构构造

乌鲁木齐既有建筑多层建筑中结构形式以砖混结构为主。高层建筑中，主要为框架、框剪结构。砖混结构的墙体以实心黏土砖为主，厚度 370mm。2000 年 7 月起，我市废止实心黏土砖，开始使用 370mm 厚空心砖。（注：在改造内容中补充空心砖应用空心砖专用锚栓）框架结构填充墙有 200mm 厚轻集料混凝土、250mm 或 300mm 厚加气混凝土；框剪结构剪力墙多为 200mm 厚钢筋混凝土板。屋面保温层常用 180mm 厚炉渣保温，常见屋面保温材料还包括 200mm 厚加气混凝土砌块、150mm 厚水泥聚苯板等。楼板多为 50mm 厚水泥焦砟。窗户：1982 年前多为双层木窗，1983 年至 1997 年多为空腹或实腹双层钢窗，1998 年后多为单框双玻塑钢窗。阳台：1995 年前多为开敞式阳台，之后多为封闭式阳台。

②采暖系统形式

既有建筑采暖系统主要包括垂直双管系统、垂直单管系统、水平分环系统。垂直双管采暖系统主要有：上供下回和下供下回两种形式。垂直单管采暖系统及垂直双管采暖系统在我市早期既有居住建筑采用较多。单管水平顺流式采暖系统是目前我市既有居住建筑中采用最多的一种。这种系统设计简单，施工方便，造价相对较低，适合将其改造成单管水平跨越式采暖系统。目前在乌鲁木齐新建建筑中部分采用低温地板辐射采暖。我市非节能既有建筑供热系统基本无计量装置。近几年新建建筑热计量通常采用按楼栋计量的方式。

③室内热环境。在典型建筑调查中，通过询问住户了解到，建设年代长的居住建筑，室内温度普遍偏低，住户反映不舒适，甚至在冬季需要盖被子看电视；建设年代较短的住宅室内温度比较满意。

④室内湿环境。无论建设年代长短，所有非节能建筑均存在着不同程度的结露问题，有的非常严重，直接影响到室内的卫生环境，破坏了室内装修。另一方面，早期建造的建筑中，卫生间渗漏严重，及影响了建筑物的使用功能，同时影响了建筑的使用寿命。

⑤室外周边环境。主要存在以下普遍问题：

——道路破损严重，对于严寒地区，室外用的地砖普遍破损；

——消防通道不畅，火灾一旦发生造成救助困难，主要表现在一些通道被堵，尤其是进入楼前的通道，为避免大车进入，均有阻碍通过的钢制埋桩，在后期改造时应引起重视；

——小区原规划无停车位，造成目前小区停车紧张，甚至引起阻塞现象；

——小区绿化无规划，整个小区品质降低；

——小区内文化氛围很低，建议改造时增加此部分设计。

典型建筑改造前围护结构构造 表 11-4-9

	博物馆小区 56 号	博物馆小区 69 号	新大北区 11 号	华美博奥一期 2 号	华美丽景苑 6 号	电力公司高层 1 号	明园石油干休 1 号（370）
屋面	三毡四油防水层 180 厚炉渣保温层 20 厚水泥砂浆找平层 120 厚钢筋混凝土 20 厚水泥砂浆抹灰层	三毡四油防水层 180 厚炉渣保温层 20 厚水泥砂浆找平层 120 厚钢筋混凝土 20 厚水泥砂浆抹灰层	三毡四油防水层 20 厚 C20 细石混凝土找平层 180 厚水泥聚苯板保温层 20 厚炉渣找平层 120 厚钢筋混凝土 20 厚水泥砂浆抹灰层	三毡四油防水层 200 厚加气混凝土砌块保温层 20 厚水泥砂浆找平层 120 厚钢筋混凝土 20 厚水泥砂浆抹灰层	三毡四油防水层 20 厚水泥砂浆找平层 180 厚水泥聚苯板保温层 120 厚钢筋混凝土 15 厚水泥砂浆抹灰层	三毡四油防水层 180 厚炉渣保温层 20 厚水泥砂浆找平层 120 厚钢筋混凝土 20 厚水泥砂浆抹灰层	三毡四油防水层 180 厚炉渣保温层 20 厚水泥砂浆找平层 120 厚钢筋混凝土 15 厚水泥砂浆抹灰层
外墙	20 厚水泥砂浆饰面层 370 厚实心黏土砖 20 厚水泥砂浆抹灰层	20 厚水泥砂浆饰面层 370 厚实心黏土砖 20 厚水泥砂浆抹灰层	20 厚水泥砂浆饰面层 370 厚多孔黏土砖 20 厚水泥砂浆抹灰层	20 厚水泥砂浆饰面层 370 厚空心黏土砖 20 厚水泥砂浆抹灰层	20 厚水泥砂浆饰面层 300 厚陶粒混凝土空心砌块 20 厚水泥砂浆抹灰层	20 厚水泥砂浆饰面层 200 厚陶粒混凝土空心砌块 20 厚水泥砂浆抹灰层	20 厚水泥砂浆饰面层 370 厚轻砂浆黏土砖砌体 20 厚水泥砂浆抹灰层
地板/地面	20 厚水泥砂浆面层 80 厚碎石混凝土 300 厚夯实黏土	20 厚水泥砂浆面层 80 厚锅炉渣垫层 100 厚钢筋混凝土板 10 厚水泥砂浆抹灰层	20 厚水泥砂浆面层 80 厚锅炉渣垫层 100 厚钢筋混凝土板 10 厚水泥砂浆抹灰层	20 厚水泥砂浆面层 80 厚锅炉渣垫层 100 厚钢筋混凝土板 10 厚水泥砂浆抹灰层	20 厚水泥砂浆面层 80 厚锅炉渣垫层 100 厚钢筋混凝土板 10 厚水泥砂浆抹灰层	20 厚水泥砂浆面层 80 厚锅炉渣垫层 100 厚钢筋混凝土板 10 厚水泥砂浆抹灰层	20 厚水泥砂浆面层 80 厚碎石混凝土 300 厚夯实黏土

续表

	博物馆小区 56 号	博物馆小区 69 号	新大北区 11 号	华美博奥一期 2 号	华美丽景苑 6 号	电力公司高层 1 号	明园石油干休 1 号（370）
阳台顶板	—	—	三毡四油防水层 180 厚炉渣保温层 20 厚水泥砂浆找平层 120 厚钢筋混凝土 10 厚水泥砂浆抹灰层	三毡四油防水层 180 厚炉渣保温层 20 厚水泥砂浆找平层 120 厚钢筋混凝土 10 厚水泥砂浆抹灰层	三毡四油防水层 180 厚炉渣保温层 20 厚水泥砂浆找平层 120 厚钢筋混凝土 10 厚水泥砂浆抹灰层	三毡四油防水层 180 厚炉渣保温层 20 厚水泥砂浆找平层 120 厚钢筋混凝土 10 厚水泥砂浆抹灰层	三毡四油防水层 180 厚炉渣保温层 20 厚水泥砂浆找平层 120 厚钢筋混凝土 10 厚水泥砂浆抹灰层
阳台栏板	—	—	20 厚水泥砂浆饰面层 250 厚加气混凝土砌块 20 厚水泥砂浆抹灰层	20 厚水泥砂浆饰面层 250 厚加气混凝土砌块 20 厚水泥砂浆抹灰层	10 厚抗裂砂浆复合玻纤 网格布保护层 160 厚钢筋混凝土 20 厚水泥砂浆抹灰层	20 厚水泥砂浆饰面层 160 厚钢筋混凝土 20 厚水泥砂浆抹灰层	20 厚水泥砂浆饰面层 160 厚钢筋混凝土 20 厚水泥砂浆抹灰层
阳台底板	—	—	20 厚水泥砂浆面层 100 厚钢筋混凝土板 10 厚水泥砂浆抹灰层	20 厚水泥砂浆面层 100 厚钢筋混凝土板 10 厚水泥砂浆抹灰层	20 厚水泥砂浆面层 100 厚钢筋混凝土板 10 厚水泥砂浆抹灰层	20 厚水泥砂浆面层 100 厚钢筋混凝土板 10 厚水泥砂浆抹灰层	20 厚水泥砂浆面层 100 厚钢筋混凝土板 10 厚水泥砂浆抹灰层

典型建筑改造前围护结构传热系数　表 11-4-10

单位：W/(m^2·K)

	明园石油干休1号	博物馆小区56号	博物馆小区69号	新大北区11号	华美博奥一期2号	华美丽景苑6号	电力公司高层1号
屋面	1.07	1.08	1.05	0.48	0.79	0.50	1.06
外墙	1.53	1.53	1.51	1.28	1.07	1.62	1.65
外窗	2.50	2.50	4.65	2.50	2.50	2.50	4.65
楼梯间外窗	2.50	4.65	4.65	2.50	2.50	2.50	4.65
地板/地面	0.30	0.30	1.94	1.94	1.94	1.94	1.94
阳台顶板	0.95	—	—	0.43	0.79	0.50	1.06
阳台栏板	4.09	—	—	0.97	4.09	0.61	4.09
阳台底板	3.87	—	—	1.75	3.87	3.87	3.87

有一点在小区内是比较好的，就是不同程度的设有体育健身设施。所有典型建筑的安全性能均符合结构要求。

2. 具体构造描述

（四）典型建筑改造方案及分析

1. 典型建筑改造方案

通过对典型建筑进行的调查检测，我们掌握了建筑物的缺陷，针对这些缺陷，来制定相应的改造方案。在制定改造方案时，我们坚持“综合节能改造”的理念。在进行节能改造的同时弥补建筑物的缺陷，进行建筑物局部修缮，并且考虑提高建筑物使用功能要求，如：封闭阳台增加建筑物适用面积、安装电子呼叫单元门等等。虽然三个方面的改造内容不一样，但具体施工中有些东西是重复的（比如脚手架、临建）等等，在一次施工中同时进行三个改造，节省这些费用也是一种“节能”，基于以上的原因，我们制定了综合节能改造方案。

由于修缮、提升使用功能只对改造的总成本产生影响，对节能减排效益分析不造成影响，因此这里就不列出其具体改造方案，只列出节能改造方案的具体内容。在制定节能改造方案的时候，我们考虑对典型建筑制定不同节能标准下的改造方案，可以清晰地看到不同方案的各自优点，便于选取一套可行的方案。

小改、中改、大改方案的区别主要包括保温层的厚度、窗户层数、是否有新风系统、热计量及调节方式等。既有居住建筑节能改造应充分考虑节能、安全、功能需求、美观等因素，从而实现综合改造。

具体节能改造方案见表 11-4-11。

小中大节能改造方案　　表 11-4-11

		小　改	中　改	大　改
外　墙		80 厚 EPS	100 厚 EPS	140 厚 EPS
阳台	阳台顶板	50 厚 PU	100 厚 PU	140 厚 PU
	阳台栏板	100 厚 EPS	100 厚 EPS	100 厚 EPS
	阳台底板	80 厚 EPS	100 厚 EPS	100 厚 EPS
屋　顶		50 厚 PU	70 厚 PU	140 厚 PU
地下室顶板		80 厚 XPS	80 厚 XPS	80 厚 XPS
外　窗		单框双玻塑钢窗	单框三玻塑钢窗	单框三玻塑钢窗
通风方式		自然通风	自然通风	新风系统
计量方式		分户计量	分户计量	分户计量
室温调节方式		手动调节	温控阀调节	温控阀调节

注：每栋典型建筑具体改造方案见附录 4——典型建筑改造方案。

2. 典型建筑改造前后理论能耗对比

（1）理论采暖能耗计算依据

能耗计算采用理论计算方法，能耗指标为耗热量指标、耗煤量指标、采暖能耗指标。能耗计算公式及参数如下：

1）建筑物耗热量指标应按照下式计算：

$$q_{\mathrm{H}} = q_{\mathrm{HT}} + q_{\mathrm{INF}} - q_{\mathrm{IH}}$$

式中　q_{H}——建筑物耗热量指标（W/m²）；

q_{HT}——单位建筑面积通过建筑围护结构的传热耗热量（W/m²）；

q_{INF}——单位建筑面积的空气渗透耗热量（W/m²）；

q_{IH}——单位建筑面积的建筑物内部得热量（包括炊事、照明、家电和人体散热）（W/m²），住宅建筑取 3.8W/m²。

2）单位建筑面积通过围护结构的传热耗热量应按下式计算：

$$q_{\mathrm{H \cdot T}} = (t_i - t_{\mathrm{e}})\left(\sum_{i=1}^{m} \varepsilon_i \cdot K_i \cdot F_i\right)/A_0$$

式中　t_i——全部房间平均室内计算温度，取 18℃；

t_{e}——采暖期室外平均温度（℃）；

ε_i——围护结构传热系数的修正系数，按标准附表采用；

K_i——围护结构的传热系数［W/（m²·K）］，对于外墙应取其平均传热系数，计算方法见《民用建筑热工设计规范》GB 50176—93；

F_i——围护结构的面积（m²）；应按本标准附录 C 的规定计算；

A_0——建筑面积（m²），按节能设计标准附录的规定计算。

3）单位建筑面积的空气渗透耗热量应按下式计算：

$$q_{\mathrm{INF}} = (t_i - t_e)(C_\rho \cdot \rho \cdot N \cdot V)/A_0$$

式中　C_ρ——空气比热容，取 0.28W·h/（kg·K）；

ρ——空气密度（kg/m³），取 1.334kg/m³；

N——换气次数，改造前取实测 50Pa 压力下换气次数的计算值（见表 11-4-12），改造后取 0.5 次/h；

V——换气体积（m³），按节能设计标准附录的规定计算。

4）对于燃煤集中供热，其采暖耗煤量指标应按照下式计算：

$$q_c = 24 \cdot Z \cdot q_H/(H_C \cdot \eta_1 \cdot \eta_2)$$

式中　q_C——建筑物耗煤量指标（kg/m²）；

Z——采暖天数，取 162（d）；

H_C——标准煤的热值，取 8140W·h/kg；

η_1——室外管网输送效率，采取节能措施前取 0.85，采取节能措施后取 0.90；

η_2——锅炉运行效率，采取节能措施前取 0.55，采取节能措施后取 0.68。

改造前典型建筑换气次数测试值与换气次数计算值（50Pa 下）　表 11-4-12

单位：1/h

		明园石油干休1号	博物馆小区56号	博物馆小区69号	新大北区11号	华美博奥一期2号	华美丽景苑6号	电力公司高层1号
换气次数	测试值	3.8	2.5	1.92	1.6	1.8	1.4	6.1
	计算值	0.8	0.5	0.5	0.5	0.5	0.5	0.8

（2）改造前后理论能耗对比

典型建筑改造前后理论能耗对比见表 11-4-13。

通过典型建筑之间的对比和典型建筑自身改造方案的对比，首先我们可以看到不同典型建筑的能耗有所不同，即使同一建筑类型建筑也各不相同，这主要是由其建筑物本身的特性决定的（如体型系数、窗墙比等）。其次，从图中我们可以看到，对于任何一个典型建筑来说，其小中大三种改造方案的最终能耗量差异不大，这是因为，方案中选取的保温材料的厚度相对于各自的节能设计标准还是高的，从而使围护结构耗热量过早地降低到一个很低的水平，这种情况下围护结构保温层厚度的增加，对于建筑物整体能耗降低量不很明显，主导建筑物能耗的因素变成了冷风渗透能耗。建议进一步采取措施减少通风散热损失。

典型建筑改造前后能耗对比　　表 11-4-13

项目 / 典型建筑	改造前				小改				中改				大改			
	q_H (W/m²)	q_c (kg/m²)	q (kWh)	与基准值偏差 (%)	q_H (W/m²)	q_c (kg/m²)	q (kWh)	节能潜力 (%)	q_H (W/m²)	q_c (kg/m²)	q (kWh)	节能潜力 (%)	q_H (W/m²)	q_c (kg/m²)	q (kWh)	节能潜力 (%)
明园石油干休 1 号 (1982 年)	66.3	67.7	257.8	−49.8%	25.7	20.0	99.8	61.3%	23.2	18.1	90.0	65.1%	20.9	16.3	81.3	68.5%
博物馆小区 56 号 (1980 前)	47.5	48.6	184.8	−30.0%	27.9	21.8	108.4	41.3%	24.6	19.2	95.5	48.3%	22.8	17.8	88.7	52.0%
博物馆小区 69 号 (1981～1997)	51.7	52.8	201.1	−35.7%	26.0	20.3	101.2	49.7%	22.9	17.8	88.9	55.8%	21.3	16.6	82.6	58.9%
新大北区 11 号 (1998～2002)	37.0	37.8	143.8	−10.0%	20.8	16.2	80.8	43.8%	18.9	14.7	73.4	49.0%	17.5	13.6	67.9	52.8%
华美博奥一期 2 号 (2003 非节能)	39.1	40.0	152.1	−14.9%	17.7	13.8	68.8	54.8%	16.6	13.0	64.6	57.5%	15.4	12.0	60.0	60.6%
华美丽景苑 6 号 (2001 年)	28.5	29.1	110.7	16.9%	17.3	13.5	67.3	39.2%	16.0	12.5	62.4	43.6%	15.3	11.9	59.3	46.4%
电力公司高层 1 号 (1993 年)	55.0	56.1	213.7	−39.5%	21.7	16.9	84.3	60.6%	19.2	15.0	74.6	65.1%	17.8	13.9	69.1	67.7%

注：基准值取耗煤量指标 $34kg/m^2$，节能潜力与改造前比较。

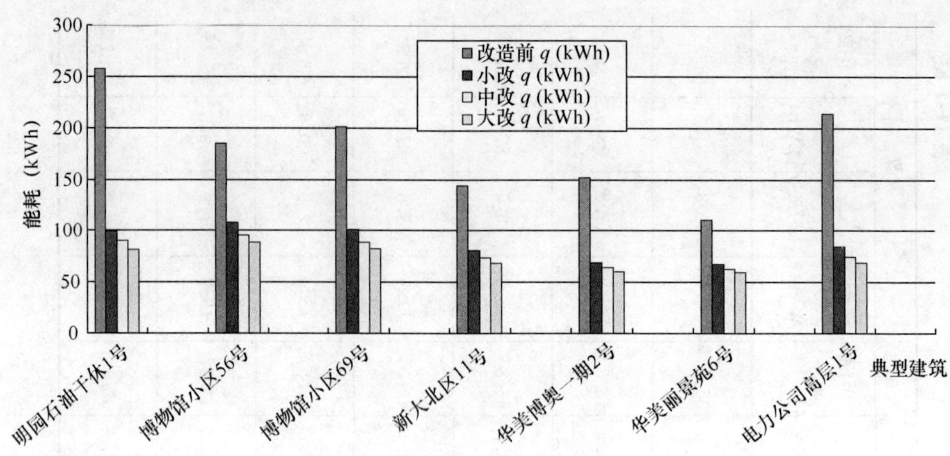

图 11-4-12　改造前后能耗对比

3. 典型建筑改造费用

典型建筑改造成本包括节能改造成本及改造总成本。其中，改造总成本包括节能改造成本、修缮成本及提升使用功能三部分成本。各部分成本见表 11-4-14、图 11-4-13～图 11-4-20。

典型建筑改造费用　　**表 11-4-14**

单位：元/m²

		明园石油干休 1 号	博物馆小区 56 号	博物馆小区 69 号	新大北区 11 号	华美博奥一期 2 号	华美丽景苑 6 号	电力公司高层 1 号
小改	修缮工程	8.26	14.57	10.37	2.39	4.79	1.32	1.93
	舒适度提高	40.41	90.81	98.97	21.15	21.08	14.50	24.78
	节能改造	199.78	275.62	244.83	147.99	119.31	99.34	156.82
中改	修缮工程	10.18	16.65	12.64	4.96	6.10	2.57	2.85
	舒适度提高	40.41	90.81	98.97	21.07	21.08	14.50	24.84
	节能改造	222.03	316.87	273.39	191.10	146.21	132.23	185.99
大改	修缮工程	42.89	48.73	44.47	35.71	36.30	32.75	33.10
	舒适度提高	59.68	135.46	133.40	37.92	39.53	26.66	42.72
	节能改造	356.04	473.54	406.46	304.30	252.07	244.29	331.89
合计	小改费用合计	248.45	381.01	354.17	171.53	145.18	115.16	183.53
	中改费用合计	272.62	424.33	384.99	217.12	173.39	149.30	213.68
	大改费用合计	458.61	657.73	584.32	377.93	327.90	303.70	407.71

注：费用来源见附件 5—典型建筑能耗计算及成本预算表

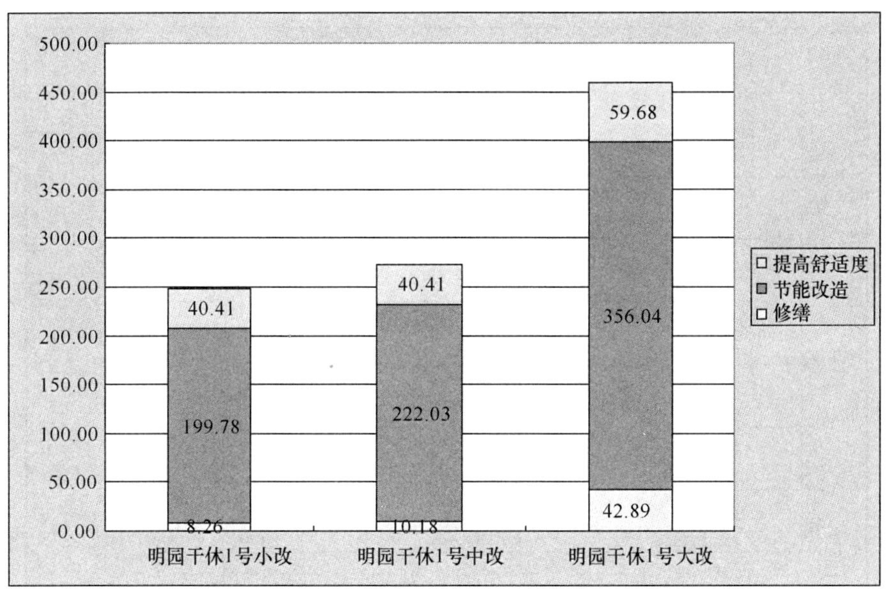

图 11-4-13　明园石油干休 1 号

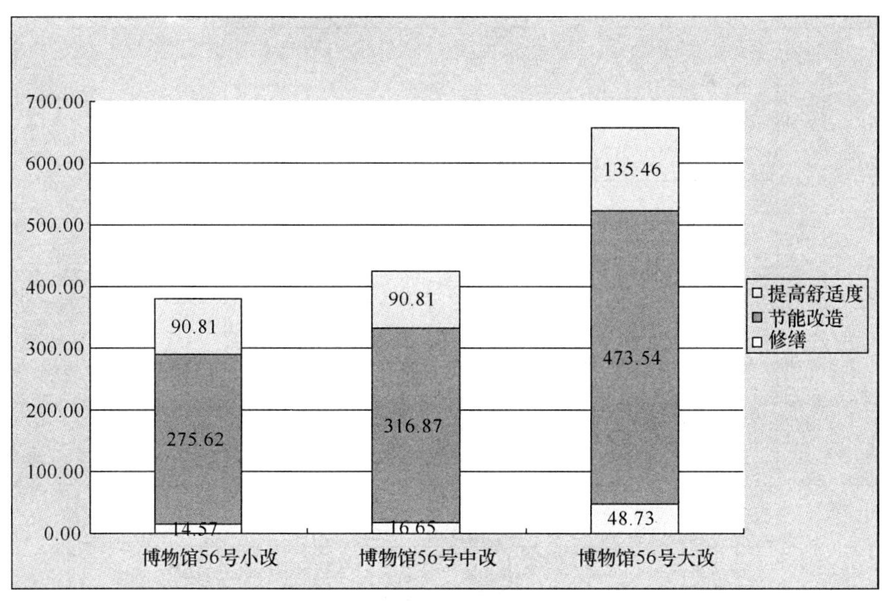

图 11-4-14　博物馆小区 56 号

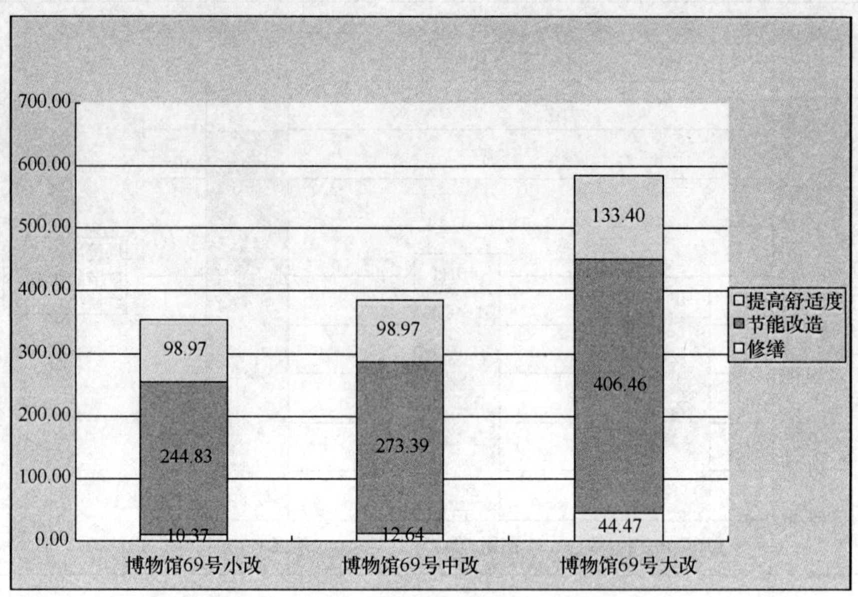

图 11-4-15　博物馆小区 69 号

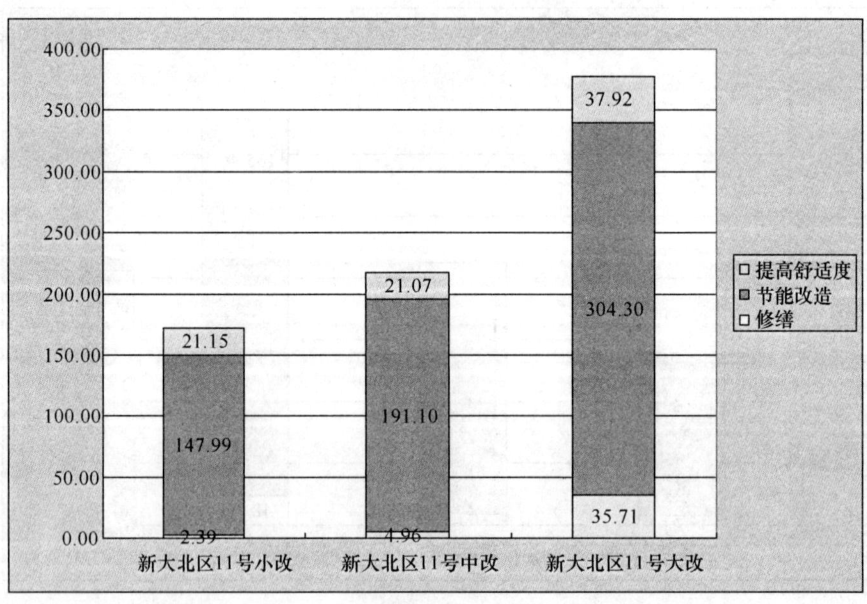

图 11-4-16　新大北区 11 号

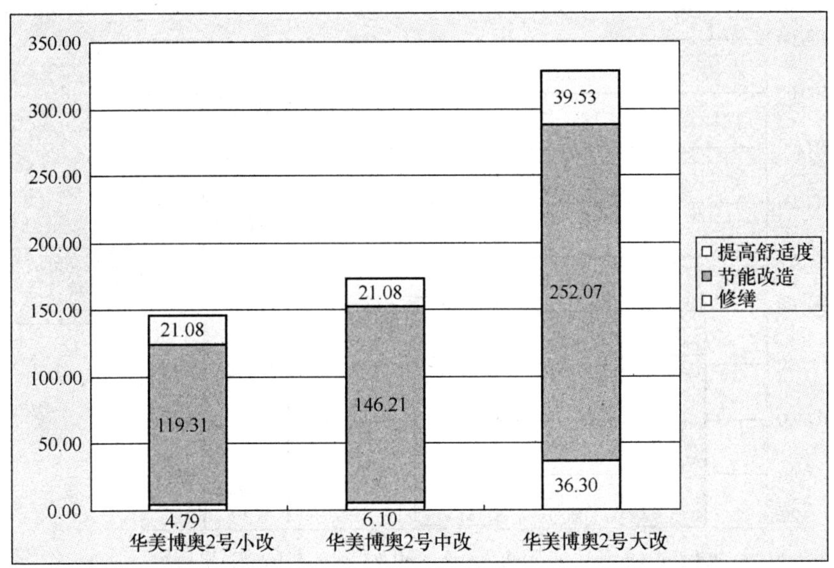

图 11-4-17　华美博奥一期 2 号

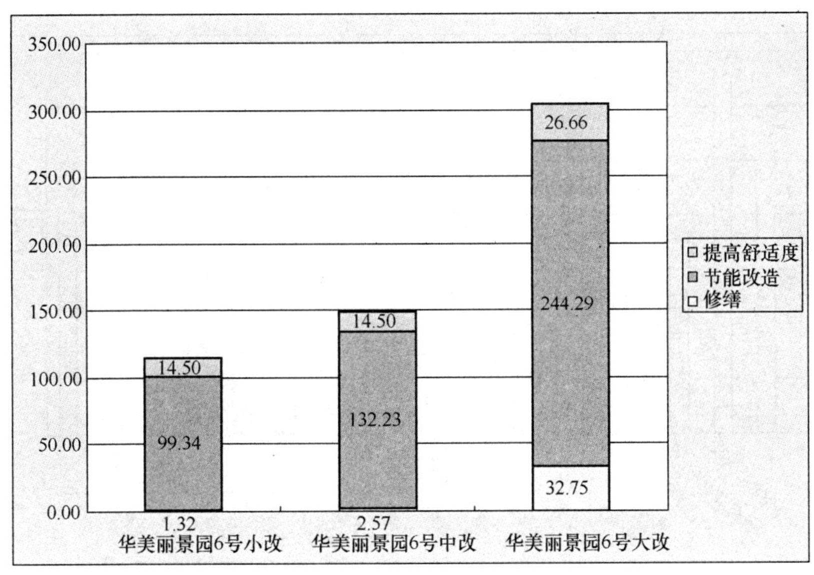

图 11-4-18　华美丽景苑 6 号

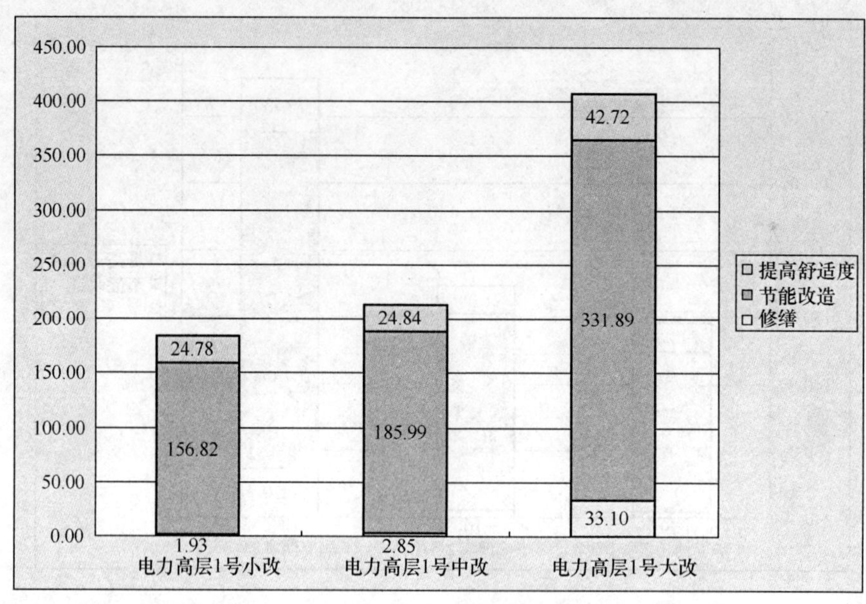

图 11-4-19　电力公司高层 1 号

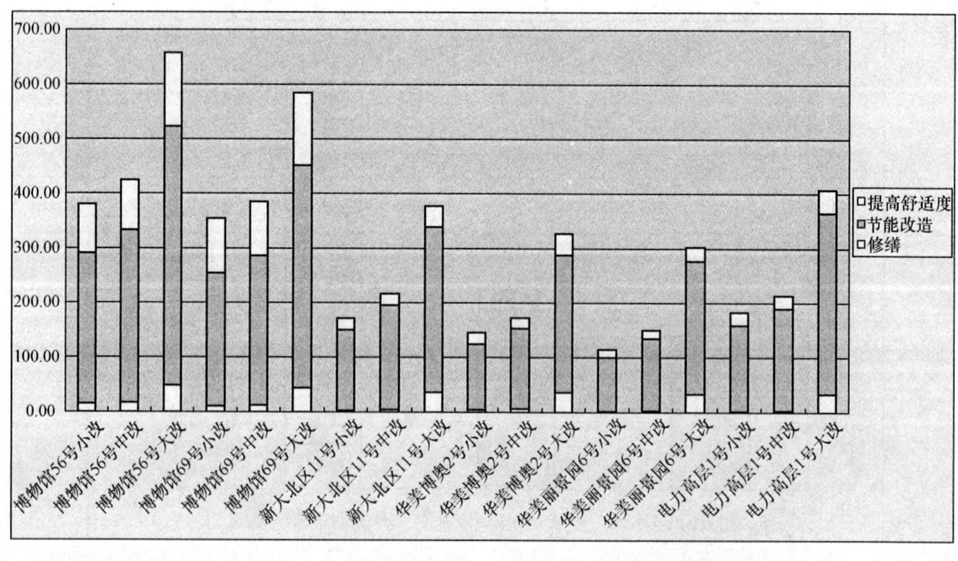

图 11-4-20　典型建筑小中大改造方案各部分改造成本

由图中可以看到，由于阳台封堵、封闭，增加的修缮费用较多。

四、既有居住建筑节能改造推算

（一）节能减排效益推算

节能减排效益推算主要根据普查结果分类、典型建筑能耗计算、改造方案能耗和改造费用等，按照普查面积进行推算。根据推算结果（详见附件1）各种改造方案相关推算值见表11-4-15，图11-4-21～图11-4-26。

不同类型建筑节能改造评价及推算　　表11-4-15

序号	评价	状态	类型01	类型02	类型06	平均值
①	年平均耗能量（kWh/（m^2a））	改造前	258	170	162	197
②		小改	100	90	76	88
③			58%…61%	43%…47%	49%…53%	51%…55%
④		中改	90	81	68	80
⑤			62%…65%	49%…53%	54%…58%	56%…59%
⑥		大改	81	75	64	73
⑦			66%…68%	53%…56%	57%…60%	60%…63%
⑧	节能改造平均费用（元/m^2）	小改	199.78	196.94	128.08	174.93
⑨		中改	222.03	231.89	159.11	204.35
⑩		大改	356.04	359.09	288.09	334.41
⑪	总体改造平均费用（元/m^2）	小改	248.44	262.97	149.34	220.25
⑫		中改	272.62	299.96	181.49	251.36
⑬		大改	458.60	486.97	355.71	433.76
	推算	状态	类型01	类型02	类型06	总数
⑭	基准量（m^2）	各类型总建筑面积	899815	31487186	9307195	41694196
		所占总楼比例	2%	76%	22%	100%
⑮	年耗能量（MWh/a）	改造前	231，979	5，365，956	1，509，294	7，107，229
⑯		小改	89，820	2，827，337	705，837	3，622，993
⑰		中改	81，002	2，537，967	637，410	3，256，378
⑱		大改	73，146	2，355，968	597，725	3，026，838
⑲	可能节能量（MWh/a）	小改	142，159	2，538，619	803，457	3，484，235
⑳		中改	150，977	2，827，989	871，884	3，850，850
㉑		大改	158，834	3，009，988	911，568	4，080，390

续表

序号	评价	状态	类型 01	类型 02	类型 06	平均值
㉒	可能节能量的煤当量（t/a）	小改	28，536	509，591	161，282	699，410
㉓		中改	30，306	567，678	175，018	773，002
㉔		大改	31，884	604，212	182，984	819，079
㉕	可能减少的二氧化碳的排放量（t/a）	小改	79，046	1，411，567	446，752	1，937，365
㉖		中改	83，949	1，572，468	484，800	2，141，217
㉗		大改	88，317	1，673，666	506，866	2，268，849
㉘	节能改造费用（元）	小改	179，761，948.25	6，201，008，939.71	1，192，060，805.65	7，572，831，693.61
㉙		中改	199，787，106.64	7，301，654，125.05	1，480，881，588.22	8，982，322，819.91
㉚		大改	320，368，928.78	11，306，761，116.18	2，681，303，353.88	14，308，433，398.85
㉛	改造费用合计（元）	小改	223，553，758.92	8，280，243，168.05	1，389，981，887.87	9，893，778，814.84
㉜		中改	245，311，087.26	9，444，852，872.87	1，689，187，335.29	11，379，351，295.41
㉝		大改	412，657，360.07	15，333，359，314.95	3，310，622，077.76	19，056，638，752.78

表中数据计算说明：③＝（①－②）÷②×100％；⑯＝②×⑭÷1000；⑲＝（①－②）×⑭÷1000；㉒＝⑲×1000÷8140÷0.9÷0.68；㉕＝㉒×2.77；㉘＝⑧×⑭。

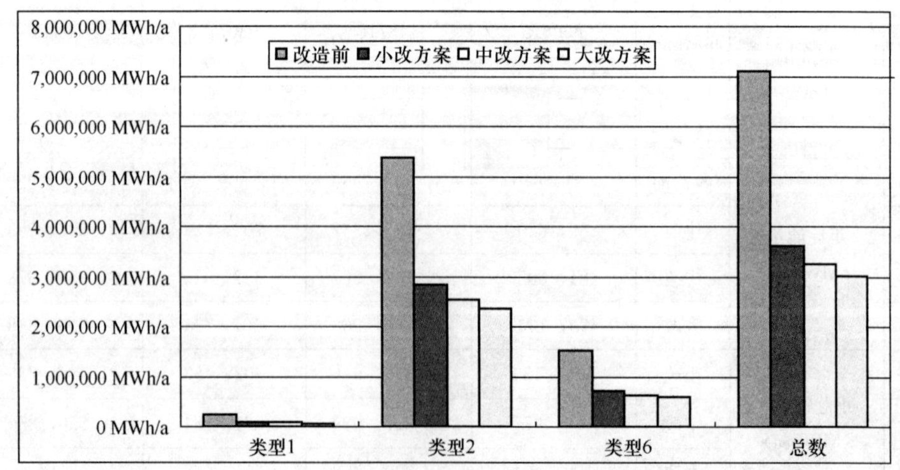

图 11-4-21　年耗能量

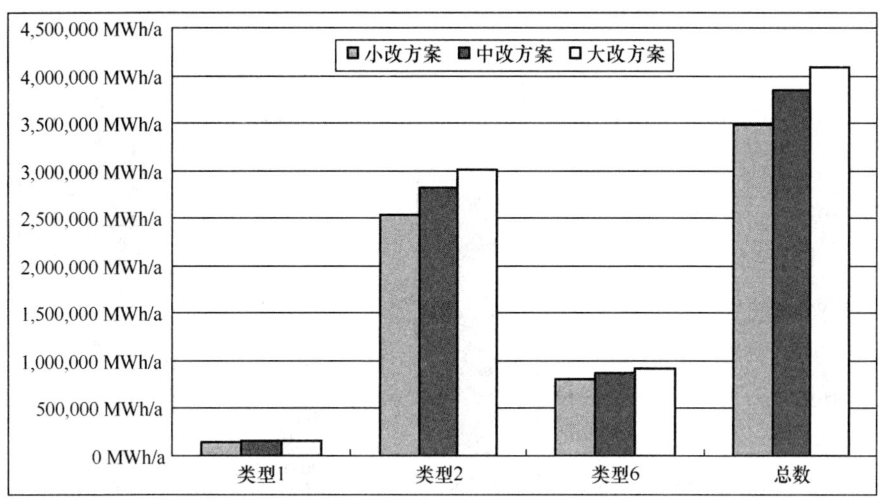

图 11-4-22　可能节能量

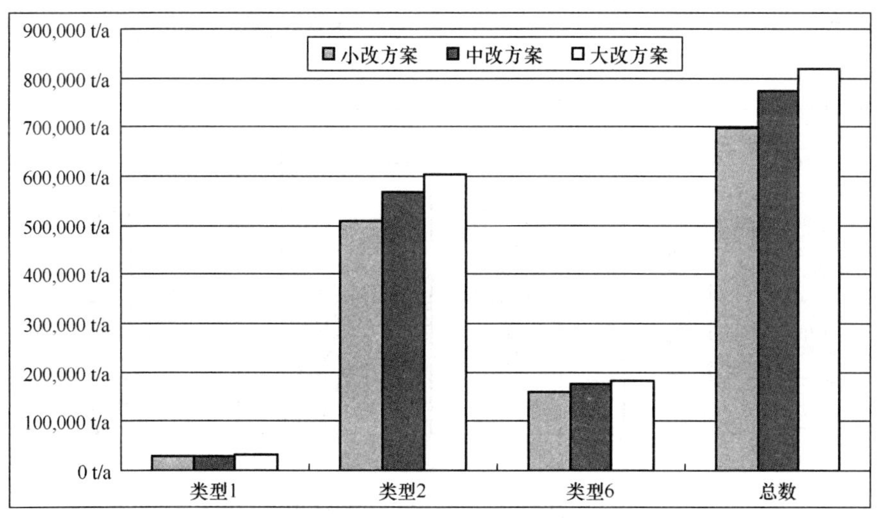

图 11-4-23　可能节能量的煤当量

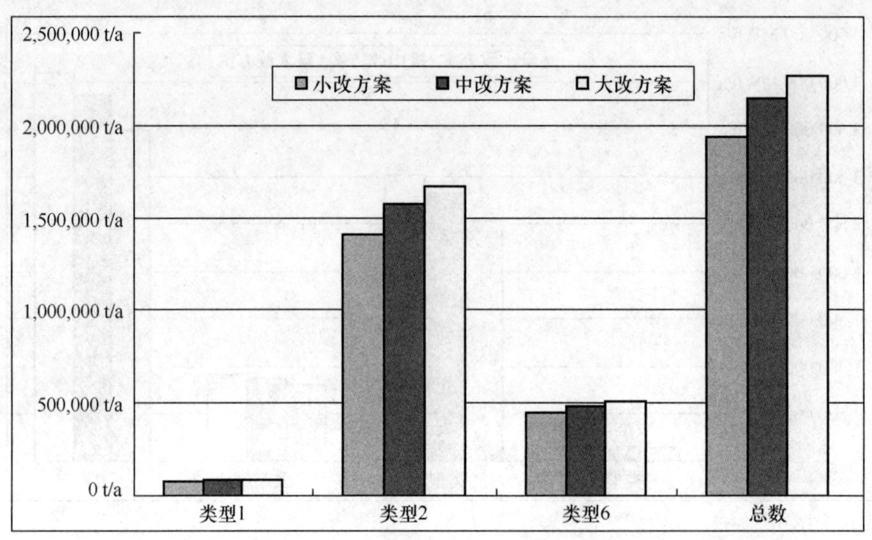

图 11-4-24 可能减少的二氧化碳的排放量

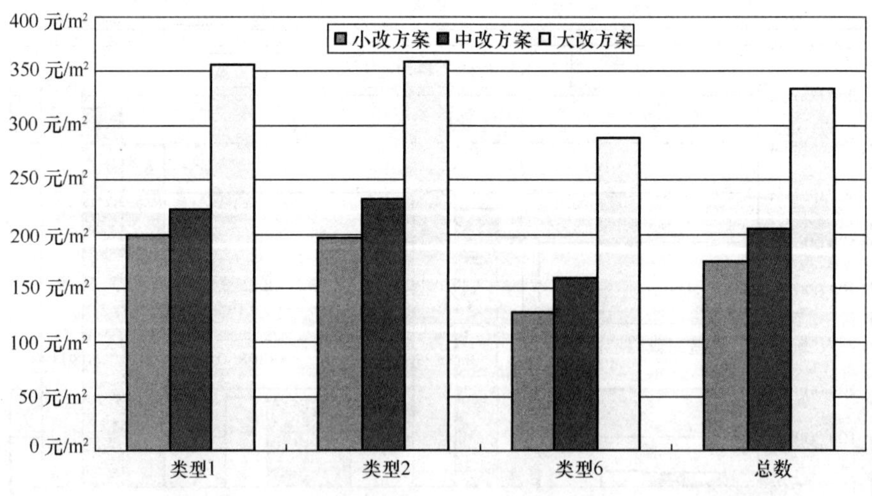

图 11-4-25 节能改造平均费用

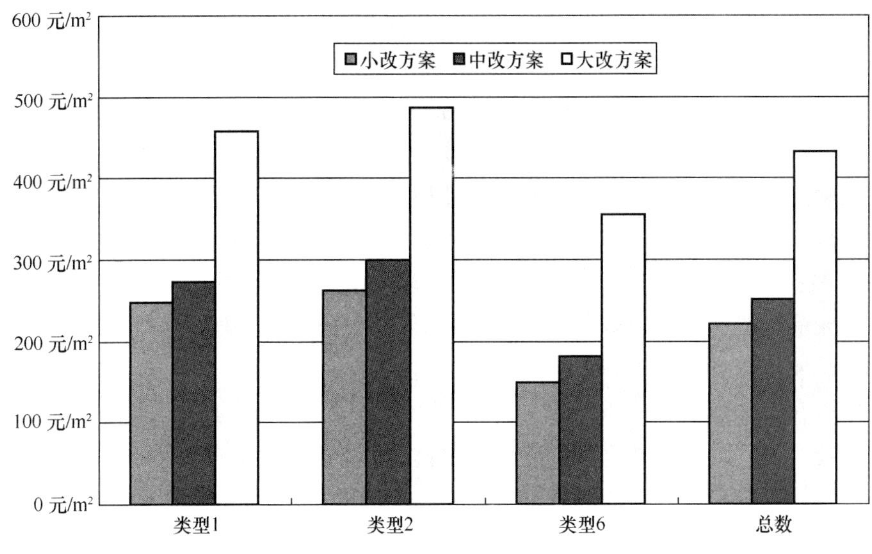

图 11-4-26 总体改造平均费用

1. 节能效益推算

我市主城区既有非节能居住建筑 4169.42 万 m^2，改造规划按 10 年即 2010～2019 年，前九年每年改造 400 万 m^2，第十年改造 569.42 万 m^2。节能效益见表 11-4-16。

节 能 效 益 **表 11-4-16**

节能量及煤当量 \ 改造方案			小改方案	中改方案	大改方案
可能节能量（MWh/a）	单位面积节能量（$MWh/m^2\cdot a$）		0.084	0.092	0.098
	改造期	第 1～9 年节能量（MWh/a）	334265.7	369437.5	391458.8
		第 10 年节能量（MWh/a）	475844.0	525912.8	557261.2
	改造完成后节能量（MWh/a）		3484235.5	3850850.8	4080390.7
可能节能量的煤当量（t/a）	单位面积节约煤当量（$t/m^2\cdot a$）		0.017	0.019	0.020
	改造期	第 1～9 年节约煤当量（t/a）	67099.0	74159.2	78579.7
		第 10 年节约煤当量（t/a）	95518.8	105569.4	111862.1
	改造完成后节约煤当量（t/a）		699409.7	773002.4	819079.3

改造前，我市主城区年耗能量为7107229MWh/a，折合煤耗约为142.67万tce/a，即199.81万t原煤/a（折算系数为0.714）。采用小、中、大改方案，若每年改造400万m^2，可减少能耗334265.70～391458.80MWh/a，折合减少煤耗为6.71～7.86万tce/a，即9.40～11.01万t原煤/a。完成全部改造任务后，每年可减少能耗3484235.50～4080390.70MWh/a，折合减少煤耗为69.94～81.91万tce/a，即97.96～114.72万t原煤/a。

2. 减排效益推算

完成节能改造后，燃煤量显著减少，可大幅度降低污染物的排放，从而改善我市采暖期大气环境质量。

按照有关文献计算每吨标煤燃烧产生的有害气体量为：二氧化碳：2.77t；二氧化硫：1.4kg；粉尘：11kg；氮氧化物：9kg；烷烃类：0.5kg。乌鲁木齐主城区每年污染物减少情况见表11-4-17。

污染物理论减排量计算表　　表11-4-17

改造方案		小改方案	中改方案	大改方案
节煤量（tce/a）	第1～9年	67099.0	74159.2	78579.7
	第10年	95518.8	105569.4	111862.1
	改造完成后	699409.7	773002.4	819079.3
二氧化碳 CO_2（t/a）	第1～9年	185864.2	205421.0	217665.8
	第10年	264587.1	292427.2	309858.0
	改造完成后	1937364.9	2141216.6	2268849.7
二氧化硫 SO_2（t/a）	第1～9年	93.9	103.8	110.0
	第10年	133.7	147.8	156.6
	改造完成后	979.2	1082.2	1146.7
一氧化氮 NO（t/a）	第1～9年	603.9	667.4	707.2
	第10年	859.7	950.1	1006.8
	改造完成后	6294.7	6957.0	7371.7
粉尘（t/a）	第1～9年	738.1	815.8	864.4
	第10年	1050.7	1161.3	1230.5
	改造完成后	7693.5	8503.0	9009.9
CH类化合物（t/a）	第1～9年	33.5	37.1	39.3
	第10年	47.8	52.8	55.9
	改造完成后	349.7	386.5	409.5

采用小、中、大改方案，若每年改造400万m^2，可减少二氧化碳18.59～21.77万t/a，二氧化硫93.9～110.0t/a，减少一氧化氮603.9～707.2t/a，粉尘738.1～864.4t/a。完成全部改造任务后，可减少二氧化碳193.74～226.88万t/a，二氧化硫979.2～1146.7t/a，减少一氧化氮6294.7～7371.7t/a，粉尘7693.5～9009.9t/a。

（二）节能改造经济性分析

1. 投资分析

主城区既有居住建筑小、中、大改方案节能改造投资第1～9年分别为：7.27、8.62、13.73亿元，完成全部改造任务需要投资分别为75.73、89.82、143.08亿元；如果采用综合改造则改造期各年要投资分别为9.49、10.92、18.28亿元，完成全部改造任务需要投资分别为98.94、113.79、190.57亿元。具体投资计算见表11-4-18。

改造投资计算 **表11-4-18**

改造方案		小改方案	中改方案	大改方案
节能改造	单方造价（元/m^2）	181.63	215.43	343.18
	第1～9年（亿元/年）	7.27	8.62	13.73
	第10年（亿元/年）	10.34	12.27	19.54
	改造完成后（亿元/年）	75.73	89.82	143.08
综合改造	单方造价（元/m^2）	237.29	272.92	457.06
	第1～9年（亿元/年）	9.49	10.92	18.28
	第10年（亿元/年）	13.51	15.54	26.03
	改造完成后（亿元/年）	98.94	113.79	190.57

2. 节能改造投资经济性分析

对主城区的既有居住建筑节能改造投资推算分别采用静态、动态两种收益率计算方法进行计算，其中计算周期按10年考虑。其中：

改造期内投资——节能改造投资额；

改造期内收益——节煤（节热）收益+减排收益。

其中减排收益指由于每年节约燃煤，减少的污染物排放而少支出的污染物排放费用。具体污染物排放收费计算见说明，不同改造方案污染物减排少支出费用计算见表11-4-19。

节煤收益计算依据（《转发自治区发展改革委关于继续做好煤炭价格管理有关问题的通知》（乌发改函〔2008〕451号））乌鲁木齐现行煤价120元/t（原煤，折算为标煤168.07元/t）。

节热收益计算依据（《关于制定乌鲁木齐市供热计量暂行销售价格的通知》（乌发改工价［2008］298号））乌鲁木齐市供热计量暂行销售价格确定为35元/GJ。

排污费计算说明

由于大量煤的燃烧造成严重的空气污染，国家环保总局规定对供热企业排污费做了明确规定。将超标单因子收费改为总量多因子收费，体现环境资源的价值。考虑到排污者的承受能力和环境监测水平，目前的规定是同一废气排放口征收排污费的污染物种类总数不超过3个，废气每一污染当量的收费单价为0.6元。废气排污费是按污染物的种类、数量以污染当量为单位实行总量排污收费。污染当量是综合考虑各种污染物或污染排放活动对环境的有害程度、对生物体的毒性以及处理的费用等几方面因素制定的。将每个排放口排放的每种污染物的排放量按照污染当量值换算成污染当量数，再把所有的污染物当量数相加，得出该排放口排放的所有污染物的总污染当量数，用总污染当量数乘污染当量收费单价，即得出应交纳的排污费。

静态收益率：不考虑资金的时间价值，收益年限内的收益总和与投资成本之间的比值。

$$P = A \times N$$

式中 P——投资收益总和

A——年收益额

n——收益年限

动态投资收益率：考虑资金的时间价值，收益年限内的收益折现额总和与投资成本之间的比值，折现系数取$i=5\%$。

（1）根据节煤量的经济性分析

第1～9年小、中、大改方案，节能改造投资分别为：72650万元/年、86170万元/年、137270万元/年；第10年节能改造投资分别为：103420万元/年、122670万元/年、195410万元/年。

第1～9年小、中、大改方案，节煤收益分别为：1127.73万元/年、1246.39万元/年、1320.69万元/年，减排收益分别为：64.39万元/年、71.16万元/年、75.40万元/年；第10年节煤收益分别为：1605.38万元/年、1774.30万元/年、1880.07万元/年；减排收益分别为：91.66万元/年、101.30万元/年、107.34万元/年，收益值应累计计算。

小、中、大改方案，静态收益率分别为：0.087、0.081、0.054。动态收益率分别为：0.081、0.076、0.051。具体计算见表11-4-19、表11-4-20。

节煤减少的污染物排放费 表 11-4-19

改造方案		节煤量（t）	二氧化碳（CO_2）	二氧化硫（SO_2）	一氧化氮（NO）	粉　尘	CH 类化合物
燃烧每吨标准煤产生污染物数量（t）			2.77	0.0014	0.009	0.011	0.0005
小改方案	第1～9年	67099.0	185864.2	93.9	603.9	738.1	33.5
		污染物当量值	—	0.95	0.95	2.18	—
		减排当量数（t）	—	98.84	635.68	338.58	—
		减排收费额（万元）	64.39				
	第10年	95518.8	264587.1	133.7	859.7	1050.7	47.8
		减排当量数（t）	—	140.74	904.95	481.97	—
		减排收费额（万元）	91.66				
中改方案	第1～9年	74159.2	205421.0	103.8	667.4	815.8	37.1
		减排当量数（t）	—	109.26	702.53	374.22	—
		减排收费额（万元）	71.16				
	第10年	105569.4	292427.2	147.8	950.1	1161.3	52.8
		减排当量数（t）	—	155.58	1000.11	532.71	—
		减排收费额（万元）	101.30				
大改方案	第1～9年	78579.7	217665.8	110.0	707.2	864.4	39.3
		减排当量数（t）	—	115.79	744.42	396.51	—
		减排收费额（万元）	75.40				
	第10年	111862.1	309858.0	156.6	1006.8	1230.5	55.9
		减排当量数（t）	—	164.84	1059.79	564.45	—
		减排收费额（万元）	107.34				

（2）根据节能量的经济性分析

根据表 11-4-16，第 1～9 年小、中、大改方案节能量可得，第 1～9 年小、中、大改方案节约的热量分别为：1203356.63GJ/a，1329975.17GJ/a，1409251.80GJ/a；第 10 年小、中、大改方案节约的热量分别为：1713038.32GJ/a，1893286.16GJ/a，2006140.40GJ/a（1MWh＝3.6GJ）。因此，第 1～9 年不同节能改造方案的节能收益分别为：4211.75 万元/年，4654.91 万元/年，4932.38 万元/年；第 10 年节能收益分别为：5995.63 万元/年，6626.50 万元/年，7021.49 万元/年。其投资收益率计算如表 11-4-21 所示。

表 11-4-20

节煤现金流量表

单位：万元

年份		1	2	3	4	5	6	7	8	9	10	合计
折现系数（$i=5\%$）		0.9524	0.9070	0.8638	0.8227	0.7835	0.7462	0.7107	0.6768	0.6446	0.6139	—
小改方案	投资额	72650	72650	72650	72650	72650	72650	72650	72650	72650	103420	757270.00
	累计节煤效益	1127.73	2255.46	3383.19	4510.92	5638.65	6766.38	7894.11	9021.84	10149.57	11754.95	62502.80
	累计减排效益	64.39	128.78	193.17	257.56	321.95	386.34	450.73	515.12	579.51	671.17	3568.72
	累计收益	1192.12	2384.24	3576.36	4768.48	5960.60	7152.72	8344.84	9536.96	10729.08	12426.12	66071.52
	折现投资	69191.86	65893.55	62755.07	59769.16	56921.28	54211.43	51632.36	49169.52	46830.19	63489.54	579863.94
	折现收益	1135.38	2162.51	3089.26	3923.03	4670.13	5337.36	5930.68	6454.61	6915.96	7628.40	47247.31
中改方案	投资额	86170	86170	86170	86170	86170	86170	86170	86170	86170	122670	898200.00
	累计节煤效益	1246.39	2492.78	3739.17	4985.56	6231.95	7478.34	8724.73	9971.12	11217.51	12991.81	69079.36
	累计减排效益	71.16	142.32	213.48	284.64	355.8	426.96	498.12	569.28	640.44	741.74	3943.94
	累计收益	1317.55	2635.1	3952.65	5270.2	6587.75	7905.3	9222.85	10540.4	11857.95	13733.55	73023.30
	折现投资	82068.31	78156.19	74433.65	70892.06	67514.20	64300.05	61241.02	58319.86	55545.18	75307.11	687777.62
	折现收益	1254.83	2390.04	3414.30	4335.79	5161.50	5898.93	6554.68	7133.74	7643.63	8431.03	52218.48
大改方案	投资额	137270	137270	137270	137270	137270	137270	137270	137270	137270	195410	1430840
	累计节煤效益	1320.69	2641.38	3962.07	5282.76	6603.45	7924.14	9244.83	10565.52	11886.21	13766.28	73197.33
	累计减排效益	75.40	150.80	226.20	301.60	377.00	452.40	527.80	603.20	678.60	785.94	4178.94
	累计收益	1396.09	2792.18	4188.27	5584.36	6980.45	8376.54	9772.63	11168.72	12564.81	14552.22	77376.27
	折现投资	130735.95	124503.89	118573.83	112932.03	107551.05	102430.87	97557.79	92904.34	88484.24	119962.20	1095636.18
	折现收益	1329.64	2532.51	3617.83	4594.25	5469.18	6250.57	6945.41	7558.99	8099.28	8933.61	55331.26

节能现金流量表

表 11-4-21

单位：万元

年份		1	2	3	4	5	6	7	8	9	10	合计
折现系数（i=5%）		0.9524	0.9070	0.8638	0.8227	0.7835	0.7462	0.7107	0.6768	0.6446	0.6139	—
小改方案	投资额	72650	72650	72650	72650	72650	72650	72650	72650	72650	103420	757270.00
	累计收益	4211.75	8423.50	12635.25	3465.01	21058.75	25270.50	29482.25	33694.00	37905.75	43901.38	220048.14
	折现投资	69191.86	65893.55	62755.07	59769.16	56921.28	54211.43	51632.36	49169.52	46830.19	63489.54	579863.94
	折现收益	4011.27	7640.11	10914.33	2850.66	16499.53	18856.85	20953.04	22804.10	24434.05	26951.06	155914.99
中改方案	投资额	86170	86170	86170	86170	86170	86170	86170	86170	86170	122670	898200.00
	累计收益	4654.91	9309.82	13964.73	18619.64	23274.55	27929.46	32584.37	37239.28	41894.19	48520.69	257991.64
	折现投资	82068.31	78156.19	74433.65	70892.06	67514.20	64300.05	61241.02	58319.86	55545.18	75307.11	687777.62
	折现收益	4433.34	8444.01	12062.73	15318.38	18235.61	20840.96	23157.71	25203.54	27004.99	29786.85	184488.13
大改方案	投资额	137270	137270	137270	137270	137270	137270	137270	137270	137270	195410	1430840
	累计收益	4932.38	9864.76	14797.14	19729.52	24661.90	29594.28	34526.66	39459.04	44391.42	51412.91	273370.01
	折现投资	130735.95	124503.89	118573.83	112932.03	107551.05	102430.87	97557.79	92904.34	88484.24	119962.20	1095636.18
	折现收益	4697.60	8947.34	12781.77	16231.48	19322.60	22083.25	24538.10	26705.88	28614.71	31562.39	195485.10

$$小改方案：静态收益率=\frac{\sum_{i=1}^{10}年收益合计}{\sum_{i=1}^{10}年投资}=\frac{220048.14}{757270.00}=0.291$$

$$中改方案：静态收益率=\frac{\sum_{i=1}^{10}年收益合计}{\sum_{i=1}^{10}年投资}=\frac{257991.64}{898200.00}=0.287$$

$$大改方案：静态收益率=\frac{\sum_{i=1}^{10}年收益合计}{\sum_{i=1}^{10}年投资}=\frac{273370.01}{1430840.00}=0.191$$

小、中、大改方案静态收益率分别为：0.291、0.287、0.191。

五、既有居住建筑基本情况调查的总结和建议

（一）总结

本次既有建筑普查，我们调查了乌鲁木齐市主城区（天山区、沙依巴克区、新市区、水磨沟区）包括居住建筑、公建及私人自建房在内的23141栋，共8487万m^2。其中，既有非节能居住建筑面积为4169.4万m^2。

通过对典型建筑的调查确定了小中大三种改造方案。并对典型建筑进行了详尽的能耗分析计算、成本分析计算。最终根据不同的建筑类型，将典型建筑的结果推算到全市主城区既有居住建筑中，从而得出整个城市主城区总的能耗现状及改造后的节能、减排效益。

主城区既有居住建筑进行节能改造，改造规划按10年即2010年至2019年，前九年每年改造400万m^2，第十年改造569.4万m^2。采用小、中、大改方案，可减少标准煤耗为6.71万～7.86万tce/a，减少能耗334265.70～391458.80MWh/a，可减少二氧化碳18.59万～21.77万t/a，粉尘738.1～864.4t/a。完成全部改造任务后可减少标准煤耗为69.94万～81.91万tce/a，减少能耗3484235.50～4080390.70MWh/a，减少二氧化碳193.74万～226.88万t/a，粉尘7693.5～9009.9t/a。

采用上述改造规划，节能改造费用：既有居住建筑小、中、大改方案节能改造投资第1～9年为：7.27亿～13.73亿元，完成全部改造任务需要投资分别为75.73亿～143.08亿元；如果采用综合改造则改造期各年要投资分别为9.49亿～18.28亿元，完成全部改造任务需要投资分别为98.94亿～190.57亿元。

（二）建议

（1）制定既有建筑综合节能改造规划

——首先，根据调查与推算结果，制定乌鲁木齐市既有建筑节能改造总体规划，充分发挥各级政府的主导作用。既改任务按照规划要求详细布置、明确任务、落实责任，保证改造工程质量，坚持以节能改造为主，同时提高建筑物使用功能的全面改造思想，将改造资金效益最大化。

——其次，制定改造原则：

①以供热片区为单位实施整体（包括既有建筑围护结构节能改造、二次管网、换热站、供热计量）改造；

②先易后难，从前期主城区居住建筑统计看到，按面积统计：1980 年以前的建筑占 2.9%，1981～1997 年占 46.91%，1998～2003 年的未节能建筑占 50.9%，最后一部分建筑量最大，而建筑立面损害状况及建筑物内部管道状况等均比较好，并大部分已使用塑钢窗，改造成本低（见下表），因此先改造 1998 年以后的建筑。

③放弃使用已经 40 年以上的建筑和 3 层以下建筑。该类建筑不进行改造，纳入拆除建筑内。

——再次，确定改造方式：

①纯节能改造，即围护结构节能改造（1998 年以后的建筑）；

②综合改造（包括既有建筑围护结构节能改造、二次管网、换热站、供热计量）；

③加层改造；根据结构验算通过加层方式筹措资金，进行节能改造；

④搬迁改造（对于小户型建筑通过扩大面积进行节能综合改造，提高建筑物品质与价值）；

⑤整体拆除改造（对于无改造价值建筑（低层、使用年限过长）进行拆除，在小区满足规划要求下盖高层建筑）；

⑥不改造建筑，对于历史保护建筑严禁做外保温改造。

建议按照本项目的模式，在乌鲁木齐市尽快开展全面改造。

（2）对研究与发展的需求

①引进国外先进产品，本地化生产，保证产品质量。如膨胀胶条，加长断桥锚栓。

②积极研发高性能保温砌体。如具有承重功能的砌体，使其本身的传热系数在 0.35W/（K·m^2）左右。

③不断提高窗保温性能，将窗的传热系数在成本增加不多的情况下降到 1.0W/（K·m^2）以下。

④认真研究成熟室温调节和计量产品。研究计量与供热收费的可行性和科学性方法。

⑤进一步对外保温体系配套产品的研究。如断桥雨篷、断桥空调架和各类型

断桥支架。

⑥研究高寒地区新风加热技术，降低冷风渗透换热量。

⑦提高管道保温和锅炉运行效率。

（3）资金筹措和融资模式

①激励政策

由市政府出台“节能建筑、既有建筑节能改造建筑供热收费办法”，对于节能建筑、既有建筑节能改造建筑实施节能标识制度，凡是有节能标识的建筑，采暖费用在非节能建筑采暖费用的基础上降低35％，鼓励市民主动提出改造要求，由节能公司统一改造。

②融资模式

——市场融资。通过“加层改造、拆除改造、搬迁改造”等方式，利用政府的激励政策，从开发商获取的利润中抽取部分完成小区节能改造目标。开发公司的选取采用市场竞争机制，公开招标完成。

——积极争取中央奖励资金。利用中央对既有建筑改造的奖励政策，积极争取该部分资金，用于节能改造工程。

——财政补贴。市财政按照中央财政奖励补贴的同等比例，负责市直管旧公房改造项目和低保人群的补贴。

——居民承担。外窗、楼内采暖系统、室内管线等私有部位的改造费用由居民承担。该部分费用可使用居民住房公积金支付。

——社会投入。同步实施的室外管线、设施等的更新改造费用，由各管线、设施产权单位自行筹措。

——减免税费。对“部分拆除改造、加层改造、扩容改造、搬迁改造”的项目（整体拆除重建改造项目除外），免收土地出让金和各项行政事业性收费，减收经营服务性收费。对节能改造开发公司、节能改造施工企业参与节能改造工程所发生的税费，能减的减，能免的免。

——银行贷款。对于既有建筑节能改造项目，无论是集体还是个人，银行可实施低息贷款（该办法需要国家出台政策）。

——动用房屋维修基金。根据谁的建筑谁承担原则，拿出一定比例房屋维修基金作为综合改造费用的组成部分。

——能源服务公司。引进国外先进经验，通过能源服务公司方式，从既有建筑改造前后所节约的综合费用抽取一定比例既有建筑改造费用。

乌鲁木齐市 2010～2011 年电采暖运行总结研究报告

新疆电力科学研究院

二〇一一 年十一月

一、概述

近年来，在国家住房和城乡建设部、自治区住房和城乡建设厅和市委市政府的正确领导下，在各相关职能部门的大力支持下，乌鲁木齐市的建筑节能和供热体制改革工作取得了较快的发展，全社会建筑节能的意识普遍加强，建筑节能管理制度初步建立，相关产业得到较快发展。建筑采暖问题是乌鲁木齐市在节能以及环境治理中的一个突出问题。随着城市不断发展、市民住宅条件在不断改善，城市供热需求逐年增加。由于我市以煤为主的能源结构近期内不可能根本改变，因此，以煤作为供热采暖的热源将持续很长时间。从煤的利用率来看，利用热电联产应是优先发展的供热热源。随着我国经济的发展，国家对城市环保工作越来越重视，为了改善城市环境，缓解燃煤造成的污染，国家开始鼓励一些城市采用清洁能源采暖技术，采用电采暖技术是控制大气污染、改善城市环境、提高生活品质的一种有效途径。

乌鲁木齐已经率先推行了65%民用建筑节能设计标准，具备大面积推广电热采暖的有利条件，且已进行了供热收费制度的改革，积极开展供热分户计量试点工作，研究制定了供热采暖费货币化补贴办法。

电采暖是2000年以后的新供暖方式，从电热膜、地热电缆的间接供暖到各种直接电热的电暖器产品，几年来与供暖事业是相得益彰的补充作用。电采暖作为城市集中供暖的重要补充，适合当前我国对环保、节能的要求。电采暖减少了传统供暖所不可避免的煤灰、烟尘、废气等污染问题；系统可以实现分户计量、分室控制；运行中无扬尘、噪音、异味，用户也能够按需求精确地控制各室室温，能够给人一个清新、温暖、健康的生活环境。

目前乌鲁木齐市正在积极开展发热电缆、电热膜、地源热泵等其他清洁能源的应用。其中发热电缆、电热膜以及热泵等电采暖方式的投资费用如下：

发热电缆室内部分的投入100～120元/m^2，电热膜室内部分的投入135元/m^2，外网配套费用35～148元/m^2；污水源热泵系统投入约120元/m^2，地下水源热泵系统投入约200元/m^2，土壤源热泵系统投入约300元/m^2，包含室外管网、热泵机组及室内风机盘管系统。

二、电热采暖与传统供暖方式的比较

电采暖和水采暖的区别：低温热水地暖和电热地暖的采暖效果基本相同。但是具体使用起来，从空间占用到后期的使用费用来看，电暖较水暖在舒适、节能方面占有绝对优势，将被越来越多的用户认识和接受。

(1) 电采暖不占空间层高和使用面积，不需要锅炉。

(2) 电采暖免后期维护，不需要清水垢，不用担心接头渗水，水管爆裂。

（3）电采暖在冬天门窗密闭的情况下无废气排放。

（4）电采暖可以铺设在实木地板下，不用担心地板开裂等问题。

（5）电采暖和水暖不同，因为不是传导热，在加热过程中不会吸收空气中的水分，因此不干燥。

（6）电采暖发热均匀，升温速度快。

（7）电采暖真正做到分室控制节能省电，水暖只要开启一个房间地热，整个锅炉还是在运行，造成后期使用费用大。

三、电采暖方案选择

电采暖由于选择的都是电热产品，因此在能量转化上大都可以达到99%以上，因此能量转化效率不是选择电热产品的主要影响因素。目前，市场上常用的电采暖产品有低温辐射电热膜和发热电缆两种，另外还有一些比较新型的电热产品，比如碳晶、蓄热式电暖器等。

电热膜的优点是比较薄、面积大，可以上墙、上顶棚，造价低。二次装修铺设在地板下，适合平铺，打龙骨比较麻烦。由于发热面积比较大，因此电热膜的热均匀性较好。缺点是如果电热膜用于地板下，电热膜的承压能力受到质疑。

发热电缆最大优点就是安全可靠性高。由于发热电缆都是经过电缆检测中心的检测的，因此安全可靠性较高。其次，电缆是埋在水泥层中的，水泥是热的良好的导体，电缆产生的热量会迅速的传递到地面，并辐射到室内空间。缺点：由于是线发热，热均匀性不如电热膜好。

碳晶发热板优点：可靠性高，它的防腐、绝缘、抗压、耐磨、阻燃、抗氧化等多重理化指标稳定，是一种集多种优异材料性能于一身的发热材料。因此，在日常使用中用户无须对系统进行任何维护和保养。除电极外，其他平面部位戳穿、折断均可正常工作，并且不会产生漏电危险。缺点：碳晶采暖技术是新生技术，目前应用的实例还不是很多，碳晶产品也缺少权威部分的质量认证。

目前建筑内采用的电采暖主要分为三类：直接电热、间接供热和蓄热式电暖器。

（1）直接电热

壁挂式及安装在室内电暖器属于直接电热产品，其热量利用外表材料辐射扩散或以对流传热原理发出热量，直接加热室内空气，直接电热电暖器热量利用率达百分之百，室内升温迅速，能够方便快捷的通过开停电控制室温，直热电暖器配合温控装置形成电采暖供暖系统，该系统可以满足人的即时需要，达到按需供热的理想化供暖。直接电热系统供暖效率高，控制性能好，行为节省空间大，线路隐蔽安装，消除了室内管道困扰，产品本身精致，无须装修包装，安装检修均简单、方便。

直接电热类电暖器按发热元件区别一般有板式（电热板）和管式（电热管），电热板类产品系将电热丝浇铸在绝缘、导热性能俱佳的硅酸盐材料中，外衬散热性佳的铝合金材料，因其形如板，故有称“电热板”，电热板设计使用低温发热元件，工作温度≤300 ℃，故此类产品寿命长（≥3 万 h），故障率低，散热性好，因其体薄，在房屋任何位置均可安装。

电热管类电暖器也称对流式电暖器，其产品系将电热丝利用石英砂等材料固定在 U 型管中，（类似加热开水的“热的快”），以这种电热管做发热元件。电热管在钢制器体内加热空气，器体内的热空气上升排出，器体外的冷空气不断补充以形成对流循环。利用器体内不断排出的热空气使室内升温，电热管类电暖器散热过程过长热量利用率有所降低，电热管发热元件高温工作（≥600℃），因此限制了产品的使用寿命，该类产品的国家标准设计寿命≥3000h（使用 3 年）。大面积的工程选用有争议，但此电暖器构思新颖，外形美观仍赢得了一部分市场。

（2）间接供热

电热膜，地热电缆供暖可视为间接供热方式，电热膜和地热电缆分别在房间的天棚内和地板下隐藏安装，其热量依靠天棚石膏板和地板材料受热后缓慢散发以加热室内空气予以供暖，此类供暖方式尽管考虑并采用对楼板或地板的保温层处理，但效果难达满意，仍有部分热量转移或消耗，热量利用率有折减，电热膜与地热电缆供热的控制性能较直接供热弱，它很难保证对人的即时供暖，行为节能空间相对小，因此较直接电热产品供暖多耗能耗电，另外，间接供热方式需占用楼房一定的高度空间完成安装，要增加建筑成本，且安装检修十分复杂，使用中造成顶棚裂缝与地板松动均不如人意。电热膜、地热电缆产品供热尽管有感觉舒适的优点，但从能源效率上对比分析，低于直接电热供暖，但增加电网峰谷平电价调峰后，各项指标较优。

（3）蓄热式电暖器

蓄热式电暖器设计初衷是利用峰谷电差价错峰用电达到降低电费目的的电热设备，谷底时间段利用较大功率电热管发出热量充热很大体积的蓄热砖，希望蓄热砖储存的热量支持全天的供暖，实际上，蓄热砖储存的热量因不能有效调节和分配，谷底 8h 的充热最多放热 10h 上下，根本不能支持全天的有效供暖，电暖器内部最高温度可达 900℃影响电热管使用寿命，该设备功率大，体积大，能耗大热量控制性能较差，行为节能空间较小，供暖费用适中，在执行峰谷平电价后采暖示范效果显著。

四、乌鲁木齐对电采暖推广的政策导向

2009 年 1 月 23 日下午，在乌鲁木齐市政府召开了电采暖专题会议。会议总结如下：

(1) 统一思想，大力推进电采暖技术的推广应用。迅速改善乌鲁木齐市环境，拉动乌鲁木齐市需求，促进乌鲁木齐市经济又快又好发展。

(2) 加强调研和学习，充分了解并掌握各种电采暖技术的特点，确保在不同建筑中合理使用效率最高，成本最低的电采暖系统。

(3) 加快乌鲁木齐市的能源规划步伐，把制定电采暖发展规划、供热发展规划以及能源规划有机地结合起来。要以用电优先，天然气合理搭配为政策导向，大力调整乌鲁木齐市的能源结构。

(4) 加大对相关政策及技术课题的研究力度。为 2009 年乌鲁木齐市建设 50 万 m^2 的电采暖建筑奠定良好的基础。

乌鲁木齐市副市长李宏斌在乌鲁木齐电业局 2009 年度工作会议上强调乌鲁木齐在首府现有冬季供热面积中，其中 30%的供暖面积实行电采暖。

自 2009 年 4 月 15 日起，乌鲁木齐市对新建建筑执行 65%节能标准。乌鲁木齐市电网对电采暖用户实行峰谷电价：高峰电价 0.575 元/kWh，平段电价 0.395 元/kWh，低谷电价 0.313 元/kWh。

五、新疆电网 2010 年底系统规模及未来十年电网规划

截至 2010 年底，新疆全网总装机容量 1407.7 万 kW，其中火电 969.9 万 kW，占总装机容量的 68.9%；水电 266.8 万 kW，占总装机容量的 18.95%；风电 101.4 万 kW，占总装机容量的 7.2%；燃气发电 67.16 万 kW，占总装机容量的 4.77%；生物质能源 2.4 万 kW，占总装机容量的 0.17%。由新疆电网电源规划可知，2012 年底，新疆电网总装机容量为 2172MW，至“十二五”末新疆电网装机容量将达到 5045MW，新疆电网 2012 年至 2015 年电力盈余容量分别为 1820MW、3000MW、2030MW、3240MW。

“十二五”期间，乌鲁木齐地区新建 750kV 变电站两座，扩建 1 座，新增主变 4 台，新增变电容量 10000MVA；新建 220kV 变电站 12 座，扩建 5 座，新增主变 29 台，新增变电容量 5460MVA；新建 110kV 变电站 20 座，改扩建 6 座，新增主变 37 台，新增变电容量 2282MVA；新建 35kV 变电站 3 座，改造 2 座，新增变电容量 39MVA；新建 10kV 线路 870km，配电室 369 座，箱变 259 座。

“十二五”末，新疆电网规划装机容量为 50450MW，盈余容量为 3240MW，如将盈余容量用于电热采暖，可供应近 4050 万平方米采暖面积。

2010 年冬季典型日负荷曲线见图 11-4-27。

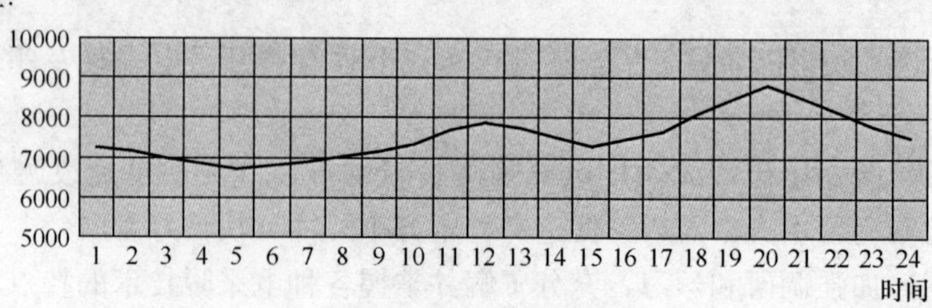

图 11-4-27　冬季典型日负荷曲线

新疆电网 2011～2020 年电源装机规模　单位：10MW　**表 11-4-22**

序号	项目	2009 年	2010 年	2011 年	2012 年	2013 年	2014 年	2015 年	2020 年
一	最高发电负荷	954	1070	1188	1318	1463	2344	3443	6935
1	网内最高负荷	954	1070	1188	1318	1463	1624	1803	2775
2	高峰时段送西北主网							200	200
3	哈密特高压送郑州						720	720	720
4	哈密特高压送沂蒙								720
5	淮东特高压送豫北							720	720
二	工作出力								
1	水电	230	290	405.6	420.9	471.8	476.2	503.6	755.4
2	火电	724	780	782	897	992	1868	2939	6180
三	备用容量	238	268	297	330	366	478	615	971
1	水电	29	31	31	31	26	26	27	45
2	火电	209	236	266	299	340	452	588	926
四	需要装机容量								
1	水电	259	321	437	452	498	502	530	800
2	火电	933	1016	1048	1196	1331	2320	3527	7106
五	年末装机容量	1291	1655	1918	2172	2577	3578	5045	9289
1	水电	259	321	437	452	498	502	530	800
2	火电	929	1170.1	1276	1460	1714	2606	3934.3	7518.3
3	风电	103	164	205	260	365	470	580	970
六	系统参加平衡容量	1136	1439	1660	1830	2129	3026	4382	8236
1	水电	259	321	437	452	498	502	530	800
2	火电	877	1118	1224	1378	1631	2523	3852	7436
七	水电空闲容量								
八	火电盈余容量	−56	101	176	182	300	203	324	330

六、乌鲁木齐2010年各电采暖项目运行情况及存在问题

电热采暖项目从2008年开始在乌鲁木齐使用，2009年开始进行跟踪测试，2010年项目全面展开，各工地陆续投入运行，运行情况各不相同。有些是上一个采暖季就开始运行的，有些则是第一个采暖季。各工地运行情况如下。

1. 新疆天山职业技术学院

新疆天山职业技术学院电热采暖示范工程共包括7栋楼：1、2、3号宿舍楼、留学生楼、外语系楼、学生食堂和浴室。总建筑面积35826.7m^2，2009年投入运行。第一个采暖季运行费用为23.39元/m^2，第二个采暖季费用为17.4元/m^2，采暖费用下降5.99元/m^2，相比第一季下降25.6%。

该项目在第一个采暖季时曾出现外网频繁跳闸的事情，经分析是由于外网容量配置过低，且线路配置不合理造成的。第二个采暖季跳闸事故出现很少，原因是吸取了第一个采暖季的教训，在启动及运行中及时准确的注意外网容量变化情况，避免外网超负荷运行。但是同时也使内网的调节余量大幅度减少，不能充分的利用低谷电。

该项目在设计初期，设计方案未经过电采暖专委会评审，铺装功率偏小，谷电利用率不高。

建议在以后工程中，合理设置外网容量，电热采暖外网容量设计不应小于最大采暖功率的80%，并应使工作时间不同的建筑物搭配使用外网。

2. 三十二小学电热采暖项目

该校总建筑面积2945.23m^2，此次试点项目的教学楼建筑面积2611m^2，平房面积334.23m^2，因其未作保温处理不作为试点。

教学楼建筑层数为四层，层高分别为：一层3.6m，二层至四层为3.3m。该建筑在2009年9月前已经完成加固和建筑节能改造，并与2009年10月15日开始投入使用。

采暖运行费用为19.58元/m^2。

3. 德安环保有限公司电热采暖项目

该综合楼建筑面积约2780m^2，该项目采用和融热力电热板进行采暖。电热采暖工程于2010年10月10日完成施工，2010年10月15日正式通电试运行。

该项目测试从2010年10月15日至2011年4月15日，整个采暖季单位面积采暖16.98元/m^2，由于该项目为正式投入运行，室内温度控制较低，使得该项目一个采暖季费用远远低于其他项目第一个采暖季的运行费用。

4. 四十四小学电热采暖项目

四十四小学教学楼位于天山区黑甲山居民住宅区，该楼共计5层，实心砖

墙，外墙苯板保温。总建筑面积为 3059.04m²，其中地下室 609.11m²，层高 2.25m；一层到三层每层 609.11m²，层高 3.1 米；四层 622.68m²，层高 3.6m。

该楼采用蓄热式电热采暖器供暖。电热采暖工程于 2010 年 10 月 10 日完成施工，2010 年 10 月 15 日正式通电试运行。

整个采暖期单位面积的采暖电费为 14.55 元/m²。

该项目由于采用了蓄热式电热采暖器，该设备具有良好的蓄热性能，可以实现晚上加热白天使用的效果，谷电使用率达到了 90.09%，其加权平均电价为 0.323 元，低于其他工程。节省了运行费用。

5. 五十三中学电热采暖项目

该项目总建筑面积 5862.3m²，热指标 32W/m²，计算热负荷 187.6kW，室内最大采暖功率 459.9kW，单位面积铺设功率 78.45W，冬季室外计算干球温度 −19.5℃，冬季室外平均风速 17m/s，最大冻土深度 1330mm，冬季大气压力 93.33kPa。

该项目测试从 2010 年 10 月 15 日至 2011 年 4 月 15 日，累积运行 183d，单位面积采暖费用为 13.43 元/m²。

由于该楼并未投运，第一个采暖季运行时，大概有十几天（内部施工），温度开到 30℃左右运行，其余大部分时间都是在 10℃左右运行，系统处于低温运行状态。

6. 八十三中学电热采暖项目

八十三中学电热采暖项目，总建筑面积 8700m²，单位面积铺装功率为 68W/m²，总功率为 591.6kW。该项目使用的是美国 raychem 电缆，线功率 18W/m，双导双发热。

该项目测试时间从 2010 年 1 月 20 日开始运行，截止到 2011 年 4 月 15 日，积运行 86d。平均单位面积采暖费用＝119579.62/8700＝13.74 元/m²。

该项目由于施工时，由于温控器的原因，导致无法远程控制采暖，无法充分利用低谷电，调节手段不够灵活，因此采暖费用偏高一些。

7. 新疆教育学院电热采暖项目

新疆教育学院电采暖项目是一栋十八层学生宿舍楼，总采暖面积 16792m²，热指标 50W/m²，实际铺设总功率 973.59kW，单位面积铺设功率 57.98W/m²。

该项目使用的是利仁达公司的耐克森电缆，线功率 18.5W/m。

该项目测试时间从 2010 年 10 月 15 日至 2011 年 4 月 15 日（采暖 183d）。

单位面积采暖费用＝545032/16792＝32.46 元/m²

电费高的原因主要有：第一个采暖季，楼梯比较潮湿，故此费用偏高；其次，该建筑多出有漏风现象，由于管道插座处漏风较为严重，造成很大的冷风渗透负荷；再次，可能原因是房屋没有达到设计节能标准，建议请有建筑节能监测资质的单位对建筑能效进行测评。

该项目在设计初期，设计方案未经过电采暖专委会评审，铺装功率偏小。

另外，温控器大面积温控不准，该问题已经联系施工方，要求全部更换。

8. 汇三江电热采暖工程项目

汇三江电热采暖项目总建筑面积 84560m^2，共有 54 栋楼房，其中 53 栋为居住建筑，1 栋为办公建筑。每栋楼共 3 层，分 4 个单元，每栋楼有 12 户。

铺设功率 90W/m^2，总铺设功率为 7610.4kW。

该项目测试时间从 2010 年 10 月 15 日起开始供暖，截止到 2011 年 4 月 15 日，采暖 183d，采暖费用为 23.70 元。

由于该居住建筑入住率较低（不到 40%），户间传热比较严重，导致个别用户采暖费用较高。

采暖费用高的另一个原因是南山地区室外平均温度要低市区 2～3℃，按其他工地室外温度对耗电量影响结果分析，室外环境温度改变 2～3℃可以使采暖费用变化 10%左右。

鉴于建成第一年入住率较低，预计第二个采暖季入住率升高，采暖费用还会进一步升高。第一采暖季入住，墙体材料潮湿，从这个角度看，下一个采暖季费用会有一些下降。

9. 各工地数据对比分析

各工地最终数据汇总见附件

从该表可以看出，整个采暖季采暖费用最低的单位是乌鲁木齐四十四小学。

其中四十四小学用的是蓄热式电热采暖器，由于大量运行谷电，峰电平电运行的极少，最终平均电价很低，节省了运行费用。

对于需要 24h 连续采暖的建筑，必须要有蓄热层，而且蓄热能力应尽量大，这样才能更充分的利益夜间的低谷电，既实现了控制运行成本，也对电网安全有利，起到很好的削峰填谷的作用。而对于间歇供暖，尤其间歇期比较长的建筑，比如晚上无需供暖的建筑等，可以不采用蓄热层，因为这样升温很快，可以在用热前一个小时或者半个小时开始供暖即可。因此，在电热采暖设计阶段，应充分考虑建筑的用热状况和用热频率，选择合适的电采暖运行方式。

选择电采暖运行方式时，应根据建筑物的采暖作息时间，明确选择，一般情况下，在建筑物节能等级高，连续采暖特点显著的建筑物，应选用蓄热式电采暖方式；相反，在建筑节能等级不太高（比如旧房改造项目），间断采暖特点明显（比如只在白天需要采暖）的建筑物，宜采用非蓄热间断供暖方式。

七、示范项目规模情况

各示范项目情况见表 11-4-23。

各示范项目情况 表 11-4-23

序号	项目名称	示范面积(m^2)	建筑类别	产品种类	铺设总功率(kW)	单位面积铺设功率(W/m^2)	平均采暖费用(元/m^2)
1	天山职业技术学院	35826.7	学校	斯伟达发热电缆	2508	70	17.4
2	乌鲁木齐三十二小学	2611	学校	碳纤维电暖器	160	—	19.58
3	德安环保有限公司	2780	办公楼	电热板	138.67	49.9	16.98
4	乌鲁木齐四十四小学	3059.04	学校	蓄热式电暖器	331.2	—	14.55
5	乌鲁木齐五十三中学	5862.3	学校	伊斯特发热电缆	459.9	78.45	13.43
6	乌鲁木齐八十三中学	8700	学校	Raychem 发热电缆	591.6	68	13.74
7	新疆教育学院	16792	学校	耐克森发热电缆	973.59	57.98	32.46
8	汇三江小区(入住率小于 40%)	84560	住宅	发热电缆	7610.4	90	23.7

八、电热采暖用电安全

(1) 不要私拉乱接电线，不要随便移动带电设备。

(2) 禁止用湿手接触带电的开关；禁止用湿手拔、插电源插头。

(3) 电源线破损时，要立即更换或用绝缘布包扎好。

(4) 电线发生火灾时，应先断开电源再灭火，切不可用水或泡沫灭火器浇喷。

(5) 发热电器周围必须远离易燃物料，以免引起火灾。

(6) 对室内配线和电气设备要定期进行绝缘检查，发现破损要及时用电工胶布包缠。

(7) 紧急情况需要切断电源导线时，必须用绝缘电工钳或带绝缘手柄的刀具。

九、建议

(1) 通过各电采暖项目的比较，电采暖比较适合公共性建筑，如学校、写字楼、图书馆、商场等。在这些建筑内电热采暖系统可以通过运行方式的调整，实现行为节能。可以很好地实现有人开启，无人关闭的运行方式，再加上这些建筑夜间基本无人，因而可以大大节省晚间的耗电量，通过节电来控制运行成本。

(2) 建议对采用电采暖的用户加强电采暖知识宣传，让用户掌握基本调控知识和技能，充分利用低谷电，降低采暖费用。

电热采暖的大力推广和普遍使用，直接地推动了国家 65%建筑节能标准的严格检验及执行，并由此推动了中国低碳建筑的发展。

十、结论

通过2010～2011年的电采暖示范项目跟踪测试、分析，电热采暖比较适用于公共性建筑，如学校、写字楼、图书馆、商场等。而对于小区住宅使用电热采暖，必须保证入住率在90%以上，且建筑达到65%建筑节能标准及有效地阻止户间传热。

（1）合理设置电采暖外网容量，电热采暖外网容量设计不应小于最大采暖功率的80%，并应使工作时间不同的建筑物搭配使用外网。不同地方，单位面积外网建设费用存在较大差别35～150（元/m^2）；

（2）由于新建筑的含水量、电采暖的调试控制措施、用户的管理经验等因素的影响，电采暖第二个采暖季费用，较第一个采暖季采暖费用下降20%～30%。加强电采暖的调试管理可以降低运行费用；

（3）采用蓄热式电热采暖器，具有良好的蓄热性能，可以实现晚上加热，白天使用的效果，谷电使用率可以达到90.09%，运行费用低。可在今后电采暖项目中大规模推广应用；

（4）电热板启动加热速度快，控制灵活。对于间歇使用的环境（如教室）节能效益显著，运行费用明显低于常规采暖。可在今后的别墅、教室等电采暖项目中大规模推广应用；

（5）加大对电采暖的管控力度，设计发热功率铺装不足、控制系统安装混乱、建筑节能指标失控等问题，都会对电采暖项目的安全、经济运行带来风险；

（6）由于目前国内还没有大规模使用电采暖的城市。乌鲁木齐的建设单位逐步接受电采暖的取暖方式，设计单位开始积累了电采暖的设计经验，安装单位也在电采暖示范工程中得到了锻炼，面对发展中的市场，电采暖生产企业开始在乌鲁木齐安家落户。今后五年新疆借助优势的煤炭、风力、太阳能资源，将形成大规模发电能力，并对外输送。电力资源安全性有保障。电采暖在乌鲁木齐市快速成长，建议政府继续保持对电采暖3～5年的扶持，使得乌鲁木齐市成为电采暖的标志性城市，为城市使用清洁能源可持续发展提供经典范例。

（7）由于电采暖不用水、设备寿命长，节能、节钱、采暖过程零污染，从理论上看具有相当大的发展空间。可以说采用电采暖是一举数得，我们完全有理由相信，电采暖的发展前景是美好的，在节能房屋中采用电采暖供暖是可行的。

十一、附件

乌鲁木齐市 2010～2011 年电采暖运行总结研究报告附件

新疆电力科学研究院

二〇一一年十一月

一、八十三中

1. 概述

八十三中学电热采暖项目，总建筑面积 8700 平方米，单位面积铺装功率为 $68W/m^2$，总功率为 591.6kW。该项目使用的是美国 raychem 电缆，线功率 18W/m，双导双发热。

2. 测试过程及内容

该项目从 1 月 20 日开始运行，截止到 4 月 15 日，累积运行 86 天，实验期间内每天固定时间抄表，得到电费运行情况，记录运行期间内每天的最高气温与最低气温，每天不定时测量室内温度。

3. 结果及分析

（1）采暖费用计算

该项目从 1 月 20 日开始运行，截止到 4 月 15 日，电表读数为

峰：63.47kW，平：159.31kW，谷：159.91kW，总：382.69kW

电费 =（63.47 × 0.575 + 159.31 × 0.395 + 159.91 × 0.313）× 800 = 119579.62 元

平均电价 =（63.47×0.575+159.31×0.395+159.91×0.313)/(63.47+159.31+159.91)=0.391 元/kWh

单位面积采暖费用=119579.62/8700=13.74 元。

因为其运行时间几乎是最冷的 2 个月，如果简单地按采暖天数折算到 180d，费用会远远高于实际采暖费用，而且该项目又是在最冷时间段启动的，加上是一个采暖季，增加了耗电量。

（2）运行升温曲线

由于是最冷时启动，故此，跟踪测试了其升温曲线，见图 11-4-28 和图 11-4-29。

该项目是在最冷时节完工的，情况很少见，因此，急需掌握电采暖项目在最冷时节启动时的升温状况，因此，启动时对其进行了升温测试。

上述升温过程是在极低情况下启动的，是在电缆全开，不间断工作情况下测试的。48h 内，室内温度从－19.5～18.5℃。

该工程采暖面积 $8700m^2$，采暖总功率 591.6kW

该工程外网为 10kV 变配电工程，采暖总费用为 1064539.99 元

单位面积外网费用为 1064539.99/8700=122.36 元/m^2

单位功率外网费用为 1064539.99/591.6=1799.43 元/kW

4. 结论

该项目整个采暖季运行费用为 13.74 元/m^2。

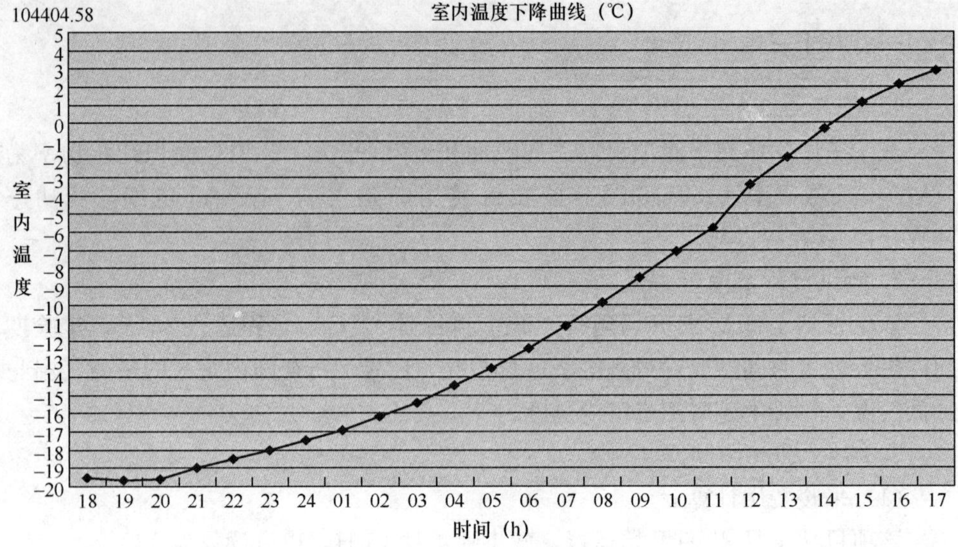

图 11-4-28　0～24h 升温曲线

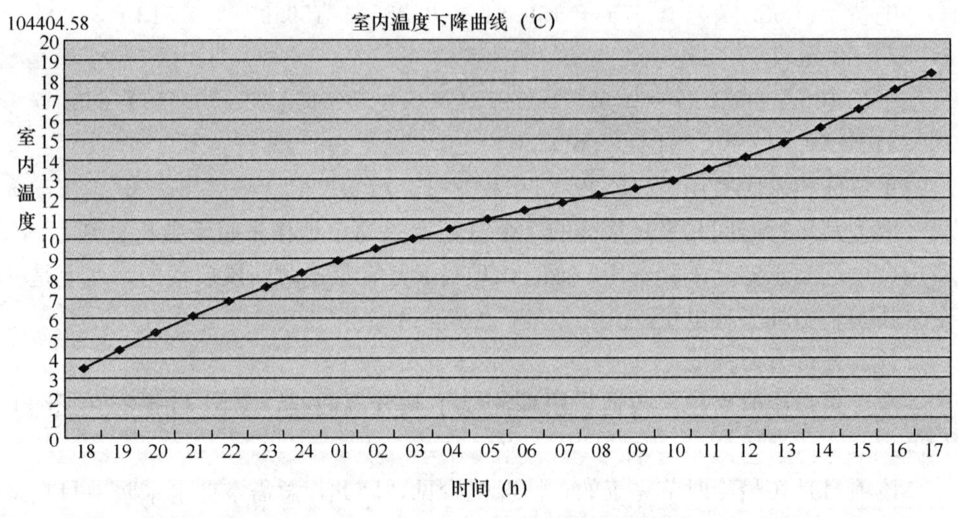

图 11-4-29　24～48h 升温曲线

二、德安环保

1. 概述

该综合楼建筑面积约 2780m²，该项目采用和融热力电热板进行采暖。电热采暖工程于 2010 年 10 月 10 日完成施工，2010 年 10 月 15 日正式通电试运行。该项目使用的是和融热力公司的优光碳晶电热复合板。

2. 测试过程及内容

该项目从 10 月 15 日开始运行，截止到 4 月 15 日，累积运行 183d，实验期间内每天固定时间抄表，得到电费运行情况，记录运行期间内每天的最高气温与最低气温，每天不定时测量室内温度。

电热采暖的运行是通过计算机的控制程序，预先设定室内的采暖温度，通过计算机程序控制温控器向碳晶电热板实施电加热运行命令，对室内进行加热升温。温控器具有测量室内温度以及向计算机反馈温度变化信息的功能，并有根据计算机指令控制碳晶加热板加热室内温度的功能。当温控器测定室内实际温度低于设置温度 2℃（温差可预先设定）时，计算机自动启动加热程序，使室内温度升至设置温度后停止加热。室内的设置温度完全可以根据天气变化通过计算机人为设定。

为寻求一种较为省电的、经济适用的加热运行模式，就德安综合楼电热采暖项目，根据人体舒适温度（18℃）、电热采暖的特点，结合员工工作时间、电力供应时段价格进行了运行的测试，测试在设定的五种运行模式基础上，就用电量、室内设置温度、室内实际温度等几项指标数值进行了采集。

测试首先将德安综合楼电热采暖设置为节假日和工作日两种电热采暖工作状态。

（1）节假日采暖是将德安综合办公楼全天候室内设置温度以电热保温为主，不进行较高温度的电加热，以达到节约电能的目的。即整栋楼无人工作时设置室内温度为＋10℃（天气较冷时可是适当增加设置温度）。由于采暖期间的整体建筑物室内温度的持续作用，加之建筑物外墙保温功能的作用，经过观测室内温度降至 16℃持续保持，将不再下降。地下室温度持续保持在 13℃，不再下降。

（2）工作日则是以员工法定上班时日，结合乌市供电电费价格分峰价时段（11：00～13：00，19：00～21：00）、平价时段（8：00～11：00，13：00～15：00，17：00～19：00，21：00～0：00）、谷价时段（0：00～8：00，15：00～17：00），划分供暖时段进行电热采暖加温，维持整体办公环境温度处于人体舒适温度。

以工作日电采暖预设的五种运行模式下的室内设置温度，观测室内实际温度、时段总用电量的变化数据。分析结果显示：

（1）第一种运行模式：以工作日进行全天候的电热供暖，从早 9：30 分始至次日早 9：30 分止，预先设定 18℃的室内温度（人体舒适温度），室内实际温度低于 16℃时温控器显示开始加热供暖。六楼和地下室会议室因没有人工作均设置室内温度为 10℃。天气预报室外温度最低－11℃，最高温度＋3℃。温控器显示室内温度观测数据。

对温控器显示室内温度观测结果：室内温度整体保持在 16～18℃之间，不同电采暖部位的温控器显示由 18℃降至 16℃的时间，一般在 45～80min 不等，温控器测量温度低于 16℃时，电热采暖启动加热程序正常。24h 总耗电量

736kWh/d，平均 30.66kWh/h，不同时段因不同的电采暖器加热的时间不同耗电量会有所变化。六楼会议室经过观测室内温度降至 16℃将不再下降，室内温度持续维持在 16℃以上；地下室温度则持续维持在 13℃。

（2）第二种运行模式：工作日分时段供暖。8：00～11：00，13：00～15：00（平价供电时段），设定 20℃的室内温度。11：00～13：00，19：00～21：00（峰价供电时段），设置室内温度为 10℃。晚间 0：00～8：00，午间 15：00～17：00（谷价供电时段），设定室内温度 20℃。地下室和六楼会议室没有人工作均设置室内温度 10℃。天气预报室外温度最低－12℃，最高温度＋4℃。温控器显示室内温度观测数据。

对温控器显示室内温度观测结果：室内温度保持在 14～20℃之间，为规避峰价时段加热，工作时间温度高低不稳定，人体舒适度不强。由设置温度 20℃向设置温度 10℃降温过程，前一个小时温度落差约为 2～3℃，后续温度落差时间则较长，室温降至 16℃左右基本保持不降。此模式 24h 总耗电量大致在 754 度/d 上下，平均 31.4 度/h，持续保持室内温度期间耗电量最少时观测可达每小时 15 度，最大时可达 45 度。加温过程中电量增加较快。虽在峰价时节约了电费，但因几次不同时段室内温度大幅度提升，而又耗去相当多电能。用电在综合楼内部易形成高峰。

（3）第三种运行模式：在第二种模式的基础上，上班的工作时间整体设置室内温度为 20℃，不在工作期间设置温度的大幅起降。下班的时间室内温度整体设置为 10℃。即：工作时间 10：00～19：00，设定 20℃的室内温度。19：00～次日 8：00，设置室内温度为 10℃。地下室和六楼会议室没有人工作均设置室内温度 10℃。天气预报室外温度最低－12℃，最高温度＋5℃。温控器显示室内温度观测数据。

对温控器显示室内温度观测结果：室内温度上班时间保持在 18～20℃，下班时间保持在 15～17℃，持续保持室内温度期间耗电量最少时观测可达每小时 15kWh，最大时可达 45 度。24h 总耗电量 571 度/d。平均 23.79 度/h。此模式较第二种模式人体舒适度增强，没有大的室内温差，且用电形势平缓。

（4）第四种运行模式：在第三种模式的基础上，设置室内温度为 20℃的时间提前至早晨上班前 2h8：00～18：00（含平、谷价及 2 个小时的峰价供电时段），室内温度设置为 10℃的时间相应提前 1 个小时。即：3 月 28～29 日下午 18：00～次日 8：00（含谷、平价及 2 个小时的峰价供电时段），设置室内温度为 10℃。地下室和六楼会议室没有人工作均设置室内温度 10℃。天气预报室外温度最低－11℃，最高温度＋5℃。温控器显示室内温度观测数据。

对室内温控器显示室内温度观测结果：室内温度上班时间保持在 18～20℃，下班时间保持在 14～17℃，24h 总耗电量 587 度/天，平均 24.45 度/h。较第三种模式电量没有大的增加，没有大的室内温差，员工一上班进入办公室会立即感到温暖。综合楼内用电形势平缓。

（5）第五种运行模式：在第四种模式的基础上，上班期间的设置室内温度提升为22℃。设置时间不变即：8∶00～18∶00（包含平、谷价及2个小时的峰价供电时段）。下班的室内温度设置为10℃的时间也不变，即：当日下午18∶00～次日8∶00（包含谷、平价及2个小时的峰价供电时段），设置室内温度为10℃。地下室和六楼会议室没有人工作均设置室内温度10℃。天气预报室外温度最低－10℃，最高温度＋5℃。温控器显示室内温度观测数据。

对室内温控器显示室内温度观测结果：室内温度上班时间保持在20～22℃，下班时间保持在16～18℃，24h总耗电量614度/d。平均25.58度/h。增加设置温度2℃，感到温暖的程度增加，没有大的室内温差，人体舒适感较大增强。但较第四种模式耗电量基本一致，且综合楼内用电形势平缓。单位时间内降温幅度减少，提升温度时间也相应减少。由此也可得出：天气较冷时可适当增加设置温度。

综上测试结果，总结得出：电热采暖只有在散热体进行加热期间，电量才会大幅增加，保温阶段电耗是很低的。大幅提升室内温度，是电耗的主要原因，所以采暖期间因尽可能保持室内温度，既不使房间温度过低，也不能让无人工作时的温度过高产生电能浪费。应避免设置相邻时段较大温度差，以及多时段不同温度。因频繁转换温度，造成频繁大幅进行加热升温，势必造成用电量的大幅增加。就好比汽车在路上长距离行驶，快而匀速行驶则油耗低，时慢时快则油耗高的道理一样。无论峰价时段用电，还是平、谷价时段用电，只要不进行升温加热，用电量就不会增加。所以尽可能不在用电峰价时段进行升温加热，把升温加热的时段尽量设置在平或谷价时段，保温时段设置在峰价时段，这样做总的电费就会保持平稳，这也是消减电费的主要途径。

根据以上模式的测试，采用第四、五种电热采暖模式较好的遵循了低耗电量，第四种电热采暖模式在室外温度相对高时采用，第五种电热采暖模式在室外温度相对较低时采用。以上两种模式满足办公采暖要求，同时迎合了供电的峰、平、谷电价的时段，也减少了频繁改变设置温度的烦琐。是较为科学的电热采暖模式。

3. 测试结果及分析

采暖费用计算：

从2010年10月15日至2011年3月8日，采暖专用电表读数为1744×60＝104640kWh。2011年3月9日，采暖专用电表更换成具有通讯功能的专用电表，2011年3月9日至2011年4月15日电表读数为16069kWh，至今共计运行183d，共计电量：120709kWh。

整栋楼采用温度自动化控制，运行过程中房间温控器设定温度为10℃时，房间内的实时温度都在11℃左右。

按峰、平、谷电价计算采暖的平均电价为：(4×0.575+10×0.313+10×3.95)/24=0.391元/kWh。

计算当前采暖电费0.391×120709=47179.22元。

计算今年整个采暖期的电费：47179.22/2780=16.98元/m^2。

该建筑室内平均采暖温度为11.7℃（实测每日实际温度的平均值），折算到20℃，预计采暖费用为23.76元。

由于该楼今年无人办公，在这种情况下折算到20℃费用要比有人办公时高，另外，由于今年无人使用，并未对峰谷平时段做特殊设置，导致电采暖平均电价较高，也导致了费用较高，再有，今年是第一个采暖季，围护结构、地面均比较潮湿。同时每天下午下班后和周末都可将室内温度调节到目前运行的值班温度。

综合上述几个原因，预计，在第二个采暖季正常使用的情况下，运行费用在20元/m^2左右。

该工程采暖面积2780平方米，总功率138.67kW

该工程外网为10kV变配电工程，总费用为260207元，

折算到单位面积为303122.44/2780=109.04元/m^2，

折算到单位功率为303122.44/138.67=2185.93元/kW

4. 结论

该项目整个采暖季运行费用为16.98元/m^2。

三、汇三江小区

1. 概述

汇三江电热采暖项目总建筑面积84560m^2，共有54栋楼房，其中53栋为居住建筑，1栋为办公建筑。每栋楼共3层，分4个单元，每栋楼有12户。

铺设功率90W/m^2，总铺设功率为7610.4kW

2. 测试过程及内容

该项目自10月15日起开始供暖，截止到4月15日，累积运行183d，实验期间内每天固定时间抄表，得到电费运行情况，记录运行期间内每天的最高气温与最低气温，每天不定时测量室内温度。

3. 测试结果及分析

(1) 电采暖费用计算

采暖用电报读数为：

电表30007832：峰：304.70，平：776.93，谷832.60

电表30007756：峰：60.11，平：154.35，谷167.57

电表30007760：峰：184.19，平：466.71，谷496.03

电表变比为1∶1500

峰电总电量=(304.70+60.11+184.19)=549.00kWh

平电总电量=(776.93+154.35+466.71)=1397.99kWh

谷电总电量=(832.60+167.57+496.03)=1496.20kWh

加权平均电价=(549.00×0.575+1397.99×0.395+1469.20×0.313)/(549.00+1397.99+1496.20)=0.386元/kWh

总费用为

(549.00×0.575+1397.99×0.395+1496.20×0.313)×1500=2004287元

单位面积采暖费用=2004287/84560=23.70元/m^2

采暖费用高的主要原因是南山地区室外平均温度要低市区低2～3℃，按其他工地室外温度对耗电量影响结果分析，室外环境温度2～3℃可以使采暖费用变化10%左右。

鉴于建成第一年入住率较低，预计第二个采暖季入住率升高，采暖费用还会进一步升高。第一采暖季入住，墙体材料潮湿，从这个角度看，下一个采暖季费用会有一些下降。综合两个方面考虑，估算明年单位面积采暖费用在22元左右。

(2) 升温降温速度测试

1)：时间：2011-3-6，10时40分，地点：36号1单元302房间。

开始时，温度全部显示为16℃。

2)：时间：2011-3-7，10时00分，地点：36号1单元302房间。

天气情况：多云，最高气温－2℃，最低－9℃，风力三级。测试时房间全开。

3)：时间：2011-3-8，11时00分，地点：36号1单元302房间。测试时房间全关。天气情况：多云，最高气温－1℃，最低－9℃，风力三级。测试时房间全开。

4)：时间：2011-3-10，10时30分，地点：42号1单元101房间。

天气情况：多云，最高气温2℃，最低－6℃，风力三级。测试时房间全关。

分析上述升温降温曲线，大概可以得出：

全楼基础温度在8～10℃左右的，如果人员入住，需要升温到18℃，大概需要提前8～10h升温时间。也就是说，如果周六早上来人居住，晚上12∶00时就应该打开供暖系统。

全楼基础温度在8～10℃左右的，如果人员离开，房间从25℃左右降温，打开可以持续6～8h，使其温度保持在18℃以上。

(3) 系统外网配电系统费用

单位面积外网费用为 6726636/84560＝79.55 元/m^2

单位功率外网费用为 6726636/7610.4＝883.87 元/kW

4. 结论

该项目整个采暖季运行费用为 23.70 元/m^2。

四、教育学院

1. 概述

新疆教育学院电采暖项目是一栋十八层学生宿舍楼，总采暖面积 16792m^2，热指标 50W/m^2，实际铺设总功率 973.59kW，单位面积铺设功率 57.98W/m^2。

该项目使用的是利仁达公司的耐克森电缆，线功率 18.5W/m。

2. 测试过程及内容

该项目从 10 月 15 日开始运行，截止到 4 月 15 日，累积运行 183d，实验期间内每天固定时间抄表，得到电费运行情况，记录运行期间内每天的最高气温与最低气温，每天不定时测量室内温度。

对楼内安装的温控器进来了抽样检查，不合格的均已做出标记。

3. 测试结果及分析

截止到 4 月 15 日（采暖 183d），电表读数：

峰 217kW，平 560kW，谷 635kW，总 1412kW，

平均电价＝(217×0.575＋560×0.395＋635×0.313)/(217＋560＋635)＝0.386 元/kWh

电流比 50/5，电压比 10000/100，电表综合倍数 1000/1

电费＝1412×0.386×1000＝545032 元

单位面积采暖费用＝545032/16792＝32.46 元

电费高的原因主要有：第一个采暖季，楼梯比较潮湿，故此费用偏高；其次，该建筑多出有漏风现象，由于管道插座处漏风较为严重，造成很大的冷风渗透负荷；再次，可能原因是房屋没有达到设计节能标准，建议请有建筑节能监测资质的单位对建筑能效进行测评。

该项目设计初期，设计方案未经过电采暖专委会的评审，铺装功率偏小。

另外，温控器大面积温控不准，该问题已经联系施工方，准备全部更换。

新疆双语教师培训基地学生公寓楼（含学术报告厅）10kV 送电线路工程，总费用为 595046.88 元，

单位面积外网费用为 595046.88/16792＝35.44 元/m^2

单位功率外网费用为 595046.88/973.59＝611.19 元/kW

4. 结论

该项目整个采暖季运行费用为 32.46 元/m^2。

五、三十二小

1. 概述

乌鲁木齐市第三十二小学地处乌鲁木齐市新华南路华侨宾馆旁，拥有各族师生一千余人，该校总建筑面积 2945.23m²，此次试点项目的教学楼建筑面积 2611m²，平房面积 334.23m²，因其未作保温处理不作为试点。

教学楼建筑层数为四层，层高分别为：一层 3.6m，二层至四层为 3.3m。该建筑在 2009 年 9 月前已经完成加固和建筑节能改造。

该项目使用的是碳纤维电暖器。

2. 测试过程及内容

从 2010 年 10 月 15 日至 2011 年 4 月 15 日，累积运行 183d，实验期间内每天固定时间抄表，得到电费运行情况，记录运行期间内每天的最高气温与最低气温，每天不定时测量室内温度。

学校有普通教室、办公室、功能教室、配套设施用房等，每个自然间设置一个自动控制箱，箱内设带通讯温控器一个，漏电保护装置一组。每层设电源控制箱一个，箱内设空开一组；自动控制系统为每个自然间进入单元控制系统，两层设置一个单元，整楼分两个单元控制，最终汇集在总控制室，由总控室对每个房间进行控制。

根据学校要求，分别对教室、办公室、功能教室、配套用房、过道的温度进行设置。

工作时间，一至四层普通教室运行温度为 22～24℃、办公室及功能教室为 23～25℃、过道为 20～22℃。

非工作时间（夜晚），对无人值班的所有房间设定为防冻设置，防冻温度值设定为 12℃，即低于 12℃时，系统启动加温，保持 12℃恒温。对于学校安排值班的办公室及教室（包括每天夜晚、节假日及寒假），温度设定为 24～26℃。

根据学校的作息时间进行系统工作时间设置，学校正常工作日为 8：50 教师及学生陆续到校，早上 10：00 开课，下午 18：00～19：00 师生陆续离开。节假日及工作日至少有四名以上教师值班（寒假期间值班有 10～20 人），根据以上情况，作如下设置：6：00 对所有房间供热（根据室外温度调整开启时间），正常工作日不对房间进行人为手动操作，系统自动运行，至晚 18：30 陆续对无人房间进行关闭，启动防冻设置。对值班房间不进行操作。

根据配置配置电暖器数量级设定的启动时间，在－16～－26℃的室外温度情况下，早上 5：00 启动，到 8：30 室内温度均能达到设定值。此自动系统完全由一台电脑控制，软件智能程度高，操作简便，简单易懂。

3. 测试结果及分析

自2009年10月15日至2010年4月15日，供暖天数183d，乌鲁木齐实现电热采暖优惠电价，电热采暖优惠电价为：

谷电：0：00～8：00，15：00～17：00

共计10个小时，费用为0.313元/kWh；

平电：8：00～11：00，13：00～15：00，17：00～19：00，

21：00～0：00，共计10个小时，费用为0.395元/kWh；

峰电：11：00～13：00，19：00～21：00

共计4个小时，费用为0.575元/kWh。

该项目外网建设费用为31.5万元，内网总功率为160kW，采暖总面积2611m^2：则

单位面积外网费用为315000/2611=120.64元/m^2

单位功率外网费用为315000/160=1968.75元/kW

三十二小学电热采暖系统的运行模式和以往的蓄热式电热采暖系统不同，蓄热式电热采暖的特点是蓄热能力强，热惯性大，能最大程度的利益低谷电，通过增大低谷电使用率，降低平均电价来控制运行费用，而三十二小学电热采暖系统是通过运行方式的调整，实现行为节能。因为该系统中，几乎没有蓄热能力，热惯性较小，升温降温都比较快，因为可以很好地实现有人即开启，无人即关闭的运行方式，由于又是学校，晚上无人，通过节电来控制运行成本，可以节省晚间的耗电量。

两种电采暖运行模式不存在优劣之分，它们各自有各自的应用领域。对于需要24h连续采暖的建筑，必须要有蓄热层，而且蓄热能力应尽量大，这样才能更充分的利益夜间的低谷电，既实现了控制运行成本，也对电网安全有利，起到很好的削峰填谷的作用。而对于间歇供暖，尤其间歇期比较长的建筑，比如晚上无需供暖的建筑等，可以不采用蓄热层，因为这样升温很快，可以在用热前一个小时或者半个小时开始供暖即可。因此，在电热采暖设计阶段，应充分考虑建筑的用热状况和用热频率，选择合适的电采暖运行方式。

4. 结论

该项目整个采暖季运行费用为19.58元/m^2。

六、四十四小

1. 概述

四十四小学教学楼位于天山区黑甲山居民住宅区，该楼共计5层，实心砖墙，外墙苯板保温。总建筑面积为3059.04m^2，其中地下室609.11m^2，层高2.25m；一层到三层每层609.11m^2，层高3.1m；四层622.68m^2，层高3.6m。

该楼采用蓄热式电热采暖器供暖。电热采暖工程于2010年10月10日完成施工，2010年10月15日正式通电试运行。

该项目单位面积设计采暖功率108.27W，总功率为331.2kW。

该综合楼各房间室内温度设定为18℃（由温控器控制）。

该项目使用的是泰州朗天暖通设备有限公司的蓄热式电热采暖器。

2. 测试过程及内容

从2010年10月15日至2011年4月15日，累积运行183d，实验期间内每天固定时间抄表，得到电费运行情况，记录运行期间内每天的最高气温与最低气温，每天不定时测量室内温度。

3. 试验结果及分析

（1）采暖费用计算

自2010年10月15日至2011年4月15日，供暖天数183d，教学楼实际运行电表度数110212.8度，乌鲁木齐实现电热采暖优惠电价，电热采暖优惠电价为：谷电：0：00～8：00，15：00～17：00共计10个小时，费用为0.313元/kWh；平电：8：00～11：00，13：00～15：00，17：00～19：00，21：00～0：00，共计10个小时，费用为0.395元/kWh；峰电：11：00～13：00，19：00～21：00，共计4个小时，费用为0.575元/kWh；

以上是2010年10月15日到2011年4月15日，共计183d的运行情况良好，峰电使用1000kWh，平电10023.2kWh，谷电99289.6kWh。

峰电：1000×0.575＝575元

平电：10023.2×0.395＝3959.16元

谷电：99289.6×0.313＝31077.64元

合计运行费用：575＋3959.16＋31077.64＝35611.8元

平均电价：35611.8/110212.8＝0.323元/kWh

今年整个采暖期单位面积的采暖电费为

35611.8/3059.04＝11.64元/m^2

该建筑在使用过程中，有大约20%的房间没有进行正常采暖，只设置到防冻温度。考虑到这个因素，单位面积采暖费用修正为

11.64/(1－20%)＝14.55元/m^2

该项目运行费用明显较低，相比其他单位，优化运行效果良好。在满足室内采暖温度的情况下，极大地控制了采暖费用。该项目中，峰谷平电价运行良好，谷电使用率达到了90.09%，其加权平均电价为0.323元，低于其他工程。节省了运行费用。

节省费用估算：如不加控制，随机使用峰谷平电价，按峰、平、谷时段和电价计算采暖的平均电价为

(4×0.575+10×0.313+10×3.95)/24=0.391元/kWh

费用节省为(0.391-0.323)×110212.8=7494.47元

单位面积费用节省=7494.47/3059.04=2.45元，费用节省明显。

(2) 耗电量与室内外温差的变化关系

由于每天每周的室内温度变化与耗电量的关系变化曲线波动偏大，规律性不是特别的明显，因此，选月作为时间节点，推算耗电量和温度的变化关系。

根据运行数据我们分成4个月可以用下面的折线图表示温差与耗电量的关系：

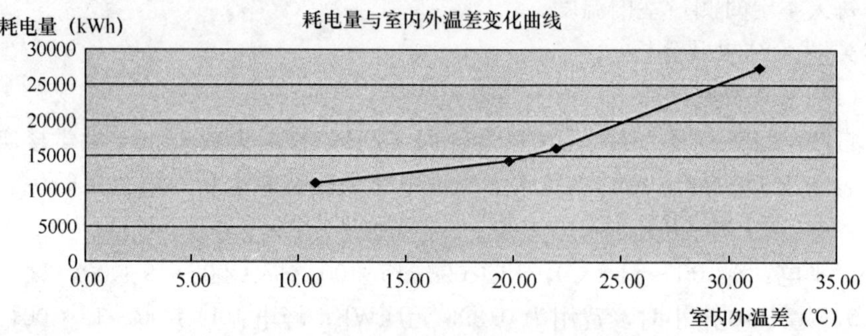

图 11-4-30　耗电量与室内外温差变化曲线

由此图可以看出随着室内外温差的增加电量也相应增加。

从数据上可以计算出，室内外温差在10～20℃变化时，温差每变化1℃，耗电量变化3%左右，室内外温差在20～30℃变化时，温差每变化1℃，耗电量变化5%左右。

该工程采暖面积3059.04m^2，采暖总功率331.2kW

该工程外网为10kV变配电工程，采暖总费用为191424.84元

折算到单位面积为191424.84/3059.04=54.55元/m^2

折算到单位功率为191424.84/331.2=577.97元/kW

4. 结论

该项目整个采暖季运行费用为14.55元/m^2。

室内外温差对采暖耗电量的影响：室内外温差在10～20℃变化时，温差每变化1℃，耗电量变化3%左右，室内外温差在20～30℃变化时，温差每变化1℃，耗电量变化5%左右。

七、天山学院

1. 概述

新疆天山职业技术学院电热采暖示范工程共包括7栋楼：1、2、3号宿舍楼、留学生楼、外语系楼、学生食堂和浴室。总建筑面积35826.7m^2，工程采

用的电热产品为新疆斯伟达电缆，采暖工程造价为 125 元/m^2，工程总价 4478337 元，施工周期 150d 左右。该工程设计节能标准为 50%建筑节能。外网配套设施总费用为 2693984 元，该工程总费用为 4478337＋2693984＝7172321 元。考虑到该学校的位置离市区较远，由于供热半径较大，集中供热初投资也较大，而且供热效率也较市区低。因此，该情况下，电采暖综合投资要优于集中供热。

1、2、3 号宿舍楼采暖面积 6048.58m^2，采暖热负荷为 226.96kW，单位面积热负荷 37.5W/m^2，计算铺设功率附加 40%的运行系数。卫生间、楼梯、走廊设计 16℃，其他房间设计 18℃。

外语系楼采暖面积 6929.49m^2，采暖热负荷为 282.73kW，单位面积热负荷 40.8W/m^2，计算铺设功率附加 40%的运行系数。卫生间、楼梯、走廊设计 16℃，其他房间设计 18℃。

学生食堂采暖面积 2994.52m^2，采暖热负荷为 109.83kW，计单位面积热负荷 36.7W/m^2，算铺设功率附加 40%的运行系数。卫生间、楼梯、走廊设计 16℃，主副食加工设计 12℃，更衣室设计 22℃，其他房间设计 18℃。

留学生楼采暖面积 5851.81m^2，采暖热负荷为 255.01kW，单位面积热负荷 44.6W/m^2·计算铺设功率附加 40%的运行系数。卫生间、楼梯、走廊设计 16℃，主副食加工设计 12℃，更衣室设计 22℃，其他房间设计 18℃。

该项目使用的是斯伟达发热电缆，线功率 18.5W/m，单导单热。

2. 测试过程及内容

该项目从 10 月 15 日开始运行，截止到 4 月 15 日，累积运行 183d，试验期间内每天固定时间抄表，得到电费运行情况，记录运行期间内每天的最高气温与最低气温，每天不定时测量室内温度。

3. 测试结果及分析

（1）采暖费用计算

天山学院电热采暖项目总建筑面积 35826.7m^2，铺设总功率 2508kW，单面面积铺设功率 70kW。

10 月耗电量：240 度，峰 60，平 100，谷 80，电费 179.26 元

11 月：110220 度，峰 20480，平 51860，谷 37880，电费 43655 元

12 月：249540 度，峰 44880，平 110460，谷 94200，电费 97889 元

1 月：535160 度，峰 90280，平 223280，谷 221600，电费 207279 元

2 月：301600 度，峰 47980，平 121620，谷 132000，电费 115723 元

3 月：287540 度，峰 46920，平 118620，谷 122000，电费 112019 元

4 月：122710 度，峰 13920，平 58590，谷 50200，电费 46860 元

采暖费用总计＝623424 元，

总耗电量＝1606770kWh

平均电价＝623424/1606770＝0.388 元/kWh

单位面积采暖费用＝623424.2/35826.7＝17.4 元，相比第一采暖季的 23 元，低了 5.6 元。

外网决算费用为 2693984 元，外网设计容量 1750kVA，内网总功率 2508kW。

单位面积外网费用为 2693984/35826.7＝75.20 元/m^2

单位功率外网费用为 2693984/2508＝1074.16 元/kW

相比其他项目，天山学院的外网费用比较低，但是，该工程中，外网总容量只有内网总功率的 70％左右，这个数值在正常采暖中有些偏低，也造成了其外网经常跳闸，这种现象一个采暖季较为常见。第二个采暖季注意了上述问题，跳闸现象较少，但是由于外网容量小，在优化控制运行，充分利用低谷电方便都存在瓶颈，无法充分发挥电采暖行为节能的优势。另外，该项目外网有 2 条线路，一套 1750kVA，一条 500kVA，其中，教学楼、食堂及浴室都在第一天线路上，而第二天线路上都是宿舍，这种搭配很不合理，因为作息时间都很集中，由于第二天线路在晚自习结束同学都回到宿舍时，电负荷很大，容易引体跳闸，因此建议在以后中，作息时间不同的建筑搭配使用一套线路，避开集中符合，可以大大减小对外网的压力。

（2）降温实验及曲线

留学生楼 3 层中间教室 24h 温降曲线见图 11-4-31。

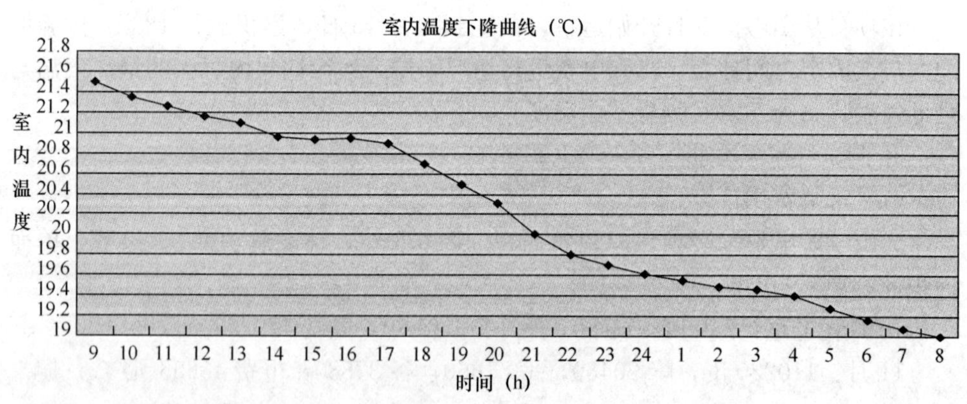

图 11-4-31　留学生楼 3 层中间教室 24h 温降曲线

留学生楼 1 层靠边教室 24h 温降曲线见图 11-4-32。

可以看出，对于大型保温建筑物，热惯性很大，靠近大楼中间部位的房间，24h 温降很低，只有 3℃左右，而靠近边层的教室由于直接与外部换热，温降较快，测试房间有 13℃左右。

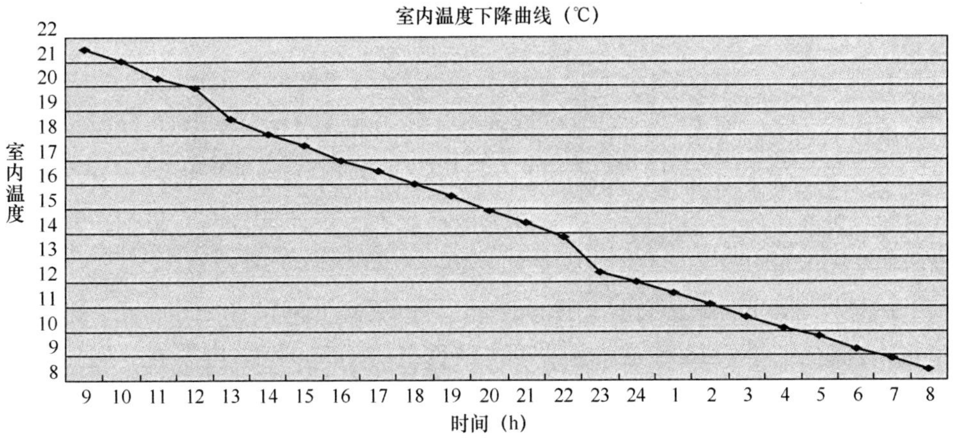

图 11-4-32　留学生楼 1 层靠边教室 24h 温降曲线

4. 结论

该项目整个采暖季运行费用为 17.4 元/m^2。

对于大型保温建筑物，热惯性很大，靠近大楼中间部位的房间，24h 温降很低，只有 3℃左右，而靠近边层的教室由于直接与外部换热，温降较快，测试房间有 13℃左右。

八、五十三中

1. 概述

该项目总建筑面积 5862.3m^2，热指标 32W/m^2，计算热负荷 187.6kW，室内最大采暖功率 459.9kW，单位面积铺设功率 78.45W，冬季室外计算干球温度 −19.5℃，冬季室外平均风速 17m/s，最大冻土深度 1330mm，冬季大气压力 93.33kPa。

该项目使用的是太阳圣火代理的贵州伊斯特电缆，线功率 18W/m，单导单热。

2. 测试过程及内容

从 2010 年 10 月 15 日至 2011 年 4 月 15 日，累积运行 183d，实验期间内每天固定时间抄表，得到电费运行情况，记录运行期间内每天的最高气温与最低气温，每天不定时测量室内温度。

3. 试验结果及分析

采暖费用计算

自 2010 年 10 月 15 日至 2011 年 4 月 15 日，供暖天数 183d，电表读数：

峰电 36.03kW，平电：111.1kW，谷电 212.3kW，总读数：359.43kW

加权平均电价为

(36.03×0.575+111.1×0.395+212.3×0.313)/(36.03+111.1+212.3)=0.365元/kWh

电费=359.43×600×0.365=78715.17元

单位面积采暖费用=78715.17/5862.3=13.43元/m^2

第一个采暖季运行时，大概有十几天，温度开到30℃左右运行，其余大部分时间都是在10℃左右运行，处于低温运行状态。预计第二个采暖季正常使用费用在20元/m^2以下。

外网费用如下：电缆分接箱135000元，电采暖外网设计20000元，电采暖500kVA箱变工程537868元，电采暖外网负空费12500元，电采暖外网低压电缆铺设14705.6元，电采暖外网工程监理17145.2元，电采暖外网工程审核2613.6元，合计872182.4元。

单位面积外网费用为872182.4/5862.3=148.78元/m^2

单位功率外网费用为872182.4/459.9=1896.46元/kW

4. 结论

该项目整个采暖季运行费用为13.43元/m^2。

九、附表

乌鲁木齐市德安环保有限公司第一种运行模式　　**附表1**

时间 3.26～27	用电量 (kWh)	室内设置温度/室内测量实际温度（℃）						
		地下室	一层	二层	三层	四层	五层	六层
3.26～9：30	7186.6	10/13	18/16	18/17	18/18	18/17	18/17	10/16
10：30	7212.6	10/13	18/17	18/16	18/18	18/18	18/18	10/16
11：30	7266.4	10/13	18/17	18/18	18/17	18/17	18/17	10/17
12：30	7279.8	10/13	18/18	18/18	18/16	18/16	18/17	10/16
13：30	7296.3	10/14	18/17	18/17	18/18	18/18	18/18	10/16
14：30	7333.8	10/14	18/16	18/17	18/17	18/17	18/17	10/16
3.27～9：30	7922.8	10/14	18/17	18/17	18/17	18/18	18/18	10/15

乌鲁木齐市德安环保有限公司第二种运行模式　　**附表2**

时间 3.27～28	用电量 (kWh)	室内设置温度/室内测量实际温度（℃）						
		地下室	一层	二层	三层	四层	五层	六层
3.27～9：30	7922.8	10/13	20/18	20/18	20/20	20/18	20/18	10/16
10：30	7951.6	10/13	20/20	20/20	20/18	20/18	20/18	10/16
11：30	7976.4	10/13	20/20	20/19	20/18	20/19	20/19	10/17
12：30	8003.8	10/13	20/20	20/18	20/20	20/18	20/19	10/16

续表

时间 3.27～28	用电量 (kWh)	室内设置温度/室内测量实际温度（℃）						
		地下室	一层	二层	三层	四层	五层	六层
13：30	8019.5	10/14	20/18	20/18	20/18	20/19	20/20	10/16
14：30	8053.5	10/14	20/19	20/20	20/18	20/20	20/20	10/16
15：30	8095.6	10/14	20/20	20/20	20/20	20/20	20/20	10/16
16：30	8131.0	10/15	20/19	20/20	20/20	20/18	20/20	10/16
17：30	8175.9	10/14	20/19	20/29	20/20	20/18	20/20	10/17
18：30	8206.2	10/14	20/20	20/20	20/20	20/20	20/20	10/17
3.28～9：30	8676.2	10/14	20/19	20/19	20/20	20/18	20/19	10/15

乌鲁木齐市德安环保有限公司第三种运行模式 **附表 3**

时间 3：28～29	用电量 (kWh)	室内设置温度/室内测量实际温度（℃）						
		地下室	一层	二层	三层	四层	五层	六层
3.28～9：30	8676.2	10/13	20/18	20/18	20/20	20/18	20/18	10/16
10：30	8698.5	10/13	20/20	20/20	20/18	20/18	20/18	10/16
11：30	8713.6	10/13	20/20	20/19	20/18	20/19	20/19	10/17
12：30	8729.2	10/13	20/20	20/18	20/20	20/18	20/19	10/16
13：30	8761.4	10/14	20/18	20/18	20/18	20/19	20/20	10/16
14：30	8783.6	10/14	20/19	20/20	20/18	20/20	20/20	10/16
15：30	8801.2	10/14	20/20	20/20	20/20	20/20	20/20	10/16
16：30	8826.2	10/15	20/19	2018	20/18	20/18	20/18	10/16
17：30	8871.9	10/14	20/19	20/19	20/20	20/18	20/20	10/17
18：30	8897.6	10/14	20/20	20/20	20/20	20/20	20/20	10/17
3.29～9：30	9247：2	10/14	20/19	20/19	20/20	20/18	20/19	10/15

乌鲁木齐市德安环保有限公司第四种运行模式 **附表 4**

时间 3.29～30	用电量 (kWh)	室内设置温度/室内测量实际温度（℃）						
		地	一层	二层	三层	四层	五层	六层
3.29～9：30	9247.2	10/13	20/18	20/18	20/20	20/18	20/18	10/16
10：30	9271.2	10/13	20/20	20/20	20/18	20/18	20/18	10/16
11：30	9316.2	10/13	20/20	20/19	20/18	20/19	20/19	10/17
12：30	9339.6	10/13	20/20	20/18	20/20	20/18	20/19	10/16
13：30	9367.2	10/14	20/18	20/18	20/18	20/19	20/20	10/16
14：30	9396.8	10/14	20/19	20/20	20/18	20/20	20/20	10/16
15：30	9426.5	10/14	20/20	20/20	20/20	20/20	20/20	10/16

续表

时间 3.29～30	用电量 (kWh)	室内设置温度/室内测量实际温度(℃)						
		地	一层	二层	三层	四层	五层	六层
16：30	9452.8	10/15	20/19	20/20	20/20	20/18	20/20	10/16
17：30	9478.5	10/14	20/19	20/29	20/20	20/18	20/20	10/17
18：30	9504.8	10/14	20/20	20/20	20/20	20/20	20/20	10/17
3.30～9：30	9834.2	10/14	20/19	20/19	20/20	20/18	20/19	10/15

乌鲁木齐市德安环保有限公司第五种运行模式　　附表5

时间 3.30～31	用电量 (kWh)	室内设置温度/室内测量实际温度(℃)						
		地	一层	二层	三层	四层	五层	六层
3.30～9：30	9834.2	12/15	22/20	22/20	22/20	22/20	22/20	12/16
10：30	9873.6	12/15	22/21	22/21	22/20	22/20	22/21	12/16
11：30	9912.2	12/14	22/21	22/21	22/21	22/21	22/21	12/17
12：30	9938.6	12/14	22/20	22/21	22/21	22/21	22/21	12/16
13：30	9962.2	12/14	22/22	22/22	22/22	22/22	22/20	12/16
14：30	9988.8	12/14	22/21	22/21	22/20	22/21	22/20	12/16
15：30	10016.5	12/15	22/20	22/22	20/20	22/20	22/21	12/16
16：30	10038.8	12/15	22/21	22/21	22/21	22/20	22/21	12/16
17：30	10061.5	12/15	22/23	22/23	22/22	22/21	22/22	12/17
18：30	10087.8	12/15	22/22	22/22	22/20	22/21	22/21	12/17
3.31～9：30	10448.2	10/14	20/19	20/19	20/20	20/18	20/19	10/15

乌鲁木齐市德安环保有限公司五种模式测试数据汇总　　附表6

测试时段 3.26-9：30～ 3.31-9：30	设定模式	用电量 (每天)	室内设置温度/室内测量平均最低、最高温度					备注
			一层	二层	三层	四层	五层	
3.26-9：30～ 3.27-9：30	第一种模式	736 kWh	18/16	18/16	18/16	18/16	18/16	温度固定，舒适感好。耗电量较高
			18/18	18/18	18/18	18/18	18/18	
3.27-9：30～ 3.28-9：30	第二种模式	754 kWh	18/14	18/14	18/14	18/14	18/14	温度起伏，舒适感差
			18/18	18/18	18/18	18/18	18/18	
3.28-9：30～ 3.29-9：30	第三种模式	571 kWh	20/14	20/14	20/14	20/14	20/14	上班时段温度爬升，舒适感有欠缺。电量适中
			20/20	20/20	20/20	20/20	20/20	

续表

测试时段 3.26-9：30～3.31-9：30	设定模式	用电量（每天）	室内设置温度/室内测量平均最低、最高温度					备注
			一层	二层	三层	四层	五层	
3.29-9：30～3.30-9：30	第四种模式	587 kWh	20/18	20/18	20/18	20/18	20/18	上班前时段温度爬升，舒适感增强，电量适中
			20/20	20/20	20/20	20/20	20/20	
3.30-9：30～3.31-9：30	第五种模式	614 kWh	22/20	22/20	22/20	22/20	22/20	天气较冷室内温度增加，舒适，电量适中
			22/22	22/22	22/22	22/22	22/22	

说明：以一至五楼室内温度测试，地下室和六楼因经常性无人办公，温度设定较低，只有使用时预先设置调高温度。这样做为省电。

汇三江小区 36 号 1 单元 302 房间升温测试（℃） **附表 7**

时间	客厅	餐厅	厨房	卫生间	南卧	北卧
10：00	20	15	16	17	17	17
10：30	20	15	16	17	18	17
11：00	21	15	16	18	18	18
11：30	22	16	17	18	19	19
12：00	22	17	17	18	19	19
12：30	23	17	18	19	19	19
13：00	23	17	18	19	19	19
13：30	23	18	18	19	19	19
14：00	24	18	18	19	19	19
14：30	24	18	18	20	19	20
15：00	24	18	18	20	20	20
15：30	24	18	18	20	20	21
16：00	25	19	19	20	20	21
16：30	25	18	19	20	20	21
17：00	24	19	19	20	20	20
17：30	24	19	19	20	20	21
18：00	25	19	20	20	20	21

汇三江小区 36 号 1 单元 302 房间降温测试（℃） **附表 8**

时间	客厅	餐厅	厨房	卫生间	南卧	北卧
11：30	24	20	20	22	22	22
12：30	23.5	19.6	20	21.6	21.6	21.5

续表

时间	客厅	餐厅	厨房	卫生间	南卧	北卧
13：30	23	19.1	19.5	20.8	21.3	21.1
14：30	22	18.3	19	20.1	20.8	20.7
15：30	21.5	17.5	18.4	19.6	20.3	20.3
16：30	21	17.0	18	19	19.9	19.8
17：30	20	16.1	17.6	18.5	19.5	19.4
18：30	19	15.5	17	18.1	19	18.9

教育学院第一次温控器抽查结果　　**附表 9**

编号	实测值（℃）	显示值（℃）	结果
110 房间	22.5	25	不合格
大厅右 1	20.2	23	不合格
大厅左 1	20.2	21	合格
大厅左 2	19.4	24	不合格
1～2 楼道	17.5	20	不合格
2 楼梯间	20.1	24	不合格
208	22.3	24	不合格
206	22.0	25	不合格
210	22.2	25	不合格
212	23.1	23	合格
213	22.0	25	不合格
211	23.3	24	合格
204	22.2	25	不合格
202	21.9	23	不合格
201	21.6	25	不合格
203	21.9	23	不合格
207	21.8	22	合格
209	21.7	23	不合格
205	20.5	20	合格
301	21.1	24	不合格
303	22.0	23	合格
305	23.2	23	合格
309	23.3	25	不合格
307	22.5	23	合格

续表

编号	实测值（℃）	显示值（℃）	结果
302	22.5	24	不合格
304	22.3	23	合格
306	22.4	23	合格
308	19.5	20	合格
310	23.0	24	合格
312	22.9	23	合格
313	22.1	23	合格
314	22.7	24	不合格
316	23.0	26	不合格
315	23.5	27	不合格
318	22.5	24	不合格
317	21.8	23	不合格

教育学院第二次温控器抽查结果 **附表 10**

编号	实测值（℃）	显示值（℃）	结果
206	21.6	23	不合格
208	20.9	24	不合格
210	21	25	不合格
212	21.5	25	不合格
211	21.3	21	合格
2 楼梯间	20.5	19	不合格
202	21.3	23	不合格
204	20.5	19	不合格
203	21	25	不合格
205	17.9	17	合格
207	18.9	18	合格
209	21.7	24	不合格
301	22.1	23	合格
303	22.7	23	合格
201	21.6	25	不合格
203	21.9	23	不合格
305	22.6	24	不合格
307	22.1	23	合格
309	23.1	24	合格

续表

编号	实测值（℃）	显示值（℃）	结果
302	22.2	25	不合格
304	21.5	24	不合格
过道	20	24	不合格
306	23.4	23	合格
308	22.7	25	不合格
310	22.3	24	不合格
312	22.6	25	不合格
314	22.3	24	不合格
316	22.2	23	合格
318	20.4	20	合格
317	20.8	20	合格
313	22.5	25	不合格
315	21.5	22	合格
311	22.9	23	合格

三十二小蓄热电采暖项目室内外温度及耗电量实时记录表　　附表 11

日期	室外温度（℃）	室内温度（℃）	总电量（度）	峰电（度）	平电（度）	谷电（度）
10.15 五	8～19	21.33	1256.53	200.86	625.93	429.74
10.16 六	7～15	21.33	1256.53	200.86	625.93	429.74
10.17 日	7～13	20.67	1256.53	200.86	625.93	429.74
10.18 一	6～16	22.00	1257.54	200.96	626.51	430.07
10.19 二	9～19	22.33	1257.89	201.09	626.67	430.13
10.20 三	8～17	21.67	1258.4	201.11	627.03	430.26
10.21 四	8～15	23.00	1258.51	201.13	627.07	430.31
10.22 五	2～4	22.67	1259.51	201.13	627.07	430.31
10.23 六	1～5	22.33	1259.51	201.13	627.07	430.31
10.24 日	1～7	20.33	1259.51	201.13	627.07	430.31
10.25 一	4～9	22.67	1261.51	202.25	628.55	430.71
10.26 二	3～11	23.00	1263.79	202.79	629.79	431.21
10.27 三	5～14	22.33	1265.35	203.14	630.45	431.76

续表

日期	室外温度（℃）	室内温度（℃）	总电量（度）	峰电（度）	平电（度）	谷电（度）
10.28 四	8～19	22.67	1266.81	203.52	631.21	432.08
10.29 五	5～14	23.33	1268.25	203.79	631.92	432.54
10.30 六	5～15	20.33	1268.25	203.79	631.92	432.54
10.31 日	4～14	19.67	1268.25	203.79	631.92	432.54
11.1 一	4～14	22.33	1269.18	204.04	632.47	432.67
11.2 二	5～16	22.67	1269.92	204.27	632.84	432.81
11.3 三	6～17	22.33	1270.61	204.44	633.22	432.95
11.4 四	0～8	23.00	1271.96	204.66	633.97	433.33
11.5 五	0～5	21.33	1273.27	204.94	634.64	433.69
11.6 六	1～8	21.33	1273.27	204.94	634.64	433.69
11.7 日	1～8	20.67	1273.27	204.94	634.64	433.69
11.8 一	1～7	22.00	1274.94	205.39	635.69	433.86
11.9 二	1～9	22.33	1276.24	205.64	636.44	434.16
11.10 三	1～11	21.67	1277.36	205.90	636.95	434.51
11.11 四	3～11	23.00	1279.15	206.17	637.96	435.02
11.12 五	0～8	21.33	1280.16	206.36	638.46	435.34
11.13 六	2～11	20.00	1280.16	206.36	638.46	435.34
11.14 日	2～11	19.00	1280.16	206.36	638.46	435.34
11.15 一	2～10	22.33	1282.01	206.64	639.57	435.80
11.16 二	1～7	21.67	1283.64	206.94	640.26	436.44
11.17 三	1～4	22.33	1283.7	206.95	640.30	436.45
11.18 四	1～6	21.67	1284.98	207.2	640.98	436.80
11.19 五	1～8	21.33	1286.08	207.28	641.54	437.26
11.20 六	0～4	20.33	1286.08	207.28	641.54	437.26
11.21 日	0～6	20.00	1286.08	207.28	641.54	437.26
11.22 一	6～1	23.00	1287.4	207.42	642.33	437.65
11.23 二	7～1	22.33	1288.52	207.46	642.88	438.18
11.24 三	6～2	22.00	1290.58	207.57	644.20	438.81

续表

日期	室外温度（℃）	室内温度（℃）	总电量（度）	峰电（度）	平电（度）	谷电（度）
11.25 四	6～2	22.67	1294.67	208.85	646.04	439.78
11.26 五	5～1	22.00	1296.49	208.90	647.11	440.48
11.27 六	6～2	22.00	1297	208.98	647.40	440.62
11.28 日	5～2	20.67	1297	208.98	647.40	440.62
11.29 一	6～3	21.67	1298.39	209.08	648.28	441.03
11.30 二	5～1	22.33	1299.61	209.19	648.87	441.55
12.1 三	5～1	22.00	1301.08	209.35	649.59	442.14
12.2 四	5～6	22.00	1302.96	209.59	650.52	442.85
12.3 五	3～1	21.67	1304.71	209.78	651.25	443.68
12.4 六	3～8	19.67	1304.96	209.82	651.33	443.81
12.5 日	5～6	19.33	1305.11	209.86	651.40	443.85
12.6 一	17～8	22.33	1307.52	210.40	652.50	444.62
12.7 二	16～7	23.00	1310.48	211.12	653.90	445.46
12.8 三	15～6	22.33	1312.78	211.54	654.93	446.31
12.9 四	13～5	22.00	1316.75	212.46	656.82	447.47
12.10 五	10～3	21.33	1319.67	213.30	657.73	448.64
12.11 六	16～6	22.00	1320.19	213.32	658.03	448.84
12.12 日	6～12	20.00	1320.86	213.34	658.46	449.06
12.13 一	5～12	23.00	1324.67	214.29	660.27	450.11
12.14 二	14～6	21.67	1330.81	215.43	663.85	451.54
12.15 三	6～7	22.67	1337.91	216.98	667.73	453.20
12.16 四	15～7	20.67	1345.53	218.62	671.72	455.19
12.17 五	15～7	22.00	1353.47	220.33	676.14	457.00
12.18 六	1～10	22.00	1354.58	220.62	676.52	457.44
12.19 日	2～10	19.67	1355.9	220.92	677.02	457.96
12.20 一	10～0	18.67	1366.22	222.81	683.34	460.07
12.21 二	11～1	22.33	1376.31	224.69	689.22	462.40
12.22 三	13～2	21.67	1388.23	227.97	696.04	464.22

续表

日期	室外温度（℃）	室内温度（℃）	总电量（度）	峰电（度）	平电（度）	谷电（度）
12.23 四	9～5	21.33	1397.43	229.67	701.94	465.82
12.24 五	15～6	22.00	1407.21	231.55	707.95	467.71
12.25 六	17～6	21.33	1409.07	231.72	709.21	468.14
12.26 日	14～6	20.67	1409.19	232.75	712.95	469.50
12.27 一	13～3	19.00	1420.29	233.97	715.48	470.84
12.28 二	13～5	22.00	1433.64	236.33	723.54	473.77
12.29 三	18～7	21.67	1445.34	238.78	730.33	476.23
12.30 四	9～19	20.67	1457.9	241.09	737.21	478.79
12.31 五	9～20	21.00	1467.06	243.13	743.62	480.32
1.1 六	20～11	20.33	1472.08	244.21	745.34	482.53
1.2 日	21～14	19.00	1479.92	245.73	748.87	485.32
1.3 一	26～14	17.67	1491.73	246.62	752.41	492.70
1.4 二	21～27	17.33	1507.9	250.04	761.01	496.85
1.5 三	28～22	21.00	1523.93	252.93	770.10	500.90
1.6 四	25～20	21.67	1539.46	255.74	778.98	504.74
1.7 五	18～25	21.67	1552.77	258.85	787.02	506.90
1.8 六	19～25	21.00	1561.83	260.01	790.52	511.30
1.9 日	16～24	18.00	1573.16	261.54	795.73	515.89
1.10 一	23～15	22.33	1590.58	265.75	804.77	520.06
1.11 二	22～18	21.33	1607.82	269.61	812.65	524.74
1.12 三	20～16	22.00	1620.07	271.12	818.31	530.64
1.13 四	18～8	18.67	1626.25	272.56	821.00	532.69
1.14 五	20～8	17.33	1637.88	274.1	826.23	536.94
1.15 六	20～10	16.00	1645.98	275.83	830.21	539.94
1.16 日	20～13	17.00	1651.79	277.32	832.46	542.01
1.17 一	21～13	17.67	1658.21	278.94	835.05	544.22
1.18 二	20～13	16.00	1663.52	279.98	837.03	546.51
1.19 三	18～11	16.00	1667.22	280.35	839.02	547.85

续表

日期	室外温度（℃）	室内温度（℃）	总电量（度）	峰电（度）	平电（度）	谷电（度）
1.20 四	18～11	17.00	1670.17	281.08	840.07	549.02
1.21 五	19～10	16.33	1676.75	281.84	842.73	552.18
1.22 六	21～15	15.33	1682.46	283.06	844.97	554.43
1.23 日	22～14	17.00	1690.79	284.01	848.25	558.53
1.24 一	20～12	17.33	1697.22	285.41	851.41	560.40
1.25 二	18～12	16.33	1701.05	286.03	853.10	561.92
1.26 三	13～20	15.00	1707.12	287.03	855.74	564.35
1.27 四	15～23	15.33	1711.84	287.64	857.33	566.87
1.28 五	15～22	16.67	1715.16	288.21	858.82	568.13
1.29 六	22～14	15.67	1718.45	288.84	860.34	569.27
1.30 日	21～12	16.00	1723.36	289.48	862.01	571.87
1.31 一	14～18	17.00	1726.72	290.06	863.51	573.15
2.1 二	13～16	17.67	1730.17	291.02	865.11	574.04
2.2 三	3～13	19.00	1735.47	292.46	866.20	576.81
2.3 四	4～10	19.00	1740.76	294.23	869.01	577.52
2.4 五	3～10	18.00	1741.89	294.41	869.50	577.98
2.5 六	4～10	20.00	1742.81	294.51	869.99	578.31
2.6 日	10～4	19.67	1743.29	294.65	870.24	578.40
2.7 一	11～6	20.33	1744.14	294.84	870.63	578.67
2.8 二	14～4	19.67	1745.03	294.98	871.10	578.95
2.9 三	8～3	19.33	1745.87	295.14	871.48	579.25
2.10 四	10～2	20.00	1746.47	295.20	871.76	579.51
2.11 五	11～4	20.67	1747.62	295.44	872.21	579.97
2.12 六	10～3	19.00	1748.33	295.62	872.50	580.21
2.13 日	3～10	18.33	1749.16	295.78	872.82	580.56
2.14 一	2～9	18.33	1751.08	296.11	873.58	581.39
2.15 二	9～3	18.33	1753.02	296.94	874.50	581.58
2.16 三	10～3	17.67	1757.36	297.42	876.01	583.93

续表

日期	室外温度（℃）	室内温度（℃）	总电量（度）	峰电（度）	平电（度）	谷电（度）
2.17 四	10～5	17.67	1764.22	298.60	878.79	586.83
2.18 五	9～1	20.33	1781.03	299.27	884.41	597.35
2.19 六	8～1	21.33	1786.33	301.23	886.70	598.40
2.20 日	11～4	20.67	1795	304.01	891.49	599.50
2.21 一	2～9	20.00	1808.3	306.74	899.40	602.16
2.22 二	5～11	21.67	1820.87	309.53	906.66	604.68
2.23 三	9～3	22.00	1834.97	312.38	914.95	607.64
2.24 四	10～4	23.33	1847.41	315.00	922.41	610.00
2.25 五	18～10	21.67	1859.88	317.19	930.01	612.68
2.26 六	18～11	19.33	1861.73	317.46	930.72	613.55
2.27 日	17～12	18.33	1864.11	317.83	931.76	614.52
2.28 一	16～11	21.33	1880.14	320.99	940.68	618.47
3.1 二	11～18	22.33	1896.69	323.90	949.91	622.88
3.2 三	8～17	22.33	1913	327.21	958.71	627.08
3.3 四	8～15	22.33	1927.89	329.68	966.64	631.57
3.4 五	11～2	23.00	1942.35	332.27	974.78	635.30
3.5 六	10～1	20.00	1946.47	333.01	976.32	637.14
3.6 日	9～1	18.67	1948.65	333.41	977.22	638.02
3.7 一	9～2	22.67	1964.35	336.27	986.23	641.85
3.8 二	9～1	21.67	1973.62	338.69	991.74	643.19
3.9 三	6～1	22.00	1987.29	341.36	999.80	646.19
3.10 四	6～2	23.00	1998.85	343.56	1007.01	648.28
3.11 五	4～9	22.67	2009.12	345.61	1013.24	650.27
3.12 六	10～5	19.33	2010	345.72	1013.62	650.66
3.13 日	13～5	18.33	2010.72	345.83	1013.96650.9	650.93
3.14 一	11～3	22.33	2024.7	348.71	1022.35	653.64
3.15 二	8～5	22.00	2037.52	351.13	1030.00	656.39
3.16 三	11～3	21.00	2052.69	354.13	1037.57	660.99
3.17 四	12～4	22.33	2066.96	356.70	1046.18	664.08

续表

日期	室外温度（℃）	室内温度（℃）	总电量（度）	峰电（度）	平电（度）	谷电（度）
3.18五	12～5	22.67	2081.65	359.52	1054.66	667.47
3.19六	15～4	18.33	2083.29	359.62	1055.43	668.24
3.20日	15～6	18.00	2087.7	360.32	1057.36	670.02
3.21一	12～5	21.33	2101.83	362.88	1064.61	674.34
3.22二	13～2	21.00	2114.93	365.52	1072.61	676.80
3.23三	10～1	20.67	2126.38	367.99	1079.00	679.39
3.24四	8～3	22.33	2137.5	370.05	1085.61	681.84
3.25五	4～4	21.67	2146.31	371.90	1090.90	683.51
3.26六	1～7	18.67	2147.08	372.04	1091.25	683.79
3.27日	1～7	18.33	2147.68	372.13	1091.42	684.13
3.28一	0～9	21.33	2158.51	374.29	1097.84	686.38
3.29二	0～9	22.00	2167.38	376.12	1103.25	688.01
3.30三	2～9	21.67	2175.73	377.95	1108.14	689.64
3.31四	1～10	21.33	2184.04	379.64	1113.25	691.15
4.1五	3～13	22.67	2188.6	379.90	1116.83	691.87
4.2六	3～13	21.33	2193.99	380.21	1120.46	693.32
4.3日	1～11	20.00	2196.18	380.86	1121.24	694.08
4.4一	4～5	19.33	2199.26	381.95	1122.07	695.24
4.5二	5～0	18.00	2203.56	383.05	1123.98	696.53
4.6三	4～6	21.00	2213.11	385.02	1129.72	698.37
4.7四	0～10	21.67	2221.65	386.82	1134.74	700.09
4.8五	2～13	21.67	2229.13	388.28	1139.13	701.72
4.9六	8～20	19.67	2232.96	388.64	1141.33	702.99
4.10日	9～21	19.00	2236.1	389.34	1142.89	703.87
4.11一	8～20	22.00	2241.47	390.80	1145.54	705.13
4.12二	10～22	21.67	2246.43	391.94	1148.76	705.73
4.13三	12～23	21.00	2250.97	393.00	1151.59	706.38
4.14四	13～24	22.67	2254.25	393.61	1153.76	706.88
4.15五	13～24	22.33	2254.74	393.66	1154.15	706.93

四十四小蓄热电采暖项目室内外温度及耗电量实时记录表

附表 12

日期	室外温度（℃）	室内温度（℃）	总电量（kWh）	峰电（kWh）	平电（kWh）	谷电（kWh）
10.15 五	8～19	19	392.8	35.2	0	357.6
10.16 六	7～15	18.9	789.6	0	0	396.8
10.17 日	7～13	19.2	1221.6	0	0	432
10.18 一	6～16	19.7	1653.6	0	0	432.4
10.19 二	9～19	19.1	1680.24	0	0	27
10.20 三	8～17	19	2517.6	0	0	837
10.21 四	8～15	18.6	2949.6	0	0	432
10.22 五	2～4	18.3	3433.6	0	0	488
10.23 六	1～5	12	3925.6	0	0	488
10.24 日	1～7	12.2	4288	0	112.8	249.6
10.25 一	4～9	18.2	4732.8	0	82.4	362.4
10.26 二	3～11	18.5	5305.6	0	46.4	526.4
10.27 三	5～14	18.7	5902.4	0	0	596.8
10.28 四	8～19	19.3	6499.2	0	0	596.8
10.29 五	5～14	18.7	7117.6	0	0	618.4
10.30 六	5～15	13	7140	0	0	22.4
10.31 日	4～14	12.9	7162.4	0	0	22.4
11.1 一	4～14	18.8	7620.8	0	0	458.4
11.2 二	5～16	18.3	8145.6	0	0	524.8
11.3 三	6～17	18.7	8760	4	63.2	548
11.4 四	0～8	19.5	9340	0	5.6	573
11.5 五	0～5	18	9340	0	0	0
11.6 六	1～8	12.1	9400.8	0	0	60.8
11.7 日	1～8	12	9458.4	0	0	57.6
11.8 一	1～7	18	10019.2	0	0	560.8
11.9 二	1～9	18.2	10579.2	0	0	560
11.10 三	1～11	18.4	11152	0	0	572.8
11.11 四	3～11	18	11690.4	0	0	538.4
11.12 五	0～8	18.1	12262.4	0	0	608
11.13 六	2～11	12.3	12295.2	0	0	32.8
11.14 日	2～11	12.	12328	0	0	32.8
11.15 一	2～10	18.2	12847.2	0	0	519.2

续表

日期	室外温度（℃）	室内温度（℃）	总电量（kWh）	峰电（kWh）	平电（kWh）	谷电（kWh）
11.16 二	1～7	18.6	13362.4	0	0	515.2
11.17 三	1～4	18.1	13438.4	0	0	76
11.18 四	1～6	18.2	13512	0	0	75.2
11.19 五	1～8	18.1	13512	0	0	0
11.20 六	0～4	12.05	13512	0	0	0
11.21 日	0～6	12	13512	0	0	0
11.22 一	6～1	18.4	13956.8	274.4	168.8	0
11.23 二	7～1	18	14926.4	0	176.8	792.8
11.24 三	6～2	18	15759.2	6.4	91.2	735.2
11.25 四	6～2	18	16588	0	116	712.8
11.26 五	5～1	18	17145.6	0	0	557.6
11.27 六	6～2	12.2	17260	0	0	114.4
11.28 日	5～2	12.5	17300.8	0	0	40.8
11.29 一	6～3	18	17850.4	0	0	549.6
11.30 二	5～1	18.1	18716	0	108	757.6
12.1 三	5～1	18	19330.4	7.2	2.4	604.8
12.2 四	5～6	18	20035.2	0	0	704.8
12.3 五	3～1	18	20738.4	0	0	703.2
12.4 六	3～8	12.9	20942.4	0	0	204
12.5 日	5～6	13	21238.4	0	0	296
12.6 一	17～8	18	22428	0	181.6	1008
12.7 二	16～7	18	23581.6	0	173.6	980
12.8 三	15～6	18	25595.2	319.2	458.4	1156
12.9 四	13～5	18	26620.8	0	179.2	927
12.10 五	10～3	18	27720	0	141.2	928
12.11 六	16～6	12.1	28076.8	0	3.2	353.6
12.12 日	6～12	12	28483.2	0	57.6	348.8
12.13 一	5～12	19	29461.6	0	0	978.4
12.14 二	14～6	19	30469.6	0	0	1008
12.15 三	6～7	19	31747.2	0	176	1101.6
12.16 四	15～7	18	33026	0	182.4	1096.8

续表

日期	室外温度（℃）	室内温度（℃）	总电量（kWh）	峰电（kWh）	平电（kWh）	谷电（kWh）
12.17 五	15～7	18	34194.4	17.6	200	950.04
12.18 六	1～10	12.3	34564.8	0	126.4	244
12.19 日	2～10	12	35498.4	0	66.4	147.2
12.20 一	10～0	18	35936	0	168.8	988.8
12.21 二	11～1	18	37075.2	0	163.2	976
12.22 三	13～2	18	38234.4	0	168	991.2
12.23 四	9～5	18	39397.6	0	165.6	997.6
12.24 五	15～6	18	40579.2	0	169.6	1012
12.25 六	17～6	12.2	40706.4	0	127.2	0
12.26 日	14～6	12	41144.8	0	162.4	276
12.27 一	13～3	19	42288	0	164.8	982.4
12.28 二	13～5	19	43368	0	157.6	922.4
12.29 三	18～7	19	44494.4	0	164	962.4
12.30 四	9～19	19	45684	0	167.2	1022.4
12.31 五	9～20	18	46848	0	165.6	998.4
1.1 六	20～11	12.1	47298.4	0	168	282.4
1.2 日	21～14	12	47756	0	170.24	287.2
1.3 一	26～14	19	48210	0	168.8	285.6
1.4 二	21～27	19	49568.8	0	211.2	1147.2
1.5 三	28～22	19	51227.2	0	211.2	14472.2
1.6 四	25～20	19	52544	0	183.2	1135.2
1.7 五	18～25	19	54117.6	0	180.8	1391.2
1.8 六	19～25	12.4	55496.8	37.6	121.6	1220
1.9 日	16～24	12.1	55946.4	0	7.2	442.4
1.10 一	23～15	8	56538.4	0	7.2	584.8
1.11 二	22～18	8.1	58594.4	144.8	402.4	1508.8
1.12 三	20～16	8.3	60460	84	363.2	1418.4
1.13 四	18～8	8.1	61078.4	0	0	618.4
1.14 五	20～8	8.2	61667.2	0	0	588.8
1.15 六	20～10	7.8	62260	0	0	592.8
1.16 日	20～13	7.6	62623.2	0	0	363.2

续表

日期	室外温度（℃）	室内温度（℃）	总电量（kWh）	峰电（kWh）	平电（kWh）	谷电（kWh）
1.17 一	21～13	7.7	63017.6	0	0	394.4
1.18 二	20～13	8	63443.2	0	11.2	414.4
1.19 三	18～11	8.1	63845.6	12.8	7.2	382.4
1.20 四	18～11	7.9	64283.2	4	7.2	426.4
1.21 五	19～10	8.1	64698.4	4	0	411.2
1.22 六	21～15	8.2	65110.4	0	0	412
1.23 日	22～14	7.7	65505.6	0	0	395.2
1.24 一	20～12	8	65900	0	0	394.4
1.25 二	18～12	8.3	66248	0	0	348
1.26 三	13～20	8.1	66620.8	0	0	372.8
1.27 四	15～23	8.2	66984.8	0	0	364
1.28 五	15～22	8.3	67344	0	0	343.2
1.29 六	22～14	8.5	67670.4	0	0	342.4
1.30 日	21～12	8.3	68008.8	0	0	338.4
1.31 一	14～18	8.2	68347.2	0	0	338.4
2.1 二	13～16	7.9	68685.6	0	0	338.4
2.2 三	3～13	8	69021.6	0	0	336
2.3 四	4～10	7.7	69317.6	0	0	296
2.4 五	3～10	7.8	69616	0	0	298.4
2.5 六	4～10	7.9	69913.6	0	0	297.6
2.6 日	10～4	8.0	70211.2	0	0	296.8
2.7 一	11～6	8.2	70508	0	0.8	296.8
2.8 二	14～4	8.3	70805.6	0	0	297.6
2.9 三	8～3	8.0	71104	0	0	297.6
2.10 四	10～2	8.1	71359.2	0	1.6	254.4
2.11 五	11～4	8.4	71625.6	0	0	266.4
2.12 六	10～3	12.5	71892	0	0	266.4
2.13 日	3～10	12.4	72160.8	0	1.6	267.2
2.14 一	2～9	17.9	72428	0	0	267.2
2.15 二	9～3	18.1	72696	0	0.8	267.2
2.16 三	10～3	17.9	72963.2	0	0	267.2

续表

日期	室外温度（℃）	室内温度（℃）	总电量（kWh）	峰电（kWh）	平电（kWh）	谷电（kWh）
2.17 四	10～5	18	73232	0	1.6	267.2
2.18 五	9～1	18.1	74182.4	0	0.8	949.6
2.19 六	8～1	18.2	75119.2	0	0.8	936
2.20 日	11～4	17.9	76060.8	0	30.4	911.2
2.21 一	2～9	19	77115.2	0	133.6	920.8
2.22 二	5～11	19.1	78405.6	0	139.2	1151.2
2.23 三	9～3	18.9	79824	0	140.8	1277.6
2.24 四	10～4	18	81288.8	0	168.8	1296
2.25 五	18～10	19	82764	4	192	1279.2
2.26 六	18～11	12.1	83868	1.6	160	942.4
2.27 日	17～12	12.5	84438.4	0	98.4	472
2.28 一	16～11	18.9	84644.8	0	0	206.4
3.1 二	11～18	19	85904	26.4	388	844.8
3.2 三	8～17	19	87212	0	316.8	991.2
3.3 四	8～15	19	88608.8	0	292.8	1104
3.4 五	11～2	19.05	89943.2	0	281.6	1052.8
3.5 六	10～1	12.6	90433.6	0	5.6	484.8
3.6 日	9～1	12.2	90807.2	0	5.6	368
3.7 一	9～2	19.1	91972	0	218.4	946.4
3.8 二	9～1	19.1	93241.6	0	324.8	944.8
3.9 三	6～1	19.05	94095.2	0	0	853.6
3.10 四	6～2	18.9	94381.6	0	0	286.4
3.11 五	4～9	18.9	95019.2	0	0	637.6
3.12 六	10～5	12.3	95109.6	0	0.8	89.6
3.13 日	13～5	12	95212	0	0	102.4
3.14 一	11～3	18.50	95865.6	0	5.6	648
3.15 二	8～5	19.1	96760	0	0	894.4
3.16 三	11～3	18.2	97808.8	0	0	1048.8
3.17 四	12～4	18.1	98678.4	0	0	869.6
3.18 五	12～5	18.05	99656	0	0	977.6

续表

日期	室外温度（℃）	室内温度（℃）	总电量（kWh）	峰电（kWh）	平电（kWh）	谷电（kWh）
3.19 六	15～4	12	99306.4	0	0	349.6
3.20 日	15～6	12.1	100108	0	0	102.4
3.21 一	12～5	18.1	101054.4	0	0	946.4
3.22 二	13～2	18.2	101992.8	0	0	1048.8
3.23 三	10～1	18.1	102948.8	0	0	956
3.24 四	8～3	18.05	103889.6	0	0	940.8
3.25 五	4～4	18.1	104668.8	0	0	779.2
3.26 六	1～7	12	104827.2	0	0.8	157.6
3.27 日	1～7	12.05	104986.4	0	0.8	158.4
3.28 一	0～9	18	105780.8	0	0	794.4
3.29 二	0～9	～18.1	106450.4	0	0	669.6
3.30 三	2～9	17.9	107103.2	0	0	652.8
3.31 四	1～10	18	107506.4	0	0	403.2
4.1 五	3～13	18.2	107889.6	0	0	383.2
4.2 六	3～13	18.1	108264.8	0	0	375.2
4.3 日	1～11	12	108311.2	16.8	0	29.6
4.4 一	4～5	12.1	108341.6	0	0	30.40
4.5 二	5～0	12	108369.6	0	0	28
4.6 三	4～6	18	108752.8	0	0	383.2
4.7 四	0～10	17.9	109416.8	0	0	664
4.8 五	2～13	17.8	109804.8	0	0	388
4.9 六	8～20	12	109804.8	0	0	0
4.10 日	9～21	12	109804.8	0	0	0
4.11 一	8～20	17	109885.6	0	0	80.8
4.12 二	10～22	17.9	109974.4	0	0	88.8
4.13 三	12～23	18	110087.2	0	0	112.8
4.14 四	13～24	18.1	110200	0	0	112.8
4.15 五	13～24	18.0	110200	0	0	112.8

天山学院留学生楼3层中间教室24h温降曲线数据表 附表13

时间	温度（℃）	时间	温度（℃）	时间	温度（℃）
9	21.50	17	20.90	1	19.55
10	21.35	18	20.71	2	19.49
11	21.26	19	20.52	3	19.46
12	21.16	20	20.31	4	19.40
13	21.10	21	20.01	5	19.28
14	20.96	22	19.82	6	19.16
15	20.93	23	19.71	7	19.08
16	20.95	24	19.62	8	19.01

天山学院留学生楼1层靠边教室24h温降曲线数据表 附表14

时间	温度（℃）	时间	温度（℃）	时间	温度（℃）
9	21.51	17	16.53	1	11.55
10	21.02	18	16.02	2	11.09
11	20.32	19	15.52	3	10.56
12	19.93	20	14.91	4	10.12
13	18.64	21	14.41	5	9.78
14	18.02	22	13.82	6	9.26
15	17.57	23	12.41	7	8.88
16	16.95	24	12.00	8	8.41

2010～2011年各示范项目数据汇总表 附表15

	采暖费用（元/m²）	采暖期加权电价（元/kWh）	谷电利用率（%）	单位面积外网建设费用（元/m²）	单位（实际铺设）功率外网建设费用（元/kW）
天山职业技术学院	17.4	0.388	40.95	75.20	1074.16
德安环保有限公司	16.98（低温运行）	0.391	41.67	109.04	2185.93
五十三中学	13.43（低温运行）	0.365	59.07	148.78	1896.46
四十四小学	14.55	0.323	90.01	54.55	577.97
新疆教育学院	32.46	0.386	44.97	35.44	611.19
八十三中学	13.74（1.20～4.15）	0.391	41.79	122.36	1799.43
三十二小学	19.58	0.407	32.98	120.64	1968.75
汇三江有限公司	23.70	0.386	43.45	79.55	883.87

关于乌鲁木齐市外墙外保温材料及燃烧性能等情况的调研报告

2011年3月14日，公安部消防局下发了《关于进一步明确民用建筑外保温材料消防监督管理有关要求的通知》（公消［2011］65号）（以下简称《通知》），并规定“民用建筑外保温材料采用燃烧性能等级为A级的材料”，在业界引起了很大的反响，同时对我市外墙外保温工程的实施以及相关材料的经济和技术方面提出了新的更高的要求。

为确保我市的建设工程能够如期保质的完成，保障建筑节能事业科学、健康、可持续的发展，同时也为市委市政府决策提供依据，3月25日至4月2日，由自治区住房与城乡建设厅科技处、乌鲁木齐市建设委员会科技处、乌鲁木齐市建筑节能墙体材料革新办公室相关人员组成的调研组，对乌鲁木齐市外墙外保温材料进行了为期7天的调研，调研组组长由自治区住房与城乡建设厅科技处正处级调研员赵惠清担任。调研的主要内容是了解我市建筑节能的基本现状，外墙外保温材料的应用情况及规模，现有外墙外保温材料的类型、生产现状、水平、工艺、造价、性能、检测指标、就业人员状况、产业投资，以及新体系、新材料的应用等情况，并对我市提高燃烧性能级别进行了可行性分析。调研主要采取座谈、听取汇报、现场调查、讨论等方式；调研涉及100多家单位，包括行业管理部门、行业协会、原材料供应商、生产厂家、施工单位、检测部门及相关研发单位等；走访了10个现场；收回市场情况调查表96份，相关行业总结6份。通过调研，调研组了解了我市外墙外保温材料的相关情况，掌握了较准确的第一手资料。现将有关情况报告如下：

一、我市外墙外保温材料基本情况

（一）外墙外保温材料生产情况

我市主要的外墙保温材料有EPS板、XPS板、聚苯胶粉颗粒等近10种，（见附表1）：一是市场供应主要以EPS板、XPS板为主，以2010年使用情况来看，EPS板、XPS板约占我市建筑外保温材料市场份额的99.9%以上，自保温材料（主要是页岩砌块和加气块）、岩棉、酚醛树脂板等其他材料很少，只有在个别高层及防火隔离带有所使用，比例约占0.1%[1]；二是各种材料的价格差异较大，从满足我市建筑热工要求的角度分析，EPS板、XPS板的单方造价约在30～50元/m^2（约300～500元/m^3）之间，无机材料约在50～100元/m^2（约500～1000元/m^3）之间，酚醛树脂板的造价约在150元/m^2（1500元/m^3以上）以上；三是从满足我市严寒C区的热工条件进行考虑，EPS板、XPS板、酚醛树脂板等以及部分自保温材料能够满足要求，无机材料基本上都无法满足要求；四是在燃烧性能方面，从材料本身来说，无机材料均可达到A级标准，有机材料为B_1、B_2级（见附表2）。

（二）国家现行标准

1. 国家现行外墙外保温标准。国家对于外墙外保温系统执行的是《外墙外保温工程技术规程》（JGJ 144—2004）（简称《规程》），《外墙外保温工程技术规程》（JGJ 144—2008）（征求意见稿）正在修订中。通过对两版《规程》材料体系的罗列和对比（见附表3），不难看出，我国国家外墙外保温系统使用的保温材料主要是EPS板、PU板、XPS板和EPS胶粉颗粒浆料，对于严寒地区，还没有针对无机材料、自保温材料及酚醛树脂板出台相关的国标或地标。

2. 国家外保温防火标准。在《通知》（公消［2011］65号）下发之前，外保温防火执行《民用建筑外保温系统及外墙装饰防火暂行规定》（公通字［2009］46号）（见附表4），其主要内容为：民用建筑外保温材料的燃烧性能宜为A级，且不应低于B_2级。规定了使用A级材料的高度要求，并规定了防火隔离带的条件。但目前没有根据规定出台防火构造的具体细则和图集。

（三）我市外墙外保温材料使用量情况

我市2010年、2011年及“十二五”期间使用外墙外保温材料的建筑面积分别为1655.6万m^2、1827.7万m^2、8946万m^2（见附表5）。需要指出的是，既有建筑性质决定了在节能改造过程中只能选择外贴或内贴式的节能改造形式，自保温体系在此不适用。

2011年我市外墙外保温材料的预计使用量还是以EPS板、XPS板为主，即使以目前预计产量的自保温材料和酚醛树脂板全部投入使用，其市场份额也不到9%，EPS板、XPS板的市场份额依然占绝大部分，预计占总使用量的91%以上（见附表1、见附表5）。

从需求量来看，我市今年建筑面积约为1827.7万m^2，根据调研，除去水利、外包装、市政等用途外，EPS板、XPS板用于建筑的预计产量约为2500万m^2，也就是说，EPS板、XPS板的市场供应量是大于建筑用需求量的。

二、外墙外保温火灾隐患分析

（一）与外保温相关火灾产生原因分析

对于外保温的火灾原因，包括消防部门在内的各单位进行过汇总分析，归结起来认为建筑在施工过程中火灾发生率占90%，其中施工中65%，材料的堆放占25%。而在交付使用后发生的火灾占总数的10%。以下是对这三种情况发生火灾的主要分析：

1. 可燃保温材料在施工现场临时存放时，被明火或溅落的电气焊火渣引燃，我市2010年9月15日，骑马山某在建高层住宅楼的火灾是该种情况；

2. 可燃保温材料在施工过程中已上墙但未被抹面砂浆覆盖时，被飞溅、滴落的电气焊火渣等点燃，2010年的“9·22”神华城火灾就是这种情况所造成的；

3. 外保温系统验收交用后，受外来火源攻击，可燃保温材料被引燃，并助长火势的蔓延。外来火来源一般有两种：一是靠近外墙的易燃物燃烧；二是建筑物内部发生火灾，火焰从门窗口逸出。这种情况发生火灾的比例约占10%。

（二）外保温火灾隐患存在的问题

当前，我市乃至全国在外保温工程的实施过程中，都存在或多或少的问题，但就本次调研，以及结合我市2010年施工过程发生火灾的案例，我市建筑外保温存在的主要问题有：

1. 生产环节外保温材料质量把关不严。部分外保温材料生产企业为低成本竞争，造成进入建筑工程市场的外保温材料质量良莠不齐。据调查，2010年质量合格B_2级EPS板的价格约为30～40元/m^2（约300～400元/m^3）、XPS板约为40～50元/m^2（约400～500元/m^3），而质量不合格产品的造价要远小于此(平均造价降低约5～10元/m^2)。主要原因为：一是对于EPS板，为增加重度，其养护和陈化时间不够，导致最终干重度低于标准规定的指标，燃烧性能降低；二是对于XPS板，为降低成本，大量使用回收料，阻燃剂添加比例偏低，以及发泡剂不合格等，致使质量在各方面均不达标。

2. 现场管理环节有待加强。一是材料进场后，未严格按照相关规定进行见证取样检测；二是施工过程中，安全用电、用火及施工组织等现场管理控制不严；三是监理或甲方代表对施工现场安全措施及行为监督不力，对进场保温材料把关不严。

3. 设计审图环节把关不足。一是个别设计单位未明确防火隔离带的位置和做法。二是在《民用建筑外保温系统及外墙装饰防火安全暂行规定》执行之前已通过施工图审查但未实施的项目，没有设计变更增设防火隔离带。施工图审查机构应进行严格审查。

4. 检测环节需要改进。一是机构偏少，目前消防验收认定的检测机构只有1家，这会因为大量检测工作造成材料有漏检的可能；二是个别检测机构为谋取利益出具假报告、伪造数据等。

（三）外保温火灾隐患不只是材料问题

国内外相关专家一致认为：除去人为因素以外，相对于材料，外墙外保温系统防火更重要的是系统的质量和安全。外墙外保温系统起源于20世纪40年代的瑞典和德国，至今已有60多年的历史，德国也是目前该技术使用最成熟的国家。我国的外墙外保温体系和相关技术主要是从德国引进，现结合德国的经验，以及内地，尤其是北京的防火实验研究为例，分析如下：

1. 对于保温材料和系统防火性能的要求应有区别。对于外墙外保温来说，满足整体的防火性能更为关键，因此对于保温材料和系统的要求是有区别的。一是经过试验研究，欧洲的业界人士认为应用于外保温时，保温材料的燃烧性能级别应达到B_2级要求；二是保温材料加上防护层、饰面层即系统的防火应达到B_1级；三是当防护层大于8mm时，面层可能会发生开裂，火焰可能会顺缝而入，故良好的施工质量会比一定厚度的防护层更有效。

2. 合理设置防火构造措施，控制火焰规模，减少因灾损失。北京近期大量的实验数据表明，设置防火隔离带可以阻止火焰通过可燃保温材料向更高楼层蔓延。一是防火构造的设置可以每两层设置一道水平隔离带，窗上口设置隔离梁。二是作为防火隔离带的材料要达到A级；三是进行防火构造措施的施工时，防火隔离带或窗洞口挡火梁的不可燃保温材料必须与承重墙满粘，不留任何缝隙；四是建筑物应根据不同要求合理设置防火构造措施。

因而，外保温火灾隐患不只是材料问题，应更注重系统的质量和安全。

三、提高外墙保温材料燃烧性能级别的可行性

通过调研与总结，现就我市提高外墙外保温材料燃烧性能级别的可行性进行分析，即民用建筑外保温材料的燃烧性能级别提高至A级或为B_1级。现就各自可行性分析如下：

（一）我市目前不宜将燃烧性能级别提高至A级

就目前我市实际情况而言，尚不适宜将民用建筑外保温材料的燃烧性能级别提高至A级，原因如下：

1. A级材料的技术和产业准备不足。一是缺乏相应标准支撑，目前，对于严寒地区，A级材料既无国标，也无地标出台。二是产业准备不足。目前，我市主要的A级材料（含211万m^2的自保温材料），年预计总产量约为230万m^2，市场供应份额不足9%，无法满足我市建筑规模的用量。

2. 经济性无法满足我市实际情况。就我市市场上仅有的一条A级外保温材料生产线——酚醛树脂（PF）板而言，单方造价约150元/m^2（1500元/m^3）。与B_1级EPS板进行比较，单方造价将增加近120元/m^2（1200元/m^3），仅外墙外保温材料一项我市今年我市建筑工程将增加近22亿元的资金，其中“既改”资金将增加约2.4亿元，棚户区改造资金将增加约1.45亿元，廉租、经济适用及保障性住房增加约2.25亿元。经济上无法满足我市的实际。

但对于目前只设置防火隔离带以及高标准的高层和大型建筑可以运用该类产品。

3. 我市相关产业转型需全面考虑。根据调研，我市目前具有 EPS 板、XPS 板生产企业近 100 家，资产总投入近 3 亿元，从业人数约 3500 人。如将民用建筑外保温材料的燃烧性能级别提高至 A 级，EPS 板及 XPS 板行业将面临颠覆式的转型。从经济层面来说，将造成巨大的社会资产损失和浪费；从社会层面来说，有可能造成大量的人员下岗，并因此造成一定的社会问题。

综上所述，就我市目前的实际情况而言，不宜将民用建筑外保温材料的燃烧性能级别提高至 A 级。

（二）宜将燃烧性能级别提高至 B_1 级

在市场供应、生产工艺、造价等条件满足情况下，本着科学、务实、稳步的态度，应将我市民用建筑外保温材料的燃烧性能级别提高至 B_1 级，原因如下：

1. 现行标准可以满足 B_1 级的防火要求。将民用建筑外保温材料的燃烧性能级别提高至 B_1 级，仍符合现行标准《外墙外保温工程技术规程》和《民用建筑外保温系统及外墙装饰防火暂行规定》的相关要求。

2. 技术工艺和生产规模能够满足市场需求。通过调研，我市在行业管理部门备案的企业，均具备生产燃烧性能级别为 B_1 级 EPS 板、XPS 板的技术工艺。并且年生产 EPS 板 120 万立方米、XPS 板 60 万立方米的能力，完全可以满足我市的建筑用量。

3. 经济上可以承受。根据调查，将燃烧性能级别从 B_2 级提高至 B_1 级，EPS 板总造价涨幅约 10 元/m^2（100 元/m^3），XPS 板总造价涨幅约 5 元/m^2（50 元/m^3），这对材料定额的调整影响不是很大，总体是可以接受的。

4. 可以避免一定的社会问题。由于升级对 EPS 板和 XPS 板行业影响不是很大，不会造成可能引发的经济和社会问题。

综上所述，应将民用建筑外保温材料的燃烧性能级别提高至 B1 级。

四、相关建议

尽管适度提高建筑外保温材料的燃烧性能级别，可以有效从源头抓好建筑防火工作，但这不是消除火灾隐患的唯一“良药”，还是应该树立“以防为主，防、消结合”的防患意识，并建议着重做好以下几方面的工作：

（一）注重体系防火的理念。尽管材料的燃烧等级对建筑外保温的防火意义重大，但体系防火相比更重要，故在提高材料的燃烧等级的同时，更树立体系防火的理念，提高外保温体系的防火性能。

（二）依据规定迅速制定防火构造措施及标准图集。提高燃烧性能级别后，应迅速制定与之相适应的构造措施及标准图集，其主要内容主要为：一是防火隔离带；二是挡火梁。

（三）加强材料质量监管。一是制定安全生产制度，强化质保体系；二是生产企业应具备一定的生产条件，如陈化场、质量自测能力等；三是加强外墙外保温材料进场质量控制。外墙外保温材料进场时，必须严格核查材料供应方提供的产品质量证明文件，无有效质量证明文件的不准进场；四是强化行业自律，在接受行业管理部门管理的同时，要对不符合协会规定的企业实行清理制度；五是实行外保温材料建筑用标识制度，对各自产品实行负责制；六是以委托制对生产企业进行批次抽检，确保检测质量。

（四）加强建筑施工现场监管。一是制定符合我市的外墙外保温施工防火安全管理规定。要对施工准备、材料堆放、施工防火、成品保护、监理旁站、见证取样等环节进行细化，切实加强对施工环节的管理；二是施工单位应落实外保温工程施工防火安全责任制，确定外保温施工单位现场负责人，具体负责施工现场的防火安全工作；三是施工现场保温材料应单独存放和保管，保温材料露天存放时，应采用不燃材料完全覆盖；四是保温材料的储存、运输及施工等过程应与电源、火源等火灾危险源保持一定的安全距离，同时应对电路线路等的安全隐患进行定期检查，加强用电、用火安全管理；五是保温材料应在电焊等工序结束后进行铺设。确需在保温材料铺设后进行电焊等工序的，电焊部位周围应采用防火毯进行防火保护，并配备接电渣盒和消防器材；外保温工程施工作业工位应配备足够的消防灭火器材。

（五）适度提高材料的燃烧性能级别。一是根据调研，我市具备将燃烧性能级别从 B_2 级升级至 B_1 级的条件。除了加强管理体系和外保温体系的同时，建议对民用建筑外保温材料燃烧性能级别要求提高至 B_1 级；二是为不影响我市既有建筑节能改造总体造价的条件下，建议调整材料定额；三是建议加快 B_1 级材料的大型试验，并研究分析相关数据指标，为提高等级做好基础工作。

（六）完善监督检查联动机制，形成闭合式管理。各部门应按照职责分工，密切配合，完善外墙外保温工程监督检查联动机制，积极开展联合检查工作，并对检查结果予以公布，对违法违规的企业和单位依法予以处罚。

1. 建设行政主管部门负责全市建筑节能保温系统及其构成材料的备案、认定、准入及监督管理工作，并对本辖区内建筑工程外墙外保温施工标准及防火安全工作执行情况、建筑节能保温系统及其构成材料应用情况进行监管。同时，对有关部门履行外墙外保温工程消防安全工作职责情况进行督促检查，建立相应的问责机制；

2. 质量技术监督部门负责监督全市建筑外墙保温材料的生产企业是否按照标准和相关规范进行生产，增加监督抽查批次，对不合格产品严厉查处，确保产品质量安全；

3. 消防部门应加大对本地区外墙外保温工程消防工作的监管力度，明确、细化有关部门的消防工作职责，量化工作目标，加强部门之间的信息沟通，及时将消防安全专项治理以及认定的重大火灾隐患等情况进行通报；

4. 工商部门应对外墙外保温材料流通领域进行监督管理，尤其应加强对各大建材市场的管理，严厉打击假冒伪劣产品，规范行业市场。同时，对要求将消防行政审批作为开办前置条件的企业、个体工商户进行严格把关，杜绝违规、违法审批。

5. 整治企业自身不规范的生产行为，对违规企业加大处罚力度，制定“清理”机制，以净化和规范生产企业。

（七）适度放宽防火检测权限。目前我市存在建筑工程量大，施工工期短，消防质检单位少的实际情况。对此，建议适度放开检测权限，允许自治区和市具有资质的检测单位进行消防有关参数的检测。

（八）积极推进自保温体系和新材料、新体系的研究，改变当前外保温体系比较单一的情况。利用政府资金引导和扶持，一是进一步研究开发多类型的外保温防火构造体系，并开展我市外墙保温体系防火试验标准的研究。二是研制开发性能好、成本低轻型防火保温材料，切实提高我国外墙外保温防火安全性。

（九）加强宣传教育培训，提高消防意识。由建设、消防、质检等部门组成培训组，对生产、施工、监理等各环节进行消防安全培训，并须持证上岗。

附表：1. 我市相关外墙保温材料基本情况；

2.《建筑材料及制品燃烧性能分级》相关规定

3. 现行国家外墙外保温系统标准材料体系表；

4.《民用建筑外保温系统及外墙装饰防火暂行规定》部分内容；

5. 我市建筑工程量及外墙外保温材料使用量。

附表 1

我市相关外墙保温材料基本情况

材料 \ 指标		重度（kg/m³）	燃烧性能	保温性能（W/(m·K)）	2010 年产量（万 m³）	2011 年预计产量（万 m³）[2]	建筑面积折合量（万 m²）[3]	材料单方造价（元/ m²）	技术	适用标准	是否满足我市实际热工条件
有机材料	EPS 板	20±2	B_1/B_2	0.038～0.041	120	120	2300	40/30	成熟	国标	满足
	XPS	30～40	B_1/B_2	0.028～0.03	60	60	1540	50/40	成熟	国标	满足
	胶粉聚苯颗粒	180～250	B_1	0.059～0.060	1.5	1.5	32	≥55	成熟	国标	厚度足够时满足
	酚醛树脂（PF）板	40	A/B_1	≤0.035	0.05	0.5	19	≥150	较成熟	企业标准，已报建设厅备案	满足
无机或复合材料	岩棉	100～300	A	0.047～0.093	约 10	约 10	约 192	55～80	岩棉板的生产工艺不成熟	无	不满足
	玻璃棉、泡沫玻璃、玻化微珠	100～300	A	0.047～0.093	0	0	乌市暂无生产企业	80～100	无	无	不满足
自保温体系	页岩多孔砖	40	A	标块传热系数：0.4 W/(m²·K)	3	50	211	88	承重体系应用有待研究，有关参数有待验证	企业标准已出台	满足
	加气块	500～850	A	0.08～0.15	50	50	384	90	较重，只可用于填充墙	企业标准	厚度足够时满足

注 2：根据调研，各材料的预计产量

注 3：依据标准，以满足节能 50%的相关指标进行折算。

《建筑材料及制品燃烧性能分级》相关规定 **附表 2**

标准名称：《建筑材料及制品燃烧性能分级》GB 8624—1997

等级分级：

<table>
<tr><th colspan="2">燃烧等级</th><th>燃烧性能</th></tr>
<tr><td rowspan="2">A</td><td>均质材料</td><td>不燃材料</td></tr>
<tr><td>复合夹心材料</td><td>不燃材料</td></tr>
<tr><td colspan="2">B_1</td><td>难燃材料</td></tr>
<tr><td colspan="2">B_2</td><td>可燃材料</td></tr>
<tr><td colspan="2">B_3</td><td>易燃材料</td></tr>
</table>

现行国家外墙外保温系统标准材料体系表 **附表 3**

<table>
<tr><th>标准</th><th>外墙外保温系统构造</th><th>保温材料</th></tr>
<tr><td rowspan="5">《外墙外保温工程技术规程》
JGJ 144—2004
（现行）</td><td>EPS 板薄抹灰外墙外保温系统</td><td>EPS 板</td></tr>
<tr><td>胶粉 EPS 颗粒保温浆料外墙外保温系统</td><td>EPS 板</td></tr>
<tr><td>EPS 板现浇混凝土外墙外保温系统</td><td>EPS 板</td></tr>
<tr><td>EPS 钢丝网架板现浇混凝土外墙外保温系统</td><td>EPS 板</td></tr>
<tr><td>机械固定 EPS 钢丝网架板外墙外保温系统</td><td>EPS 板</td></tr>
<tr><td rowspan="7">《外墙外保温工程技术规程》
JGJ 144—2008
（征求意见稿）</td><td>粘贴泡沫塑料保温板外保温系统</td><td>EPS 板、PU 板和 XPS 板</td></tr>
<tr><td>胶粉 EPS 颗粒保温浆料外保温系统</td><td>胶粉 EPS 颗粒保温浆料</td></tr>
<tr><td>EPS 板现浇混凝土外保温系统</td><td>EPS 板</td></tr>
<tr><td>EPS 钢丝网架板现浇混凝土外保温系统</td><td>EPS</td></tr>
<tr><td>胶粉 EPS 颗粒浆料贴砌保温板外保温系统</td><td>胶粉 EPS 颗粒浆料、保温板</td></tr>
<tr><td>现场喷涂硬泡聚氨酯外保温系统</td><td>聚氨酯、胶粉 EPS 颗粒保温浆料</td></tr>
<tr><td>保温装饰板外保温系统</td><td>EPS 板、XPS 板或 PU 板</td></tr>
</table>

《民用建筑外保温系统及外墙装饰防火暂行规定》部分内容 **附表 4**

<table>
<tr><th colspan="2">建筑形式</th><th>高度</th><th>保温材料燃烧等级</th><th>防火隔离带</th><th>其他</th></tr>
<tr><td rowspan="4">非幕墙式建筑</td><td rowspan="4">住宅建筑</td><td>$h<24$m</td><td>大于 B2</td><td>B2 时每三层设置</td><td rowspan="4">外保温系统应采用不燃或难燃材料作防护层。防护层应将保温材料完全覆盖。首层的防护层厚度不应小于 6mm，其他层不应小 3mm。
采用外保温系统的建筑，其基层墙体耐火极限应符合现行防火规范的有关规定。</td></tr>
<tr><td>24m$\leqslant h<60$m</td><td>大于 B2</td><td>B2 时每两层设置</td></tr>
<tr><td>60m$\leqslant h<100$m</td><td>大于 B2</td><td>B2 时每层设置</td></tr>
<tr><td>$h\geqslant100$m</td><td>A</td><td>—</td></tr>
</table>

续表

建筑形式		高度	保温材料燃烧等级	防火隔离带	其他
非幕墙式建筑	其他民用建筑	$h<24$m	大于 B2	B2 时每层设置	外保温系统应采用不燃或难燃材料作防护层。防护层应将保温材料完全覆盖。首层的防护层厚度不应小于 6mm，其他层不应小 3mm。 采用外保温系统的建筑，其基层墙体耐火极限应符合现行防火规范的有关规定。
		24m$\leqslant h<50$m	B1、A	B1 时每两层设置	
		$h\geqslant 50$m	A	—	
幕墙式建筑		$h<24$m	B1、A	B1 时每层设置	外保温系统应采用不燃材料作防护层，防护层厚度不应小于 3mm
		$h\geqslant 100$m	A	—	

我市建筑工程量及外墙外保温材料使用量 **附表 5**

项目 \ 时间	2010	2011	“十二五”
棚户区改造	101.5 万 m^2	121 万 m^2	216 万 m^2
“既改”	250.5 万 m^2	200 万 m^2	1500 万 m^2
经济适用房、廉租房、保障房	167.07 万 m^2	187.7 万 m^2	620 万 m^2
富民安居	12290 户[5]	11568 户	107052 户
抗震加固	52 万 m^2	14 万 m^2	60 万 m^2
新建建筑	1212.06 万 m^2	1300 万 m^2	6500 万 m^2
合计	1655 万 m^2	1827.7 万 m^2	8946 万 m^2

注 4：数据分别来源于市建委、房产局的 2010 年年度总结、2011 年年度计划及“十二五”规划。

注 5：由于农户实际情况，2010 年及 2011 年的实际用量不大。

乌鲁木齐市超低能耗建筑应用示范项目

乌鲁木齐市建设委员会

二〇一一年六月三十日

中德合作《干旱区特大城市乌昌地区环境保护与可持续发展研究》子项目

——乌鲁木齐市超低能耗建筑应用示范项目工作报告

项目组织单位：乌鲁木齐市建设委员会
新疆环境保护科学研究院
德国海德堡能源与环境研究所（IFEU）
项目设计单位：新疆大学建筑工程学院
新疆大学建筑设计研究院
北京文化桥建筑设计有限公司
技术支持单位：新疆新能源研究所
新疆电力科学院
德国达姆斯达特被动式建筑研究所
项目施工单位：新疆天一建工投资集团有限责任公司

目　录

一、乌鲁木齐市建筑及能耗现状

（一）大气污染状况

乌鲁木齐市大气环境污染呈现明显的季节性变化，冬季大气污染极为严重，呈现典型的煤烟型污染特征。造成我市大气污染的客观原因是乌鲁木齐市区东西南三面环山，冬季逆温现象严重，城市中心区大量集中采暖锅炉的烟囱排放出高温烟尘，加剧了空气污染。主观因素主要包括：一是能源结构不合理；二是工业和建筑领域的节能降耗工作有待加强；三是分散锅炉和燃煤小锅炉等生活面源低空直接排放造成的污染十分严重；四是机动车尾气污染日趋加重；五是环境监察及监测能力体系建设有待完善。

（二）建筑现状

截至2010年底，乌鲁木齐主城区既有建筑总面积约1.12亿m^2，其中居住建筑约8000万m^2，占总建筑存量的71.4%，公共建筑约3200万m^2，占总建筑面积的28.6%。既有建筑中新建节能建筑约4200万m^2，经过节能改造的既有建筑约545万m^2，非节能建筑约6455万m^2，占总建筑存量的比例分别为3.8∶0.5∶5.7。

（三）能耗状况

据统计，2009年全社会耗煤量1500万t，其中，采暖煤耗308万t，占总煤耗的20.5%。2010年，通过采取既有建筑节能改造、热电联产并网、煤改气、清洁能源供热等措施，预计2010年采暖期全市采暖煤耗约220万t，与上个采暖期相比，供热煤耗可降低88万t，SO_2减排1.1万t，烟尘减排6160t。2009年与2010年采暖期耗煤量及污染物排放量对比见图11-4-33。

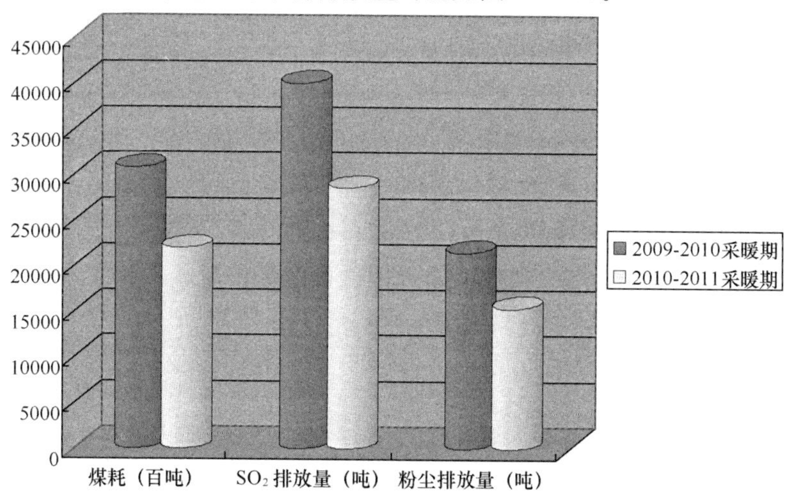

图11-4-33　两个采暖期耗煤量、污染物排放量对比图

近年来，我市建筑能耗占全社会总能耗的比重越来越大，目前已达30%左右。经测算，乌鲁木齐地区非节能建筑采暖期平均采暖耗煤约为37公斤标准煤，故我市主城区非节能建筑总耗煤量约为240吨标煤。我市非节能建筑、50%节能建筑、65%节能建筑及超低能耗建筑耗热量及耗煤量指标见表11-4-24。

不同节能状况下居住建筑能耗指标对比表 **表11-4-24**

	非节能建筑		50%节能建筑		65%节能建筑		超低能耗建筑	
指标	耗热量指标（W/m²）	耗煤量指标（kg/m²）	耗热量指标（W/m²）	耗煤量指标（kg/m²）	耗热量指标（W/m²）	耗煤量指标（kg/m²）	耗热量指标（W/m²）	耗煤量指标（kg/m²）
数值	47.7	37	21.8	17	15.3	11.9	3.9	3.0

超低能耗建筑与非节能建筑、50%节能建筑及65%节能建筑能耗标准对比见图11-4-34。

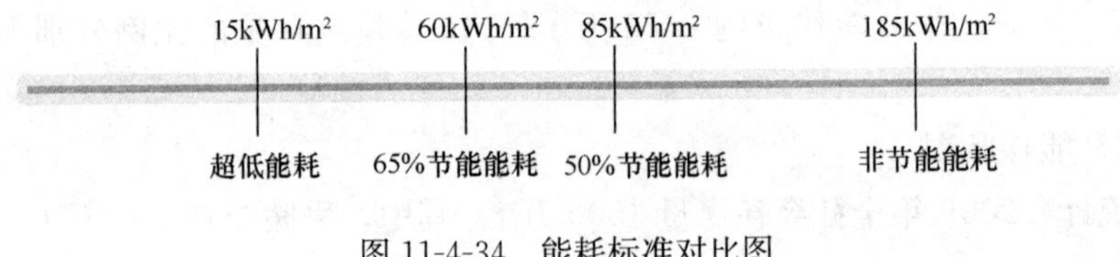

图11-4-34 能耗标准对比图

二、项目概况

（一）项目背景

2005年4月，自治区环保局和德国海德堡大学拟定了中德合作《干旱区特大城市乌昌地区环境保护与可持续发展研究》项目。该项目分水资源、能源、废物资源化和健康与环境四个板块，项目总投入为1000万欧元。2007年，通过中德项目组的多次考察、研讨，在能源板块中决定先启动建筑节能方面的研究和示范工程建设。2009年，我市将建筑面积973m²的乌鲁木齐市现代设施农业科技示范园综合楼作为既有建筑进行超低能耗建筑节能改造试点；将建筑面积5000m²的大通房产公司“幸福堡”综合楼项目作为新建超低能耗建筑试点。以上项目既是中德合作干旱区特大城市环境保护与可持续发展研究项目能源板块的子项目，也是乌鲁木齐市超低能耗建筑试点项目。这将为我市探索超低能耗技术的本地化，研究出台适合乌鲁木齐地区的超低能耗建筑技术规程和相关政策，进一步提高我市建筑节能标准和水平奠定基础。

（二）乌鲁木齐市现代设施农业科技示范园综合楼概况

乌鲁木齐市现代设施农业科技示范园综合楼位于乌鲁木齐县水西沟镇，主要用于培训、会议和住宿，共计房间22间，于1995年建成，两层砖混结构，预制楼板，建筑面积973m^2，墙体为370实心黏土砖（传热系数1.436W/（m·K）），窗为双层钢窗（传热系数3.26W/（m·K）），供热采用集中供暖方式，采暖能耗约为200kWh/m^2·a，原有建筑设防烈度为7度。

该项目的改造引进了德国的先进节能环保改造设计理念，集成保温、门窗改造、可再生能源利用等多种节能创新技术为一体，对综合楼进行节能改造，实现园区楼宇日常使用高效能、低能耗。

图11-4-35 乌鲁木齐市现代设施农业科技示范园综楼改造前

项目由德国海德堡能源与环境研究所（IFEU）、乌鲁木齐市建设委员会共同发起，由新疆大学建筑设计研究院和北京文化桥建筑设计有限公司共同参与建筑设计，德国达姆斯达特被动式建筑研究所为此项目提供技术支持。新疆新能源研究所提供太阳能跨季蓄热供暖及热水技术并实施该工程。新疆电力科学院在已有聚光型球状硅太阳能光伏电站基础上提供并网技术支持，由新疆天一建工投资集团有限责任公司施工，工程于2010年7月开工，2011年6月验收。2011年2月，由新疆大学建工学院对工程进行了热工性能检测。工程总投资282.16万元，其中政府补贴资金100万元。

三、项目实施

（一）项目预期目标

1. 建成西北首个“零排放”超低能耗建筑示范项目；2. 相关指标：室内采暖耗热量为420kWh/m^2·a，节能效率达到80%以上。上述节能率计算只考虑使用常规能源，若利用太阳能集热系统、太阳能供电等清洁能源技术提供供热能源，则对外接采暖制冷能源的需求量更少；3. 形成项目能耗分析报告，获得德国超低能耗建筑认证；4. 根据示范工程经验，为编制适合本地区的被动式建筑地方规程做好准备。

（二）项目技术方案

1. 原有设计：

墙体：370mm 实心黏土砖墙（局部为 240mm）；

窗户：双层空腹钢窗；

地面：素土夯实层、混凝土垫层、地砖贴面；

屋顶：预制空心板、水泥珍珠岩板 120mm；

原则：向阳性，表面比、温度曾及缓冲区。

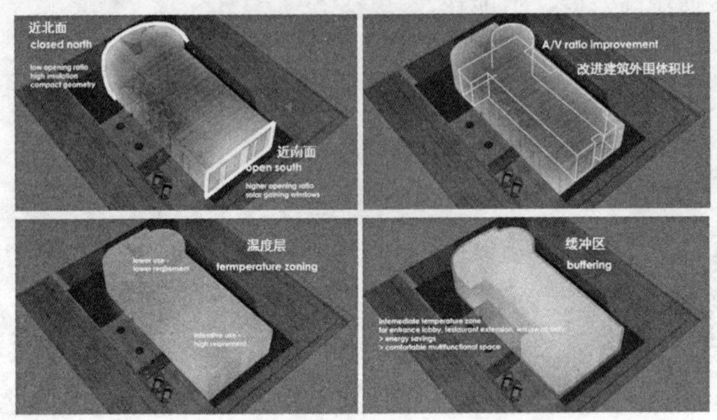

图 11-4-36　改造设计分析模拟图

2. 设计目标：通过工程改造实现节能率 80%以上（与改造前相比），抗震设防护烈度满足 8 度要求。

3. 具体设计做法：

墙体：外贴 150mmXPS 复合保温铝板；

外窗：双层单框三玻塑钢窗；

屋面：8mm 防滑地砖、30mm1∶3 水泥砂浆、两层 3mmSBS 改性防水卷材、30mmC20 细石混凝土、30mm 水泥砂浆找平层、200mmXPS 保温板、预制空心板；

地面：素土夯实层、混凝土垫层、100mmXPS 保温板、地砖面层。

改造中将原有圆窗改为方窗，缩小餐厅窗面积 50%，缩小北向窗面积 30%。

供热方式：水暖地板辐射供暖，大多数房间设置分户控制，并采取防冻控制措施；现有地面面层剔除，地面按地面辐射采暖的铺设方式设置，垫层采用轻质陶粒混凝土。一层地面保温层厚度为 100mmXPS；外墙保温需伸至一层地面保温以下 80cm 处。

供暖和生活热水：供暖和生活热水的主要热源为太阳能，主要通过窗户和太阳能集热器获取。集中供热或电加热作为辅助热源；屋顶太阳能集热面积为 $127m^2$，（集热器荷载小于 $60kg/m^2$），太阳能板由钢结构支撑，避免保温层及防水层被穿透；安装电表、热表及太阳能热计量设施。

结构设计：依据相关规范要求，通过结构计算，进行抗震加固，使该既有建筑通过改造，满足 8 度设防要求。

（三）项目组织实施

（1）外墙节能保温工程

节能保温装饰板施工工艺流程施工：检查处理基层—吊垂直—弹线、排板、分格—复合施工图和现场尺寸—下单裁切节能装饰板—刮结合粘结层—粘结节能装饰板—机械固定件定位—检查平整和顺直—嵌缝—勾缝—揭保护膜—清洁板面—验收撤架。

（2）屋面工程

屋面工程做法：旧楼屋面清除至原隔气层。操作工艺

工艺流程：基层清理→涂刷基层处理剂→细部附加增强处理→弹粉线→热熔铺贴卷材。

（3）塑钢窗

工艺流程：弹线找规矩→门窗洞口处理→门窗洞口内埋设连接铁件（铁附框）→窗拆包检查→按图纸编号运至安装地点→检查保护膜→窗安装→窗口四周嵌缝→清理→安装五金配件→安装密封条，打密封胶→质量检查。

（4）采暖工程

房间为低温地板辐射采暖系统，鉴于地板采暖为隐蔽工程，为确保施工及安装质量，达到室内采暖设计要求，必须选择经过专门技术培训具有施工资质的队伍进行施工。

（四）项目投资

工程总投资 282.16 万元，其中政府补贴资金 100 万元。各项造价如表 11-4-25所示。

项目改造各项造价 **表 11-4-25**

分项	抗震加固	节能改造	功能性提高	太阳能利用	合计
金额（万元）	35	200	7.16	40	282.16

四、项目主要成果

（一）目标完成情况

原设计中采用夜墙方案，后改为双层单框三玻塑钢窗，其传热系数不大于 0.9W/（m^2·K）；高效的围护结构保温方案；热效率不小于 70％的新风余热回收技术；分区控温的低温辐射采暖系统；可再生能源——太阳能跨季储热技术。

预期目标完成情况　　表 11-4-26

	预期目标	实际情况
1	2010 年 5 月底前开工，2010 年 11 月前竣工	2010 年 7 月开工，2010 年 11 月完成主体完工，2011 年 6 月完成五方验收
2	室内采暖耗热量为 420kWh/（m^2·a），节能效率达到 80%以上。若利用太阳能集热系统、太阳能供电等清洁能源技术提供供热能源，则对外接采暖制冷能源的需求量更少	室内采暖耗热量为 420kWh/（m^2·a），节能效率达到 85.74%。利用太阳能集热系统、太阳能供电等清洁能源技术提供供热能源，实现了外接采暖制冷能源的需求量，并实现了 CO_2"零排放"
3	该项目完工后，将委托本地科研院所配合德国被动式建筑研究所对我市项目进行相关测试分析和研究，形成项目能耗分析报告，德国对项目进行超低能耗建筑认证	形成了： 1.《乌鲁木齐市超低能耗建筑应用示范项目工作报告》； 2.《乌鲁木齐市南山生产力促进中心培训中心改造项目分析报告》； 3. 德国对项目进行了超低能耗建筑认证
4	根据示范工程经验，为编制适合乌鲁木齐地区的被动式建筑地方规程做好准备	在实施大通房产公司"幸福堡"综合楼项目后，我市将着手进行乌鲁木齐地区的被动式建筑地方规程的编制
5	通过工程改造实现节能率 80%以上（与改造前相比），抗震设防护烈度满足 8 度要求	能效率达到 85.74%，抗震设防护烈度满足 8 度要求

（二）"零排放"

乌鲁木齐市现代设施农业科技示范园综合楼项目通过一系列的节能技术改造，围护结构保温效果大大提高。项目实际运行过程中电耗有：循环水泵、生活用电、新风系统电机。按照设计配套的太阳能发电装置完全可以满足用电所需。且跨季储热系统也完全可以满足项目采暖所需能源。实现了该项目的"零排放"（表 11-4-27）。

碳"零排放"　　表 11-4-27

	改造前	改造后	节能率（%）
耗热量 W/m^2	60.05	8.56	85.74
碳排放 mg/a	136	0	100

（三）太阳能跨季储热

太阳能跨季储热供暖是当今世界最前沿的太阳能热利用技术之一，通过独特的跨季地下储热、季节供暖技术，将非采暖季的太阳辐射热收集存储，在冬季采暖期间将储存的热量提取出来并与太阳能集热系统一起为建筑供暖。太阳能跨季储热供暖系统的能效比 COP 可达到 20 以上；在 65%的节能建筑上，太阳能跨季储热供暖的运行费用仅为 3～6 元/m^2，比水地源热泵低 70%左右，比空气源热泵低 90%左右，比燃煤低 80%左右；跨季储热系统的太阳能集热效率在 60%～70%，地下储热效率在 80%～90%；蓄热库每立方米蓄热能力达到 288MJ/m^3；地下蓄热库储热温度达到 80～90℃，供暖出口水温达到 50℃左右。太阳能跨季储热系统的建造费用：北疆地区：1000m² 以下建筑在 400～500 元/m²；1000m²～5000m² 的建筑在 350～450 元/m²；5000m²～1 万 m² 的建筑在 300～400 元/m²；1 万 m² 以上的建筑或建筑群在 250～350 元/m²；南疆地区工程造价比北疆约低 30%。乌鲁木齐市现代设施农业科技示范园综合楼"零排放"超低能耗建筑示范项目在本建筑上建设我国首个太阳能跨季地埋储热供暖系统示范工程。

（四）改造效果

乌鲁木齐市现代设施农业科技示范园综合楼"零排放"超低能耗示范项目集成了建筑保温、门窗改造、可再生能源利用、新风系统、改变窗墙比、跨季储热技术等多种节能创新技术，实现了德国先进的节能环保改造设计理念在我市的本土应用。各环节节能效果如下：

1. 外围护结构

围护结构构造　　表 11-4-28

围护结构	具体构造
屋面	8mm 防滑地砖、30mm1∶3 水泥砂浆、两层 3mmSBS 改性防水卷材、30mmC20 细石混凝土、30mm 水泥砂浆找平层、200mmXPS 保温板、预制空心板，K 值为 0.16W/（m²·K）
外窗	双层单框三玻塑钢窗，改造中将原有圆窗改为方窗，缩小餐厅窗面积 50%，缩小北向窗面积 30%，K 值为 0.85W/（m²·K）
墙体	外贴 150mmXPS 复合保温铝板，K 值为 0.35W/（m²·K）
地面	素土夯实层、混凝土垫层、100mmXPS 保温板、地砖面层

图 11-4-37　外围护结构改造后效果

2. 新风系统

本项目使用的新风系统是带有高效热回收的机械式新风系统，新风余热回收50%效率，既减少了换气热损失，又提高了室内空气品质。

图 11-4-38　新风系统效果

3. 能量分项计量

安装电表、热表和太阳能热计量设施，确保各项用能的分项计量，并实现了分项控制。

图 11-4-39　能量分项计量表效果

（五）测试数据及分析

目前乌鲁木齐市现代设施农业科技示范园综合楼“零排放”超低能耗示范项目已完成施工，由于该项目的太阳能利用部分于今年完成，整体节能效果只有在下个采暖期过后才能给予完整的体现。现就目前已完成的测试数据进行分析：

1. 参数选取

各部位传热系数［W/（m^2·K）］　**表 11-4-29**

部位	改造前	改造后理论值	改造后实测值
屋顶	1.2	0.15	0.16
外墙	1.519	0.2	0.35
门窗	3.26	1.5	0.85
地面	0.5（0.3）	0.15	—
外门	4.7	2.5	—

续表

部位	改造前	改造后理论值	改造后实测值
换气次数	0.8 次/h	0.5 次/h	—
体形系数	0.38	—	—
采暖期室外温度	−4.4℃	采暖期室内温度	20℃
采暖期天数	183d	建筑面积	983.88m^2
建筑体积	3274.09m^3	换气体积	2128.15m^3

计算中考虑太阳辐射的热量，对传热系数修正。

2. 计算对比

改造前后理论计算：

各种状态能耗计算表（W/m^2） **表 11-4-30**

状态	传热耗热量（W/m^2）					空气渗透耗热量（W/m^2）	人为得热（W/m^2）	耗热量（W/m^2）	耗热量（MWh）	节能率（%）
	屋顶	外墙	外窗	外门	地面					
改造前	12.33	19.79	8.28	3.22	4.70	15.53	3.80	60.05	259.49	0.00
改造后	1.56	2.63	2.89	1.72	2.10	9.71	3.80	16.81	72.65	72.00
实测值	1.66	4.61	1.64	1.72	2.10	9.71	3.80	17.64	76.21	70.63
改造后（新风余热回收 50%效率）	1.56	2.63	2.89	1.72	2.10	1.46	3.80	8.56	37.00	85.74
实测值（新风余热回收 50%效率）	1.66	4.61	1.64	1.72	2.10	1.46	3.80	9.39	40.56	84.37

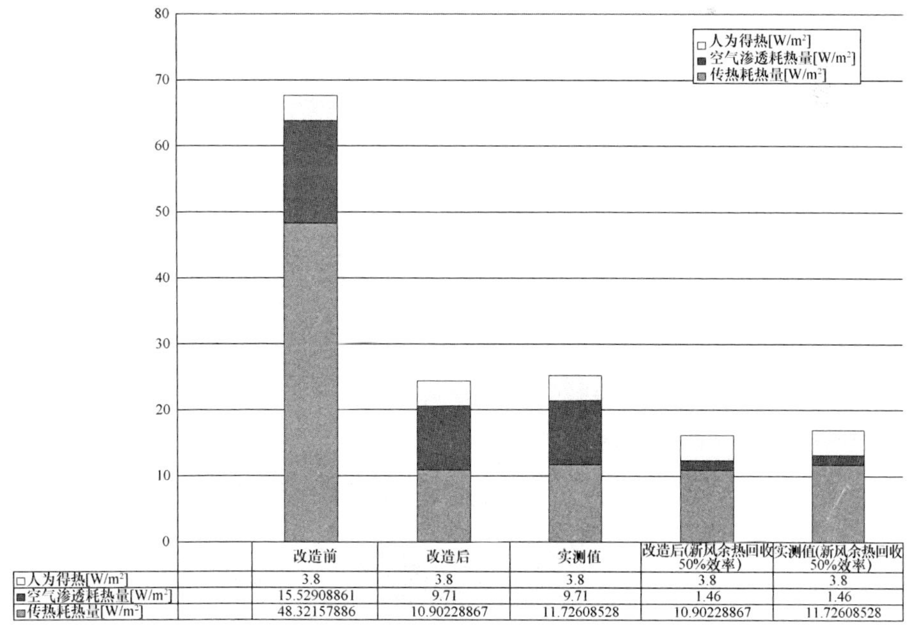

	改造前	改造后	实测值	改造后(新风余热回收50%效率)	实测值(新风余热回收50%效率)
人为得热[W/m^2]	3.8	3.8	3.8	3.8	3.8
空气渗透耗热量[W/m^2]	15.52908861	9.71	9.71	1.46	1.46
传热耗热量[W/m^2]	48.32157886	10.90228867	11.72608528	10.90228867	11.72608528

图 11-4-40　不同状态下的能耗

2010～2011采暖季实际安装的热计量表测试数据为50.26 MWh，采暖季未使用新风余热回收技术，测试时间为2011年1月6日至2011年4月20日，采暖季从2011年1月下旬温度较历年偏低很多，室温一般在24℃以上。

2011年1月14日至1月19日，新疆大学建筑工程学院项目组对南山项目进行了测试，折算到全年能耗为60.71 MWh，说明改造后效果优于理论计算。

3. 分析

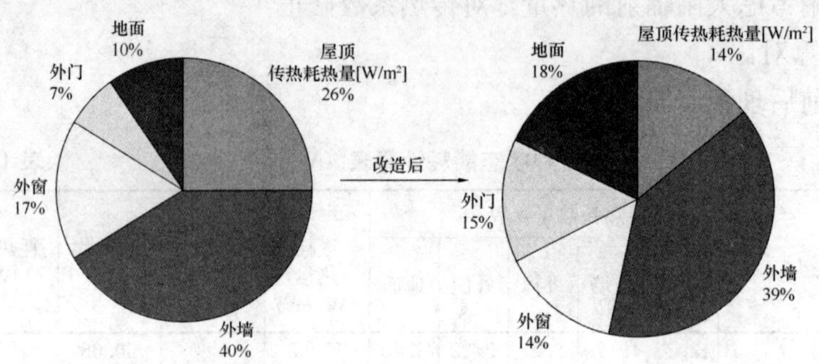

图 11-4-41　改造前后各部位传热耗热量所占的百分比

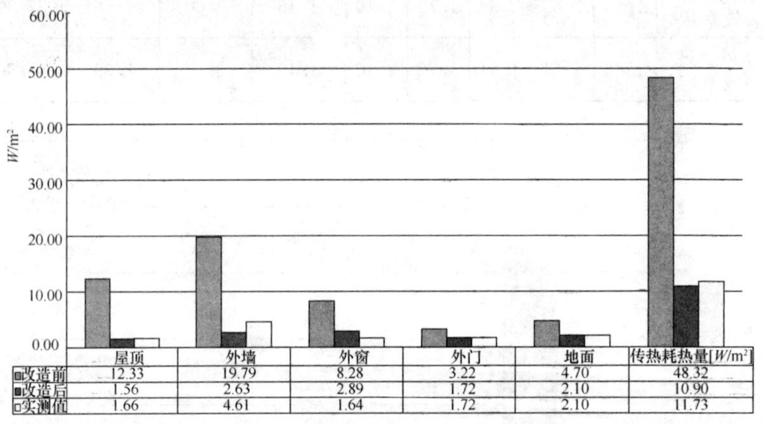

	屋顶	外墙	外窗	外门	地面	传热耗热量[W/m²]
改造前	12.33	19.79	8.28	3.22	4.70	48.32
改造后	1.56	2.63	2.89	1.72	2.10	10.90
实测值	1.66	4.61	1.64	1.72	2.10	11.73

图 11-4-42　改造前后各部位的传热耗热量

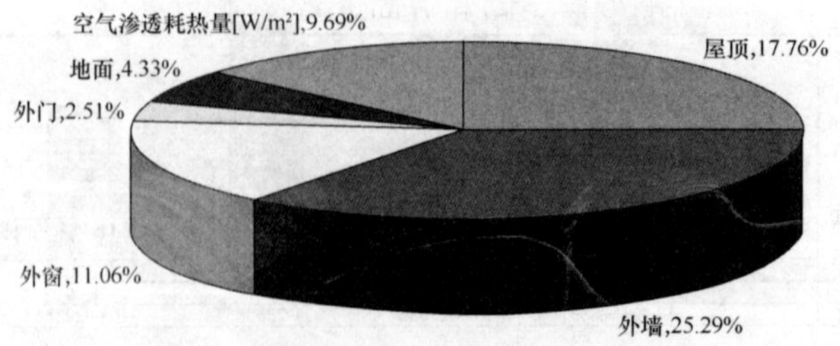

图 11-4-43　改造效果各部位节能贡献率

五、结论

该项目实现了二氧化碳的“零排放”。德国教研部对于该项目进行了“零排放”认证（图 11-4-44）。

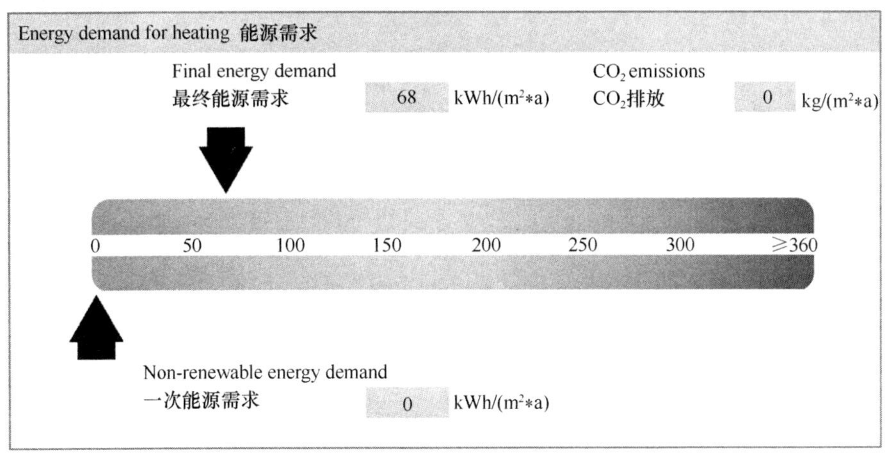

图 11-4-44　改造前后各部位传热耗热量所占的百分比

乌鲁木齐市现代设施农业科技示范园综合楼“零排放”超低能耗示范项目和大通房产公司“幸福堡”综合楼超低能耗示范项目委托文化桥建筑设计有限公司及本地设计院所共同设计，采用智能围护结构、高效能源系统、建筑智能化系统等集成技术，充分体现建筑节能与可持续发展的理念。项目在节能减排理念方面十分先进，摆脱以往高科技项目必定高投资、高成本的弊病，重在理念先进，设计合理，在严寒地区采用太阳能采暖的大胆尝试，利用新风余热回收技术，夜墙的使用等新技术、新方案。以上项目建设方案合理，建设资金落实，具备各项建设条件，项目建设可行。

以上项目是中德两国政府在新疆地区首次就低能耗建筑节能改造集成应用所进行的合作，项目的实施将为中国新疆乌鲁木齐及周边地区低能耗建筑的推广应用起到示范作用，为乌鲁木齐地区既有建筑有效利用各类新能源提供样板，为我市建筑节能工作提供崭新的发展思路和方向，意义重大。

盛德罗宝聚氨酯保温材料研发应用

盛德罗宝节能材料科技股份有限公司成立于2005年，是盛德基业集团旗下盛德科技品牌的核心企业，2011年被国家工商总局核准注册为无区域公司，2013年成立国际事务部并在德国成立分公司。

2005年国内首家引进德国INTE-ROBA设备、生产工艺及技术体系，并结合国内建筑业发展的现状对产品及系统进行升级改造，2013年引进目前世界最先进的硬泡聚氨酯复合板生产线，提升产品质量和产能的同时更获得专业机构及广大客户的一致好评。

盛德罗宝公司产品体系由盛德罗宝保温装饰一体化系统和盛德罗宝CPC聚氨酯复合板两大类别组成。

一、盛德罗宝保温装饰一体化系统

（一）金属饰面——罗宝板

INTE-ROBA品牌源于德国，于20世纪70年代由德国Perter Ballas先生发明。自创始以来，该品牌产品就以其优异的节能保温、装饰性、安全耐久性能迅速应用于德国及世界各地建筑。

罗宝板是由德国引进技术与设备生产的高性能墙体保温装饰板，通过龙骨镶挂在建筑物外墙面上，除罗宝板本身的保温隔热功能外，在板与墙体之间形成相对静止的空气层，构成了罗宝外墙保温装饰系统，达到外墙整体双重保温、隔热的效果。

该系统真正做到了干法施工、保温装饰一体，最大程度上避免了冷桥的发生，2006年被住建部认定为科技成果推荐产品。

该系统不但能避免外界气候（如热、冷、冰冻、雨雪、风沙等）直接作用于建筑物外墙面，有效地防止外墙面产生裂缝、霉菌；而且缓冲了因湿度、温度变化导致结构变形产生的应力，避免了雨、雪、冻、融、干、湿循环造成的结构破坏，改善墙体潮湿情况，有效地避免室内发霉的现象，减少了空气中有害气体和紫外线对围护结构的侵蚀，延长了建筑物的使用寿命。

（二）无机板饰面

罗宝保温装饰一体板无机板饰面系列是由：无机树脂板面材—聚氨酯硬泡保温芯材—水泥基背衬组合而成的夹芯结构，保温芯材为聚氨酯硬泡、底面材均为1mm厚水泥基背衬。

表层无机板主要起到防雨雪、防风沙、抗腐蚀的作用，具有外形美观、装饰性能强、使用寿命长、耐候性好、耐腐蚀、易保养、防火性能好等特点。

中间层聚氨酯硬质泡沫塑料为高效保温材料（导热系数$\lambda \leq 0.024$ W/(m•K)，与目前国内普遍采用的聚苯乙烯(EPS导热系数$\lambda \leq 0.041$W/(m•K)，XPS导热系数$\lambda \leq 0.030$ W/(m•K)相比，保温效果提高20%～40%。

底层水泥基背衬是用玻纤网格布增强的聚合物水泥砂浆薄板，用以改变复合板粘接界面的性质，使复合板与墙体的粘接变成水泥粘水泥，提高粘接相容性。

（三）陶土板饰面

罗宝保温装饰一体板薄陶土系列是由：陶土板面材—聚氨酯硬泡保温芯材—水泥基背衬组合而成的夹芯结构，保温芯材为聚氨酯硬泡、底面材均为1mm厚水泥基背衬。

表层陶土板面材主要起到防雨雪、防风沙、抗腐蚀的作用，具有外形美观、装饰性能强、使用寿命长、耐候性好、耐腐蚀、易保养、防火性能好等特点。

中间层聚氨酯硬质泡沫塑料为高效保温材料（导热系数 $\lambda \leqslant 0.024$ W/(m•K)，与目前国内普遍采用的聚苯乙烯(EPS导热系数 $\lambda \leqslant 0.041$W/(m•K)，XPS导热系数 $\lambda \leqslant 0.030$ W/(m•K) 相比，保温效果提高 20%～40%。

底层水泥基背衬是用玻纤网格布增强的聚合物水泥砂浆薄板，用以改变复合板粘接界面的性质，使复合板与墙体的粘接变成水泥粘水泥，提高粘接相容性。

（四）石材饰面

罗宝保温装饰一体板薄石材系列是由：天然石材面材—聚氨酯硬泡保温芯材—水泥基背衬组合而成的夹芯结构，保温芯材为聚氨酯硬泡、底面材均为1mm 厚水泥基背衬。

表层天然石材主要起到防雨雪、防风沙、抗腐蚀的作用，具有外形美观、装饰性能强、使用寿命长、耐候性好、耐腐蚀、易保养、防火性能好等特点。

中间层聚氨酯硬质泡沫塑料为高效保温材料（导热系数 $\lambda \leqslant 0.024$ W/(m•K)，与目前国内普遍采用的聚苯乙烯(EPS导热系数 $\lambda \leqslant 0.041$W/(m•K)，XPS导热系数 $\lambda \leqslant 0.030$ W/(m•K) 相比，保温效果提高 20%～40%。

底层水泥基背衬是用玻纤网格布增强的聚合物水泥砂浆薄板。用以改变复合板粘接界面的性质，使复合板与墙体的粘接变成水泥粘水泥，提高粘接相容性。

二、罗宝 CPC 聚氨酯复合板

（一）产品介绍

以硬泡聚氨酯为芯材，双面带有薄水泥基背衬，在工厂连续生产线成型的聚氨酯保温复合板，简称复合板（罗宝 CPC 聚氨酯复合保温板，简称罗宝 CPC 板）。

其中聚氨酯硬泡以聚醚多元醇及发泡剂等助剂构成的组合聚醚（A 组分又称白料）和多异氰酸酯（B 组分又称黑料），经聚合反应形成的具有优异保温性能的硬质聚氨酯泡沫材料（简称 pur）。

水泥基背衬是用玻纤网格布增强的聚合物水泥砂浆薄板。用以改变复合板粘接界面的性质，使复合板与墙体的粘接变成水泥粘水泥，提高粘接相容性。

（二）系统介绍

以复合硬泡聚氨酯板为保温材料，用复合硬泡聚氨酯板胶粘剂并加设锚栓安装于外墙外表面，用玻纤网进行增强的复合硬泡聚氨酯板抹面胶浆作抹面层，用涂料等轻质饰面材料进行表面装饰，具有保温功能和装饰效果的构造总称，简称外墙外保温系统。外保温系统有益于建筑物的主体结构内部冬季温度 / 湿度变化平缓；夏季结构温度稳定性增加，墙体结构热应力减少，从而冻、干、湿等作用对于主体墙的影响会大大减轻，使建筑物产生裂痕和变形的危险性减小，延长建筑物的寿命，降低能耗。

盛德罗宝公司始终秉承“发展节能事业、造福和谐社会”的企业使命，倡导”低碳、环保”的生活理念，坚持做匹配绿色建筑的高品质产品，为构建资源节约型、环境友好型的和谐社会而努力，与您一起共筑绿色“中国梦”！

盛德罗宝

CPC板薄抹灰系统：

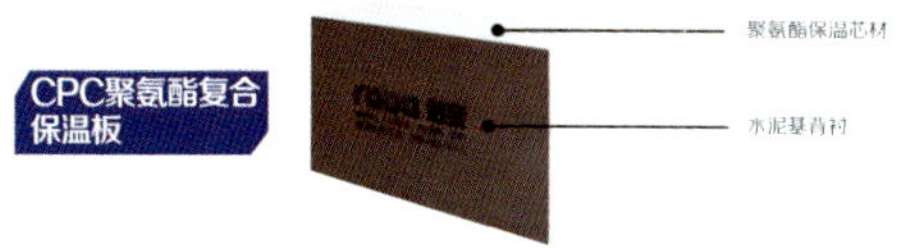

盛德罗宝产品分为两大体系（保温装饰一体化板系统和CPC板薄抹灰系统），共涵盖五种产品，匹配不同的类型、不同档次的建筑。高品质匹配绿色建筑，共筑绿色“中国梦”。

保温装饰一体化板系统：

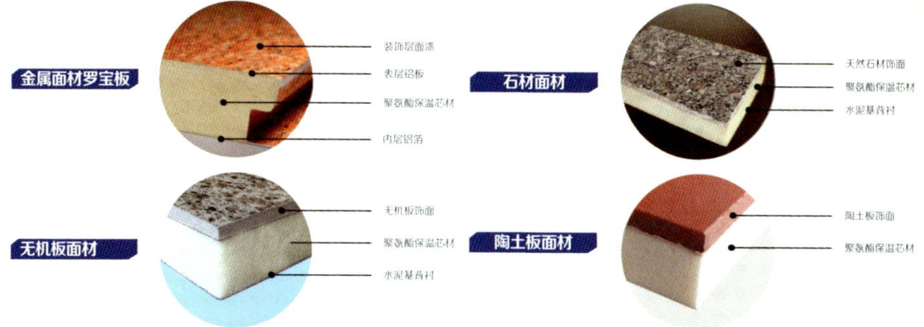

十年载耕耘 践行光辉愿景——成为被动式超低能耗绿色建筑外围护结构系统解决方案服务商

十年筑罗宝 执着光荣使命——高品质匹配绿色建筑 共筑绿色“中国梦”

盛德罗宝节能材料科技股份有限公司成立于2005年，是盛德基业旗下盛德科技品牌的核心企业，2011年9月被国家相关主管部门核准注册为无区域公司。

2005年公司首家从德国引进“INTE-ROBA”设备的生产工艺及产品体系，并结合国内建筑业发展的现状，对产品及系统进行升级改造，获得“节能保温装饰板”（专利号：2013200065191）等十余项国家专利技术。

2013年盛德罗宝引进目前世界上较先进的硬泡聚氨酯复合板生产线，提升产品质量的和产能的同时更获得专业机构及广大客户的一致好评。作为新型节能环保材料，公司罗宝板获得建设主管部门科技成果评估证书，入编建设事业“十一五”技术公告技术与产品选用手册，并由建设主管部门专门设立办公室向全国推广。

作为被动式超低能耗绿色建筑围护结构系统解决方案服务商的领军企业，盛德罗宝公司始终倡导“低碳、环保”的生活理念，坚持做匹配绿色建筑的高品质产品，为构建资源节约型、环境友好型的和谐社会而努力。

手机扫描二维码 即刻浏览网站

手机扫描二维码 添加微信关注

咨询热线：400-015-2018

展望2015

★盛德罗宝 志在远方 扬帆远航 未来更辉煌。。。

中国区总部

TEL：+86 10-85868203
FAX：+86 10-85868203
ADD：中国北京市丰台区南三环东路23号天创盛方中心A座501
POST：100078

研发生产基地

TEL：+86 316-6072533
FAX：+86 316-6066688
ADD：中国河北省廊坊市经济开发区化辛路
POST：065001

硬泡聚氨酯助力建筑节能

中国聚氨酯工业协会　李建波

一、建筑节能是我国的基本国策

我国国民经济能否保持持续稳定的发展速度，能源问题已成为一个突出矛盾。我国目前是世界上最大的建筑市场，我国既有建筑面积 400 亿 m^2，每年新增建筑量 20 亿 m^2，而目前我国新建筑中 90% 以上仍是高能耗建筑，建筑能耗已经达到全社会能耗的 27%。若不采取节能措施，到 2020 年，将有 50% 全国能源消耗在建筑上。据统计，我国建筑围护结构保温性能普遍较低，外墙和窗户的热导率系数为同等发达国家的 3~4 倍，因此采取保温隔热材料对建筑外围护进行保温是降低建筑物能耗最经济、最有效手段。

住房和城乡建设部已制订了建筑节能三年实施计划，规定从 2010 年 7 月 1 日开始，北京、天津、大连、青岛、上海、深圳六大城市的新建建筑率先达到节能 65% 的标准。到 2020 年新建建筑东部地区实现节能 75%，中西部地区实现节能 65%，同时对大部分既有建筑进行节能改造。有专家指出：如果新建建筑全面强制实施建筑节能设计标准，并对现有建筑有步骤地推行节能改造。那么到 2020 年，我国节能能耗可减少 3.35 亿吨标准煤，空调高峰负荷可减少约 8000 万 kW/h，大约接近 4.5 个三峡电站的满负荷电力，相应可减少电力建设投资约 1 万亿元。

我国建筑节能任务巨大，建筑节能已成为影响我国能源可持续发展战略决策的关键因素，是国家长期坚持不可动摇的基本国策。

二、硬泡聚氨酯材料是实现建筑节能目标的理想选择之一

实际应用表明，聚氨酯材料是目前满足安全、环保、节能要求的理想建筑墙体外保温隔热材料。其主要优点有：

（1）保温性能优越

聚氨酯硬泡保温材料的导热系数可达到0.017~0.025W/(m·K),是目前适宜大规模生产的导热系数最低的保温材料。在达到同样隔热效果条件下，其使用的保温层厚度最小。计算表明：在达到同样隔热效果条件下，50mm厚的PU硬泡，相当于80mm厚的EPS；90mm厚的岩棉和760mm厚的混凝土结构。其节能效果明显优于其他保温材料。

（2）耐火性能优异

聚氨酯硬泡属于热固性保温材料，燃烧性能 B2 级以上的聚氨酯硬泡保温材料遇火燃烧时，其表面会炭化结焦，不会形成熔融滴落物，可以有效地防止

火焰传播。

（3）力学性能优良

硬泡聚氨酯具有优异的抗风压、抗冲击、抗剪切能力，能充分保证外墙保温系统的稳定性和安全性。

尤其是喷涂聚氨酯硬泡与基层墙体表面粘结牢固，具有优良的自粘结强度，能在较宽温度范围和较高湿度条件下抵御承受风力、自重及撞击等各种负载，确保保温层与基层不产生起鼓分离、不产生开裂。喷涂聚氨酯硬泡外保温系统是唯一可以实现与基层墙体满粘，并且保温材料没有任何接缝的系统，其系统稳定性具有明显优势。

（4）防水性能优良

PU硬泡呈闭孔结构，闭孔率高达95%以上，具有优良的防水、隔湿性能，能有效阻隔水及水蒸汽渗透，不会吸水发霉，使墙体保持一个良好、稳定的隔热状态。

（5）耐低温和高温性能优良

聚氨酯硬泡可以在-50℃~150℃环境下长期使用，聚氨酯硬泡保温材料无论经受高温还是严寒，都不会使外保温体系产生不可逆的损害和变形，从而确保其安全性。

（6）产品形式多样

聚氨酯硬泡保温材料形式多样，可以采取现场喷涂、浇注、工厂预制板材等多种形式。聚氨酯硬泡可以在工厂与硅钙板、金属面板、水泥、石材等材料直接复合，实现复合板材的连续化生产。其产品形式的多样性，也是目前其他保温材料无法与之相比的。

三、聚氨酯硬泡可以实现建筑节能与防火安全兼顾

当前在建筑行业和建材市场出现了一种值得注意的舆论倾向：过度关注防火安全性，甚至有的厂家将无机材料与不合格的有机材料进行燃烧对比试验，认为所有的有机材料都是不安全的，这种比较是片面的、无意义的。就好像是用瓷砖、木地板、地毯进行一次防火对比试验，然后宣传瓷砖比木地板、地毯好，应该用瓷砖，禁用木地板和地毯一样滑稽。

保温材料的防火安全性能是实现建筑节能的必要前提，也是确保人民生命财产安全的重要条件。我们要做的不是去一味地否定一切有机保温材料，唯无机材料论，而是要研究如何采取安全措施，物尽其用。国内外的科学研究和大量的实验证明：有机保温材料只要进行了必要的阻燃处理，采取有效的安全防护措施，完全能实现建筑节能和防火安全双丰收。我们不能因为汽柴油、天然气等燃料易燃易爆，风险高，就去大力发展煤炭做燃料，我们应该做的是如何采取可靠的安全设施和措施，保障汽柴油和天然气的安全使用。建筑保温行业应和全社会共同努力，把好保温材料和保温工程的质量关，实现我国建筑节能和防火安全的双目标。

1）并不是所有的聚氨酯硬泡都可以用在建筑墙体保温领域

用于建筑墙体保温的聚氨酯硬泡要符合下述指标。

建筑墙体保温用聚氨酯硬泡性能要求：

检验项目	性能要求	试验方法
密度（kg/m^3）	≥ 30	GB/T 6343
导热系数 [W/(m·K)]	≤ 0.024	GB 10294, GB 10295
抗拉强度（MPa）	≥ 0.10	
尺寸稳定性（%）	≤ 1.0	GB 8811
燃烧性能	不低于 B2 级	GB 8624—2012

也就是说燃烧性能为 B3 级的聚氨酯硬泡是绝对不能用于建筑墙体保温领域的。

2）达到 B2 以上燃烧性能等级的硬泡聚氨酯外墙外保温系统防火安全性是有充分保障的。

《建筑外墙外保温系统的防火性能实验方法》GB/T 29416—2012 是对建筑墙体保温系统在使用过程中的防火安全性的判定方法。经过实验验证，B2 级的保温材料采取一定的防火构造措施后，其系统的防火安全性是可靠的。从理论上，保温材料和制品必须都在 B2 级以上 + 保温系统能通过模型火实验，完全可以保证外墙外保温施工过程和使用过程中的防火安全。但考虑我国的国情（高层建筑多，密度大，消防意识薄弱，消防和救援力量不足，工地管理不规范，建筑施工人员素质较低等），根据建筑的类型，可以适当提高材料的燃烧性能等级要求，同时也可以设定一个上限，对于超过一定高度和特殊建筑，必须采用 A 级材料。但是这个限定不应该过严，不能完全通过提高技术要求去解决所有的管理问题，否则很多高性能的高效保温材料会因为过高的防火要求失去发展的动力。

2014 年 8 月 27 日，住房和城乡建设部发布了《建筑设计防火规范》，并于 2015 年 5 月 1 日开始执行。至此，困扰了建筑外墙保温企业 5 年之久的防火标准之争终于尘埃落地。在这 5 年的研究过程中，虽然经历了几番反复，但终究回归了科学和理性。虽然目前的规范还存在一些不公平、不合理的条文，但毕竟将建筑保温防火安全和建筑节能统筹进行了考虑，为如何发展有机保温材料和防范火灾风险指明了方向。

四、硬泡聚氨酯燃烧产生的烟气并没有特殊的危险性

目前国内对 PU 硬泡产生一种误解，认为 PU 硬泡燃烧后必定产生大量毒性气体，由此提出此种材料不能作为建筑的内保温和外保温材料，这种见解带有一定的片面性。事实上，聚氨酯材料本身是无毒的，用来存放食物的冰箱冰柜、冷库，其保温材料都是聚氨酯泡沫；我们生活中的沙发、床垫、记忆枕；交通工具中的座椅等也都是采用的聚氨酯泡沫。聚氨酯弹性体还可以做人造血管和心脏瓣膜，聚氨酯弹性纤维（氨纶）也广泛用于内衣。

聚氨酯泡沫中含有的主要成分是碳、氢、氧和不到 10% 的氮。因此在其燃烧气体中通常能找到的主要成分是二氧化碳、一氧化碳和水，以及低浓度的其他氮氧化物和氢氰酸。实验证明：聚氨酯燃烧过程中产生的有毒气体并不比我们生活中常见的含氮元素的物质多，如羊毛、腈纶、合成木材等。其中这方面

的实验室测试最常用的是德国标准 DIN 53436。该标准已被用来进行在相应于各种火场条件的不同温度和不同风量下的产品毒性比较。用聚氨酯硬泡和软泡材料制成的相同体积的样条在此条件下生成的分解产物与木材燃烧时产生的危害物质强度相当,而比规定的燃烧条件下毛毡和皮革产生的危害物浓度低。另外,PU 泡沫燃烧产物毒性气体的成分不是不可以改变的，更不是必然的，这主要取决于 PU 泡沫的结构，以及采取何种阻燃剂和抑烟剂，通过研究完全可以研制成燃烧产物烟密度小、毒性低的 PU 泡沫产品。

同时，根据对火灾死亡事故案例的统计，一氧化碳是火灾致死的主要原因，大概占死亡率的 90%。同样根据美国波士顿消防队关于开放式火场的大气氛围中有害物质的经验，没有观察到燃烧气体中氢氰酸和氮氧化物达到可能导致严重中毒的数量。从实际的实验数据来看，这一观察结果是可以理解的，也可以用氰化氢的氧化以及环境空气的稀释效果来解释它。这份报告也支持了一些独立进行的大型燃烧实验的结论，这些实验都未发现聚氨酯泡沫燃烧会产生与产品相关的特殊危险性。

简单说，聚氨酯泡沫在我们生活中已经广泛存在，我们的汽车、高铁、飞机座椅；家里的沙发、席梦思床垫都是聚氨酯泡沫材料，人们在这些密闭的空间或家中，都没有恐惧聚氨酯泡沫燃烧会产生特殊毒性的烟气，在建筑外墙上使用就更没有必要担心了。

五、硬泡聚氨酯行业如何助力建筑节能

随着国家 75% 节能标准的逐步实施以及防火要求的提高，硬泡聚氨酯将作为理想的保温材料得到大量的应用。在应用过程中，硬泡聚氨酯行业应该严把质量关和施工关，加强工地管理和行业自律，加快技术进步、调整产品结构、提高产品综合性能、降低成本，走可持续发展之路，为我国的建筑节能事业助力。

1）保证保温材料的性能要求。

聚氨酯硬泡建筑保温首先需要保证进场材料的性能符合相关标准规范的要求，包括密度、导热系数、抗拉强度、抗压强度，特别是保证材料燃烧性能不得低于 B2 等级，鼓励以复合材料的形式进入工地，提供的材料需要留样。

2）保温施工需要根据国家相关建筑外墙保温、屋面保温防水技术标准规程实施，按照规范进行进场材料的堆放和检验。

3）按照标准要求进行逐步施工，在保温层还未施工完成时，不得进行焊接、切割等动火作业。

4）切需进行动火作业时，需办理动火许可证，焊接等动火人员需要持证工作，必须有监火人员在场，并采取防火毯等措施阻止火灾发生。交叉作业时，需由项目总承包商协调牵头，各单位共同监督动火作业。

5）注重技术进步和研发，丰富和开发更节能、防火、环保的硬泡聚氨酯建筑保温材料和系统。

联系电话：（010）84885708
电子邮箱：ljb@isachina.org
网站：www.sinopu.org　www.isachina.org　www.puhse.com

聚氨酯建筑节能应用推广工作组

PU Construction Energy-saving Application Promotion Task Force

聚氨酯硬泡建筑保温隔热质量诚信联盟

PU Rigid Foam Building Thermal Insulation Quality Control Coalition

聚氨酯建筑节能应用推广工作组是在科技与产业化发展中心和中国建筑科学研究院的指导下，由中国聚氨酯工业协会异氰酸酯专业委员会（以下简称“ISA”）联合国内外聚氨酯原料企业，板材生产企业及施工单位（包含企业有万华化学、拜耳、巴斯夫、亨斯迈、华峰普恩、山东联创节能、河南天丰、希尼卡、日邦聚氨酯（瑞安）、南京金陵斯泰潘和盛德罗宝）共同成立的工作组织，主要从事聚氨酯材料在建筑节能领域的技术研究和推广应用。目前，通过国家管理机构和行业协会牵头，产、学、研联合开发，工作组已经推出多套适合于我国建筑国情的硬泡聚氨酯外墙外保温系统，出台了相关技术规程、规范，促进了聚氨酯在建筑节能领域的推广应用，丰富了我国建筑节能技术。

与此同时，为提高产品质量、规范市场，在中国建筑节能协会的监督下，今年异氰酸酯专委会还牵头建立了聚氨酯硬泡建筑保温隔热质量诚信联盟，目前已有22家企业确认加入联盟（除聚氨酯建筑节能应用推广工作组11家企业外，还包括万华节能、江苏绿源、无锡捷阳、北京茂华、精碳伟业、江苏顺昌、廊坊华宇、烟台顺达、南京红宝丽、力亨集团）。加入质量诚信联盟的企业，将在产品质量、规范施工及管理、公平竞争等方面，做出诚信承诺。

地址 / Add：北京朝阳区安慧里4区16号楼6层
Fourth Area, Anhuili Asian Games Village, Chaoyang District, Beijing
邮编 / P.C.：100101　电话 / Tel：010-84885308　传真 / Fax：010-84885300
信箱 / E-Mail：Jenny_nanzheng@hotmail.com　网址 / Web：www.puhse.com　www.isachina.org

节能建筑、绿色建筑与太阳能热利用产品

(李业春 广东万和新气股份有限公司)

随着经济腾飞及生活水平的提高，中国已经成为了能源消耗大国，但同时我国人口众多、资源匮乏。据不完全统计，建筑能耗占到我国日常能源消耗的1/3到1/4，为节约及减少能源消耗，节能建筑设计显得尤为关键，而太阳能热利用结合绿色建筑设计则是必然的趋势。

太阳能作为可再生能源，有取之不尽、用之不竭的优势。节能建筑、绿色建筑的评定，应该是节省能源消耗、节约用水浪费、节省材料应用、节省用地等相结合的。

万和新电气股份有限公司（以下简称：万和公司）在节能产品生产方面，拥有国内较大的平板太阳能热水器、空气源热泵热水器的生产基地。同时，万和公司通过引进国内首条平板太阳能硅系膜集热器喷涂生产线，以先进设备、高效管理、采用超低流量喷涂技术，为太阳能热利用产品产业化生产提供基础保障。目前，万和平板太阳能硅系涂料生产线年产量可达100万㎡。

万和杨和新能源基地

万和公司开发成功的新一代硅系膜涂料型涂层，具有良好的选择性吸收性能，优异的耐候性和均衡的技术经济性。硅系膜是硅系树脂作为涂料粘胶剂的涂层，无论物理性能和化学性能都比使用丙烯酸酯树脂有明显的提高，其耐久性可以满足正常使用20年以上的要求。涂层对底材也具有优良的附着性，同时涂层的耐冲击性、耐弯曲性、耐湿性、耐热性、耐蒸汽性、耐老化性和耐盐雾性均属优良。

在工艺上，万和硅系膜平板太阳能集热器采用整板超声波焊接技术、超低流量喷涂技术、自动化喷涂生产技术，生产自动化程度高，生产过程工艺简单、环境影响小，涂层均匀，基本在$\delta=1-2\mu m$之间，为国内最好的太阳能集热板芯喷涂技术。集热板芯检测结果表明，其吸收比、发射率、均能达到标准要求。

利用可再生能源与清洁能源相结合，提供供暖制冷、生活热水等的供热系统，是今后一个阶段内节能建筑、绿色建筑发展较有效的方式之一。目前的能源利用，基本形式有太阳能、环境热源、燃气能、电能四种（类似潮汐能、生物能、风能、地热源等推广还不算很普及）。万和新电气股份有限公司十多年的实验测试成果，将自主研发的太阳能、空气能、燃气能等热水、供暖系列产品，集成化设计成系统的多能互补供热系统产品，一直在行业内处于领先的地位。

万和太阳能、空气能产品应用实例

万和硅系涂料型产品已在江苏、广西、安徽、广东、宁夏、河南、湖南、湖北等区域广泛应用，涉及到学校、宾馆、企业宿舍楼、公共建筑、医院等领域，安装投入使用的总量超过13000㎡。广东万和新电气致力于太阳能热利用主要在供暖制冷、热水供应领域，从成套技术供应、建筑一体化设计、减少环境影响、节约建筑能耗、节省资源消耗、气候适宜性技术等方面探讨节能技术。

中心生态城服务中心

解放南路文体中心

生态城公屋展示中心

中心生态城服务中心

院新建科研楼

院科技档案楼

侯台公园展示中心

创新·敬业·诚信·和谐

innovation · dedication · honesty · harmony

天津市建筑设计院
TIANJIN ARCHITECTURE DESIGN INSTITUTE

2014
TIAN JIN ARCHITECTURE DESIGN INSTITUTE

近年来，天津建院大力推进绿色环保、低碳节能技术的研发与应用，积极实践，完成一批以天津建院科技档案楼为代表的绿色建筑项目。在绿色建筑技术研发与推广应用方面取得了丰硕成果。

2008 年，天津建院将绿色环保、低碳节能技术作为技术创新的主攻方向，加大绿色建筑相关技术投入，不仅成立了绿色建筑机电技术研发中心、绿色智能技术研发中心和建筑结构技术研发中心，并且先后组建了绿色建筑专项研究组、建筑智能化专题研究组、绿建咨询专题研究组，每年结合工程实践，开展课题研究，形成技术成果，从而推动了绿色建筑专项技术不断向纵深领域发展。

2010 年，天津建院自行投资、设计、施工建设的天津建院科技档案楼投入使用。成为天津市首座挂牌星级绿色建筑，并荣获 2011 年度全国绿色建筑创新奖。同时，作为绿色技术实验基地，专门研发了绿建技术监测系统，实时监测全楼各系统能耗数据，并通过即时的数据汇总、分析、整理，为广大技术人员进一步研究改进绿色生态技术提供最真实可靠的数据。该系统也是我国首例针对绿色建筑进行全面监测、系统展示、数据分析的综合电子信息平台。

2013 年，天津建院以新建业务办公楼为契机，着力开展三星级绿色建筑的设计与实践。该项目秉承“被动优先、主动优化”的设计原则，运用可持续设计手段，在方案设计阶段对窗墙比、外遮阳、气流组织、自然通风、自然采光等进行全方位模拟分析，并据此优化调整设计方案。同时，优化结构体系、充分利用可再生和可循环建筑材料，采用高效围护结构、垂直绿化、地源热泵耦合太阳能热泵空调系统、节水灌溉系统、绿色建筑展示系统等技术措施等，实现了太阳能空调与土壤源热泵一体化设计、建筑与光伏发电一体化设计、雨水收集与场地一体化设计等。项目建成后将申报国家绿色建筑三星级、美国 LEED 金奖、新加坡 GREENMARK 白金奖三项国内外绿色建筑标识，成为一座绿色、低碳的示范建筑。天津建院结合自身的设计实践，抓住中新天津生态城建设的机遇，进一步推广绿色建筑技术的实践应用，先后设计完成了生态城服务中心、公屋展示中心、科技园研发大厦等几十项绿建工程。其中，中新天津生态城公屋展示中心成为北方地区首座零碳建筑。

依托绿色建筑科研与实践经验，天津建院先后主编或参编了国家《公共建筑节能设计标准》、《天津市绿色建筑设计标准》、《天津市绿色建筑评价标准》、《中新天津生态城绿色建筑设计标准》、《中新天津生态城绿色建筑评价标准》、《天津市居住建筑节能设计标准》、《天津市公共建筑节能设计标准》等 10 余项与绿色建筑相关的国家及地方标准。天津建院重点打造的“绿色建筑技术研发及创新平台建设”、“绿色建筑集成技术研究及应用”分别荣获天津市科技企业创新工程二等奖和天津市科技进步二等奖。2012 年，天津建院经市建交委授权成为天津市绿色建筑评价标识技术依托单位。2013 年成功组建天津市绿色建筑机电技术工程中心并通过市科委验收。同年，与天津城建大学联合组建天津市绿色建筑协同创新中心，逐步形成了一支技术实力雄厚、实践经验丰富的绿色建筑设计团队。

以上数据来源于天津市建筑设计院

苏宁易购总部

南京江宁市民中心

江苏省建大厦

南京河西生态公园未来之家

苏州玲珑湾维多利亚幼儿园